RWTH RHEINISCH-WESTFÄLISCHE TECHNISCHE HOCHSCHULE AACHEN

IFAS Institut für fluidtechnische Antriebe und Steuerungen
Univ.-Prof. Dr.-Ing. H. Murrenhoff

Univ.-Prof. Dr.-Ing. H. Murrenhoff

Umdruck zur Vorlesung

Servohydraulik - Geregelte hydraulische Antriebe

4., neu überarbeitete Auflage 2012

unter Mitwirkung von:

Sebastian Sgro,
Sebastian Drumm,
Kristof Schlemmer

sowie

Christoph Siebert, Matthias Liermann, David Prust und Christian Stammen

Institut für fluidtechnische Antriebe und Steuerungen
Steinbachstr. 53, 52074 Aachen

Bibliografische Information der Deutschen Nationalbibliothek
Die Deutsche Nationalbibliothek verzeichnet diese Publikation in der Deutschen Nationalbibliografie; detaillierte bibliografische Daten sind im Internet über http://dnb.d-nb.de abrufbar.

Der Airbus A380 ist ein vierstrahliges Großraumflugzeug des europäischen Flugzeugherstellers Airbus. Der Tiefdecker mit zwei durchgängigen Passagierdecks ist das größte zivile Verkehrsflugzeug, das bisher in Serienfertigung produziert wurde. Die A380 besitzt im Unterschied zu herkömmlichen Verkehrsflugzeugen nur noch zwei Hydraulikkreisläufe. Das Titelbild zeigt den Schaltplan sowie die technische Ausführung eines sekundärgeregelten Antriebs zur Betätigung von Klappen, den sogenannten Flaps, die im Hochauftriebssystem eines A380 eingesetzt werden. Jede Antriebseinheit besteht aus einem sekundärgeregelten Verstellmotor mit Kupplung, Stellantriebsgetriebe sowie mechanischem Spindel-Mutter-Getriebe zur Klappenverstellung. Die Lageregelung der Klappe erfolgt über die Erfassung des Drehwinkels an der Spindel des Stellantriebs. Insgesamt können bis zu fünf solcher Antriebseinheiten pro Tragfläche eingesetzt werden. Aufgrund geringerer Verluste der Sekundärregelung lässt sich der mittlere Leistungsbedarf um 50% im Vergleich zum Antrieb mit ventilgesteuertem Konstantmotor (Quadrant II) senken. Dadurch wird die Wärmeeinbringung in das Hydrauliksystem des Flugzeugs halbiert. Bei einem Gewicht von 58 kg wird eine Leistung von 93 kW pro Antriebseinheit erreicht.

Bildnachweis: www.liebherr.com

Printed in Germany.

ISBN 978-3-8440-0947-7
ISSN 1437-8434

Shaker Verlag GmbH • Postfach 101818 • 52018 Aachen
Telefon: 02407 / 95 96 - 0 • Telefax: 02407 / 95 96 - 9
Internet: www.shaker.de • E-Mail: info@shaker.de

INHALTSVERZEICHNIS

0 FORMELZEICHEN

Zeichen	Beschreibung	Einheit
A	Fläche	cm^2
A_2	Kolbenfläche des Linearmotors	cm^2
A_S	Stellkolbenfläche	cm^2
A_V	Kolbenfläche des Ventilschiebers	cm^2
a	allgemeines Ansteuersignal	
a_i	Koeffizienten des Nennerpolynoms	-
b	allgemeine Bewegungsgröße	
b_i	Koeffizienten des Zählerpolynoms	-
b_{soll}	Sollwert der allgemeinen Bewegungsgröße	
B	Durchflussbeiwert	$l/(min\ mm)\sqrt{bar}$
C_0	Geschwindigkeitsverstärkung	(m/s)/mm
C_H	hydraulische Kapazität	l/bar
C_{HA}	hydraulische Kapazität der Zylinderkammer A	l/bar
C_{HB}	hydraulische Kapazität der Zylinderkammer B	l/bar
c_0	Volumenstromverstärkung	(l/min)/mm
c_{ges}	Gesamtfedersteifigkeit des Torquemotors	Nm/rad
$c_{Öl}$	Ölfedersteifigkeit	N/mm
$c_{Öl,A}$	Ölfedersteifigkeit in Kompressionsraum A	N/mm
$c_{Öl,B}$	Ölfedersteifigkeit in Kompressionsraum B	N/mm
c_F	Federsteifigkeit der Rückführbiegefeder	Nm/rad
$c_{F,max}$	maximale Federsteifigkeit der Rückführbiegefeder	Nm/rad
c_T	Federsteifigkeit der Torquemotorhülse	Nm/rad
D_E	Dämpfungsgrad des elektrischen Systems	-
D_H	Dämpfungsgrad des hydraulischen Systems	-
D_T	Dämpfungsgrad des Torquemotors	-
D_S	Dämpfungsgrad des Stellsystems	-
D_V	Dämpfungsgrad des Ventils	-
D_Z	Dämpfungsgrad des Zylinders	-
d_i	Innendurchmesser der Torquemotordüsen	mm

d_T	drehgeschwindigkeitsproportionaler Dämpfungskennwert des Torquemotor-Ankers	Nm/(rad/s)
$d_{\dot{x}}$	geschwindigkeitsproportionaler Reibkennwert des Linearmotors	Ns/cm
d_zu	Durchmesser der Zulaufblende	mm
$d_{\dot{\varphi}}$	drehgeschwindigkeitsproportionaler Reibkennwert des Rotationsmotors	Nm/(rad/s)
E_0	Kraftverstärkung	N/mm
e_0	Druckverstärkung	bar/mm
$E_\mathrm{Öl}$	Kompressionsmodul	bar
$E'_\mathrm{Öl}$	Ersatzkompressionsmodul	bar
F_C	Coulomb'sche Reibkraft	N
F_F	Federkraft	N
F_L	Lastkraft	N
F_R	Reibkraft	N
F_S	Strömungskraft	N
F_SL	Eigenverstellkraft des Stellzylinders	N
f	Frequenz	Hz
f_E	Eigenfrequenz des drehzahlgeregelten Konstantpumpensystems	Hz
f_H	Eigenfrequenz des hydraulischen Systems	Hz
G_{hyd}	Hydraulischer Leitwert	l / (min bar)
s	Abstand Düse-Prallplatte	mm
s_0	Abstand Düse-Prallplatte in Mittelstellung	mm
h	Höhe eines ebenen Spaltes einer Spaltdrossel	mm
i	Strom (Eingangssignal)	A
i_L	Schleiferstrom bei Spannungsteiler	A
i_max	maximaler Strom (Eingangssignal)	A
i_nenn	Nennstrom	A
i_T	Spulenstrom des Torquemotors	A
J	Massenträgheitsmoment	Nm s^2
J_T	red. Massenträgheitsmoment des Torquemotors	Nm s^2
J_2	Massenträgheitsmoment des Rotationsmotors	Nm s^2
$K_{1\mathrm{L}ip}$	Kennwert der internen druckabhängigen Pumpenleckage	l/U

$K_{2\text{LeA}}$	Kennwert der externen Leckage der Motorseite A	(l/min)/bar
$K_{2\text{LeB}}$	Kennwert der externen Leckage der Motorseite B	(l/min)/bar
$K_{2\text{Li}p}$	Kennwert der internen druckabhängigen Motorleckage	(l/min)/bar
$K_{2\text{Li}\dot{x}}$	Kennwert der internen geschwindigkeits-abhängigen Leckage des Linearmotors	l/cm
$K_{2\text{Li}\dot{\varphi}}$	Kennwert der internen drehgeschwindigkeits-abhängigen Leckage des Rotationsmotors	l/U
K_E	Übertragungsbeiwert des AC-Motors	Nm/Hz
K_I	Übertragungsbeiwert (I-Regler)	
$K_{\text{I,max}}$	maximaler Übertragungsbeiwert (I-Regler)	
K_R, K_P	Übertragungsbeiwert (P-Regler)	
$K_{\text{SLi}p}$	Kennwert der internen druckabhängigen Leckage des Pumpenstellzylinders	(l/min)/bar
$K_{\text{SLi}\dot{y}}$	Kennwert der internen geschwindigkeits-abhängigen Leckage des Pumpenstellzylinders	l/cm
K_U	Übertragungsbeiwert des Umrichters	Hz/V
$k_{\text{aus,ein}}$	Proportionalitätskonstante der Aus- bzw. Einströmkante	N/(mm bar)
k_{aus}	Proportionalitätskonstante der Ausströmkante	N/(mm bar)
k_{ein}	Proportionalitätskonstante der Einströmkante	N/(mm bar)
k_{Mi}	Proportionalitätskonstante zwischen Spulenstrom und elektromagnetischem Moment	Nm/A
$k_{M\varphi}$	Proportionalitätskonstante zwischen Ankerwinkel und magnetischem Moment	Nm/rad
$k_{\text{Q,ab}}$	Proportionalitätskonstante des abfließenden Volumenstroms	l/min/$\sqrt{N}$
$k_{\text{Q,zu}}$	Proportionalitätskonstante des zufließenden Volumenstroms	l/min/$\sqrt{bar}$
k_V	Verstärkungsfaktor des Operationsverstärkers	-
L	Statische Laststeifigkeit eines lagegeregelten Antriebs	Nm/rad bzw. N/mm
L_T	Induktivität der Torquemotor-Spule	H
l_D	Abstand der Düse zum Federdrehpunkt	mm

l_y	Abstand der Schieberachse zum Federdrehpunkt	mm
M	Drehmoment	Nm
M_E	Drehmoment des AC-Motors	Nm
M_L	Lastmoment	Nm
M_{DP}	Moment durch Druckdifferenz am Düse-Prallplatte-System	Nm
m	Masse	kg
m_2	bewegte Masse des Linearmotors	kg
m_S	Masse des Pumpenstellkolbens	kg
m_V	Masse des Ventilschiebers	kg
n	Drehzahl	1/min
n_1	Pumpendrehzahl	1/min
n_2	Motordrehzahl	1/min
n_{soll}	Solldrehzahl	1/min
P	Leistung	kW
p	Druck	bar
p_0	Versorgungsdruck	bar
p_{0m}	Druck am unbelasteten Zylinder im Ventilnullpunkt bei einem Konstantstromsystem	bar
p_A	Druck auf Seite A	bar
$\dot{p}_A$	Druckänderung auf Seite A	bar/s
p_{VA}	Vorsteuerdruck auf Ventilseite A	bar
$\dot{p}_{VA}$	Änderung des Vorsteuerdrucks auf Ventilseite A	bar/s
p_B	Druck auf Seite B	bar
$\dot{p}_B$	Druckänderung auf Seite B	bar/s
p_{VB}	Vorsteuerdruck auf Ventilseite B	bar
$\dot{p}_{VB}$	Änderung des Vorsteuerdrucks auf Ventilseite B	bar/s
P_H	hydraulische Leistung der Verstellpumpe	kW
p_L	Lastdruck	bar
$\dot{p}_L$	Lastdruckänderung	bar/s
p_m	Druck im Arbeitspunkt	bar

p_N	statisches Druckniveau	bar
p_{nenn}	Nennversorgungsdruck	bar
P_{Eck}	Eckleistung	kW
P_{Nutz}	Nutzleistung	kW
P_S	hydraulische Leistung des Pumpenstellsystems	kW
p_{S1}	Druck an der Schieberstirnseite 1	bar
p_{S2}	Druck an der Schieberstirnseite 2	bar
p_{SL}	Lastdruck am Stellkolben	bar
p_{VL}	Lastdruck am Ventilschieber	bar
$\dot{p}_{VL}$	Lastdruckänderung am Ventilschieber	bar/s
P_{Vers}	Versorgungsleistung	kW
Δp	Druckdifferenz	bar
Q	Volumenstrom	l/min
$Q_{0,ges}$	Nulldurchfluss	l/min
$Q_{0,max}$	maximaler Volumenstrom bei p_0	l/min
Q_{01}	Volumenstrom durch Vorsteuerung	l/min
Q_{02}	Nulldurchfluss durch Hauptstufe	l/min
Q_{1Lip}	interne druckabhängige Leckage der Pumpe	l/min
Q_{1max}	maximaler Pumpenvolumenstrom	l/min
Q_{1th}	theoretischer Pumpenvolumenstrom	l/min
Q_{2Le}	externe Leckage des Motors	l/min
Q_{2LeA}	externe Leckage der Motorseite A	l/min
Q_{2LeB}	externe Leckage der Motorseite B	l/min
Q_{2Li}	interne Leckage des Motors	l/min
Q_{2Lip}	interne druckabhängige Leckage des Motors	l/min
$Q_{2Li\dot{\varphi}}$	interne drehzahlabhängige Leckage des Motors	l/min
Q_{2th}	theoretischer Motorvolumenstrom	l/min
Q_A	Volumenstrom vom/zum Anschluss A	l/min
$Q_{A,ab}$	abfließender Steuervolumenstrom auf Seite A	l/min
$Q_{A,zu}$	zufließender Steuervolumenstrom auf Seite A	l/min
Q_B	Volumenstrom vom/zum Anschluss B	l/min
$Q_{B,ab}$	abfließender Steuervolumenstrom auf Seite B	l/min

$Q_{B,zu}$	zufließender Steuervolumenstrom auf Seite B	l/min
Q_L	Lastvolumenstrom	l/min
Q_{max}	maximaler Volumenstrom	l/min
Q_{nenn}	Nennvolumenstrom	l/min
Q_S	Volumenstrom des Stellsystems	l/min
Q_{sch}	gesamter Schaltvolumenstrom	l/min
Q_{schA}	Schaltvolumenstrom auf Seite A	l/min
Q_{schB}	Schaltvolumenstrom auf Seite B	l/min
$Q_{spül}$	gesamter Spülvolumenstrom	l/min
$Q_{spülA}$	Spülvolumenstrom auf Seite A	l/min
$Q_{spülB}$	Spülvolumenstrom auf Seite B	l/min
Q_{th}	theoretischer lastfreier Ventilvolumenstrom	l/min
Q_{VL}	Lastvolumenstrom der Ventilvorstufe	l/min
$Q_{V\,th}$	theoretischer Volumenstrom der Ventilvorstufe	l/min
Q_{vor}	Vorsteuervolumenstrom im Ventil	l/min
R_A	Ausgangswiderstand	bar min/l
R_E	Eingangswiderstand	bar min/l
R_{mess}	Messwiderstand	Ω
R_{hyd}	Hydraulischer Widerstand	bar min/l
R_T	Innenwiderstand der Torquemotor-Spule	Ω
T	Zyklusdauer	s
T_E	Zeitkonstante des AC-Motors (PT_1-Verhalten)	s
T_H	hydraulische Zeitkonstante	s
T_i	Zeitkonstante bei stromproportionaler Ansteuerung	s
T_M	mechanische Zeitkonstante	s
T_u	Zeitkonstante bei spannungsproportionaler Ansteuerung	s
T_V	Zeitkonstante des Ventils	s
T_Z	Zeitkonstante des Zylinders	s
T_1	Verzögerungszeitkonstante des Regelgliedes	s
T_2	Vorhaltzeit des Regelgliedes	s
t	Zeit	s

t_{A}	Anregelzeit	s
u	Spannung	V
u_{aus}	Ausgangsspannung des Operationsverstärkers	V
u_{ein}	Eingangsspannung des Operationsverstärkers	V
u_{mess}	Messspannung	V
u_{T}	Spannung an der Torquemotor-Spule	V
u_{U}	Spannung am Frequenzumrichter	V
u_{Umax}	Spannungsbegrenzung am Frequenzumrichter	V
V_0	Ölvolumen	cm^3
V_1	geometrisches Fördervolumen der Pumpe (Primärseite)	cm^3/U
$V_{1\max}$	maximales geometrisches Fördervolumen der Pumpe	cm^3/U
V_2	geometrisches Schluckvolumen des Motors (Sekundärseite)	cm^3/U
$V_{2\max}$	maximales geometrisches Schluckvolumen des Motors	cm^3/U
V_{A}	Volumen des Kompressionsraumes A	cm^3
V_{B}	Volumen des Kompressionsraumes B	cm^3
V_{H}	hydraulische Verstärkung	bar/(l/min)
V_{K}	Kreisverstärkung	-
V_{KE}	Kreisverstärkung der drehzahlgeregelten Konstantpumpe	-
V_{KS}	Kreisverstärkung des Stellsystems	-
V_{M}	mechanische Verstärkung	rad/s/(Nm)
V_{My}	Momenten-Signal-Verstärkung des Verstellmotors	Nm/A
V_{pi}	Druck-Signal-Verstärkung	bar/A
V_{py}	Druck-Signal-Verstärkung	bar/mm
V_{Qi}	Volumenstrom-Signal-Verstärkung	(l/min)/A
V_{Qp}	Volumenstrom-Druck-Verstärkung	(l/min)/bar
$V_{\mathrm{T}Qp}$	Volumenstrom-Druck-Verstärkung des Torquemotors	(l/min)/bar
V_{Qy}	Volumenstrom-Signal-Verstärkung	(l/min)/mm

$V_{TQ\varphi}$	Volumenstrom-Signal-Verstärkung des Torquemotors	(l/min)/bar
V_{tot}	Totvolumen des Kompressionsraumes	cm^3
V_V	Ventilverstärkung	mm/A
V_{VQp}	Volumenstrom-Druck-Verstärkung des Stellventils	(l/min)/mm
V_{VQy}	Volumenstrom-Weg-Verstärkung des Stellventils	(l/min)/mm
V_{yi}	Wegverstärkung	mm/A
w	Sollwert, allgemein	
x	Weg	mm
$\dot{x}$	Geschwindigkeit	m/s
$\ddot{x}$	Beschleunigung	m/s^2
x_2	Zylinderposition	mm
x_{max}	maximaler Weg	mm
$\dot{x}_{max}$	maximale Geschwindigkeit	m/s
y	Stellweg	mm
$\dot{y}$	Stellgeschwindigkeit	m/s
$\ddot{y}$	Stellbeschleunigung	m/s^2
y_{max}	maximaler Stellweg	mm
$\dot{y}_{max}$	maximale Stellgeschwindigkeit	m/s
y_V	Ventilschieberweg	mm
$\dot{y}_V$	Ventilschiebergeschwindigkeit	m/s
$\ddot{y}_V$	Ventilschieberbeschleunigung	m/s^2
$y_{V\,max}$	maximaler Ventilschieberweg	mm
$\dot{y}_{V\,max}$	maximale Ventilschiebergeschwindigkeit	m/s
α	Flächenverhältnis des Zylinders	-
$\alpha_{D,ab}$	Durchflusskoeffizient der Ablaufdüse	-
$\alpha_{D,zu}$	Durchflusskoeffizient der Zulaufblende	-
φ	Drehwinkel, Phasenwinkel	rad
φ_2	Drehwinkel des Motors	rad
$\dot{\varphi}_2$	Winkelgeschwindigkeit des Motors	rad/s
$\ddot{\varphi}_2$	Winkelbeschleunigung des Motors	rad/s^2
ϑ	Öltemperatur	°C

ω	Kreisfrequenz	s^{-1}
ω_0	Eigenkreisfrequenz	s^{-1}
$\omega_{-90°}$	-90°-Kreisfrequenz	s^{-1}
ω_E	Kennkreisfrequenz des elektrischen Systems	s^{-1}
ω_H	Kennkreisfrequenz des hydraulischen Systems	s^{-1}
ω_S	Kennkreisfrequenz des Stellsystems	s^{-1}
ω_V	Kennkreisfrequenz des Ventils	s^{-1}
ω_T	Kennkreisfrequenz des Torquemotors	s^{-1}
ω_Z	Eigenkreisfrequenz des Zylinders	s^{-1}
ω_{Z0}	Bezugseigenkreisfrequenz des Zylinders	s^{-1}
$\omega_{Z\,min}$	minimale Eigenkreisfrequenz des Zylinders	s^{-1}

14.4.16

1 EINLEITUNG

Geregelte hydraulische Antriebe kommen in vielfältigen Anwendungen in der Stationär- und Mobilhydraulik zum Einsatz /Bac92/, /Feu00/, /Hel04/, /Mur06/. Die Technologie dieser geregelten Antriebe wird auch als *Servohydraulik* bezeichnet und unter diesem Begriff seit langer Zeit gelehrt. Es werden hier alle Bereiche der Hydraulik zusammengefasst, bei denen hydraulische Geräte in Regelkreisen arbeiten und die Eingangssignale um ein Vielfaches verstärkt werden. Die geregelten Größen sind im Allgemeinen mechanische Größen - wie Weg, Geschwindigkeit, Beschleunigung oder Kraft bzw. die vergleichbaren Größen Drehwinkel, Drehzahl oder Drehmoment - oder hydraulische Größen, wie Volumenstrom oder Druck. Die Eingangssignale dieser geregelten Antriebe sind in der Regel elektrische Signale. Da die Antriebe zunehmend höher integriert werden und Sensoren sowie dezentrale Intelligenz und Signalverarbeitung beinhalten, spricht man auch von Mechatronik oder mechatronischen Antrieben /Ise99/, /Jan04/. In historischen Systemlösungen sowie Sonderfällen der Anwendung werden statt elektrischer Eingangssignale auch mechanische, pneumatische oder hydraulische genutzt. Hierauf wird in verschiedenen Kapiteln näher eingegangen. Ein bekanntes Beispiel aus dem Werkzeugmaschinenbau aus der Zeit vor dem Einzug NC-gesteuerter Maschinen waren die Kopiersteuerungen oder Linearverstärker /Bac92/, siehe auch Bild 8.52.

1.1 Einführung in die grundlegenden Begriffe

Der Umgang mit dem Begriff geregelter Systeme bereitet dem Ingenieur wie dem Nicht-Fachmann gleichermaßen Schwierigkeiten. Es ist zu unterscheiden zwischen gesteuerten und geregelten Systemen. Im Angelsächsischen wird hierzu der Begriff ‚control' verwendet; er umfasst beides. Dies erschwert den Umgang mit dem Begriff zusätzlich, da ergänzend für das geregelte System ‚closed loop control' genannt werden muss; sofern man eindeutig sein will. Bild 1.1 verdeutlicht die Unterschiede am Beispiel eines einfachen Zylinderantriebs.

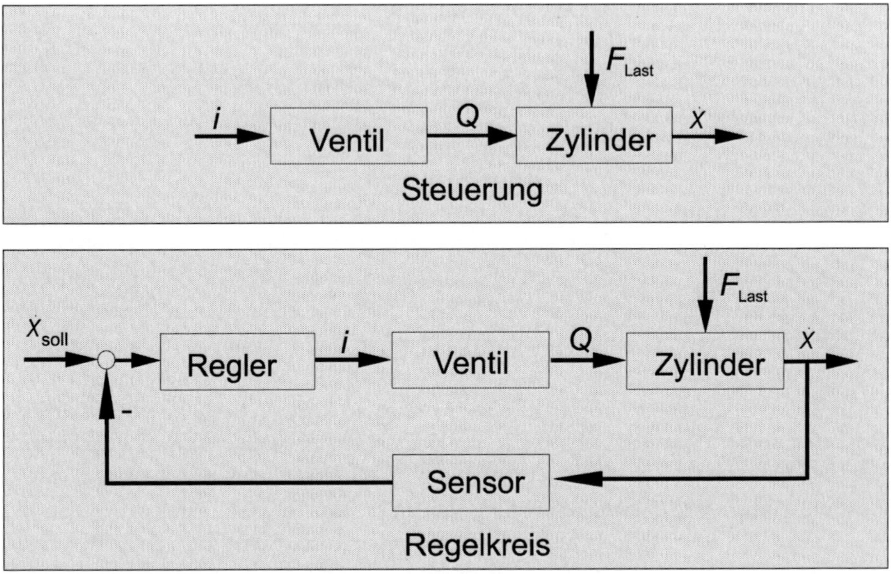

Bild 1.1: Vergleich Steuerung - Regelkreis

Im oberen Teil ist eine *Steuerung* gezeigt. Wird ein Strom in das Ventil eingespeist, so stellt sich ein Volumenstrom ein, der den Zylinder mit der Geschwindigkeit $\dot{x}$ verfährt. Treten Lastkräfte auf, so verkleinert sich der Volumenstrom und der Zylinder bewegt sich mit geringerer Geschwindigkeit.

Dies ist beim *geregelten System* im unteren Bildteil anders. Tritt hier eine Lastkraft am Zylinder auf, so wird die veränderte Geschwindigkeit über den Sensor registriert und im Regler wird die Differenz zwischen Soll- und Istgeschwindigkeit zu einem Strom i führen, der so eingestellt wird, dass die Istgeschwindigkeit möglichst die Sollgeschwindigkeit wieder einnimmt.

Dass die hier erläuterten Zusammenhänge oftmals nicht verstanden werden, zeigt sich an der Handhabung der heute vorgeschriebenen Thermostatventile an Heizkörpern zur Regelung der Raumtemperatur. Mit dem Einstellrad wird der Sollwert vorgegeben und nicht der Durchfluss warmen Heizungswassers am Ventil. Ist es im Zimmer zu warm oder zu kalt, so muss der Sollwert nur geringfügig hinsichtlich der Solltemperatur verändert werden. Die Regelung läuft autonom und die Solltemperatur sollte nicht durch Stellen zwischen den Maximal(soll)werten versucht werden zu erreichen.

Neben diesem grundlegenden Verständnis gesteuerter und geregelter Systeme ist für den Antriebstechniker wichtig, in gesamtheitlichen Systemen zu denken und die Bilanzhüllen richtig zu legen, um eine Antriebsaufgabe optimal lösen zu können. Zentrale Frage ist bei jeder hydraulischen Lösung die Generierung hydraulischer Energie. Hier zeigt Bild 1.2 den Zusammenhang und die Unterschiede in Stationär- und Mobilhydraulik auf.

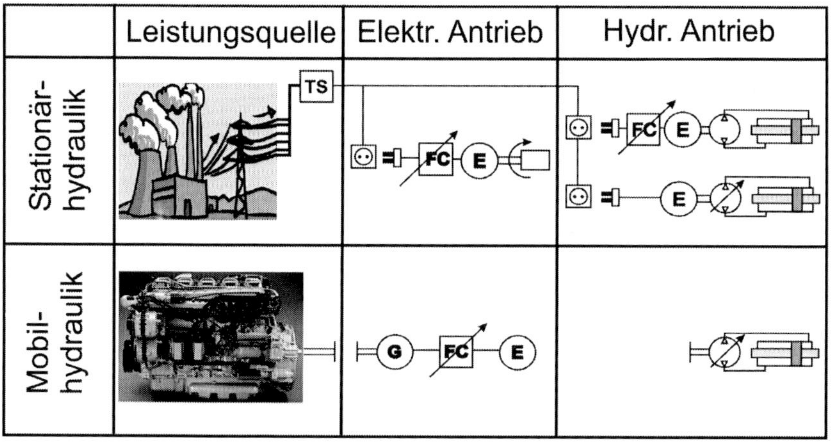

Bild 1.2: Energieerzeugung: elektrische vs. hydraulische Antriebe

In der Stationärhydraulik ist im Vergleich zum elektrischen Antrieb eine zusätzliche Energiewandlung notwendig. Hier wird über einen frequenzgestellten Elektromotor eine Konstantpumpe oder über einen Asynchronmotor eine Verstellpumpe betrieben, welche die mechanische Energie an der Welle des E-Motors in hydraulische Energie wandelt. Dieser Nachteil entfällt in der Mobilhydraulik. Hier kann über die Welle des Verbrennungsmotors entweder über einen Generator elektrische Energie erzeugt werden oder gleichermaßen über eine Pumpe hydraulische Energie. Dies wird sich mit zunehmendem Vordringen hybrider elektrischer Antriebe mit Batteriespeicher sowie für Brennstoffzellen als Energiequelle ändern.

In vielen – insbesondere stationärhydraulischen – Anwendungen müssen die Vorteile servohydraulischer Antriebslösungen überwiegen, damit sich die Technologie im Wettbewerb zu elektrischen Antrieben behaupten kann. Ergänzend zu den Ausführungen hierzu in „Grundlagen der Fluidtechnik“ /Mur05/ sind in Bild 1.3 Vorteile der jeweiligen Antriebsart aufgezeigt.

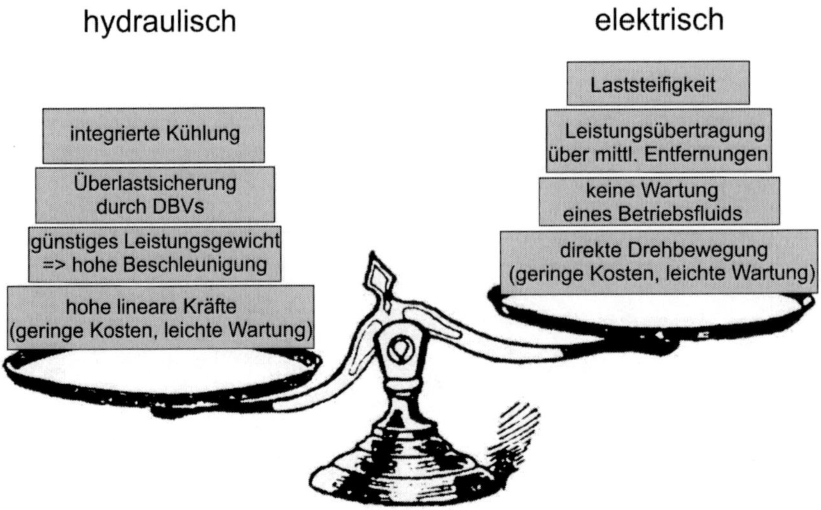

Bild 1.3: Vorteile der jeweiligen Antriebsart

Vorteile der Hydraulik sind in der einfachen und direkten Erzeugung von Linearbewegungen bei höchstem Leistungsniveau zu sehen. Hinzu kommen die über Druckventile integrierte Überlastsicherheit und die Kühlung über das Druckübertragungsmedium. Das geringe Leistungsgewicht sorgt für hohe Beschleunigungsleistungen und eine exzellente Antriebsdynamik.

Die Vorteile elektrischer Linearantriebe liegen in der hohen Laststeifigkeit, der einfachen Leistungsübertragung sowie dem Fehlen eines Druckübertragungsmediums. Es entfallen somit Wartung und Zustandsüberwachung des Fluids. Dieser Vorteil entfällt zum Teil wieder bei flüssigkeitsgekühlten Maschinen. Der Vorteil der einfachen Erzeugung linearer Bewegung bei hydraulischen Antrieben entspricht bei elektrischen Antrieben der einfachen Erzeugung rotatorischer Bewegungen. Gerade für häufig vorkommende lineare Bewegungen mit höchsten Kräften zeigt die Waage einen Vorteil für die hydraulischen Antriebe.

1.2 Aufbau des Umdrucks

Nach diesen einleitenden Absätzen soll im Folgenden der Aufbau des Umdrucks erläutert werden. Dies soll dem Leser helfen, sich zu orientieren und den roten Faden bei der Lektüre zu halten.

Zum Verständnis geregelter hydraulischer Antriebe ist es wichtig, die Systematik beim schaltungstechnischen Aufbau zu verstehen und diese ständig vor Augen zu haben, Bild 1.4. Die hydraulische Leistung kann zum einen durch Ventile im Leistungskreis gesteuert werden. In diesem Fall wird von Ventilsteuerung gesprochen, die – in Analogie zur Elektrotechnik – auch Widerstandssteuerung genannt wird.

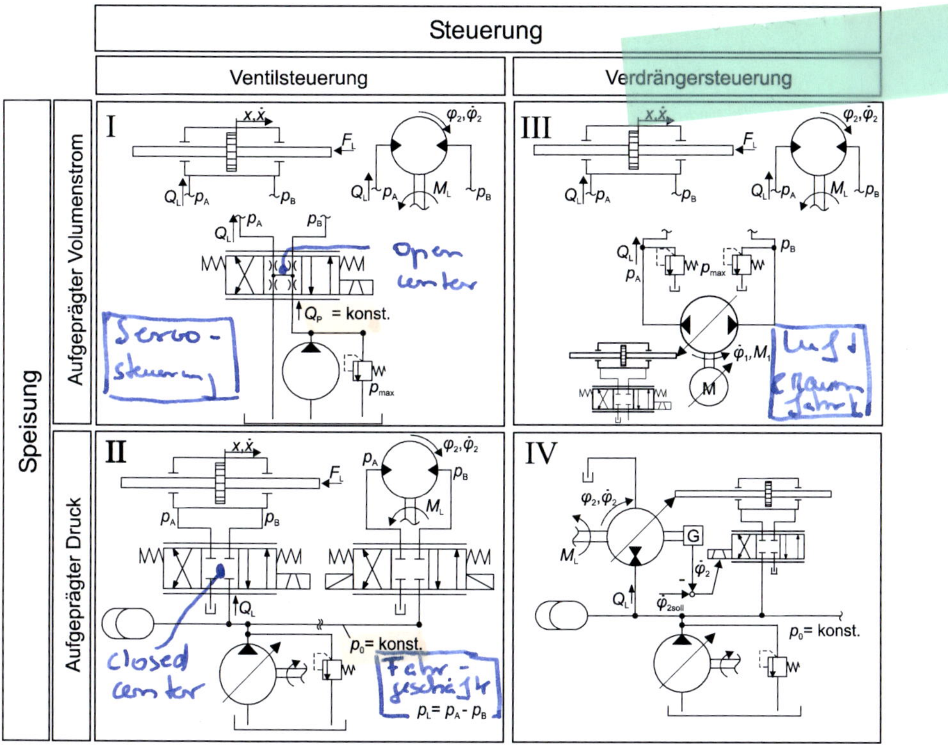

Bild 1.4: Systematik hydraulischer Antriebe

Erfolgt die Steuerung dagegen durch Beeinflussung des Verdrängervolumens einer verstellbaren Einheit, so wird von Verdrängersteuerung gesprochen. Da es bislang keine kontinuierlich flächenverstellbaren Zylinder gibt, beschränkt sich diese Steuerungsart auf rotatorische Verdrängereinheiten.

Die zweite Dimension in dieser Systematik betrifft die Art der Speisung. Hier kann entweder der Volumenstrom oder der Druck vorgegeben und damit aufgeprägt werden. Die dabei entstehenden vier Quadranten werden von ihrem Verständnis, und ihrem Aufbau in Kapitel 2, sowie der analytischen Beschreibung in Kapitel 7 behandelt.

In *Kapitel 3* schließen sich die Stellglieder im Regelkreis an. Dies sind zum einen stetige Ventile, die ein- und mehrstufig ausgeführt sein können und zum anderen Verstellpumpen und –motoren, die von einem leistungsmäßig kleinen Zylinderantrieb in ihrem Verdrängervolumen verstellt werden.

Kapitel 4 ist den hydraulischen Aktoren gewidmet. Hierzu gehören die Zylinder als Linearantriebe. Diese werden im Aufbau und Verhalten behandelt und es wird auf spezielle Bauformen mit geringer Reibung eingegangen. Ebenfalls werden Drehantriebe mit begrenztem Drehwinkel aufgezeigt sowie Rotationsmotoren für den Langsam- und Schnelllauf. Die zunehmende Bedeutung energieeffizienter Antriebe findet ihren Niederschlag hinsichtlich des Verständnisses für die Wirkungsgrade durch volumetrische und hydraulisch-mechanische Verluste.

Mit *Kapitel 5* werden die gebräuchlichen Sensoren und Regeleinrichtungen behandelt, wie sie für geregelte hydraulische Antriebe notwendig sind. Im Wesentlichen geht es um die Erfassung der mechanischen Größen Weg, Geschwindigkeit, Beschleunigung, Kraft und Moment sowie der hydraulischen Größen Druck und Volumenstrom. Geschwindigkeit und Beschleunigung können heute durch intelligente Differenzieralgorithmen aus dem Wegsignal abgeleitet werden. On Board Elektronik mit dezentraler Signalverarbeitungskompetenz ist zum Stand der Technik geworden. Hier soll der Leser handelsübliche Geräte mit ihrem Anschluss an gebräuchliche Feldbusse sowie das Geräteprofil Fluidtechnik kennen und verstehen lernen. Wichtig vom Verständnis sind auch die Kennwerte ventilgesteuerter Antriebe, die systematisch in *Kapitel 6* abgeleitet werden.

In *Kapitel 7* wird die Modellbildung der verschiedenen Antriebslösungen entsprechend Bild 1.4 behandelt. Dies erstreckt sich auf die gesamte Steuerkette mit der Betrachtung linearen und nichtlinearen Verhaltens.

Das Verständnis und die Modellbildung sind Voraussetzung für *Kapitel 8*, in dem die Regelung der hydraulischen Antriebe im Vordergrund steht und den Umdruck abrundet. Es werden erst die Regelstrecken mit Ausgleich (Druck-, Kraft- und Momentenregelung) sowie die Geschwindigkeitsregelung erläutert gefolgt von der Lageregelung, bei der die Strecke integrierendes Verhalten aufweist. Systematisch werden die Regelkonzepte aufgezeigt, die das volle Potential hydraulischer Antriebstechnik nutzen.

Ein Anhang, *Kapitel 9*, beschreibt die regelungstechnischen Grundlagen und ist als Nachschlagehilfe gedacht.

1.3 Historisches und Anwendungsbeispiele

Die Anfänge der Servohydraulik gehen auf die Luftfahrttechnik zurück /Bac92/, /Pra00/, /Bla62/, /Mer67/, /Gui68/. In Flugzeugen mussten die Betätigungskräfte der Flugsteuerungen reduziert werden, um die Piloten zu entlasten und gleichzeitig größere Flugzeuge beherrschen zu können. Hier entstanden die hydraulisch-mechanischen Systeme, bei denen ein mechanisches Eingangssignal (Hebel des Piloten) hydraulisch verstärkt wurde. Dieses Prinzip wird heute noch in hydraulischen Servolenkungen für die Lenkunterstützung genutzt /Mur98/. Ein Beispiel ist in Bild 1.5 gezeigt.

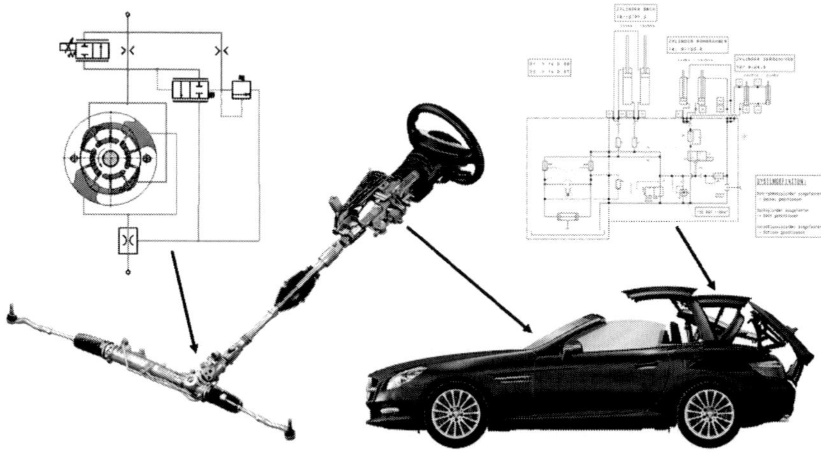

Bild 1.5: Servolenkung eines Pkw (Quelle: Daimler)

Von der Systematik her gehört es in den *I. Quadranten* (siehe Bild 1.4), da es von einer Pumpe mit konstantem Verdrängervolumen in offenem Kreislauf - auch Open Center genannt – mit aufgeprägtem Volumenstrom betrieben wird und als Steuerung ein Ventil im Leistungskreis verwendet. In ähnlicher Weise wurden vor einem halben Jahrhundert bei der Automatisierung von Drehprozessen Kopiersysteme eingesetzt /Bac92/. Sie gehörten von der Systematik zu Quadrant II, da der Druck aufgeprägt wurde. Mit dem Aufkommen der NC und CNC-Maschinen in den 70er und 80er Jahren wurden diese Systeme komplett durch elektrohydraulische und später elektromechanische Systeme ersetzt /Wec06/.

Unbemannte Flugsteuerungen und Raketen sind im und nach dem zweiten Weltkrieg entstanden. Hier waren geregelte hydraulische Antriebe gefordert, die einem elektrischen Eingangssignal folgten. Hierzu mussten elektro-mechanische Umformer entwickelt werden, die auf niedrigem Leistungsniveau mechanische Bewegungen erzeugen und damit einen Steuermechanismus betätigen konnten. Dies war die Geburtsstunde der Torque-Motoren und Tauchspulen, deren Entwicklung u.a. in den USA am MIT vorangetrieben wurden /Bla62/ und später neben weiteren SpinOffs zur Gründung der Fa. Moog führte /Moo01/. Heute findet sich dieser Begriff in der Luftfahrt unter Fly-by-wire und hält auch in die Automobiltechnik mit der „by-wire-Technologie“ Einzug.

Die Servohydraulik zeichnet sich durch das große Verhältnis von „gesteuerter zu steuernder Leistung“ aus. Dieses Verhältnis kann Werte von $10^4 - 10^8$ annehmen. Dies bedeutet, dass mit 10 Milliwatt ein Megawatt gesteuert werden kann.

Ein typisches Anwendungsbeispiel für geregelte hydraulische Antriebe im *II. Quadranten* sind hochdynamische Hexapode. Die wohl bekannteste und immer wieder spektakuläre Anwendung ist der Fahr- und Flugsimulator, wie er in Bild 1.6 als Flugsimulator für ganze Flugzeugsimulationen zu sehen ist.

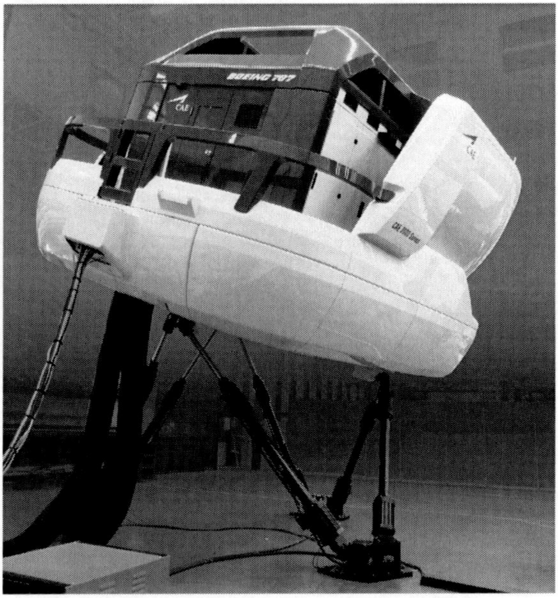

Bild 1.6: Flugsimulator (Quelle: Boeing)

Hier ist bei großen Hüben eine exzellente Dynamik gefordert, was eine Stärke der Hydraulik darstellt. Weitere zahlreiche Anwendungen dieses zweiten Quadranten finden sich bei inversen Crash-Anlagen /Ant98/, Produktionsmaschinen wie Pressen, Kunststoffspritzgießmaschinen, Stanz- und Nibbelmaschinen, Vorschubantrieben in Mehrspindeldrehautomaten und hochdynamischen Prüfmaschinen. In letzteren sind heute im gesteuerten Betrieb Frequenzen von einem Kilohertz möglich. Neue Technologien wie die Piezotechnik sowie der Einsatz elektrorheologischer Fluide lassen in der Steigerung der Dynamik weitere Innovationen und Fortschritte zum Nutzen der Kunden und Anwender der Fluidtechnik erwarten.

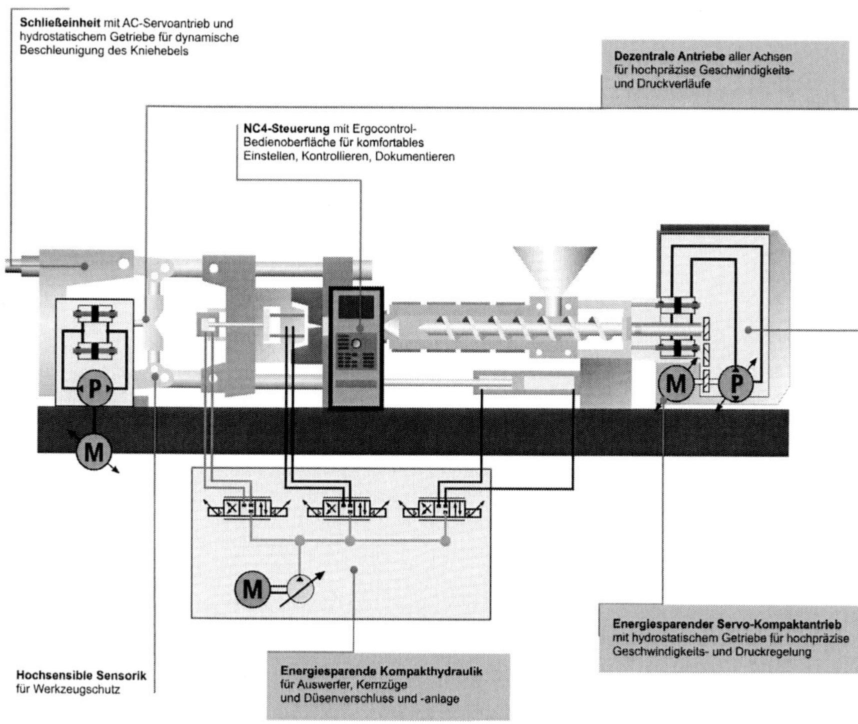

Bild 1.7: Schema einer Kunststoffspritzgießmaschine (Quelle: SMS Demag)

Das klassische hydrostatische Getriebe als geregelter hydraulischer Antrieb gehört zum *III. Quadranten*, da der Volumenstrom mit der Pumpenausschwenkung und/oder ihrer Drehzahl vorgegeben wird und der Druck im Zylinder oder Rotationsmotor durch die äußere Last bestimmt wird. Diese Antriebsart ist auch in Spritzgießmaschinen anzutreffen, siehe Bild 1.7.

Es werden Antriebsaufgaben wie Form schließen und öffnen, Einspritzen und Plastifizieren bei hohen Ansprüchen an Dynamik, Genauigkeit und Effizienz gelöst. Neben diesen genannten Verdrängersteuerungen kommen auch ventilgesteuerte Antriebe für Aufgaben wie Auswerfer, Kernzüge und Düsenverschluss zur Anwendung.

Zum Abschluss des Kapitels wird in Bild 1.8 eine Anwendung für den *IV. Quadranten* gezeigt, /Kno04/.

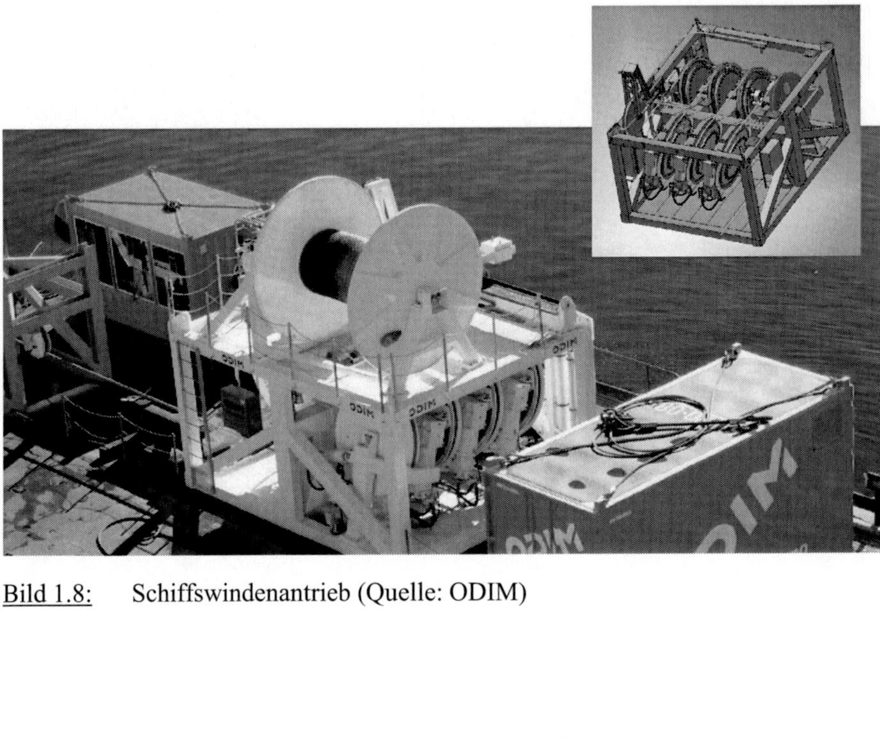

Bild 1.8: Schiffswindenantrieb (Quelle: ODIM)

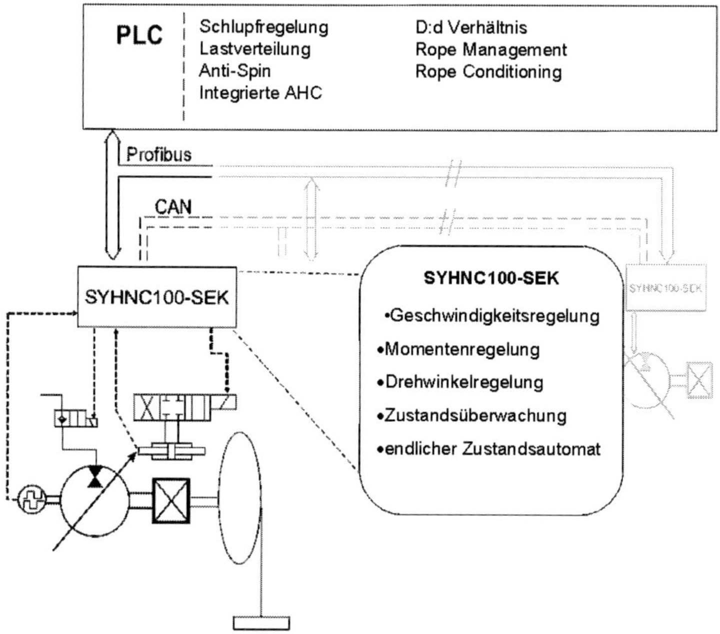

Bild 1.9: Regelung eines Schiffswindenantriebs (Quelle: Bosch Rexroth)

Sind Lasten auf hoher See in großen Tiefen zu handhaben, so verbietet sich aus Gewichtsgründen die Verwendung von Stahlseilen. Stattdessen kommen elastische faserverstärkte Kunststoffseile zur Anwendung, die wesentlich leichter sind. Diese Seile können nicht über eine einzelne Umlenkrolle geführt werden, da sie sich um ein bis zwei Prozent dehnen und entstehender Schlupf Reibungswärme und Verschleiß erzeugen würde. Aus diesem Grund muss das Seil über sieben Rollen umgelenkt werden und jeder Antrieb muss die Drehzahl und das Drehmoment regeln. In diesem Beispiel kommt für jeden Antrieb eine eigene Steuerung (SYHNC100-SEK) zum Einsatz, siehe Bild 1.9. Diese werden von einer programmierbaren Steuerung koordiniert (PLC), die außerdem übergeordnete Regelungsaufgaben übernimmt, wie zum Beispiel die Kompensation der vertikalen Schiffsbewegung (Active Heave Compensation). Eine Besonderheit dieser Anordnung von sieben motorgeregelten Antrieben ist, dass sie von nur einem Drucknetz gespeist werden. Der durch die Einheiten fließende Volumenstrom wird von der Geschwindigkeit und der Last bestimmt. Wird das Moment z.B. beim Ablassen negativ, so wird die Energie ins hydraulische Netz zurückgespeist, da die Motoren dann im Pumpbetrieb laufen.

2 HYDRAULISCHE ANTRIEBE

neu bearbeitet von Dr.-Ing. Matthias Liermann

Geregelte hydraulische Antriebe sind immer Systeme bestehend aus *Stellgliedern, Aktoren und Regeleinrichtungen.* Hydraulische Stellglieder führen dem Aktor die zur Verfügung stehende hydraulische Energie entsprechend einem äußeren Stellsignal zu. Der Aktor wandelt die zugeführte hydraulische Energie in mechanische Größen wie Kraft bzw. Drehmoment sowie Geschwindigkeit und Weg bzw. Drehzahl und Drehwinkel. Um vorgegebenen Sollgrößen zu folgen, benötigen die meisten Antriebe eine Regeleinrichtung, die das notwendige Stellsignal aus einem Soll-/ Istwertvergleich generiert. Dieses Buch soll die Kenntnis vermitteln, einen hydraulischen Antrieb und die zugehörige Regelung entsprechend einer gegebenen Antriebsaufgabe auszuwählen bzw. zu konzipieren. Das hierfür nötige Wissen lässt sich in vier Gebiete gliedern:

- Systematik geregelter hydraulischer Antriebe, Grundschaltungen (Kapitel 2)
- Komponentenwissen (Kapitel 3, 4, 5)
- Mathematische Modellbildung eines Antriebs (Kapitel 6, 7)
- Auswahl und Parametrierung einer Regelung (Kapitel 8)

In diesem Kapitel wird das hydraulische System bestehend aus Stellglied und Aktor betrachtet. Es werden die grundsätzlichen Verschaltungen der Stellglieder und Aktoren und ihre jeweiligen Vorzüge für die entsprechende Antriebsaufgabe erläutert. Die Systematik der Verschaltungstypen ermöglicht die einfache Charakterisierung von Antrieben und die Zuordnung zu typischen Anwendungsfällen.

Die einzelnen Komponenten des Systems werden anschließend in den folgenden komponentenbezogenen Kapiteln erläutert. Als Stellglieder kommen sowohl Ventile als auch Verstellpumpen und –Motoren in Frage, auf deren Aufbau und dynamisches Verhalten in Kapitel 3 eingegangen wird. Hydraulische Aktoren sind Zylinder oder Motoren, die in Kapitel 4 näher erläutert werden. Kapitel 5 stellt die heute gebräuchlichen Sensoren und Regeleinrichtungen vor.

2.1 Übersicht und Systematik

Die Grundschaltungen hydraulischer geregelter Antriebe lassen sich nach Art der Speisung und der Steuerung charakterisieren.

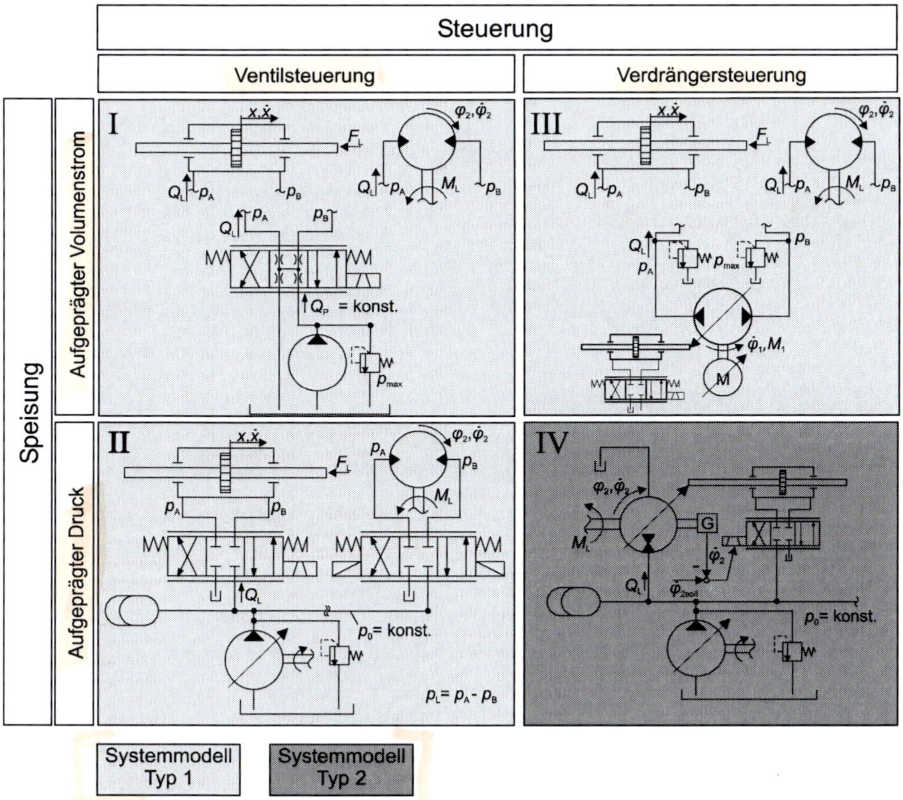

Bild 2.1: Systematik der Grundschaltungen geregelter hydraulischer Antriebe und Einordnung nach regelungstechnischer Systembeschreibung

Die *Steuerung* eines Antriebs kann entweder durch Drosselung an hydraulischen Widerständen (Ventilen) oder durch Verstellung einer Fläche bzw. eines Fördervolumens (Verstellpumpe, Verstellmotor) geschehen. Die *Speisung* hydraulischer Antriebe erfolgt entweder über aufgeprägten Volumenstrom oder aufgeprägten Druck in Analogie zur Strom- bzw. Spannungsquelle in der Elektrotechnik. Dies führt zu der schon in der Einleitung vorgestellten Aufteilung in vier Quadranten, wie sie in Bild 2.1 zu sehen ist. Mit dieser Systematik lassen sich alle geregelten hydraulischen Antriebe einem Grundschema zuordnen.

Die regelungstechnische Beschreibung ist die Grundlage für das Verständnis der Auswahl und Parametrierung der Antriebsregelung. Diesbezüglich hat sich gezeigt, dass für die meisten Anwendungsfälle eine vereinfachte Einteilung möglich ist. Es können grundsätzlich zwei Systemmodelle, Typ 1 und Typ 2, unterschieden werden. In Systemmodell *Typ 1* haben die hydraulischen Größen des Antriebs (Kapazität, E-Modul des Druckübertragungsmediums, Leckage) sowie die Massenträgheit einen wesentlichen Einfluss auf das Zeitverhalten, wohingegen in Systemmodell *Typ 2* die Zeitkonstante des Antriebs gegenüber der Trägheit des angetriebenen Systems vernachlässigt werden kann. Hierauf wird im Detail bei der Modellbildung in Kapitel 7 eingegangen.

Übergeordnete Auswahlkriterien für verdränger- bzw. ventilgesteuerte Antriebe

Das Antriebssystem muss nach den Anforderungen ausgewählt werden, die in dem konkreten Anwendungsfall überwiegen. Entscheidungsfaktoren sind neben den Kosten vornehmlich der geforderte Wirkungsgrad und die nötige Dynamik.

Generell lässt sich festhalten, dass die Energiedosierung durch Verstellung des Verdrängervolumens (Verdrängersteuerung) dort zweckmäßig eingesetzt wird, wo große Leistungen zu übertragen sind, da hierbei nur geringe prinzipbedingte Verluste auftreten. In Verdrängersteuerungen mit aufgeprägtem Volumenstrom (Quadrant III) erfolgt die Leistungsdosierung durch Verstellen des Fördervolumens der Pumpe bei konstanter Antriebsdrehzahl oder durch Verstellen der Drehzahl des Elektromotors bei konstantem Pumpenfördervolumen, seltener durch eine kombinierte Verstellung. Es wird nur soviel hydraulische Energie von der Pumpe zur Verfügung gestellt, wie der Verbraucher benötigt (zuzüglich der Strömungs- und Leckverluste). Bei der Verdrängersteuerung mit aufgeprägtem Druck (Quadrant IV) wird von dem verstellbaren Motor dem Netz nur die Energiemenge entnommen, die der Motor für die durchzuführende Arbeitsaufgabe benötigt. Müssen mehrere geregelte Drehantriebe gleichzeitig versorgt werden, bietet sich die Verdrängersteuerung mit aufgeprägtem Druck besonders an. Im Gegensatz zu Quadrant III wird hier nur eine Druckversorgung für alle Antriebe benötigt.

Kommt es auf die schnelle und genaue Übertragung von Signalen oder die Regelung von Antrieben kleinerer Leistung (i.d.R. bis maximal 40 kW) an, dann wird man wegen des guten Zeitverhaltens die Energiedosierung durch Verstellung von

Strömungswiderständen (Widerstandssteuerung) anwenden. Hier tritt der Gesichtspunkt des guten Wirkungsgrades in den Hintergrund.

Die Steuerungsarten „Verdränger-“ und „Widerstandssteuerung“ können auch durch die Begriffe "Leistungs-" und "Steuerungshydraulik" charakterisiert werden. Die Grenzen sind jedoch fließend. Einerseits kann auch mit kleinen Verstellpumpen und -motoren eine Steuerung mit gutem Zeitverhalten aufgebaut werden, andererseits werden manchmal Antriebe größerer Leistung wegen des besseren Zeitverhaltens mit einer Ventilsteuerung ausgelegt.

Die folgenden Abschnitte stellen die Verschaltungstypen nach den Quadranten I - IV näher vor. Illustrative Anwendungsbeispiele für jeden Verschaltungstyp sind in der Einleitung, Kapitel 1, gezeigt worden. Auf weitere Beispiele in diesem Buch wird jeweils hingewiesen.

2.2 Ventilgesteuerte Antriebe

Ein ventilgesteuerter Antrieb, siehe linke Spalte in Bild 2.1 (Quadrant I und II), nutzt verstellbare hydraulische Widerstände zur Einstellung gewünschter Druckverhältnisse an einem Aktor. Er hat ausgezeichnete dynamische Eigenschaften, da nur geringe Kräfte für die Verstellung eines Ventilschiebers notwendig sind. Der Aufbau und die Eigenschaften von Ventilen für den Einsatz geregelter hydraulischer Antriebe werden in Kapitel 3.1 detailliert vorgestellt. Ein Vorteil von Ventilsteuerungen ist, dass Ventile in der Anschaffung günstiger als Verstellpumpen oder -Motoren sind. Der Wirkungsgrad ist jedoch schlecht, da in jedem Widerstand hydraulische Leistung verbraucht wird, welche für die Antriebsaufgabe verloren geht. Sie geht in Wärme über und wird vom Öl abtransportiert. Durch die zusätzliche Verlustwärme müssen größere Kühler vorgesehen werden. Die Vor- und Nachteile der Ventilsteuerung sind zusammengefasst:

☺ gutes Zeitverhalten	☹ schlechter Wirkungsgrad
☺ preiswert	☹ hohe Kühlleistung

Im Folgenden wird die Systematik der Ventilsteuerungen erläutert und jeweils ein Ausführungsbeispiel für Quadrant I und II beschrieben.

2.2.1 Systematik der Ventilsteuerungen

Alle hydraulischen Ventilsteuerungen (Widerstandssteuerungen) lassen sich aus einigen wenigen Grundelementen, hydraulische Halbbrücken genannt, aufbauen.

Durch Kombination der Halbbrücken ergibt sich eine Systematik der Ventilsteuerungen, mit deren Hilfe sich alle schaltungstechnischen Möglichkeiten und ihre Eigenschaften aus wenigen Grundgleichungen ableiten lassen. Die Kennwerte der Ventilsteuerungen werden in Kapitel 6 hergeleitet. Sie werden für die mathematische Beschreibung in Kapitel 7 und für die Reglerauslegung benötigt.

Die mit Widerständen gesteuerte Bewegung hydraulischer Motoren beruht auf dem Prinzip von Druck- oder Volumenstromteilerschaltungen (ähnlich den elektrischen Spannungs- oder Stromteilern). Zwischen zwei in Reihe geschalteten Widerständen stellt sich in Abhängigkeit der beiden Widerstandswerte sowie der Belastung am Ausgang ein Volumenstrom Q_A und ein Druck p_A ein. Diese Schaltungen werden in Analogie zur elektrischen Halbbrücke als hydraulische Brückenhalbglieder bezeichnet. Je nach Art, Anordnung und Kombination von Widerständen ergeben sich verschiedene Typen von Brückenhalbgliedern /Bac74/.

2.2.1.1 Hydraulische Brückenhalbglieder

In der Hydraulik wird zwischen fünf verschiedenen Brückenhalbgliedern A bis E unterschieden. Die ersten vier sind in Bild 2.2 zusammengestellt und durch folgende Merkmale gekennzeichnet:

Das *Brückenhalbglied A* besteht aus zwei im Gegensinn veränderlichen Widerständen, wie in den Sinnbildern durch Pfeile angedeutet ist. Der weiße Pfeil bedeutet, dass der Widerstand kleiner wird (Blende öffnet), wenn man das Steuerelement in positiver y-Richtung betätigt. Der schwarze Pfeil bedeutet, dass der Widerstand mit positiver y-Richtung größer wird (Blende schließt). Durch dieses gegensinnige Verändern der Widerstände lässt sich der Druck p_A kontinuierlich von 0 bis p_0 (konstanter Eingangsdruck p_0), bzw. der Volumenstrom kontinuierlich von 0 bis Q_0 (konstanter Eingangsvolumenstrom Q_0) einstellen. Der Druck p_A nimmt den Tankdruck an, wenn der Eingangswiderstand unendlich groß, der Ausgangswiderstand hingegen sehr klein ist. Umgekehrt wird $p_A = p_0$, wenn der Eingangswiderstand sehr klein gegenüber dem Ausgangswiderstand ist.

Das *Brückenhalbglied B* ergibt sich, wenn der Eingangswiderstand als konstant angenommen wird. Beim *Brückenhalbglied C* ist der Ausgangswiderstand konstant.

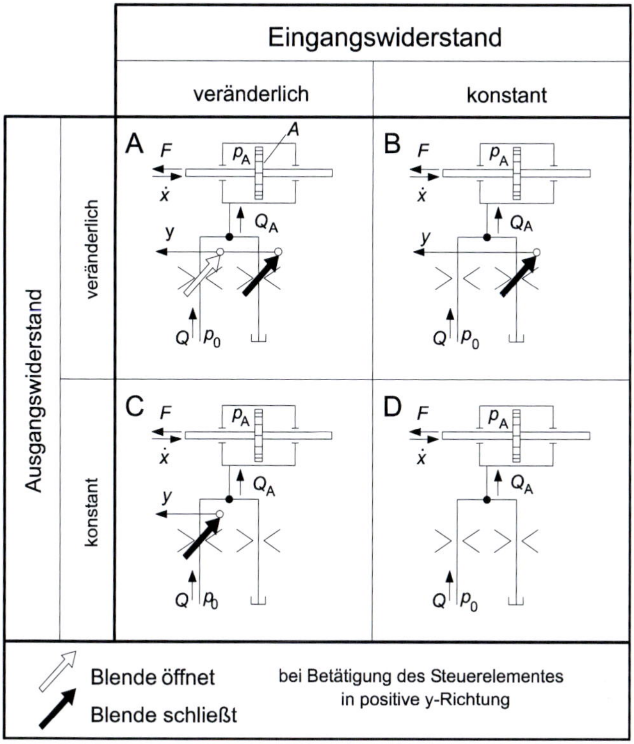

Bild 2.2: Hydraulische Brückenhalbglieder

Das *Brückenhalbglied D* hat schließlich nur noch konstante Widerstände. Ist der Verbraucherstrom $Q_A = 0$, so übernimmt dieses Halbglied eine konstante Druckminderung. Entsprechend des Verhältnisses α zwischen dem Eingangswiderstand R_E und dem Ausgangswiderstand R_A ergibt sich der Verbraucherdruck. Sind Ein- und Ausgangswiderstand gleich groß, so wird der Druck p_A auf den halben Pumpendruck p_0 reduziert.

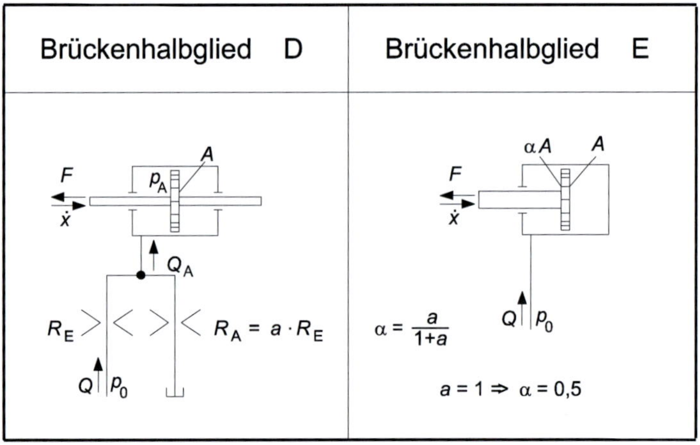

Bild 2.3: Brückenhalbglied D und Ersatzschaltung E

Wenn ein Zylinderantrieb als Verdrängereinheit verwendet wird, so kann man für den Fall ($Q_A = 0$) die gleiche Wirkung dadurch erzielen, dass eine um den Faktor 0,5 kleinere Kolbenfläche mit dem vollen Pumpendruck beaufschlagt wird. Hier handelt es sich um die *Ersatzschaltung E*, die zu den sogenannten asymmetrischen Steuerungen führt, siehe Bild 2.3.

Hydraulische Ventilsteuerungen für Rotationsmotoren und Zylinder haben im Allgemeinen zwei gesteuerte Verdrängerräume, wobei dann jeder Verdrängerraum durch ein Brückenhalbglied gesteuert wird.

Bei Konstantdrucksystemen werden die Eigenschaften der Brückenhalbglieder, die einen Verdrängerraum steuern, gesondert ermittelt und ihre Wirkung anschließend bei der Betrachtung der Steuerungen mit zwei Verdrängerräumen überlagert.

2.2.1.2 Hydraulische Vollbrückenschaltungen

Durch systematische Kombination von je zwei Brückenhalbgliedern ergeben sich die hydraulischen Vollbrücken und damit alle theoretisch möglichen Steuerungssysteme. Die schaltungstechnischen Zusammenhänge gelten dabei für jede beliebige Widerstandscharakteristik.

Die Kombinationsmatrix der Brückenhalbglieder ist in Bild 2.4 dargestellt.

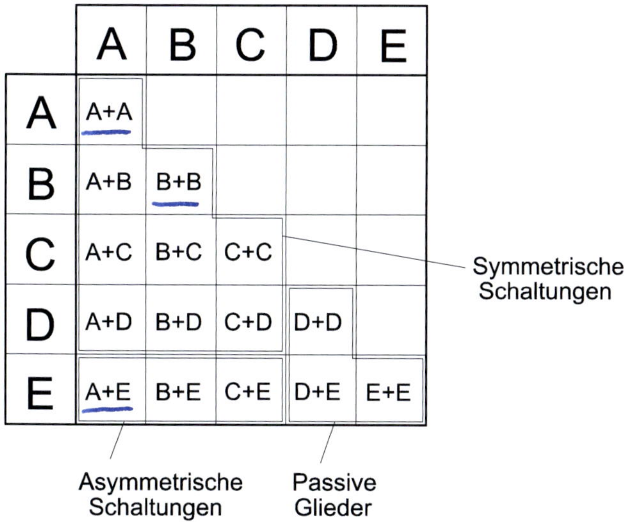

Bild 2.4: Kombination der Brückenhalbglieder

Hieraus folgen drei verschiedene Gruppen von Schaltungen:

- Neun *symmetrische Schaltungen* als Kombination der Brückenhalbglieder A, B, C und D
- Drei *asymmetrische Schaltungen* sind mit der Ersatzschaltung E ausgestattet. Sie sind nur mit einem Differentialkolben funktionsfähig
- Drei *passive Glieder* ohne aktive Steuerwiderstände. Kombinationen mit dem Brückenhalbglied D wirken als Dämpfungselemente, die eine geschwindigkeitsabhängige Kraft erzeugen

In Bild 2.5 sind sämtliche aktive Steuerungssysteme zusammengestellt, die aus der Kombinationsmatrix erhältlich sind.

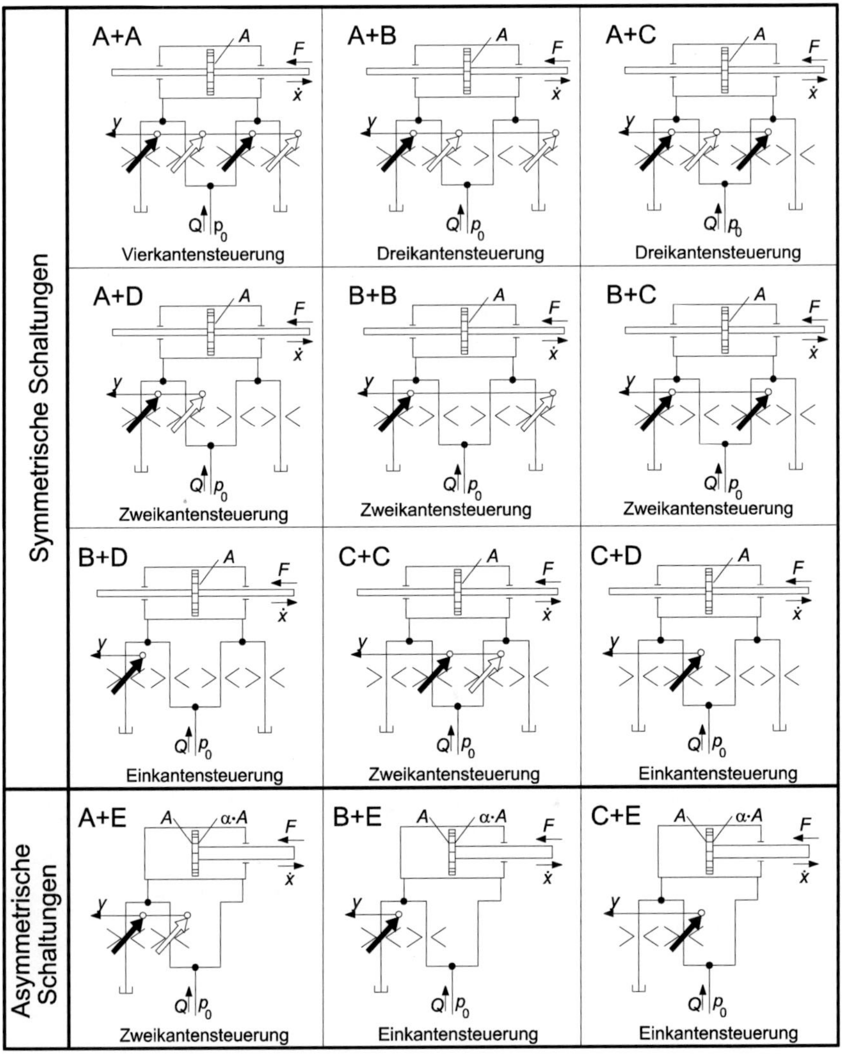

Bild 2.5: Zusammenstellung der hydraulischen Widerstandsschaltungen

Symmetrische Systeme können sowohl mit einem gleichflächigen Kolben als auch mit einem Differentialkolben arbeiten. Asymmetrische Systeme sind dagegen nur bei Verwendung eines Differentialkolbens funktionsfähig. Asymmetrische Schaltungen können in einfacher Weise nur bei Zylinderantrieben eingesetzt werden, denn bei

Rotationsmotoren müssten zwei Geräte mit unterschiedlichen Schluckvolumina mechanisch gekoppelt werden, was einen großen Aufwand erfordert.

Kennzeichen des Brückenhalbgliedes E ist es, eine konstante Kraft auszuüben. Dies ist beispielsweise gegeben, wenn der konstante Versorgungsdruck p_0 auf eine reduzierte Fläche einwirkt. Des Weiteren lässt sich jedoch eine konstante Kraft auch durch andere physikalische Größen realisieren. Solche Möglichkeiten sind z.B. die Gewichtskraft, die Federkraft und die Magnetkraft. In Bild 2.6 sind Beispiele der Steuerung B+E gezeigt, bei denen die in der Praxis gebräuchlichen Ausführungen der Ersatzschaltung E dargestellt sind.

Krafterzeugung		
hydraulisch	mechanisch durch Gewicht	mechanisch durch Federkraft
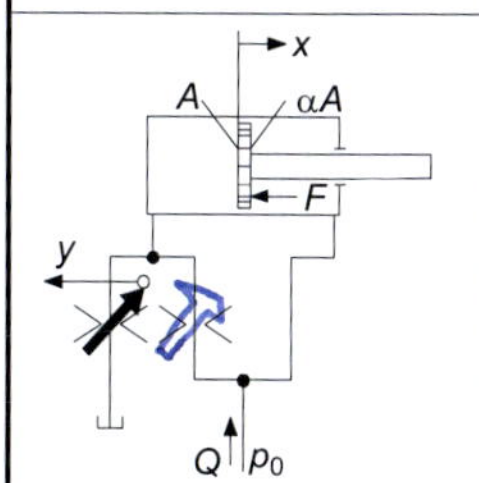	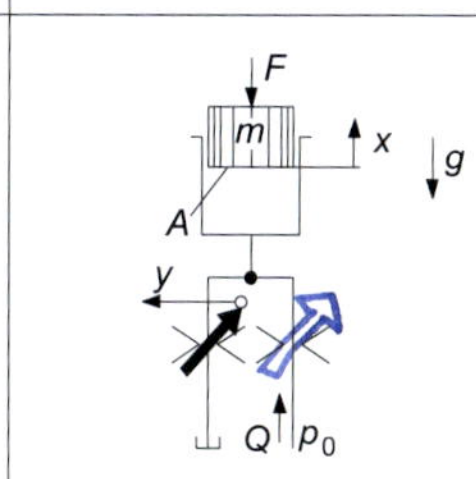	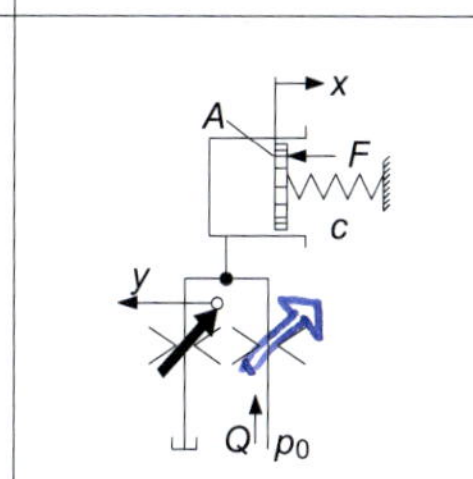
$F = \alpha \cdot A \cdot p$	$F = m \cdot g$	$F = c \cdot (x_0 + x)$

Bild 2.6: Ausführungen der Schaltung B+E

Für die Herleitung einheitlicher Kennwerte für die Systematik der Ventilsteuerungen siehe Kapitel 6.

2.2.2 Quadrant I – Ventilsteuerung mit aufgeprägtem Volumenstrom

Das typische Anwendungsbeispiel für die Ventilsteuerung mit aufgeprägtem Volumenstrom (Quadrant I) ist die Servolenkung, siehe Bild 1.5 sowie Bild 8.53. Die technische Bedeutung dieser Grundschaltung beschränkt sich nahezu auf diese Anwendung. Hier fördert die Pumpe einen konstanten Volumenstrom, der von einem Ventil zum Verbraucher bzw. zum Tank dosiert wird. Der Lastvolumenstrom Q_L, dessen Größe sich nach dem Volumenstrombedarf des Verbrauchers richtet, fließt zum Zylinder bzw. Motor. Der restliche Volumenstrom, der sich aus der Differenz zwischen Pumpen- und Lastvolumenstrom (Q_p - Q_L) ergibt, fließt zum Tank. Der hydraulische Druck $p_L = p_A - p_B$ stellt sich in Abhängigkeit von der Last am Verbraucher ein. Die statischen Kennwerte dieses Antriebs werden in Kapitel 6.2.2 beschrieben, zur Wirkungsgradbetrachtung siehe Kapitel 6.6.2.

2.2.3 Quadrant II – Ventilsteuerung am Konstantdrucknetz

Fast alle ventilgesteuerten Antriebe in der Praxis gehören zu *Quadrant II*: Ventilsteuerung mit aufgeprägtem Druck.

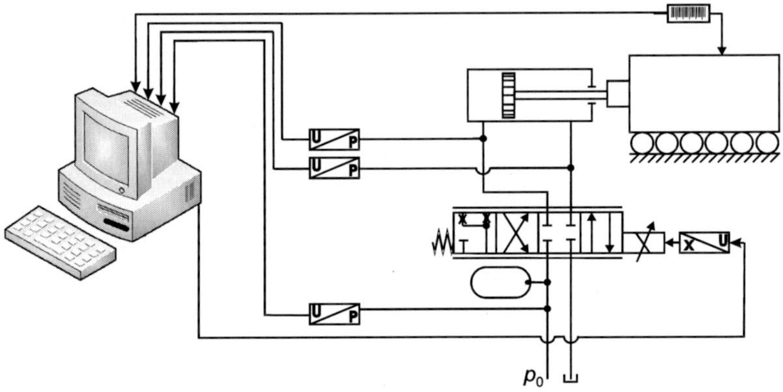

Bild 2.7: Beispiel eines ventilgesteuerten Linearantriebes

Die Volumenstromdosierung erfolgt auch hier durch Drosselung. Die hydraulische Energie steht auf einem konstanten Druckniveau p_0 zur Verfügung. Es wird über ein Ventil der für die Arbeitsaufgabe benötigte Ölvolumenstrom dem Netz entnommen. Die Antriebsleistung ergibt sich als Produkt von Lastdruck p_L und Volumenstrom. Die dem Netz zuviel entnommene Energie, die dem Produkt aus der Druckdifferenz am Ventil und dem entnommenen Ölvolumen entspricht, wird in Wärme umgewandelt. Ventilsteuerungen können einfach an ein bestehendes Konstantdrucknetz angeschlossen werden. Wird für die Druckversorgung eine druckgeregelte Pumpe mit Speicherladeschaltung eingesetzt, bleiben nur noch die prinzipbedingten Verluste, siehe hierzu die Wirkungsgradbetrachtungen Kapitel 6.6.1. Bild 2.7 zeigt den schematischen Aufbau eines Linearachsen-Prüfstandes. Das Ventil wird von einer Regeleinheit angesteuert, die den Stellwert aus der Regelabweichung berechnet. Digitale Regeleinrichtungen, die in Kapitel 5.3 vorgestellt werden, können flexibel programmiert werden und bieten auf diese Weise Möglichkeiten wie Kennlinienkorrektur, adaptive Regelungen, Sollwertaufbereitung etc., die mit analogen Reglermodulen nur schwer zu realisieren sind. Die benötigten Ist-Werte werden durch Druck- bzw. Weg-Sensoren ermittelt, die in Kapitel 5.1. eingehend behandelt werden. Mit der gezeigten Konfiguration können eine Lageregelung und eine Differenzdruckregelung bzw. Lastregelung realisiert werden. Die Regelstrecke hat bezüglich der Zylinderposition integrierendes, bezüglich des Lastdruckes verzögerndes Verhalten, vgl. Kapitel 7.2.1. Das bedeutet, dass eine bestimmte Öffnung des Ventils eine konstante Geschwindigkeit des Zylinders zur Folge hat, bzw. bei eingespannter Last einen bestimmten Lastdruck. Deshalb haben die Regler für beide Fälle eine unterschiedliche Struktur und Parametrierung, worauf in Kapitel 8 detailliert eingegangen wird.

2.3 Verdrängergesteuerte Antriebe

Während bei den Ventilsteuerungen prinzipbedingt Drosselverluste entstehen, wie in Kapitel 6 gezeigt, sind die Verdrängersteuerungen dadurch gekennzeichnet, dass unter Vernachlässigung der hydraulisch-mechanischen und der volumetrischen Verluste, nur die tatsächlich benötigte Leistung aufgebracht werden muss. Die Leistungssteuerung erfolgt durch Anpassung des Verdrängerschluckvolumens oder der Pumpendrehzahl an den benötigten Lastvolumenstrom bei einem lastabhängigen Systemdruck.

Neben einem günstigeren Wirkungsgrad, bieten die Verdrängersteuerungen noch den Vorteil, dass sie nicht nur Energie abgeben, sondern auch Energie aufnehmen können. Durch Verschwenkung des verstellbaren Verdrängers über Null kann die am Verbraucher auftretende Bremsenergie zurückgewonnen werden. Die Energie kann bei Antrieben mit aufgeprägtem Volumenstrom, (Quadrant III), z.B. durch generatorischen Betrieb des Elektromotors der Pumpe in das elektrische Netz zurückgespeist werden. Verdrängergesteuerte Antriebe am Konstantdrucknetz, (Quadrant IV), können die Bremsenergie im Pumpenbetrieb in hydraulischen Druckspeichern speichern.

Der Nachteil der Verdränger- gegenüber der Ventilsteuerung liegt in der geringeren Dynamik durch die größeren bewegten Massen (Schwenkeinheit einer Pumpe vs. Ventilschieber eines Ventils) und die hohen Kräfte bei der Verstellung. Außerdem sind die Kosten für verstellbare Verdrängereinheiten höher als für Ventile, so dass diese Steuerungsart in der Regel erst bei benötigten Leistungen größer 40 kW eingesetzt wird.

☺ guter Wirkungsgrad	☹ schlechteres Zeitverhalten
☺ Energierückgewinnung möglich	☹ hohe Kosten

Der Aufbau und die Eigenschaften von verstellbaren Verdrängereinheiten werden in Kapitel 3.2 näher erläutert.

Wie die Ventilsteuerungen, so können auch die Verdrängersteuerungen in Systeme mit aufgeprägtem Druck bzw. Volumenstrom unterschieden werden, siehe Bild 2.8. Die Systeme mit aufgeprägtem Volumenstrom werden im Allgemeinen auch *Primärsteuerungen* genannt, da hier der Volumenstrom durch einen (im Volumen oder der Drehzahl) verstellbaren Verdränger auf der Primärseite (Energiezufuhr) beeinflusst wird und dadurch auf der Sekundärseite (Energieabfuhr) einen Verbraucher mit konstantem Verdrängervolumen steuert. Systeme mit aufgeprägtem Druck werden als *Sekundärsteuerung* bezeichnet. Hier wird die Energie aus einem Konstantdrucknetz entnommen und direkt durch einen im Schluckvolumen veränderlichen Verbraucher gesteuert.

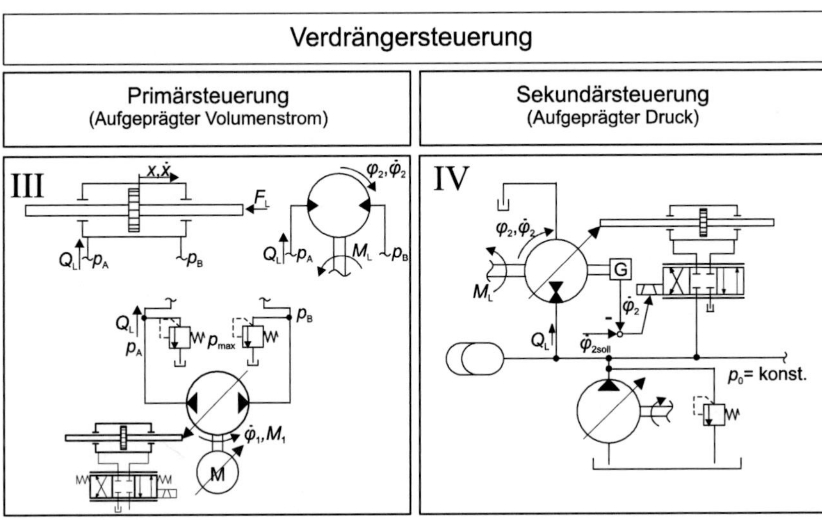

Bild 2.8: Einteilung der Verdrängersteuerungen in Primär- und Sekundärsteuerung

Im Folgenden werden die verschiedenen Schaltungen der Verdrängersteuerungen erläutert.

2.3.1 Quadrant III – Primärsteuerung oder hydrostatisches Getriebe

Häufig wird als Synonym für Primärsteuerungen der Begriff „hydrostatisches Getriebe" gebraucht. Ein hydrostatisches Getriebe übersetzt die Drehzahl eines

Pumpenantriebs durch die Verstellung des Pumpenschluckvolumens in eine Abtriebsdrehzahl an einem Konstantrotationsmotor oder in die Linearbewegung eines Zylinders.

Der hohe Entwicklungsstand in der Leistungselektronik der Elektromotoransteuerung hat eine weitere wirtschaftliche Möglichkeit der Verdrängersteuerung ermöglicht. Durch den drehzahlgeregelten Antrieb eines Elektromotors kann bei Verwendung einer Konstantpumpe der Volumenstrom variiert werden. Diese Variante der Pumpensteuerung wird in Kapitel 3.3 beschrieben.

Ein hydrostatisches Getriebe kann im geschlossenen und im offenen Kreislauf betrieben werden. In Bild 2.9 sind die verschiedenen, prinzipiell möglichen Schaltungsarten hydrostatischer Getriebe aufgezeigt. Meistens wird immer nur ein Verbraucher an einer Pumpe angeschlossen werden. Jedoch ist auch eine Parallelschaltung mehrer Verbraucher möglich und wird vorwiegend bei hydrostatischen Fahrantrieben von mobilen Arbeitsmaschinen genutzt.

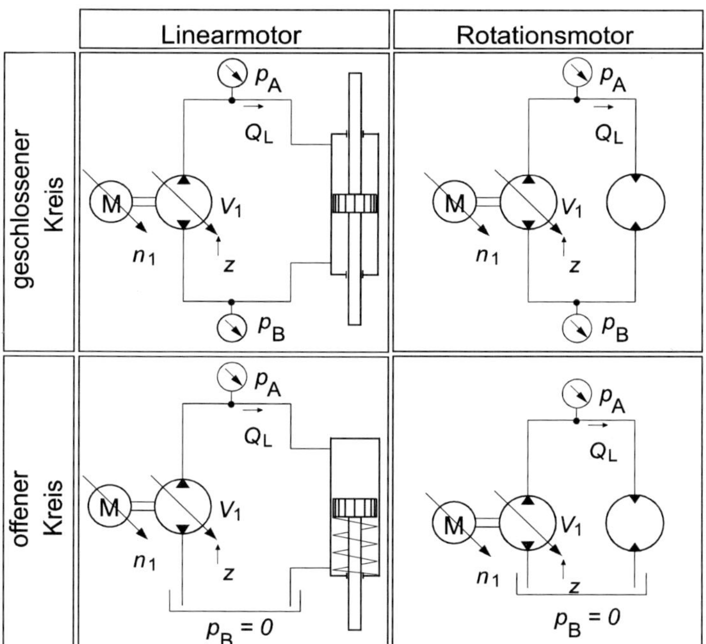

Bild 2.9: Verdrängersteuerungen (primäre) mit aufgeprägtem Volumenstrom

Sowohl der Pumpenantrieb als auch die Pumpe selbst werden in Bild 2.9 durch den Pfeil als verstellbar gekennzeichnet. Durch die Kombination beider Verstellmöglichkeiten kann ein größerer Volumenstrombereich mit gutem Wirkungsgrad abgedeckt werden. Prinzipiell ist eine Verstellmöglichkeit ausreichend. Im Folgenden wird der Begriff *verstellbare Primäreinheit* verwendet.

Die verstellbare Primäreinheit erzeugt bei konstanter Antriebsdrehzahl einen dem Schluckvolumen proportionalen Volumenstrom bzw. einen bei veränderlicher Antriebsdrehzahl der Drehzahl proportionalen Volumenstrom. Der Systemdruck ist dabei ausschließlich von der Last am Motor abhängig. Man kann dann für die eingesetzte und abgegebene Leistung schreiben:

$$P_{\mathrm{Vers}} = Q_{\mathrm{L}} \cdot \Delta p_{\mathrm{L}} = V_1 \cdot n_1 \cdot \Delta p \tag{2.1}$$

$$P_{\mathrm{Nutz}} = Q_{\mathrm{L}} \cdot \Delta p_{\mathrm{L}} \tag{2.2}$$

mit

$$\Delta p_{\mathrm{L}} = p_{\mathrm{A}} - p_{\mathrm{B}} \tag{2.3}$$

Das heißt, dass unter Vernachlässigung der internen Verluste von Pumpe und Motor (Reibung und Leckage) die eingesetzte Energie gleich der abgegebenen ist. Der Wirkungsgrad hydrostatischer Getriebe wird somit nur durch die hydraulisch-mechanischen und volumetrischen Verluste von Pumpe und Motor begrenzt, siehe hierzu Kapitel 3.2.2.1.

Geschlossenes hydrostatisches Getriebe

Die Kombination von verstellbarer Primäreinheit und Konstantmotor wird als geschlossenes hydrostatisches Getriebe bezeichnet, wenn beide Anschlüsse von Pumpe und Motor direkt miteinander verbunden sind. Ein Tank ist nur für den Nebenkreislauf notwendig, der das Öl filtert, kühlt und so die verlustbedingte Wärme aus dem hydrostatischen Getriebe abführt. Den Aufbau einer solchen Schaltung zeigt Bild 2.10.

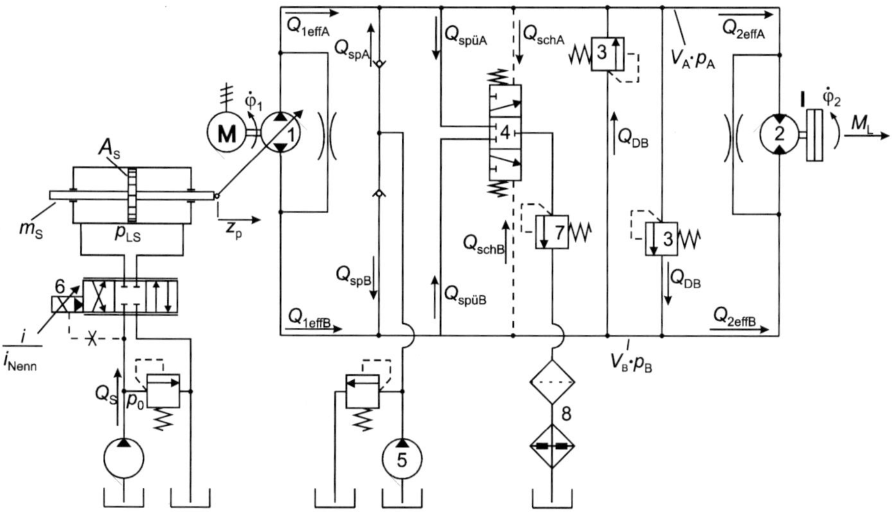

Bild 2.10: Geschlossenes hydrostatisches Getriebe

Die Pumpenverstellung erfolgt mit Hilfe eines elektrohydraulischen Stellantriebes (6). Die Hauptpumpe (1) wird von einem Motor (M) angetrieben und kann in beide Richtungen fördern. Der Hydraulikmotor (2) setzt die hydraulische Leistung wieder in mechanische Leistung um. Die Druckbegrenzungsventile (3) sichern das Getriebe gegen Überlast ab. Steigt in einer Arbeitsleitung der Druck soweit an, dass er den eingestellten Wert überschreitet, so öffnen die Ventile und stellen eine Verbindung zwischen Hochdruck- und Niederdruckseite her.

Das Spülventil (4) wird gegen eine Federvorspannung von der Hochdruckseite geschaltet und verbindet die jeweilige Niederdruckseite mit dem Druckhalteventil (7), das auf einen geringen Druck eingestellt ist. Erhitztes Öl kann so den Kreislauf verlassen, und es ist ein Minimaldruck auf der Niederdruckseite sichergestellt, damit für die Hauptpumpe keine Kavitationsgefahr auf der Ansaugseite besteht. Die Hilfspumpe (5) ersetzt die externe Leckage des Getriebes und den Spülstrom (5-10 % von Q_{max}) durch die Zufuhr von gefiltertem und gekühltem (8) Öl aus dem Tank.

Verdrängersteuerung mit einem Differentialzylinder

Die Verwendung eines Differentialzylinders in einem geschlossenen hydrostatischen Kreis stellt einen Sonderfall dar. Durch die unterschiedlichen Kolbenflächen sind auch die Volumenströme unterschiedlich. Die Pumpe kann jedoch nur den

Volumenstrom aufnehmen, den sie auch abgibt. Es müssen in diesem Fall also schaltungstechnische Maßnahmen getroffen werden /Lod95/.

Ein geschlossenes hydrostatisches Getriebe mit Differentialzylinder und einem Stromteiler ist in Bild 2.11 dargestellt. Der Stromteiler besteht aus zwei mechanisch gekoppelten Verdrängern, deren Schluckvolumenverhältnis V_{S2}/V_{S1} dem Flächenverhältnis des Zylinders angepasst ist. Verdränger S1 wird durch den Volumenstrom der Verstellpumpe bzw. der drehzahlgeregelten Konstantpumpe angetrieben. Er treibt über die mechanische Kopplung den Verdränger S2 an, der den zusätzlich benötigten Volumenstrom fördert. Durch diese Maßnahme kann der Differentialzylinder (ohne regelungstechnischen Aufwand) wie ein Gleichgangzylinder betrieben werden.

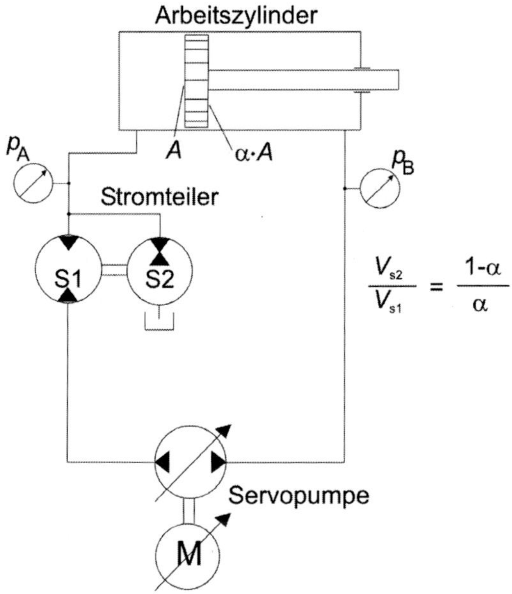

Bild 2.11: Differentialzylinder im geschlossenen hydrostatischen Getriebe mit Stromteiler

Eine weitere Möglichkeit einen Differentialzylinder im geschlossenen Kreis zu betreiben zeigt Bild 2.12. In diesem Fall wird der Zylinder durch eine Tandempumpeneinheit angetrieben, d.h. zwei Verstelleinheiten, die mechanisch über die Antriebswellen gekoppelt sind. Auch hier muss das Verhältnis der Schluckvolumina der Pumpen dem Flächenverhältnis des Zylinders angepasst werden. Die Verstellpumpe 1 kann auch durch eine drehzahlgeregelte Konstantpumpe ersetzt werden.

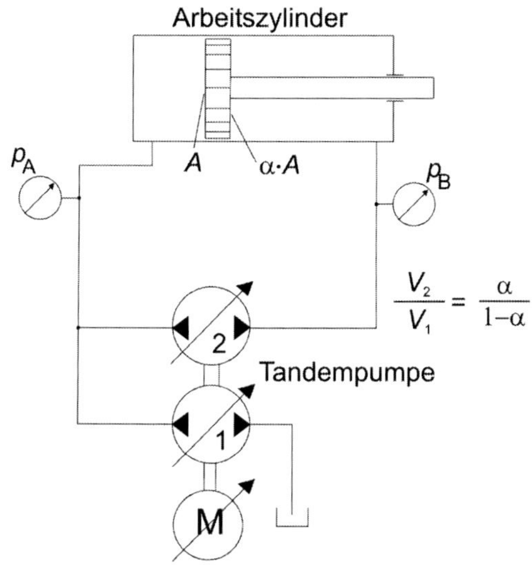

Bild 2.12: Differentialzylinder im geschlossenen hydrostatischen Getriebe mit einer Tandempumpeneinheit

2.3.2 Quadrant IV – Sekundärsteuerung am Konstantdrucknetz

Verdrängersteuerungen am Konstantdrucknetz, siehe Bild 2.13, auch Sekundärsteuerungen genannt, sind prinzipiell nur mit verstellbaren Rotationsmotoren möglich, da es keine flächenverstellbaren Zylinder gibt. Bei dieser Schaltungsart wird das Schluckvolumen des Motors der gewünschten Ausgangsgröße (Drehmoment, Drehwinkel oder Drehzahl) und dem anstehenden Lastfall entsprechend angepasst. Dabei wird immer nur genau die Energie dem Netz entnommen, die tatsächlich an der Abtriebswelle abgenommen wird, bzw. überschüssige Energie durch antreibende Lasten kann durch Verschwenken des Motors über Null in den Pumpenbetrieb wieder in das Netz zurückgespeist werden.

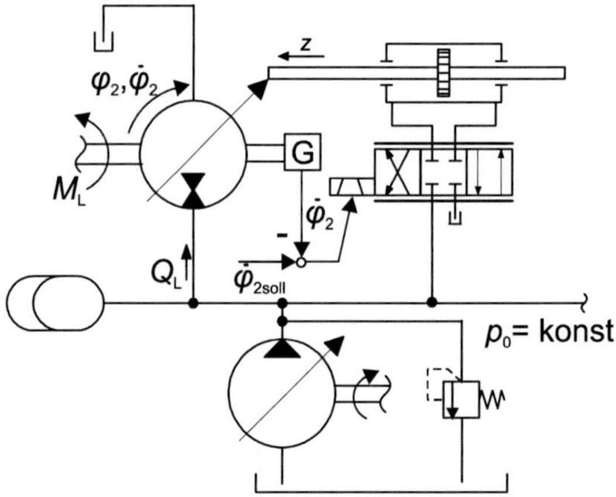

Bild 2.13: Prinzip Verdrängersteuerung am Konstantdrucknetz (Sekundärsteuerung)

Wird das Konstantdrucknetz, wie in Bild 2.13 angedeutet, durch eine Konstantpumpe mit Druckbegrenzungsventil versorgt (d.h. die nicht abgenommene Energie wird am Druckventil abgedrosselt), so ergibt sich für die eingesetzte bzw. die entnommene Leistung folgender Zusammenhang:

$$P_{\mathrm{Vers}} = Q_0 \cdot p_0 = const. \tag{2.4}$$

$$P_{\mathrm{Nutz}} = \frac{z}{z_{\max}} \cdot V_2 \cdot \dot{\varphi}_2 \cdot p_0 \tag{2.5}$$

Der Wirkungsgrad steigt also linear mit dem abgenommenen Volumenstrom an und geht idealerweise gegen eins. Es sei jedoch bemerkt, dass die Realisierung eines Konstantdrucksystems durch Drosselung gegen ein DBV zwar schaltungstechnisch einfach, jedoch aus energetischen Gesichtspunkten in den meisten Fällen nicht geeignet ist. Da einer der Vorteile der Sekundärregelung darin besteht, für mehrere Antriebe nur eine Druckversorgung zu benötigen, rentiert sich in vielen Fällen eine höhere Investition in eine geregelte Druckversorgung mit Speicherladeschaltung.

Hydrotransformator

Um Zylinder an einem Konstantdrucknetz mit der energetisch günstigen Verdrängersteuerung zu betreiben, müssen Hydrotransformatoren verwendet werden. Diese bestehen aus einem sekundärgeregelten Verstellmotor, der mechanisch einen Konstantmotor antreibt. Beide Einheiten können auch im Pumpenbetrieb arbeiten und dadurch Energie an das Drucknetz zurückgeben. Bild 2.14 zeigt zwei

Schaltungskonzepte mit Hydrotransformator. Im Bild links ist ein Gleichgangzylinder im geschlossenen Kreislauf mit einem Konstantverdränger dargestellt. Im rechten Teil ist eine Schaltungsvariante mit einem Differentialzylinder aufgeführt.

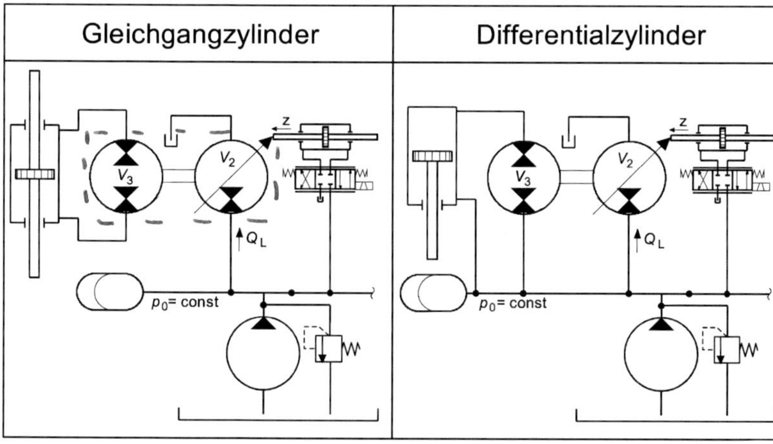

Bild 2.14: Verdrängergesteuerte Zylinderantriebe am Konstantdrucknetz mit Hydrotransformator

3 STELLGLIEDER

neu bearbeitet von Dipl.-Ing. Christoph Siebert

3.1 Stetigventile

Ventile, bei denen die Ausgangsgröße (Ventilschieberweg, Druck, Volumenstrom) in einem kontinuierlichen Zusammenhang zum Eingangssignal (Ansteuerspannung, Ansteuerstrom) steht, werden Stetigventile genannt. Im Gegensatz dazu haben Schaltventile ein diskretes Verhalten. Stetigventile werden bevorzugt als elektro-hydraulische Umformer in Regelkreisen eingesetzt. Elektrisch angesteuerte Ventile ermöglichen die Verknüpfung des hydraulischen Leistungsteils mit den Vorzügen der modernen Steuerungs- und Regelungstechnik zu genauen und dynamisch hochwertigen elektro-hydraulischen Antriebslösungen. Das Ventil ist die wichtigste Schnittstelle zwischen elektrischem Signalkreis und hydraulischem Energiekreis.

Die Stetigventile lassen sich nach ihrem stationären Verhalten in drei Gruppen untergliedern:

- Wegeventile sind Stetigventile, bei denen die Stellung y des Steuerschiebers dem Eingangssignal i proportional ist ($y \sim i$).
- Druckventile sind Stetigventile, bei denen der Lastdruck p_L am Arbeitsanschluss proportional zum Eingangssignal i am Ventil ist ($p_L \sim i$).
- Volumenstromventile sind Stetigventile, bei denen der Volumenstrom Q durch das Ventil proportional zum Eingangssignal i ist ($Q \sim i$).

Die stationären Kennlinien $Q = f(p_L, i)$ dieser drei Ventiltypen sind in Bild 3.1 gegenübergestellt.

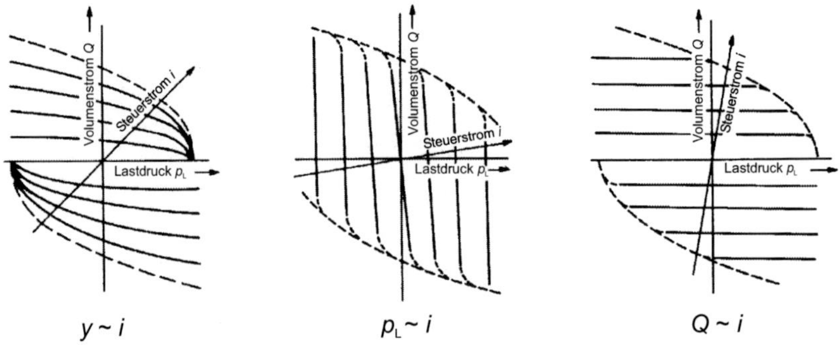

Bild 3.1: Stationäres Verhalten von Stetigventilen

Wegeventile werden industriell am häufigsten eingesetzt. In der Praxis haben sich für Wegeventile drei Begriffe etabliert: Proportionalventil, Regelventil und Servoventil. Es gibt keine allgemein anerkannte Definition, die diese drei Begriffe eindeutig gegeneinander abgrenzt. Als Faustregel kann angegeben werden, dass mit dem Begriff „Proportionalventil“ in der Regel Ventile mit einer Grenzfrequenz bis ca. 20 Hz und leicht positiver Überdeckung (siehe Kapitel 6.1) gemeint sind. Die positive Überdeckung wird signalseitig kompensiert. Unter dem Begriff „Regelventil“ werden Ventile mit einer Grenzfrequenz von ca. 10 bis 100 Hz und Nullüberdeckung verstanden, während Servoventile eine Grenzfrequenz größer 80 Hz und besonders präzise Nullüberdeckung besitzen.

Angesteuert werden Stetigventile mit elektrischen, in Einzelfällen auch mit pneumatischen Signalen. Verwendet werden dafür elektro-mechanische Umformer (Proportionalmagnet, Tauchspule, Linearmotor, Torquemotor, Piezoaktor). Müssen besondere Sicherheitsvorschriften beachtet werden (z.B. in der Verfahrenstechnik) kommen auch pneumo-mechanische Umformer zum Einsatz. Die hydraulische Leistungsstufe wird entweder direkt durch den elektro-mechanischen Umformer oder bei hoher Leistungsverstärkung unter Zwischenschaltung hydraulischer Vorsteuerungen betätigt. Aus diesem Grund wird zwischen einstufigen und mehrstufigen Stetigventilen unterschieden. Zum besseren Verständnis für die Funktionszusammenhänge bei einem Stetigventil werden zunächst die verschiedenen Teilsysteme eines Ventils getrennt betrachtet.

3.1.1 Aufbau und Funktionsweise

Stetigventile setzen sich immer aus einem elektro-mechanischen Umformer und einer mechanisch-hydraulischen Stufe zusammen. Unter Umständen sind zusätzlich eine oder mehrere hydraulische Stufen vorhanden. Bei der Benennung der Anzahl der Stufen eines Ventils werden ausschließlich die hydraulischen Stufen gezählt. Das bedeutet, dass ein einstufiges Ventil als einfachste Bauform aus einem elektromechanischen und einem mechanisch-hydraulischen Umformer besteht.

3.1.1.1 Elektrische Eingangsstufe (elektro-mechanischer Umformer)

Elektro-mechanische Umformer dienen dazu, Kräfte und/oder Wege zu erzeugen, um hydraulische Widerstände zu verändern.

In Bild 3.2 sind die in elektro-hydraulischen Stetigventilen am häufigsten eingesetzten Typen elektro-mechanischer Umformer aufgeführt.

Schaltmagnet

Der Schaltmagnet zeichnet sich durch seinen einfachen Aufbau aus. Er besteht aus einer stromdurchflossenen Spule, einem Eisenkern und dem Anker. Der Kern bildet zusammen mit dem Anker einen Magnetkreis, welcher im unbestromten Zustand einen Spalt aufweist. Wird die Spule von Strom durchflossen, so wirken die magnetischen Kräfte auf den Anker in spaltschließende Richtung. Durch seine Auslegung mit stark hyperbolischer Kennlinie ist er in der Regel nur für schaltende Aufgaben und damit nicht für Stetigventile geeignet.

Proportionalmagnet

Der Proportionalmagnet ist eine Weiterentwicklung des Schaltmagneten. Durch die eingebrachten Fasen um Eisenkern und den schwarz eingefärbten Steuerkonus, der aus magnetisch schlecht leitfähigen Material besteht, wird die Magnetkraft über den relevanten Bereich des Hubs linearisiert und die dazugehörige Kennlinie weist nun einen geringen Abfall über den Hub auf. Mit Hilfe einer eingesetzten Feder wird ein proportionales Verhalten zwischen Spulenstrom und Hub des Ankers erreicht. Die Leistungsdichte von Proportionalmagneten ist durch die mit der Linearisierung der Magnetkraft verbundenen Streuflüsse stets geringer als diejenige von Schaltmagneten. Durch eine besondere elektrische Ansteuerung wird mit ihm ein akzeptables dynamisches Verhalten erreicht, welches allerdings durch die üblicherweise hohe Induktivität der Spule und die vergleichsweise große bewegte Ankermasse begrenzt ist.

elektrom. Wandler	Schaltmagnet	Proportionalmagnet	Tauchspule
Ausführungsbeispiel	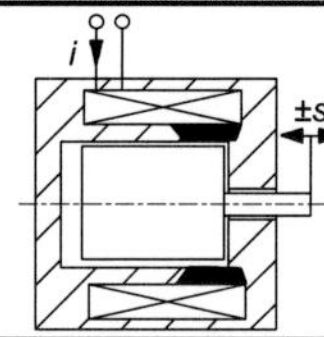	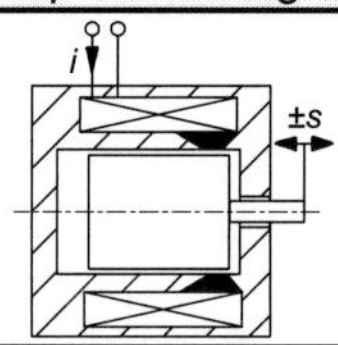	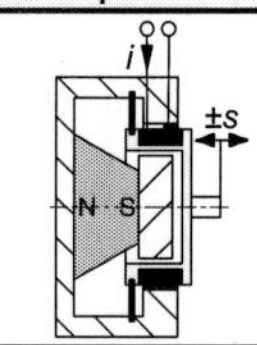
Kennfeldcharakteristik	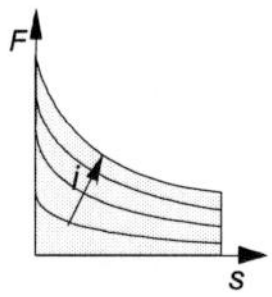	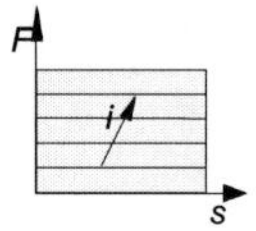	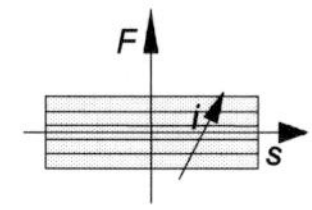
erreichbare Hübe	3...8,5 mm	2...4,5 mm	> 2 mm
Maximalkräfte	55...220 N	45...200 N	> ± 100 N
Hubarbeit	75...850 Nmm	70...800 Nmm	> 300 Nmm
Hubarbeit / Bauvolumen	2,1...3,8 Nmm/cm³	1,3...3,5 Nmm / cm³	ca. 1,2 Nmm/cm³
Hysterese	k. A.	gesteuert < 4 %	gut
Linearität	Korrekturregelung erf.	gut	auch gesteuert gut
erreichbare Dynamik	k. A.	< 200 Hz	typ. 350 Hz
Eingangsleistung	16...42 W	15...40 W	< 100 W
Bauaufwand	ohne Regelung gering	mäßig (Steuerkonus)	teurer Permanentmagnet
Druckfestigkeit	Standardausführung	Standardausführung	druckfester Stecker erf.
Bemerkung	unüblich für Stetigventile	kein fail-safe	geringe Kraftdichte

elektrom. Wandler	Linearmotor	Torquemotor	piezoel. Wandler
Ausführungsbeispiel	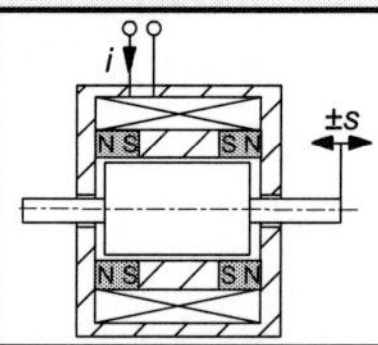	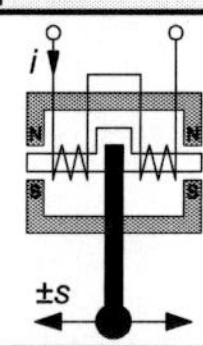	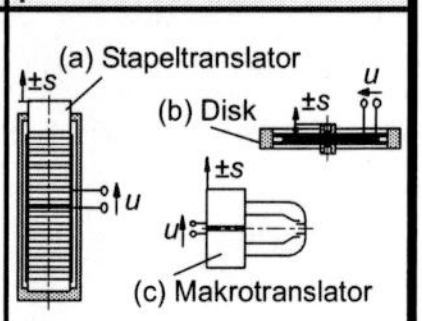
Kennfeldcharakteristik	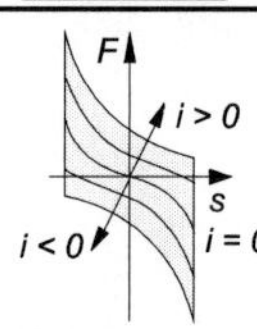	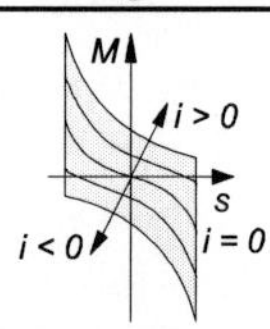	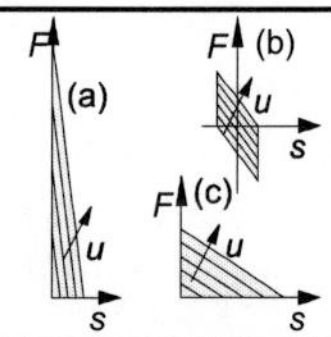
erreichbare Hübe	0,7...2 mm	Hebel: ± 0,25 .. 0,8 mm Prallpl.: ± 0,035 mm	< 0,18 | < 0,2 | <1 mm
Maximalkräfte	± 100...± 300 N	< 70 N	3500 | 35 | 50 N
Hubarbeit	140...780 Nmm	2...40 Nmm	> 400 | 7 | 50 Nmm
Hubarbeit / Bauvolumen	1,5...2,5 Nmm/cm³	k. A.	ca. 5 | 0,25 | 1 Nmm/cm³
Hysterese	k. A.	< 3% gesteuert	nur mit Regelung gering
Linearität	ohne Regelung mäßig	< 5% gesteuert	nur mit Regelung gut
erreichbare Dynamik	ca. 260 Hz	100 ...1000 Hz	> 2000 | 1100 | 100 Hz
Eingangsleistung	7,2...65 W	0,02 ...7,5 W	typ. 50 W
Bauaufwand	teure Permanentmagnete	teure Permanentmagnete	hoch (präzise Teile erf.)
Druckfestigkeit	ja	ja	k. A.
Bemerkung	federzentriert	federzentriert	teuer und (a) baut lang

Bild 3.2: Elektro-mechanische Umformer /Bac93/

Tauchspule

Bei der Tauchspule wird das elektrodynamische Prinzip genutzt. Auf einen stromdurchflossenen Leiter wird in einem Magnetfeld nach Lorentz je nach Richtung und Betrag des Stromes eine Kraft ausgeübt. Das magnetische Feld wird durch einen Permanentmagneten erzeugt. Die Tauchspule wird durch Federn in der Mittelstellung zentriert. Vorteile sind die gute Dynamik durch die geringere bewegte Masse gegenüber einem Proportionalmagneten und die Möglichkeit, je nach Stromrichtung Zug- oder Druckkräfte ausüben zu können.

Linearmotor

Bei diesem in der Ventiltechnik als Linearmotor bezeichneten Aktor handelt es sich um einen permanentmagnetisch vorgespannten Differentialmotor. Seine Permanentmagnete sind gegensinnig gepolt und erzeugen somit bereits im stromlosen Zustand Reluktanzkräfte an beiden Ankerstirnflächen. In der Mittelstellung ist die resultierende Kraft am Anker gleich Null, und er befindet sich im labilen Gleichgewichtszustand, da bei einer Auslenkung des Ankers die entstehenden Magnetkräfte in Richtung der Auslenkung wirken. Diese Instabilität kann mit ausreichend steifen Zentrierfedern behoben werden. Die Zentrierkräfte müssen im stromlosen Zustand die magnetischen überwiegen. Wird die Spule von einem Strom i durchflossen, so beeinflusst das von der Spule erzeugte Magnetfeld das der Permanentmagneten. Der sich ändernde Magnetfluss verstimmt das Kräftegleichgewicht am Anker und bedingt damit eine Auslenkung.

Torquemotor

Torquemotoren, die seit dem Ende des 2. Weltkrieges entwickelt wurden, haben als elektro-mechanische Umformer heute eine große Bedeutung. Bei dem Torquemotor-Prinzip sind zwei Spulen um einen drehfedergelagerten Anker angeordnet, dessen Enden sich im Magnetfeld eines Permanentmagneten befinden. Der magnetische Fluss der Permanentmagnete schließt sich symmetrisch über die vier Polschuhe, den Anker und die Luftspalte. Im Ruhestand, also wenn kein Ansteuerstrom i fließt, wird der Anker durch eine Torsionsfeder in der Mittellage zwischen den Polen gehalten. Er befindet sich magnetisch im labilen Gleichgewicht. Die stets gleichzeitig bestromten Spulen erzwingen einen Magnetfluss durch den Anker, der zu einer ungleichmäßigen magnetischen Durchflutung der vier vorhandenen Arbeitsluftspalte führt. Durch die hierdurch hervorgerufene Asymmetrie der am Anker anliegenden Magnetkräfte entsteht ein den Anker verkippendes Drehmoment. Der Anker wird so weit ausgelenkt, bis sich das entgegenwirkende Moment der Torsionsfeder mit den magnetischen Kräften im Gleichgewicht befindet.

Linearmotor und Torquemotor arbeiten im Grunde mit dem gleichen Wirkprinzip. Beide erzeugen große Kräfte bzw. Momente in beiden Richtungen und verfügen über eine gute Dynamik. Allerdings sind die Wege bzw. Winkel gering und der Bauaufwand ist höher als bei Proportionalmagneten. Die Verwendung dieser Wandler ist deshalb meist auf hochwertige Ventile beschränkt. Linearmotoren werden im Gegensatz zum Torquemotor vorwiegend zur direkten Ansteuerung der Ventilschieber verwendet, während Torquemotoren zumeist in Verbindung mit der Düsen-Prallplatte- oder Strahlrohr-Vorsteuerstufe vorzufinden sind /Bla62/.

Piezo

Der piezoelektrische Effekt beschreibt die Ladungsverschiebung von ferroelektrischen Werkstoffen beim Anlegen einer mechanischen Spannung. Dieser Effekt ist umkehrbar und resultiert in einer Verformung der Keramik bei Anlegen eines elektrischen Feldes. Üblicherweise wird die Längenänderung genutzt, die 0,15 % bei einer elektrischen Feldstärke von 2 kV/mm beträgt /Rei05/. Die Keramiken werden als Stapeltranslator oder Biegewandler hergestellt. Piezoelektrische Wandler benötigen im Gegensatz zu allen anderen elektromechanischen Wandlern keine elektrische Leistung zum Halten einer Position, so dass sie sich für leistungsarme Ventilansteuerungen eignen. Ein weiterer Vorteil ist die hohe erreichbare Dynamik. Nachteilig ist der geringe Hub, so dass die piezoelektrische Ventilbetätigung bisher erst in pneumatischen Ventilen zur Vorsteuerung verwendet wird. Die Realisierung piezoelektrischer Ansteuerungen von hydraulischen Ventilen ist Bestandteil vieler Forschungsvorhaben. Aus diesem Grund kann erwartet werden, dass in absehbarer Zeit entsprechende Ventile am Markt verfügbar werden /Mur02/.

3.1.1.2 Hydraulische Vorsteuerstufe (mechanisch-hydraulischer Umformer)

Für die Umsetzung des mechanischen Ausgangssignals des elektro-mechanischen Umformers in ein hydraulisches Signal werden im Wesentlichen zwei physikalische Prinzipien genutzt: die Drosselung des Ölstromes mit steuerbaren mechanischen Widerständen und die Umwandlung der kinetischen Energie eines Ölstromes in Druck. Die drei Hauptbauformen sind in Bild 3.3 in vereinfachter Darstellung skizziert.

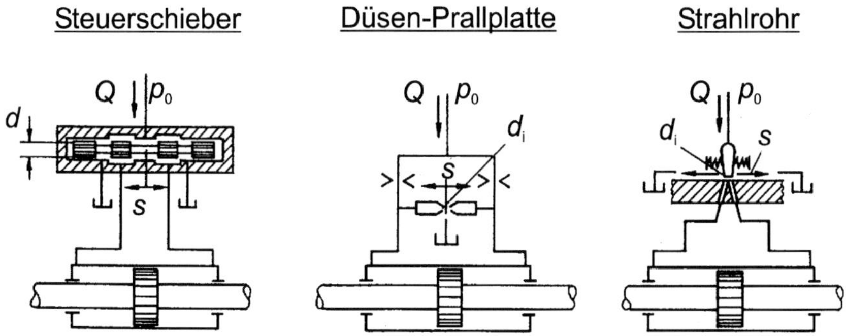

Steuerschieber		Düsen-Prallplatte		Strahlrohr	
d =	4...12 mm	d_i =	0,25...0,5 mm	d_i =	0,12...0,2 mm
s_0 =	1...4 mm	s_0 =	60...75 µm	s_0 =	...0,47 mm
p_0 =	...350 bar	p_0 =	...350 bar	p_0 =	...210 bar
Q_{max} =	5...200 l/min	Q_{max} =	0,3...2,5 l/min	Q_{max} =	0,1...2,5 l/min

Bild 3.3: Mechanisch-hydraulische Umformer

Steuerschieber

Der Steuerschieber basiert auf dem Prinzip der Drosselsteuerung mit vier gekoppelten veränderlichen Widerständen, die durch zueinander verschiebbare Steuerkanten gebildet werden. Es handelt sich dadurch um eine A+A-Verschaltung, siehe Kapitel 2.2.1.2. Steuerschieber werden in den Vorsteuerstufen elektrohydraulischer Stetigventile heute verhältnismäßig selten eingesetzt, da sie wegen der größeren bewegten Masse im Vergleich mit dem Torquemotor ein ungünstiges dynamisches Verhalten aufweisen.

Die am weitesten verbreitete Bauform, der Längsschieber, wird zumeist als ein eigenes Ventil ausgeführt und auf das Gehäuse der Hauptstufe aufgesetzt. Beim sogenannten Folgekolbenprinzip befindet sich der Steuerschieber der hydraulischen Vorsteuerstufe im Schieber der Hauptstufe und realisiert dadurch gleichzeitig die mechanische Wegrückführung.

Weitere Bauformen wie der Dreh- oder der Flachschieber gelten als Sonderbauformen und sind auf dem Markt kaum zu finden.

Düsen-Prallplatte

Düsen-Prallplatte-Systeme als hydraulische Verstärkerstufe in Stetigventilen sind in der Regel aus der Kombination von zwei Brückenhalbgliedern B aufgebaut, siehe

Bild 3.4. Die beiden im Gegensinn veränderlichen Strömungswiderstände werden dabei von einer Prallplatte in Kombination mit zwei Düsen gebildet. Durch den Abstand der Prallplatte zur Düse wird dabei der Grad der Abdrosselung variiert und somit der Druck eingestellt /Mer67/.

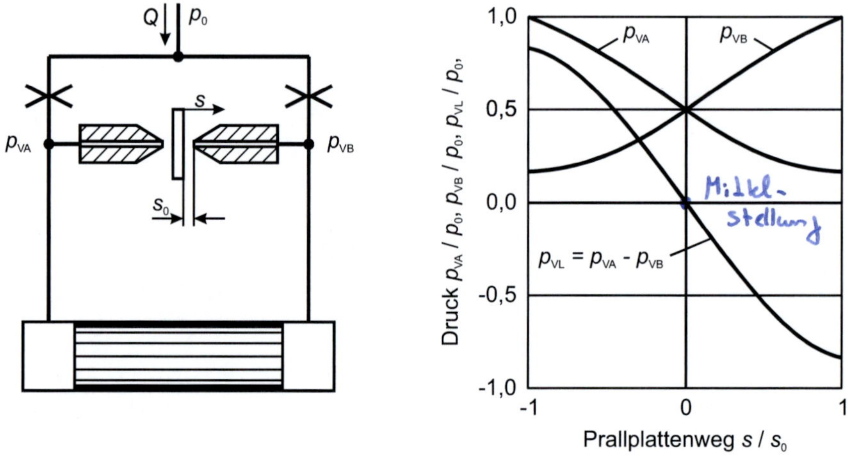

Bild 3.4: Düsen-Prallplatte-System

Eine Auslenkung s der Prallplatte erzeugt eine Lastdruckdifferenz $p_{VL} = p_{VA} - p_{VB}$, die den Schieber bewegt. Die Kennlinie $p_{VL} = f(s)$ weist über einen großen Bereich der Prallplattenauslenkung Linearität auf.

Üblicherweise wird das System so ausgelegt, dass die Vorsteuerdrücke bei der Nullstellung der Prallplatte $p_0 / 2$ betragen. Dadurch wird die größte Druckempfindlichkeit erreicht und damit die beste Kraftverstärkung.

Strahlrohr

Das Strahlrohr-Prinzip basiert auf der Umwandlung kinetischer Energie in statischen Druck. Durch die Düse baut sich das in Bild 3.5 links dargestellte Druckprofil des Staudrucks über der Platte, in welche die Steuerbohrungen eingelassen sind, auf.

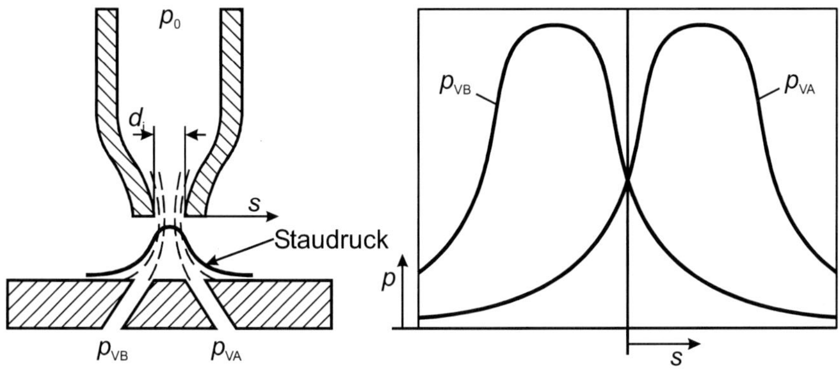

Bild 3.5: Strahlrohr-Prinzip

Liegen die Steuerbohrungen symmetrisch zur Düsenachse, so sind die Drücke p_{VA} und p_{VB} gleich groß in Mittelstellung. Ihr Druckniveau wird durch den Abstand vom Zentrum des auftretenden Strahles bis zur Steuerbohrung bestimmt. Wird das Strahlrohr ausgelenkt, so verschiebt sich das glockenförmige Druckprofil je nach Auslenkrichtung in die positive oder in die negative s-Richtung. In den Steuerbohrungen entstehen dadurch unterschiedliche Drücke p_{VA} und p_{VB}, mit denen die nächste Ventilstufe angesteuert werden kann, siehe rechts in Bild 3.5.

Aufgrund des glockenförmigen Druckprofils weist das Strahlrohr-Prinzip in einem gewissen Bereich um den Mittelpunkt eine gute Linearität zwischen der Strahlrohrauslenkung und der dadurch erzeugten Druckdifferenz auf. Als Vorteil ist die größere Schmutzunempfindlichkeit gegenüber dem Düsen-Prallplatte-System zu nennen.

3.1.1.3 Hydraulische Hauptstufe

Als hydraulische Hauptstufen in Stetigventilen kommen hauptsächlich Längsschieber zum Einsatz, die nach dem Prinzip der verstellbaren Blende arbeiten. Hauptstufen von Stetigventilen sind häufig als Brückenhalbglieder vom Typ A+A mit Nullüberdeckung ausgeführt. In einigen Fällen finden auch Drehschieber als hydraulische Hauptstufen Verwendung.

3.1.2 Einstufige Stetigventile

Zur Steuerung kleiner bis mittlerer Volumenströme (bis ca. 70 l/min) werden einstufige Stetigventile eingesetzt, bei denen der elektro-mechanische Umformer direkt die Leistungsstufe des Ventils betätigt. Durch ihren einfachen Aufbau sind diese Ventile preiswert, robust und wartungsfreundlich. Weiterhin benötigen diese Ventile keinen Volumenstrom für die Vorsteuerung, wodurch der Energiebedarf zur Schieberpositionierung – insbesondere im unbetätigten Zustand - sehr gering ausfällt. Durch die Verwendung von strömungskraftreduzierenden Maßnahmen kann der Einsatzbereich von einstufigen Stetigventilen bezüglich Durchfluss und Dynamik wesentlich vergrößert werden. Dennoch erreichen einstufige Ventile nicht die dynamischen Eigenschaften von hydraulisch vorgesteuerten Ventilen.

Besonders bei Ventilen ohne interne Lageregelung des Schiebers wirkt sich bei hohen Drücken und großen Volumenströmen der Einfluss der Strömungskräfte negativ aus, da diese der Betätigungskraft entgegengesetzt sind. Daher sind Strömungskraftkompensationen durch konstruktive Änderungen am Steuerschieber hier besonders hilfreich. Damit wird versucht, möglichst große Leistungen mit einer Ventilstufe zu steuern.

Ein Beispiel für die Ausführung eines einstufigen elektro-hydraulischen Stetigventils zeigt Bild 3.6.

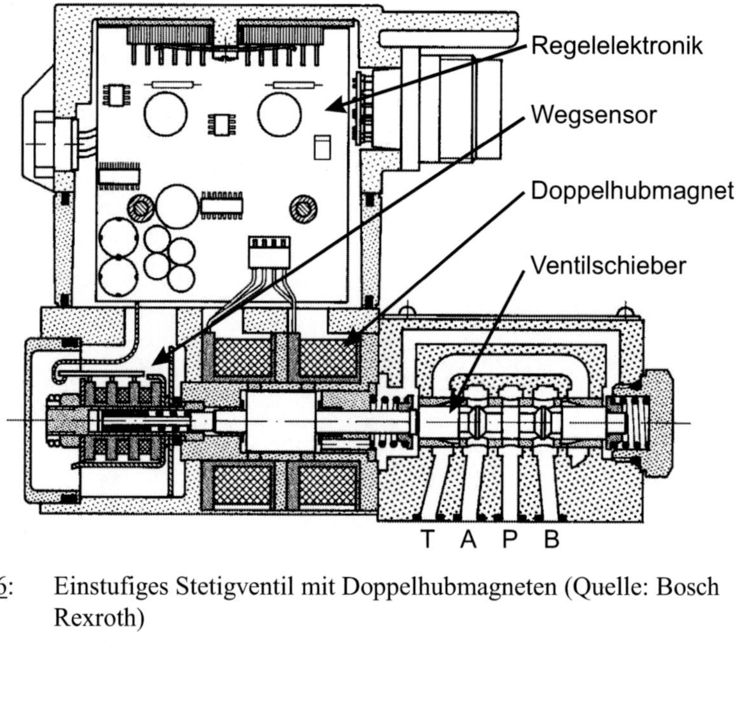

Bild 3.6: Einstufiges Stetigventil mit Doppelhubmagneten (Quelle: Bosch Rexroth)

Das 4/3-Wegeventil der Nenngröße 6 besteht aus einem doppelhubigen Proportionalmagnet (zwei gegeneinander arbeitende Proportionalmagnete) als elektro-mechanischem Umformer und einem strömungskraftkompensierten Vierkanten-Steuerschieber in der Leistungsstufe. Der Hub des Ventilschiebers wird durch einen LVDT-Wegaufnehmer (siehe Kapitel 5.1.2) erfasst. Eine elektrische Lageregelung sorgt für eine Übereinstimmung zwischen Soll- und Istweg des Ventilschiebers. Alle elektronischen Komponenten einschließlich Auswertung des Wegsignals, Regelung und Leistungselektronik zur Ansteuerung der Magnete sind am Ventil untergebracht (OBE = Onboard-Elektronik). Die -90°-Grenzfrequenz beträgt 118 Hz bei einer Hubamplitude des Schiebers von 100 % und 212 Hz bei 5 %. Die Sprungantwortzeit für eine Hubamplitude des Schiebers von 100 % beträgt bei diesem Ventil 5 ms. Das Ventil ist mit einem maximalen Nennvolumenstrom von 40 l/min bei einem Druckabfall von 70 bar über zwei Steuerkanten verfügbar. In Bild 3.7 ist ein Foto des Ventils dargestellt.

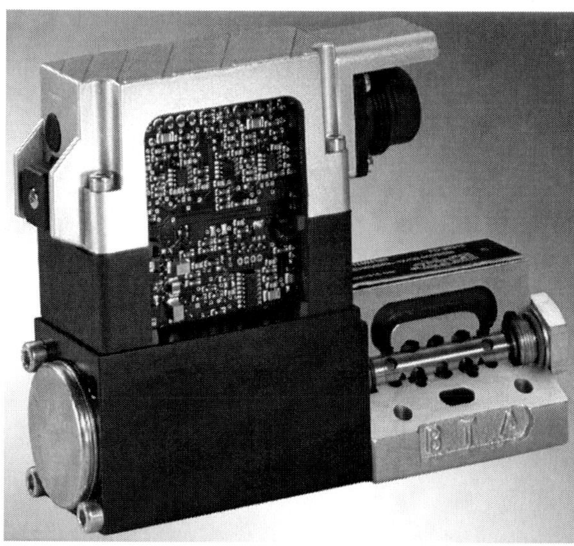

Bild 3.7: Einstufiges Stetigventil mit Doppelhubmagneten (Quelle: Bosch Rexroth)

In Bild 3.8 ist ein einstufiges Stetigventil dargestellt, dessen Schieber mit einem permanentmagnetisch erregten Differentialmotor (in der Ventiltechnik als Linearmotor bezeichnet) betätigt wird. Es handelt sich ebenfalls um ein 4/3-Wegeventil mit einem maximalen Nennvolumenstrom von 40 l/min bei einem Druckabfall von 70 bar über zwei Steuerkanten. Die -90°-Grenzfrequenz beträgt 50 Hz bei einer Hubamplitude des Schiebers von 90 % und 100 Hz bei 10 %. Die Sprungantwortzeit für eine Hubamplitude des Schiebers von 100 % beträgt bei diesem Ventil 12 ms.

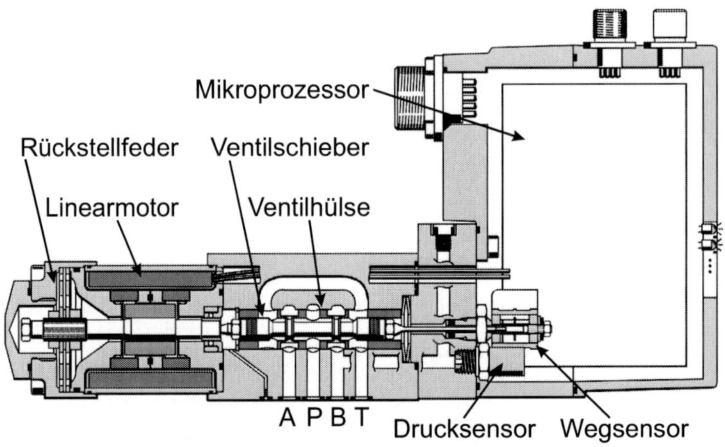

Bild 3.8: Einstufiges digitales Stetigventil mit Linearmotor (Quelle: Moog)

Bild 3.9: Einstufiges digitales Stetigventil mit Linearmotor (Quelle: Moog)

Im Vergleich zu dem zuvor vorgestellten Ventil besitzt dieses neben dem Wegesensor einen Drucksensor, welcher den Druck in einem der beiden Arbeitsanschlüsse erfasst. Dadurch kann das Ventil für eine Druckregelung direkt eingesetzt werden.

Die Besonderheit dieses Ventils besteht in der digitalen Ventilelektronik, die eine nahezu temperaturunabhängige und driftfreie Regelung des Ventils über den gesamten Arbeitsbereich ermöglicht. Über eine Feldbusschnittstelle wird eine digitale Ansteuerung des Ventils und gleichzeitig auch eine Rückgabe von Informationen an die übergeordnete Steuerung realisiert. Durch eine Software lassen sich Ventilkennlinien sowie Regelparameter der Druckregelung ändern.

Das direktgesteuerte 4/3-Wege-Stetigventil der Nenngröße 6 in Bild 3.10 ist mit einer Tauchspule als elektro-mechanischem Umformer ausgestattet. Auch in diesem Ventil beträgt der maximale Nennvolumenstrom 40 l/min bei einem Druckabfall von 70 bar über zwei Steuerkanten. Die -90°-Grenzfrequenz beträgt ca. 100 Hz bei einer Hubamplitude des Schiebers von 100 % und 350 Hz bei 5 %. Die Sprungantwortzeit für eine Hubamplitude des Schiebers von 100 % beträgt bei diesem Ventil 3,5 ms. Die hohe Dynamik dieses Ventils ist der geringen beweglichen Masse der Tauchspule zu verdanken, die auf einem hochfesten Kunststoff aufgewickelt ist. Das bewegte Ventilschieber-Spulen-System ist nur in der Ventilhülse gelagert, so dass zusätzliche Lagerungen nicht notwendig sind, und folglich Reibungsverluste gering sind. In Bild 3.11 ist ein Foto des beschriebenen Ventils dargestellt.

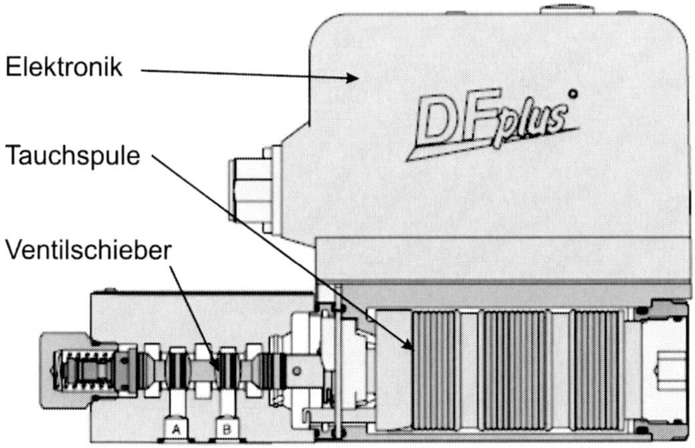

Bild 3.10: Einstufiges Stetigventil mit Tauchspule (Quelle: Parker)

Bild 3.11: Einstufiges Stetigventil mit Tauchspule (Quelle: Parker)

Einstufige Stetigventile in Drehschieberbauart sind in Bild 3.12 und Bild 3.13 dargestellt.

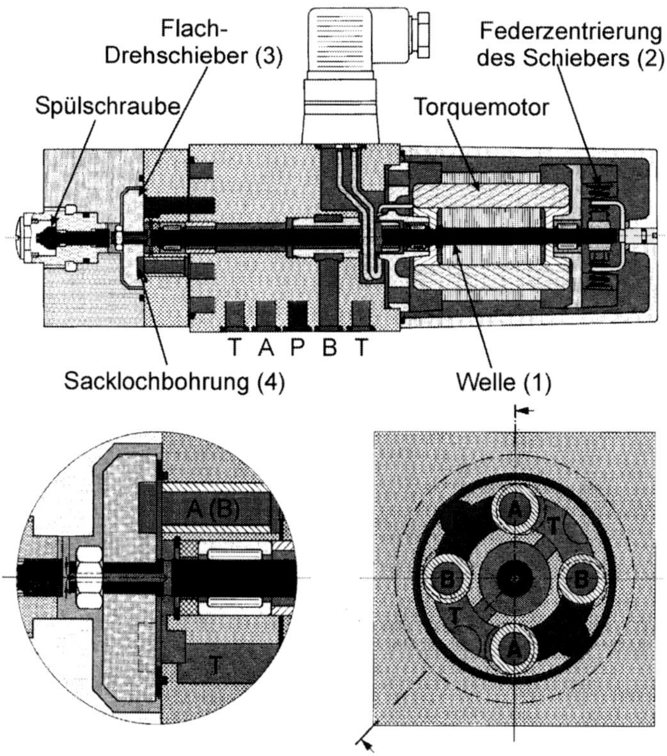

Bild 3.12: Einstufiges Stetigventil mit Drehschieber (Quelle: EMG)

Mit diesem 4/3-Wegeventil der Nenngröße NG 10 lassen sich Leistungen bis zu ca. 6 kW bei einer Eingangsleistung von ca. 15 W steuern. Aufbau und Funktionsweise dieses Ventils lassen sich wie folgt beschreiben:

Die elektrische Eingangsstufe des Ventils besteht aus einem Torquemotor. Der Drehanker des Torquemotors ist auf der in Nadellagern geführten Welle (1) befestigt, die durch vier Federn (2) in der Nulllage zentriert wird. Auf dem anderen Ende trägt die Welle den Drehschieber (3), in dem vier Sacklochbohrungen (4) eingebracht sind.

In der Nulllage stehen diese Bohrungen exakt über den Verbraucheranschlüssen A und B, so dass die Verbraucheranschlüsse gegen den Druck- und Tankanschluss abgesperrt sind. Wird der Drehschieber aus der neutralen Lage ausgelenkt (in Bild 3.12 gestrichelt dargestellt), schaffen die Sacklochbohrungen Übergänge zwischen der Druckversorgung und dem einen Verbraucheranschluss, während der andere mit dem Tank verbunden wird. Der durch den Drehschieber freigegebene

Steuerquerschnitt ist abhängig von der Größe des Momentes, das von der elektrischen Eingangsstufe erzeugt wird, und von der Gesamtfedersteifigkeit der Federn (2), die das Gegenmoment für den Momentabgleich bilden.

Eine Besonderheit dieses Ventils ist die hydrostatische Lagerung des Drehschiebers. Dieser schwimmt mit einer lagegeregelten Spalthöhe auf dem Gehäuseblock, so dass Reibeinflüsse vernachlässigbar klein sind.

Der maximale Nennvolumenstrom dieses Ventils beträgt 70 l/min bei einem Druckabfall von 70 bar über zwei Steuerkanten. Die -90°-Grenzfrequenz beträgt ca. 60 Hz bei einer Hubamplitude des Schiebers von 100 % und 10%.

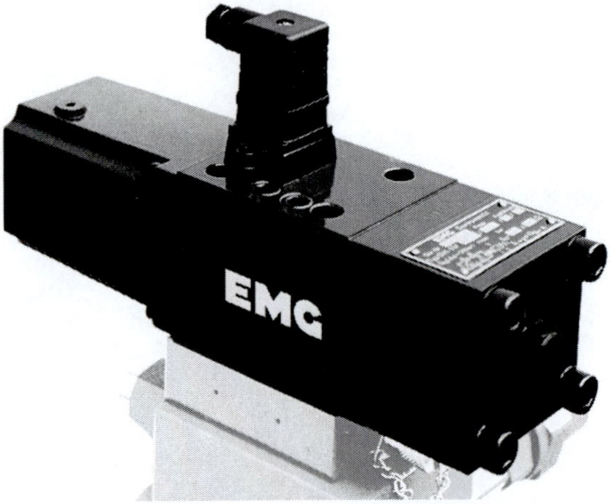

Bild 3.13: Einstufiges Stetigventil mit Drehschieber (Quelle: EMG)

3.1.3 Mehrstufige Stetigventile

Zur Steuerung großer Volumenströme werden mehrstufige Stetigventile eingesetzt bei denen der Schieber der Hauptstufe durch die Drücke der Vorsteuerstufe betätigt wird. Dadurch werden wesentlich höhere Betätigungskräfte für die hydraulische Hauptstufe als bei einstufigen Ventilen erreicht. Um bei mehrstufigen Ventilen Proportionalität zwischen elektrischem Eingangssignal und Schieberauslenkung an der Leistungsstufe zu erzielen, gibt es verschiedene konstruktive Möglichkeiten. Sie lassen sich gliedern in:

- Lageregelung mit Kraftabgleich

- Lageregelung mit elektrischem Wegabgleich
- Lageregelung mit mechanischem Wegabgleich
- Lageregelung mit hydraulischem Wegabgleich

Nachfolgend werden verschiedene Abgleichformen am Beispiel mehrstufiger Stetigventile vorgestellt.

3.1.3.1 Zweistufige Stetigventile

Hier soll zunächst das Zusammenwirken der einzelnen Ventilstufen an einem typischen zweistufigen Stetigventil dargestellt werden. Den gerätetechnischen Aufbau zeigt Bild 3.14, und ein Foto ist in Bild 3.15 dargestellt. Die Lageregelung des Schiebers wird über *die Kraft bzw. das Moment* abgeglichen.

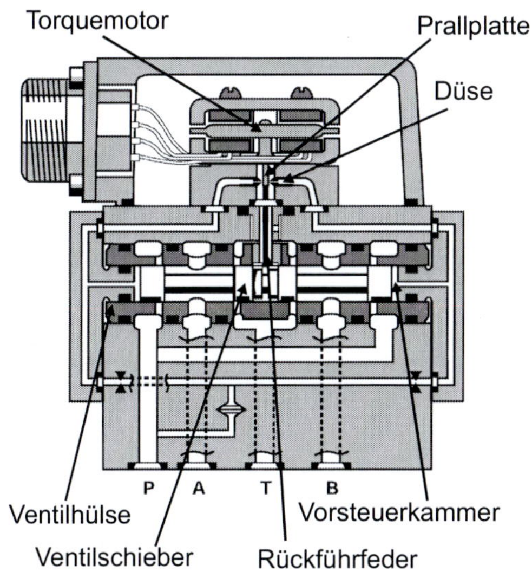

Bild 3.14: Zweistufiges Stetigventil mit Düsen-Prallplatte-System (Quelle: Moog)

Das Ventil besteht aus den bereits erwähnten drei Funktionsgruppen:

- Torquemotor als elektro-mechanischer Umformer
- Düsen-Prallplatte-System als mechanisch-hydraulischer Umformer
- Vierkanten-Steuerschieber als hydraulische Hauptstufe

Bild 3.15: Zweistufiges Stetigventil mit Düsen-Prallplatte-System (Quelle: Moog)

Das Düsen-Prallplatte-System besteht aus zwei Brückenhalbgliedern B. Jedes Brückenhalbglied steuert den Druck in der jeweiligen Vorsteuerkammer an der Stirnseite des Hauptsschiebers. Eine Auslenkung der Prallplatte aus der Mittellage erzeugt eine Differenz zwischen den beiden Steuerdrücken in den Vorsteuerkammern. Die resultierende Kraft verschiebt den Steuerschieber der Hauptstufe gegen Feder-, Reibungs-, Massen- und Strömungskräfte. Die Schieberbewegung wird durch die Rückführfeder, deren unteres Ende kugelförmig ausgebildet und mit sehr enger Toleranz in eine Nut am Steuerschieber eingepasst ist, als Moment auf die Prallplatte zurückgeführt. Die Prallplatte wird dadurch so lange in Richtung ihrer neutralen Mittellage zurückgestellt, bis am Torquemotor ein Momentengleichgewicht zwischen elektromagnetischen Kräften und den Rückstellkräften erreicht wird. Es bleibt eine restliche Druckdifferenz zwischen den Steuerdrücken am Schieber bestehen, die das Gleichgewicht gegenüber äußeren Kräften - insbesondere Strömungskräften - herstellt. Die Rückführfeder hat dabei keine zentrierende Wirkung auf den Schieber, sie dient lediglich dem Momentenabgleich.

Der Steuerschieber der Hauptstufe bildet mit seinen vier Steuerkanten zwei hydraulische Brückenhalbglieder vom Typ A. Die Kombination von zwei Brückenhalbgliedern vom Typ B in der Vorsteuerstufe und zwei vom Typ A in der Hauptstufe wird bei den weitaus meisten zweistufigen Stetigventilen angewandt.

Das nachfolgende Bild 3.16 zeigt ebenfalls ein zweistufiges Stetigventil. Die Vorsteuerstufe arbeitet in diesem Fall nach dem Strahlrohrprinzip. Die Positionsregelung des Hauptschiebers erfolgt durch einen *elektrischen Wegabgleich.* Dazu ist ein elektrisches Wegmess- und Regelsystem am Ventil installiert.

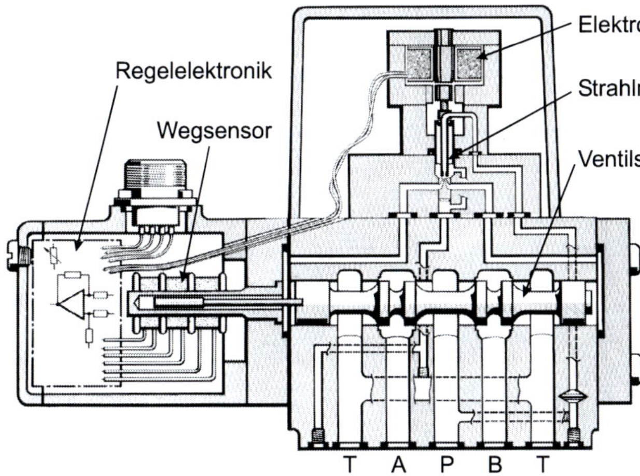

Jet-Pipe Ventil

Bild 3.16: Zweistufiges Stetigventil mit Strahlrohr (Quelle: Moog)

Ein induktiver Wegaufnehmer liefert ein dem Ventilschieberweg der Hauptstufe proportionales Signal (Lageistwert), das in der Regelelektronik mit der Ansteuerspannung (Lagesollwert) verglichen wird. Die elektronische Regeleinrichtung bildet ein Stellsignal, mit dem der Torquemotor der Vorsteuerstufe angesteuert wird. Bild 3.17 zeigt ein Foto des aufgeschnittenen Ventils.

Bild 3.17: Zweistufiges Stetigventil mit Strahlrohr (Quelle: Moog)

Bild 3.18 zeigt ein zweistufiges Stetigventil, in dem die Auslenkung des Steuerschiebers über einen *mechanischen Wegabgleich* geregelt wird. Man spricht in diesem Fall von dem sogenannten Folgekolbenprinzip.

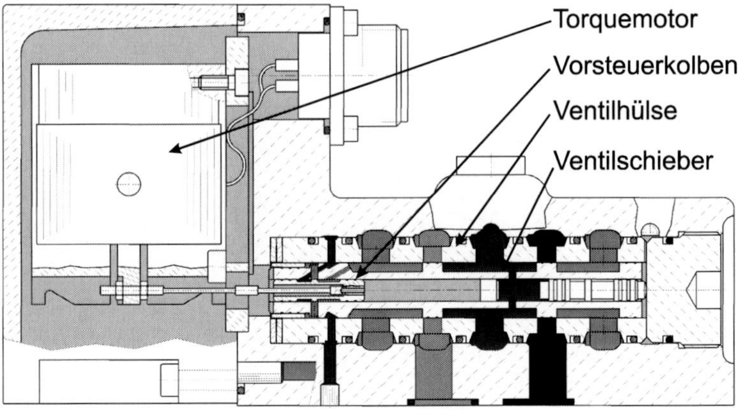

Bild 3.18: Zweistufiges Stetigventil mit Folgekolben (Quelle: Schneider)

Die Vorsteuerung ist aus den Brückenhalbgliedern A und E aufgebaut. Durch den Torquemotor wird der Weg des kleinen Vorsteuerschiebers vorgegeben. Dieser bewegt sich relativ zum Hauptschieber und gibt einen Querschnitt zum ringförmigen Arbeitsraum am Hauptschieber frei. Der Arbeitsraum ist dadurch je nach Bewegungsrichtung entweder mit dem Hochdruck- oder dem Tankanschluss verbunden (Brückenhalbglied A). Damit bewegt sich der Hauptsteuerschieber so lange gleichsinnig zum Vorsteuerschieber, bis die Steuerkanten des Vorsteuerschiebers wieder verschlossen sind. Auf der Gegenseite des Hauptschiebers liegt ein konstanter Druck an (Brückenhalbglied E). Ein Foto des beschriebenen Ventils ist in Bild 3.19 gezeigt.

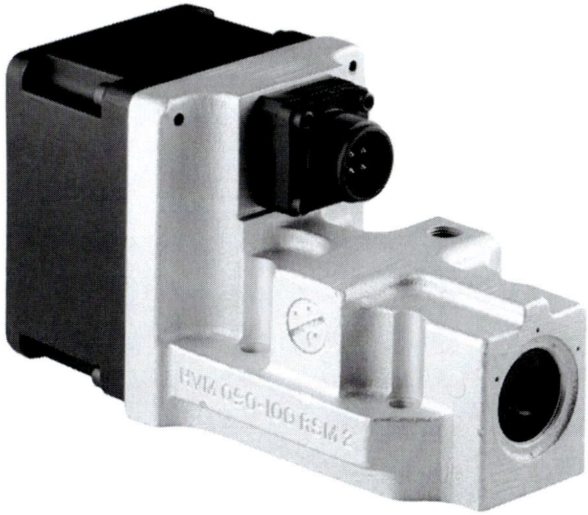

Bild 3.19: Zweistufiges Stetigventil mit Folgekolben (Quelle: Schneider)

Lageregelungen mit *hydraulischem Wegabgleich* finden relativ wenig Anwendung. Das ist auf die wesentlich höhere Kraftverstärkung und Steifigkeit der Schaltungen mit elektrischem oder mechanischem Wegabgleich zurückzuführen. Die Steifigkeit des Ventilantriebs ist eine Funktion des maximalen Ventilschieberweges bzw. des Verhältnisses von Vorsteuerwiderstand zu Abgleichwiderstand, so dass sich der hydraulische Wegabgleich nur bei kleinem Stellbereich des Schiebers sinnvoll einsetzen lässt. Ein Vorteil beim hydraulischen Wegabgleich ist darin zu sehen, dass zwischen der Vorsteuer- und Hauptstufe keinerlei Verbindung über mechanische Elemente notwendig ist, da der Abgleich der verstimmten Brücke über den Druck erfolgt. Aus diesem Grund können relativ große Abstände zwischen Vorsteuerung und Hauptstufe zugelassen werden. Es werden nur die entsprechenden hydraulischen Verbindungen benötigt.

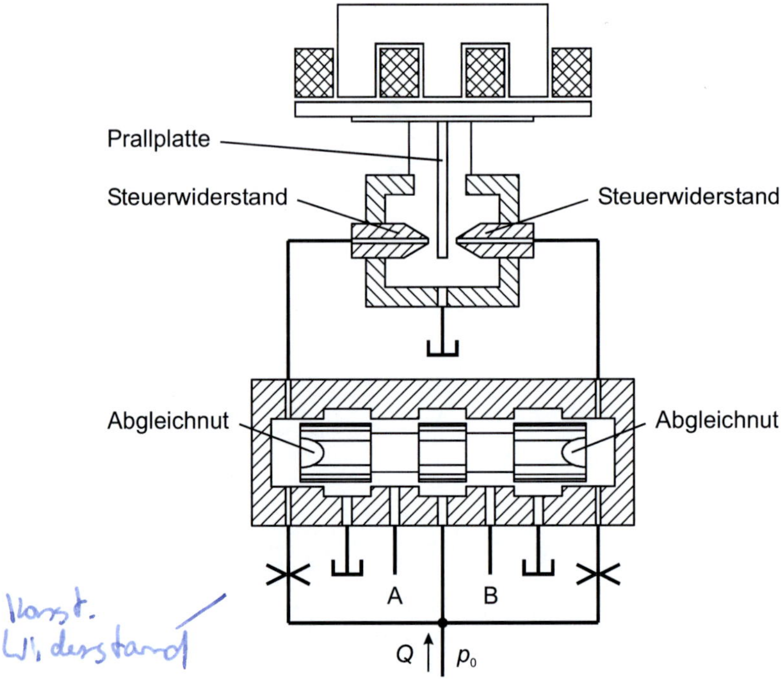

Bild 3.20: Zweistufiges Stetigventil mit hydraulischem Wegabgleich

Das Prinzip eines zweistufeigen Stetigventils mit hydraulischem Wegabgleich ist in Bild 3.20 schematisch dargestellt. Die beiden im Gegensinn betätigten aktiven Widerstände in jedem Brückenhalbglied vom Typ B bestehen aus einem Düsen-Prallplattesystem als Steuerwiderstand und den Abgleichnuten am Ventilschieber als Abgleichwiderstand. Wird die Prallplatte ausgelenkt, so steigt auf der einen Stirnseite des Ventilschiebers der Druck an, während er auf der gegenüberliegenden Seite abfällt. Der Schieber bewegt sich aus seiner neutralen Position und gibt so über eine Abgleichnut einen Querschnitt zum Tank frei. Dadurch sinkt der Vorsteuerdruck wieder und begrenzt die Schieberbewegung. Somit besteht Proportionalität zwischen der Auslenkung der Prallplatte und der Stellung des Schiebers.

3.1.3.2 Dreistufige Stetigventile

Dreistufige Stetigventile werden zur Steuerung großer Durchflüsse im Bereich zwischen mehreren 100 l/min bis zu mehreren 10.000 l/min eingesetzt. Diese sind vielfach aus einem konventionellen zweistufigen Stetigventil und der dritten, für den entsprechenden Durchfluss dimensionierten Hauptstufe und einem elektrischen Wegmess- und Regelsystem aufgebaut, wie es in Bild 3.21 dargestellt ist.

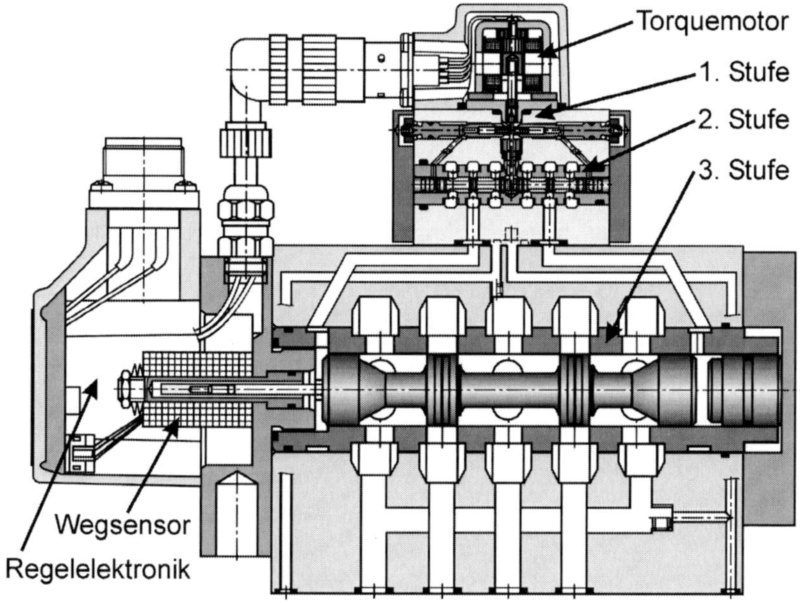

Bild 3.21: Dreistufiges Stetigventil mit elektrischem Wegabgleich (Quelle: Bosch Rexroth)

Die Ankopplung der dritten Ventilstufe an die Vorsteuerung über einen elektrischen Lageregelkreis bietet die Vorteile:

- einfacher konstruktiver Ventilaufbau
- einfache Beeinflussung des stationären und dynamischen Verhaltens über die elektronische Ansteuerung.

Ohne Regelelektronik und Wegmeßsystem funktioniert das in Bild 3.22 dargestellte Stetigventil, dessen dritte Stufe über eine Lageregelung mit Kraftabgleich an die erste Ventilstufe angekoppelt ist.

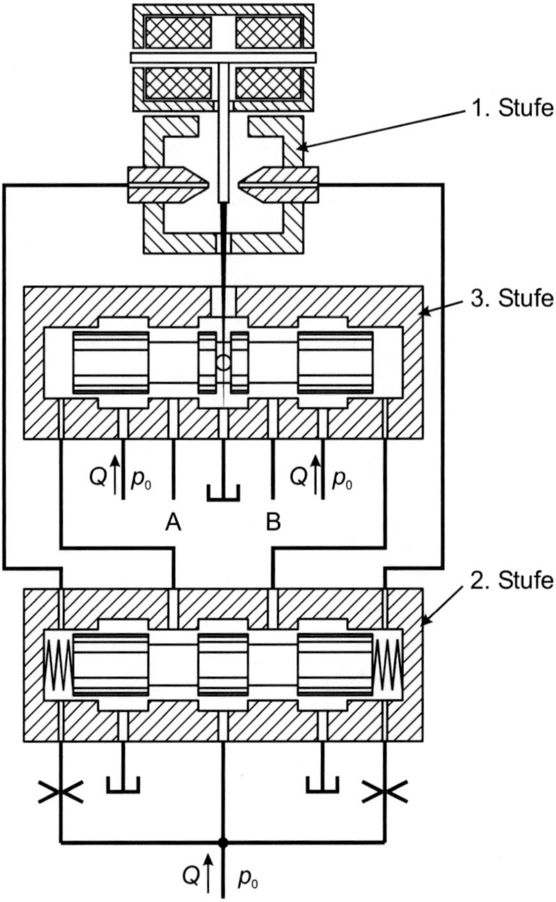

Bild 3.22: Dreistufiges Stetigventil mit Kraftabgleich

Die erste Vorsteuerstufe nach dem Düsen-Prallplatte-Prinzip steuert die zweite Vorsteuerstufe, einen federzentrierten Vierkanten-Steuerkolben. Dieser steuert die Drücke, die auf den Hauptsteuerkolben der dritten Stufe beaufschlagt werden. Das Ventil arbeitet nach dem Prinzip des Kraftabgleichs, der zwischen Torquemotor und dem Hauptsteuerkolben über eine elastische Biegefeder durchgeführt wird. Im Gegensatz zu Ventilen mit federzentriertem Steuerschieber in der Leistungsstufe führen bei dieser konstruktiven Ausführung des Kraftabgleichs äußere Störkräfte, Massenkräfte usw. zu keinem Lagefehler in der Ventilhauptstufe. Auch durch derartige Störkräfte auftretende Lageabweichungen in der zweiten Verstärkerstufe werden durch diese Ventilkonstruktion selbsttätig kompensiert.

3.1.3.3 Sonderbauformen

Durch die Integration von elektronischer Druck- bzw. Geschwindigkeitsregelung in hydraulische Antriebe sind Ventilbauformen mit mechanischem Regelkreis für diese Größen in aktuellen servohydraulischen Antrieben zu finden. Als Ausnahmen sind hier Druckregelventile wie Druckbegrenzungsventil oder Druckminderventil zu nennen. Für die Regelung wird dann üblicherweise ein Standardwegeventil mit elektrischem Regelkreis für Druck oder Volumenstrom eingesetzt. Diese Kombination ermöglicht eine flexible Anpassung an verschiedene Einsatzbedingungen durch Änderung einiger elektronischer Komponenten.

Da eine mechanische Druckmessung in Ventilen durch mechanische Komponenten relativ kostengünstig und genau durchgeführt werden kann, sind Stetigventile, bei denen der Druck proportional zum Eingangssignal ist, in Sonderfällen noch im Einsatz.

Ein Ventil zur Steuerung des Lastdruckes am Verbraucher zeigt Bild 3.23. Es wird z.B. in Flugzeugen zur Modulation des Bremsdruckes eingesetzt.

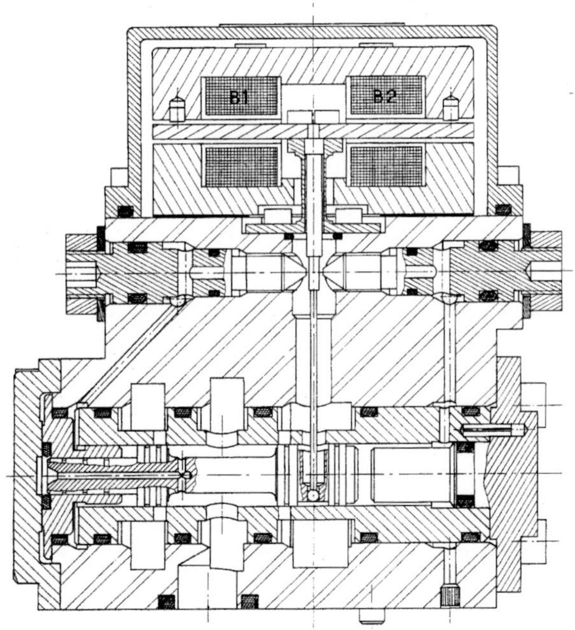

Bild 3.23: Zweistufiges Stetigventil, Druck proportional zum Eingangssignal (Quelle: LHC)

Die Auslenkung des Steuerkolbens stellt sich aufgrund des Kräftegleichgewichts zwischen den Steuerdrücken des hydraulischen Verstärkers, den Strömungskräften an den zwei Steuerkanten des Kolbens und dem auf die Stirnflächen des Steuerkolbens wirkenden Differenzdruck des Verbrauchers ein.

3.1.4 Statisches Verhalten von Stetigventilen

Zur Beschreibung des statischen Verhaltens von Ventilen lassen sich Kenngrößen zur Funktion und zur Charakterisierung der Qualität angeben. Diese sind: das Kennlinienfeld, die Volumenstrom-Signalfunktion, der Nennvolumenstrom, die Druck-Signalfunktion, der Nulldurchfluss und der Summendruckverlauf.

Das statische Verhalten von Stetigventilen wird in erster Linie von der Geometrie der Steuerkanten bestimmt. Dabei unterscheidet man grundsätzlich zwischen Ventilen mit Hülse und solchen ohne. Besitzt das Ventil eine Hülse, so gibt die umlaufende Kante des Schiebers in der Hülse Steuerfenster frei, deren Form die Öffnungscharakteristik bestimmen. Im anderen Fall befindet sich die umlaufende Kante im

Gehäuse, welches üblicherweise ein Gussteil ist. Der Schieber hat dann zusätzliche Steuerkerben, mit deren Hilfe der Öffnungsquerschnitt gesteuert wird.

In Kapitel 6.4 wird darauf eingegangen, wie aus Ventildatenblättern statische Kenngrößen ermittelt werden können.

3.1.4.1 Kennlinienfeld (Volumenstrom-Lastfunktion)

Das Kennlinienfeld beschreibt einen Zusammenhang zwischen Ventildurchfluss und der Druckdifferenz in den Arbeitsanschlüssen. Die Herleitung für das Kennlinienfeld wird in Kapitel 6.2.1.2 beschrieben und die experimentelle Ermittlung wird in Kapitel 6.4 abgehandelt, so dass an dieser Stelle darauf verwiesen wird.

3.1.4.2 Volumenstrom-Signalfunktion

Die Volumenstrom-Signalfunktion gibt den Zusammenhang zwischen dem Ventildurchfluss und dem Ventileingangssignal (in Bild 3.24 Stromsignal i) bei unbelastetem Ventil $p_L = 0$ wieder.

Die Verbraucheranschlüsse A und B am Ventil sind bei der Ermittlung der Volumenstrom-Signalfunktion kurzgeschlossen. Die Volumenstrom-Signalverstärkung $V_{Qi} = Q / i$ entspricht in dieser Darstellung der Steigung der Kennlinie. Dieser Kennwert ist abhängig vom Versorgungsdruck p_0. Im Allgemeinen wird die Volumenstrom-Signalverstärkung bei Servoventilen für einen Versorgungsdruck $p_0 = 70$ bar (= 1000 psi) angegeben. Bei Proportionalventilen wird die Volumenstrom-Signalfunktion bei einem Versorgungsdruck von 10 bar angegeben. Neben der Volumenstrom-Signalverstärkung lassen sich aus der Volumenstrom-Signalfunktion Aussagen über Hysterese, Symmetrie, Linearität und Überdeckungsverhältnisse gewinnen.

In Wirkungsplänen wird der Wert V_{Qi} oftmals auch als Produkt $V_{Qy} \cdot V_{yi}$ dargestellt, siehe Gleichung (3.1).

$$V_{Qi} = V_{Qy} \cdot V_{yi} \tag{3.1}$$

Hierbei wird nicht nur der Zusammenhang zwischen Volumenstrom und Eingangssignal berücksichtigt, sondern auch der Ventilschieberweg y. V_{yi} ist ein Maß für die durch das Eingangssignal hervorgerufene Ventilschieberauslenkung y. V_{Qy} ist ein Faktor für den aus der Ventilschieberauslenkung resultierenden Volumenstrom.

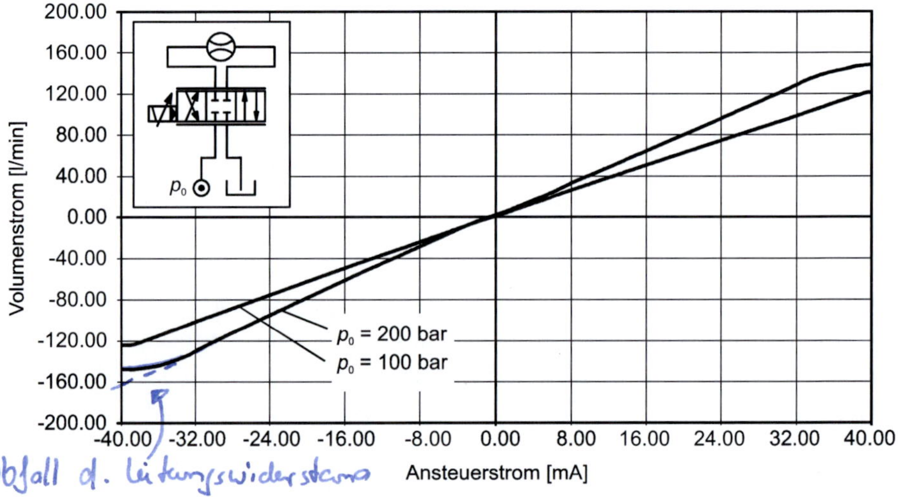

Bild 3.24: Volumenstrom-Signalfunktion

Für die Regelung von Zylindern mit ungleichen Kolbenflächen (Differentialzylindern) existieren auf dem Markt Spezialventile mit geknickten Kennlinien. Sie geben für die beiden Durchströmungsrichtungen unterschiedliche Querschnitte frei, so dass die Volumenstrom-Signalfunktion im positiven Bereich des Ansteuersignals eine andere Steigung als im negativen Bereich aufweist. Dadurch wird den unterschiedlichen Kolbenflächen des Differentialzylinders Rechnung getragen.

3.1.4.3 Nennvolumenstrom

Eine das Ventil charakterisierende Größe ist der Nennvolumenstrom Q_{nenn}. Vom Hersteller wird hier meist der Volumenstrom angegeben, der für einen Versorgungsdruck $p_{\text{nenn}} = 70$ bar bei maximaler Ventilöffnung und kurzgeschlossenen Arbeitsanschlüssen (d.h. Druckabfall über zwei Steuerkanten) über das unbelastete Ventil fließt. Aus dem Nennvolumenstrom lässt sich nach Formel (3.2), welche aus Formel (6.57) anleitbar ist, der maximale Volumenstrom für jeden anderen Versorgungsdruck p_0 und Lastdruck p_L berechnen. Häufig wird der Nennvolumenstrom auch pro Steuerkante angegeben.

$$Q_{0,\max} = Q_{\text{nenn}} \cdot \sqrt{\frac{p_0 - p_L}{p_{\text{nenn}}}} \tag{3.2}$$

Für ein unbelastetes Ventil ($p_L = 0$) vereinfacht sich der Ausdruck zu Formel (3.3).

$$Q_{0,\max} = Q_{\text{nenn}} \cdot \sqrt{\frac{p_0}{p_{\text{nenn}}}} \tag{3.3}$$

3.1.4.4 Druck-Signalfunktion

Die Druck-Signalfunktion, die den Lastdruck p_L als Funktion des Ventileingangssignals i bzw. y und des Versorgungsdruckes p_0 beschreibt, wird bei geschlossenen Verbraucheranschlüssen aufgenommen. Bild 3.25 zeigt die Druck-Signalfunktion eines handelsüblichen Servoventils, welches jedoch schon einige Millionen Lastwechsel durchlaufen hat. Die Steigung dieser Kennlinie im Nulldurchgang wird als Druckverstärkung V_{pi} des Ventils definiert.

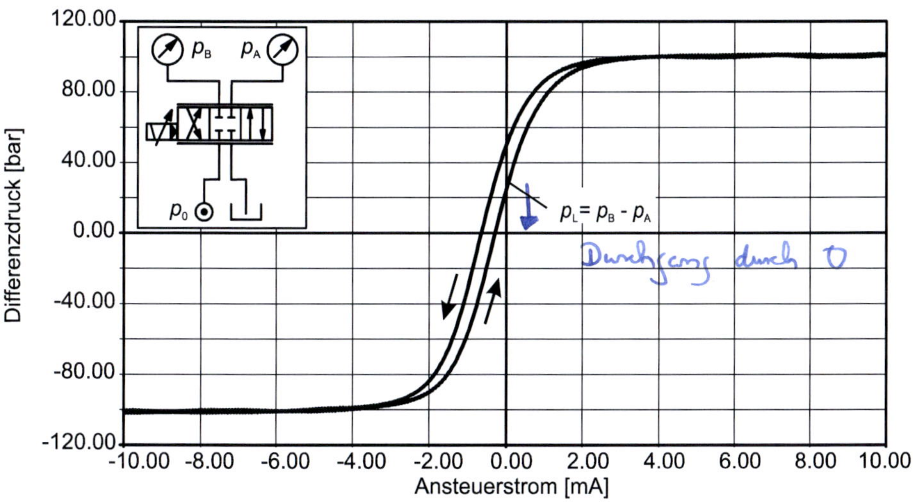

Bild 3.25: Druck-Signalfunktion

Der Kennwert V_{pi} stellt den Zusammenhang zwischen Ansteuersignal und Druckänderung dar. V_{pi} kann als Produkt von V_{py} und V_{yi} dargestellt werden. V_{py} beschreibt eine Lastdruckänderung aufgrund einer Ventilschieberauslenkung. V_{yi} beschreibt eine Ventilschieberauslenkung infolge eines Ansteuersignals, siehe Gleichung (3.4).

$$V_{pi} = V_{py} \cdot V_{yi} \tag{3.4}$$

Die Druck-Signalfunktion, die relativ leicht gemessen werden kann, eignet sich insbesondere für die Ermittlung der Hysterese. Hysterese führt im geschlossenen Regelkreis zu einer unerwünschten Regelabweichung und sollte daher möglichst gering sein. Eine bewährte Gegenmaßnahme ist die Überlagerung des Ansteuersignals mit einem hochfrequenten Wechselsignal, dem sogenannten Dither. Dadurch wird das Stick-Slip-Verhalten des Schiebers verringert. Typische Werte für die Breite der Hystereseschleife liegen bei 1-3 % i / i_{max}. Mit elektrischer Lageregelung sind Werte kleiner 0,1 % i / i_{max} möglich.

In Bezug auf eine hohe Laststeifigkeit eines geregelten elektrohydraulischen Antriebs ist die Druckverstärkung V_{pi} von großer Bedeutung. Bei hochwertigen Ventilen wird eine Lastdruckänderung von 50 % bereits mit einem Prozent Signaleingang erreicht. Je präziser die Steuerkanten des Schiebers mit denen der Hülse bei möglichst geringem Radialspiel abgestimmt werden, desto sicherer ist das Erreichen der angestrebten hohen Druckverstärkung. Ein Verschleiß an den Ventilsteuerkanten wird am Abflachen der Druck-Signalfunktion erkennbar.

3.1.4.5 Nulldurchfluss

Bei einem Stetigventil fließt bei geschlossenen Verbraucheranschlüssen und bei einem Versorgungsdruck p_0 zwischen Druck- und Rückleitung ständig der sogenannte Nulldurchfluss $Q_{0,ges}$, wie er in Bild 3.26 für zwei verschiedene Versorgungsdrücke aufgetragen ist.

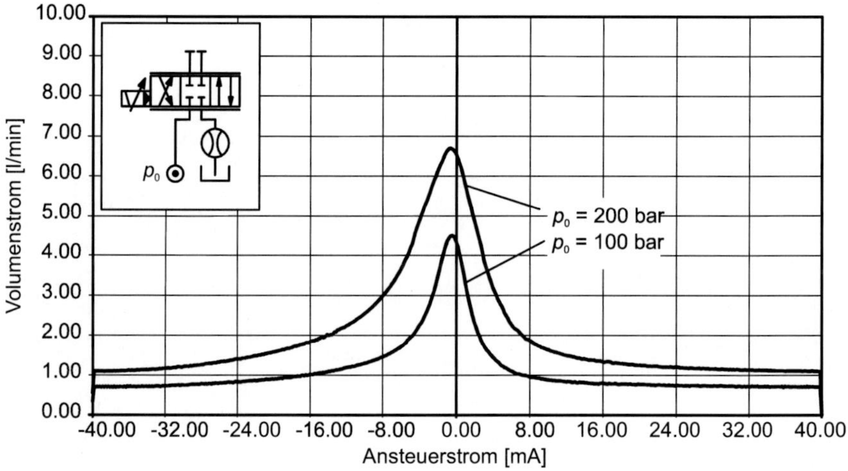

Bild 3.26: Nulldurchfluss

Bei direkt gesteuerten Ventilen entsteht dieser Nulldurchfluss durch das Radialspiel zwischen Hülse und Längsschieber sowie durch negativ überdeckte Steuerkanten. Er wird auch als $Q_{0,\text{haupt}}$ bezeichnet (hydraulische Hauptstufe) und hat im hydraulischen Nullpunkt sein Maximum. Bei vorgesteuerten Ventilen kommt zusätzlich zu $Q_{0,\text{haupt}}$ ein nahezu konstanter Anteil $Q_{0,\text{vor}}$ hinzu. Dieser Anteil fließt ständig über die hydraulische Vorsteuerstufe des Ventils. Der Nulldurchfluss $Q_{0,\text{ges}}$ ergibt sich aus der Addition der beiden Volumenströme $Q_{0,\text{vor}}$ und $Q_{0,\text{haupt}}$. Wie aus Bild 3.26 zu ersehen ist, steigt der Nulldurchfluss mit dem Versorgungsdruck an. Außerdem verlagert sich hier der hydraulische Nullpunkt des Ventils mit dem Versorgungsdruck p_0 nach links, was auf eine asymmetrische Verformung des Schiebers und der Hülse zurückzuführen ist. Der bei diesem Ventil besonders hohe Durchfluss in der Mittelstellung ist auf den Verschleiß der Steuerkanten zurückzuführen.

3.1.4.6 Summendruck

Einen guten Einblick in die am Stetigventil vorliegenden Überdeckungsverhältnisse liefert der Summendruckverlauf, der bei geschlossenen Verbraucheranschlüssen A und B gemessen wird. Die Überdeckungen werden durch die Variablen $y^*_{\text{ein,A}}$, $y^*_{\text{aus,A}}$, $y^*_{\text{ein,B}}$ und $y^*_{\text{aus,B}}$ für die Ein- bzw. Ausströmkanten an den Anschlüssen A und B beschrieben. Für den Fall symmetrischer Verhältnisse am Steuerschieber zeigt Bild 3.27 drei charakteristische Summendruckverläufe. Im Idealfall ist die negative Überdeckung an allen Steuerkanten gleich groß. Der Summendruck bleibt über dem Ventilhub konstant. Dieser Fall tritt jedoch in der Praxis aufgrund von Fertigungsungenauigkeiten kaum auf. Die mittlere Kurve in Bild 3.27 zeigt den Summendruckverlauf für eine betragsmäßig größere, die rechte Kurve den Summendruckverlauf für eine betragsmäßig kleinere negative Überdeckung an den Auslasskanten des Ventils.

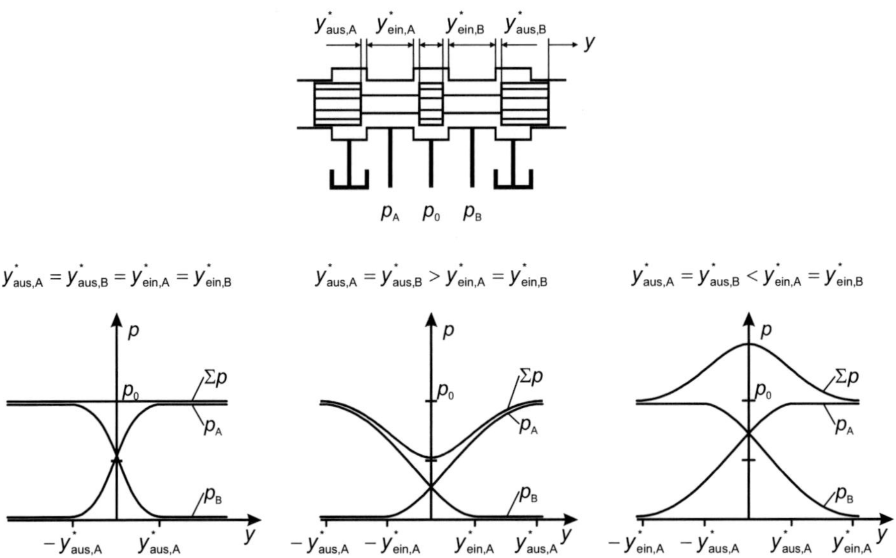

Bild 3.27: Summendruck bei symmetrischer Abweichung der Überdeckungsverhältnisse

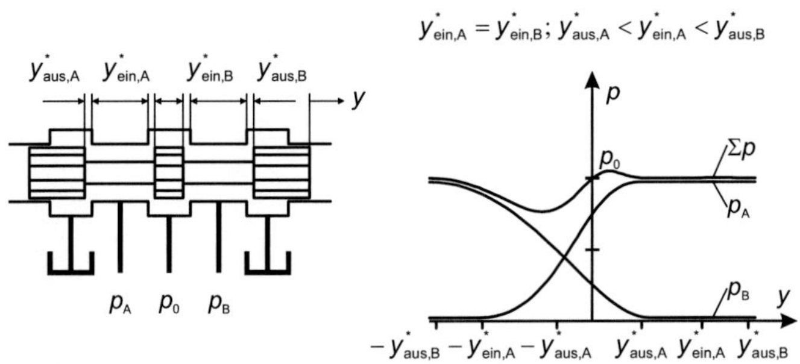

Bild 3.28: Summendruck bei asymmetrischer Abweichung der Überdeckungsverhältnisse

Asymmetrien in den Steuerkanten am Steuerschieber verursachen ein Auswandern des Druckmaximums bzw. Druckminimums aus der Ventil-Nulllage, wie Bild 3.28 zu entnehmen ist. In Bild 3.29 sind der Verlauf der einzelnen Drücke an den Anschlüssen A und B und der resultierende Summendruck eines realen Ventils aufgetragen.

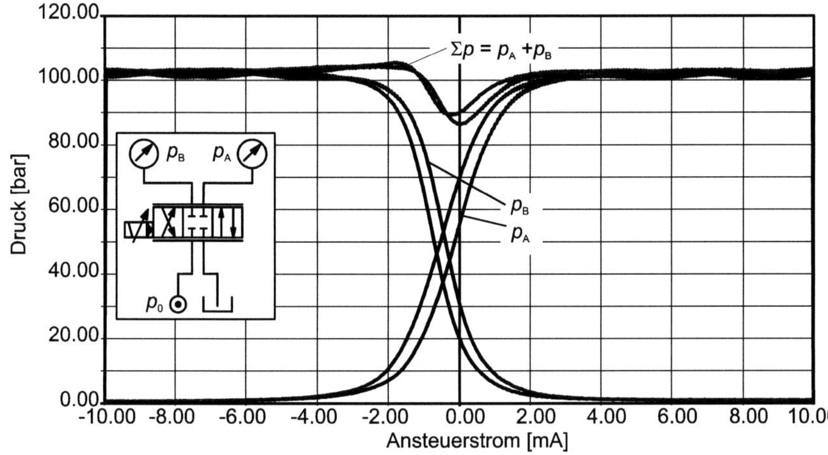

Bild 3.29: Summendruck eines Servoventils

Weitere Kenngrößen von Stetigventilen, die das Langzeitverhalten beschreiben, sind:

- Wandern des Nullpunktes über der Temperatur (Q pro °C)
- Wandern des Nullpunktes über dem Versorgungsdruck p_0 (Q pro bar)

3.1.5 Dynamisches Verhalten von Stetigventilen

Für die Beurteilung der dynamischen Eigenschaften von Stetigventilen werden Sprungantworten der Ventilschieberposition und Frequenzgangmessungen herangezogen.

3.1.5.1 Verhalten im Zeitbereich

Für dynamische Untersuchungen im Zeitbereich wird bevorzugt die Sprungfunktion als Testsignal verwendet. In Bild 3.30 sind die Antwortfunktionen eines Stetigventils für unterschiedliche Eingangssignale und verschiedene Systemdrücke p_0 aufgezeigt, wobei als Ausgangsgröße der Schieberweg y ermittelt wird, der proportional dem Volumenstrom Q ist. Die Messung des Ventilschieberweges y ist in der Praxis mit geringerem Aufwand möglich als die dynamische Ermittlung des Volumenstroms.

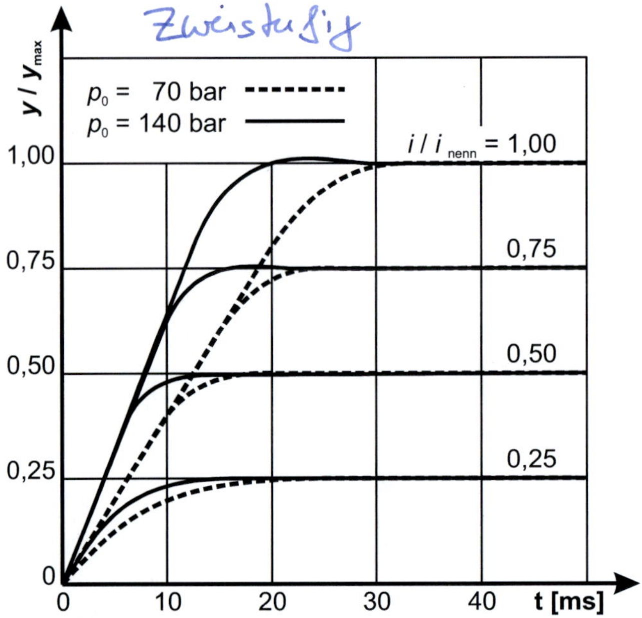

Bild 3.30: Antwortfunktion eines Servoventils
(Parameter: Sprunghöhe, Versorgungsdruck)

Bei kleinen Sprüngen des Eingangssignals verhält sich das Ventil mit lagegeregeltem Hauptschieber wie ein lineares System. In diesem Bereich hängt die Anfangsgeschwindigkeit von der Sprunghöhe ab, da die Zeitkonstante für verschiedene Sprunghöhen unverändert bleibt. Dabei wird nur ein Bruchteil der maximalen Leistung des Brückenhalbgliedes B benötigt.

Bei größeren Sprunghöhen des Eingangssignals (i / $i_{max} > 0{,}25$) bewegt sich der Hauptschieber wegen der Durchfluss-Begrenzung am Düsen-Prallplatte-System so lange mit konstanter Geschwindigkeit, bis die Regelabweichung so klein ist, dass das Düsen-Prallplatte-System einen linearen Arbeitsbereich erreicht hat. Solange dies noch nicht geschehen ist, verhält sich das Ventil nichtlinear.

3.1.5.2 Verhalten im Frequenzbereich

Eine weitere Möglichkeit zur Untersuchung des dynamischen Verhaltens technischer Systeme bietet das Frequenzgangverfahren. Unter Frequenzgang versteht man in der Regelungstechnik streng genommen das Übertragungsverhalten linearer Systeme. Handelt es sich um ein Übertragungsglied mit Nichtlinearitäten, spricht man von der

Beschreibungsfunktion. In der Technik, wo oft Nichtlinearitäten auftreten, hat sich jedoch der Begriff Frequenzgang eingebürgert. Im Weiteren wird deshalb nur noch vom Frequenzgang gesprochen. Bild 3.31 zeigt schematisch die Ermittlung des Frequenzganges bei einem Stetigventil. Bei diesem Verfahren wird das Ventil mit sinusförmigen Signalen mit steigender Frequenz erregt und die Reaktion des Ventils aufgezeichnet. Das Antwortsignal des Ventils wird wiederum sinusförmig sein, jedoch gegenüber dem Erregersignal eine veränderte Amplitude und Phasenlage aufweisen. Amplitude und Phasenlage des Antwortsignals werden bei konstanter Amplitude des Erregersignals von den statischen und dynamischen Eigenschaften des Stetigventils bestimmt. Die Darstellung dieser Zusammenhänge erfolgt im Bode-Diagramm bzw. als Ortskurve.

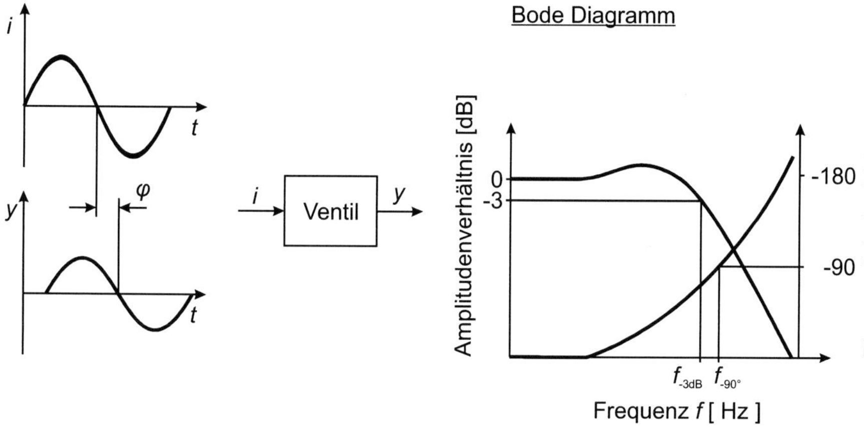

Bild 3.31: Frequenzgangverfahren und Bode-Diagramm

Als Kennwerte zur Charakterisierung des dynamischen Verhaltens werden die -3 dB-Frequenz und die -90°-Frequenz angegeben. Die -3 dB Frequenz ist die Frequenz des Eingangssignals, bei der die Amplitude des Ausgangssignals noch ca. 70 % der Amplitude des Eingangssignals besitzt. Die -90°-Frequenz ist die Frequenz, bei der das Ausgangssignal dem Eingangssignal 90° phasenverschoben nacheilt. Hierbei ist jedoch darauf zu achten, dass diese Kennwerte stark durch den Versorgungsdruck und die Amplitude des Ansteuersignals i / i_{max} beeinflusst werden. Eine einheitliche Regelung, unter welchen Randbedingungen der Frequenzgang aufzunehmen ist, existiert nicht, so dass der Hersteller bei den Katalogangaben die jeweiligen Randbedingungen wie Versorgungsdruck und Ansteueramplitude angeben muss. Zur Charakterisierung des dynamischen Verhaltens von Stetigventilen geben fast alle Hersteller die -3 dB-Frequenz bzw. die -90°-Frequenz an. Es genügt die Angabe eines Wertes, da die beiden Frequenzen bei praktischen Systemen sehr nahe beieinander liegen.

Bei Ventilen, deren Hauptschieber nicht elektrisch lagegeregelt wird, ist die Ermittlung des dynamischen Übertragungsverhaltens aufwendig, da der Volumenstrom als Ventilausgangsgröße mit den handelsüblichen Volumenstromsensoren nicht mit der erforderlichen Dynamik erfasst werden kann. Geeignete Messgeräte bestehen im Wesentlichen aus einem leichtgängigen, masse- und leckölarmen Kolbenantrieb, der durch das zu untersuchende Stetigventil angesteuert wird. Die Kolbengeschwindigkeit ist proportional dem Durchfluss durch die Hauptstufe des Stetigventils gemäß Gleichung (3.5)

$$Q = A \cdot \dot{x} \tag{3.5}$$

Die Eigendynamik des Gerätes beeinflusst die Messung der Ventileigenschaften erst ab Frequenzen über 1 kHz. Das Messgerät besitzt noch einen langsamen Hilfslage-Regelkreis, mit dem der Nullpunkt des Kolbens in der Hubmitte zentriert wird, um ein Auswandern in die Endlagen (Driften) zu verhindern.

Das dynamische Verhalten eines Servoventils mit mechanischem Wegabgleich zeigt Bild 3.32 anhand eines Bode-Diagramms. Sowohl das Amplitudenverhältnis als auch der Phasenwinkel sinken mit steigender Frequenz f und Auslenkung. Neben diesen Abhängigkeiten unterliegen die Amplituden- und Phasenverläufe auch dem Einfluss des Versorgungsdrucks, wie auch in Bild 3.30 anhand der Sprung-Antwortfunktion gezeigt worden ist. Bild 3.33 zeigt in einer anderen Darstellung den Einfluss des Versorgungsdrucks und des Eingangssignalpegels auf die -90°-Frequenz. Sinkt der Betriebsdruck p_0 und steigt die Eingangsamplitude, so wird die Grenzfrequenz geringer.

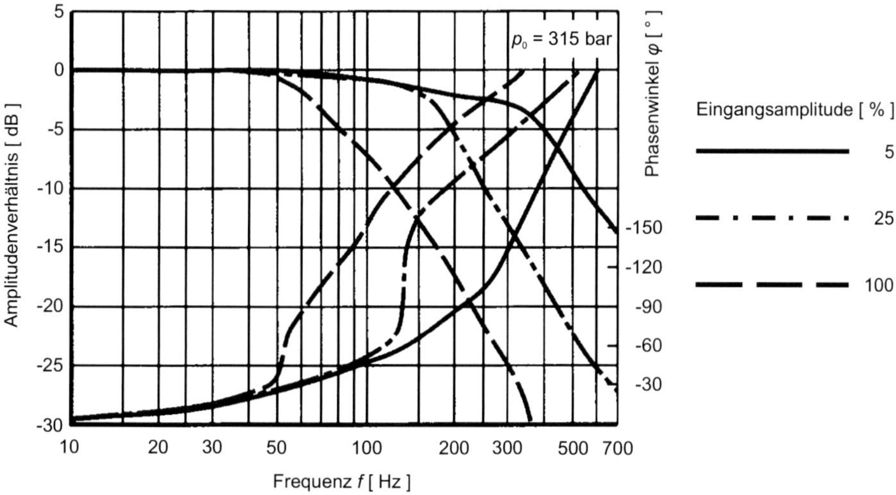

Bild 3.32: Frequenzgang eines Servoventils mit mechanischem Wegabgleich

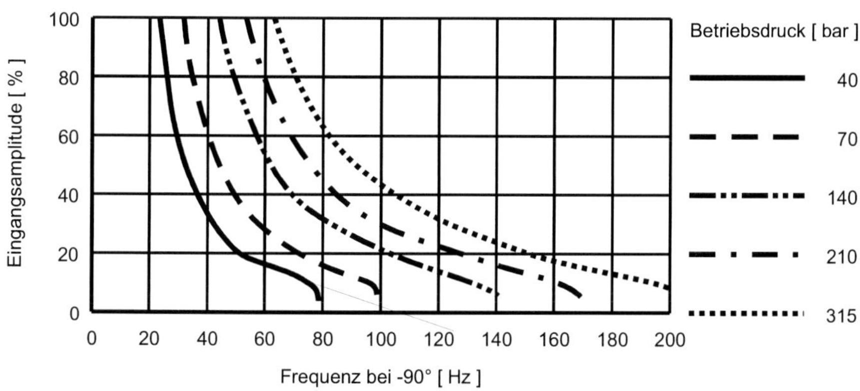

Bild 3.33: Abhängigkeit des Frequenzgangs vom Eingangssignal und Betriebsdruck

3.2 Verstellpumpen und -motoren

Verstellpumpen und -motoren sind Verdrängereinheiten zur Umsetzung von mechanischer Energie in hydraulische Energie, die eine stetige Verstellung ihres Förder- bzw. Schluckvolumens erlauben. In der Praxis anzutreffende Bauarten reichen von Radialkolben- über Schrägscheiben- und Schrägachsen- bis zu Flügelzellenpumpen. Die Verstellung kann mechanisch, elektrisch, hydraulisch oder elektrohydraulisch erfolgen.

Servoverdränger sind Verstelleinheiten, deren Fördervolumen durch ein elektrisches Eingangssignal mit niedrigem Energieniveau einzustellen ist. Sie sind als Stellelemente in Regelkreisen einsetzbar und damit in Ihrer Funktion mit einem Stetigventil vergleichbar. Wie bereits in Kapitel 2.3 erläutert, weist die Verdrängersteuerung keine prinzipbedingten Verluste im Hauptenergiestrom zum Abtrieb auf. Mit Servoverdrängern können energiesparende Hydraulikantriebe aufgebaut werden, daher nimmt die Bedeutung der verdrängergesteuerten Antriebe stetig zu.

Vorzugsweise werden Schwenkscheiben-Axialkolben- und Radialkolbenverdränger verwendet. Sie sind in Druckbereichen bis 450 bar einsetzbar und besitzen eine gute Verstelldynamik. Die erreichbaren Verstellzeiten von Null auf maximales Fördervolumen liegen je nach Baugröße bei 20 bis 200 ms. Das Haupteinsatzgebiet der primären Verdrängersteuerung liegt im Leistungsbereich über 40 kW.

3.2.1 Aufbau und Funktionsweise

Den prinzipiellen Aufbau einer Servoeinheit in Schrägscheibenbauart mit einer elektrohydraulischen Verstelleinrichtung zeigt Bild 3.34. In einer rotierenden Trommel führen die Kolben eine Hubbewegung aus, da sie über eine schrägstehende Scheibe gleiten. Ein Abheben der Kolben von der Schrägscheibe wird durch den mitrotierenden Niederhalter verhindert. Durch die Rotation der Kolbentrommel auf dem feststehenden Steuerspiegel wird die Umsteuerung der Verdrängerräume gewährleistet. Der Schwenkwinkel der Scheibe wird in diesem Beispiel durch einen axial angeordneten Verstellzylinder eingestellt. Die Einheit ist damit in der Lage, bei gleichbleibender Drehrichtung der Antriebswelle in beide Richtungen zu fördern. Die Hilfspumpe ist auf der durchgehenden Antriebswelle der Pumpe angebracht. Diese Zahnradkonstantpumpe versorgt das Proportionalventil mit Öl. Der Versorgungsdruck des Ventils wird am Druckbegrenzungsventil eingestellt.

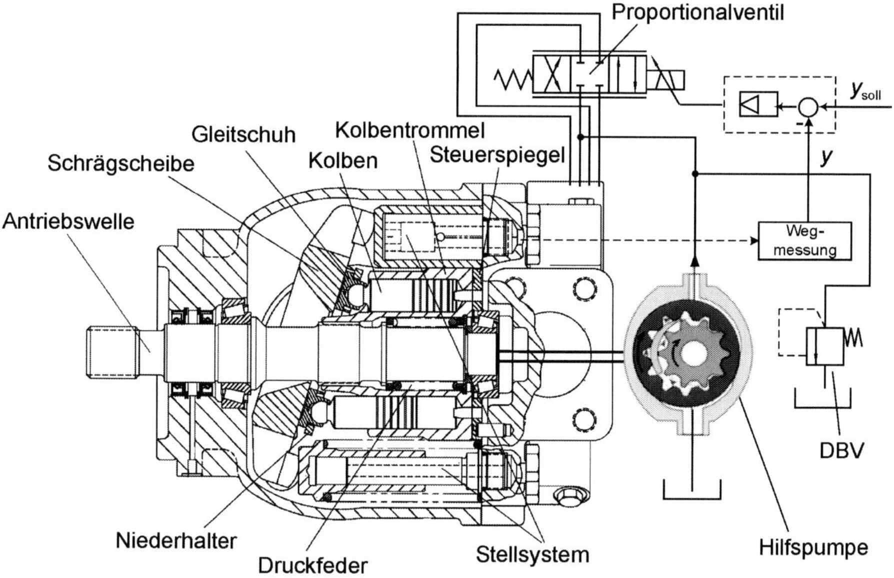

Bild 3.34: Axialkolbenpumpe (Fa. Vickers/Eaton) in Schrägscheibenbauart mit axial angeordnetem Verstellzylinder

Eine andere Art der Verstellung der Schrägscheibe ist im Schnittbild einer Schrägscheibenpumpe in Bild 3.35 dargestellt. Bei dieser Bauform ist der Verstellzylinder quer zur Pumpenachse angeordnet und die Verstellung der Scheibe erfolgt über einen Hebel. Diese Bauform ist kompakter als die axiale und ermöglicht kurze Ausschwenkzeiten.

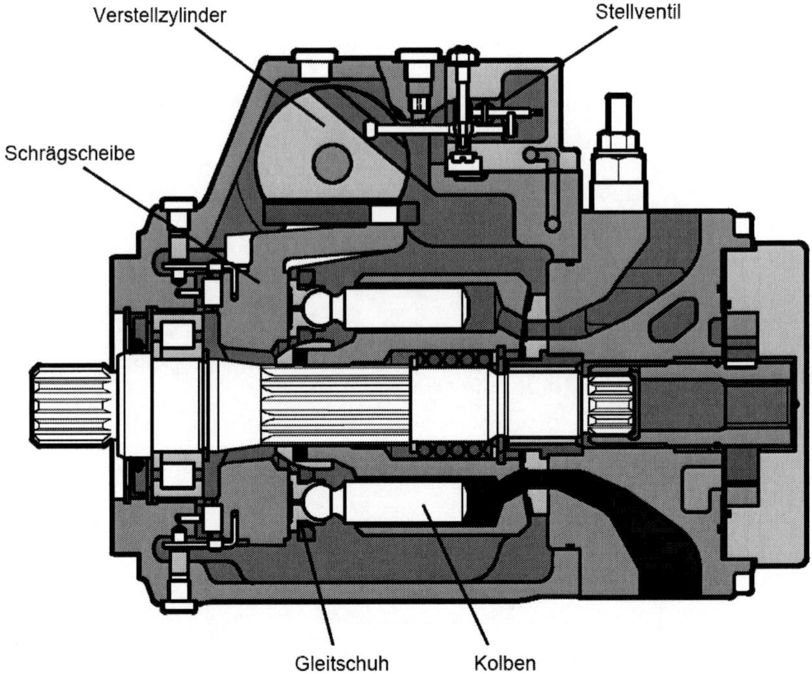

Bild 3.35: Axialkolbenpumpe in Schrägscheibenbauart mit quer angeordnetem Stellzylinder /Rex01/

Direkt am Verstellzylinder ist bei dieser Bauart das Stellventil angeordnet, dadurch wird eine gute Dynamik der Verstellung erreicht. Eine mechanische Rückführung des Stellkolbenwegs auf den Ventilschieber wird über einen Hebel ermöglicht, wie es in Bild 3.36 dargestellt ist. Dieser Hebel besteht aus zwei gelenkig verbundenen Teilen, die mit einer Feder gespannt werden. Bei Auslenkung des Stellkolbens erzeugt die mechanische Rückführung eine Kraft auf den Ventilschieber. Es handelt sich hier um eine A+A-Steuerung.

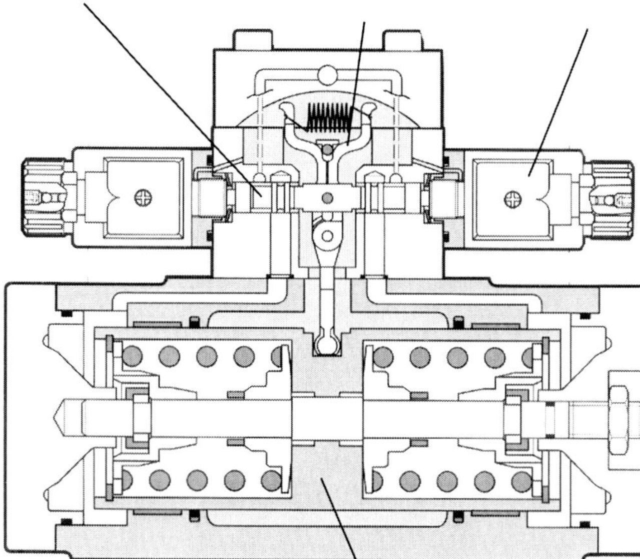

Bild 3.36: Rückführung des Stellkolbenwegs /Rex01/

Die oben gezeigte rein mechanische Rückführung des Stellkolbenwegs ermöglicht bereits eine gute Proportionalität zum Sollwert. Um bei dieser Bauart eine bessere Regelgüte zu ermöglichen, kann der Schwenkwinkel elektrisch gemessen und so auf die Stellgröße, den elektrischen Eingangsstrom der Proportionalmagnete, zurückgeführt werden.

Bild 3.37 zeigt eine Verstelleinheit in Radialkolbenbauart. Das Antriebsmoment wird von der Welle (1) über eine Kreuzscheibenkupplung (2) querkraftfrei auf den Zylinderstern (3), der auf dem Steuerzapfen (4) gelagert ist, übertragen. Die radial im Zylinderstern angeordneten Kolben (5) stützen sich über hydrostatisch entlastete Gleitschuhe (6) im Hubring (7) ab. Kolben und Gleitschuh sind über ein Kugelgelenk miteinander verbunden und durch einen Ring gefesselt. Die Gleitschuhe werden durch zwei übergreifende Ringe (8) im Hubring geführt und im Betrieb durch Fliehkraft und Öldruck an den Hubring gedrückt. Bei Rotation des Zylindersterns führen die Kolben infolge der exzentrischen Lage des Hubringes eine Hubbewegung aus, die dem doppelten Wert der Exzentrizität entspricht. Die Exzentrizität wird durch zwei im Pumpengehäuse gegenüberliegende Stellkolben (9, 10) verändert. Ein Regler (11) kontrolliert dabei den Systemdruck bzw. die Fördermenge.

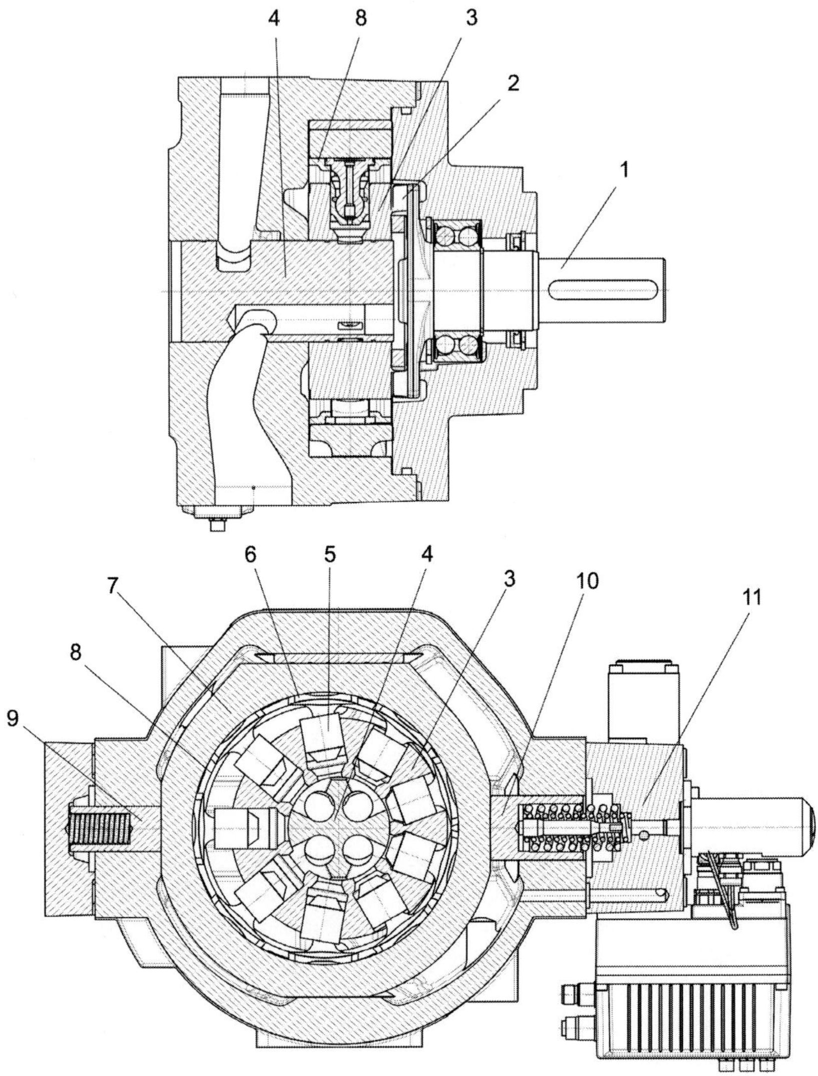

Bild 3.37: Radialkolbenpumpe RKP-II /Moo06/

Im stationären Fall wird die Proportionalität zwischen elektrischem Ansteuersignal und Volumenstrom einer Verstelleinheit durch zwei Maßnahmen erreicht. Bei einer konstanten Antriebsdrehzahl ist der Volumenstrom nur vom Schwenkwinkel der Schrägscheibe abhängig. Der Aufbau einer Lageregelung für den Stellzylinder ermöglicht, dass für kleine Auslenkungen das elektrische Eingangssignal proportional dem Schwenkwinkel ist.

Das elektrische Eingangssignal y_{soll} ist die Sollgröße für den Lageregelkreis des federzentrierten Stellkolbens. Die Regelabweichung wird in ein Ansteuersignal für das Ventil umgesetzt. Der Stellkolben wird in dem gezeigten Beispiel durch eine A+A-Schaltung angesteuert. Seine Position y wird als Regelgröße zurückgeführt.

Neben der Lageregelung des Stellkolbens sind in der Praxis noch die Druckregelung sowie die Leistungsregelung (p-Q-Regelung) von Bedeutung.

Die Rückführung der Weginformation kann sowohl mechanisch als auch elektrisch erfolgen. Aufgrund der höheren Flexibilität setzt sich in der Praxis die elektrische Rückführung zunehmend durch. Die Stellkolbenposition wird dabei durch ein Wegmeßsystem in ein elektrisches Signal umgeformt. Dieses Signal kann in einer entsprechenden Regelelektronik in vielfältiger Weise verarbeitet werden. So ist es z.B. möglich, durch die zusätzliche Aufnahme des Systemdruckes eine Leistungsregelung zu realisieren, indem das Produkt aus Druck und Pumpenstellweg begrenzt wird.

3.2.2 Statisches Verhalten

Das statische Verhalten einer Servoeinheit wird durch die bei der Leistungsumsetzung entstehenden Verluste und die auf den Stellkolben wirkenden Kräfte bestimmt. Die Werte dieser Größen sind abhängig von der jeweiligen Bauart und dem Verdrängertyp. Im Folgenden werden deshalb allgemeingültige Tendenzen und Zusammenhänge aufgezeigt.

3.2.2.1 Verluste eines Servoverdrängers

Mechanische Reibung erzeugt Verluste im Antriebsmoment, die durch den hydraulisch-mechanischen Wirkungsgrad η_{hm} beschrieben werden können. Die Energiebilanz wird dadurch verschlechtert, während das dynamische Verhalten des Antriebes im Regelkreis nicht beeinflusst wird.

Reibung entsteht in der Verdrängermaschine an allen Stellen, an denen sich Teile gegeneinander bewegen. Die größten Verluste entstehen im Bereich der Kolben-Zylinder-Paarung, dem Gleitschuh-Scheibe-Kontakt sowie am Steuerspiegel. Die mechanischen Verluste setzen sich aus Flüssigkeitsreibung und Festkörperreibung zusammen. Flüssigkeitsreibung entsteht in allen Dicht- und Lagerspalten, an denen Druck abgebaut wird bzw. Oberflächen sich relativ zueinander bewegen, durch die Scherung des Fluides. Dieser Anteil ist annähernd proportional zur Geschwindigkeit und damit zur Antriebsdrehzahl sowie proportional zum Druckgefälle.

Festkörperreibung sollte nach Möglichkeit in einem Verdränger nicht auftreten, da diese zum Einen erheblich höher als die Flüssigkeitsreibung ist, zum Anderen durch Verschleiß die Lebensdauer reduziert. Um die Festkörperreibung zu vermindern, werden die Kontakte hydrostatisch teilentlastet. Eine vollständige Entlastung wird i.a. nicht angestrebt, da sonst die Leckageverluste zu groß würden. Die Festkörperreibung ist zunächst nur proportional zum Druck. Da ihr Anteil allerdings durch hydrodynamische Trageffekte vermindert wird, reduziert sich dieser Anteil mit zunehmender Drehzahl.

Bild 3.38 zeigt den Momentenverlauf eines verstellbaren Verdrängers in Axialkolbenbauweise für eine sehr niedrige Zwangsdrehzahl. In diesem Drehzahlbereich sind die Reibverluste besonders hoch, was an der unterschiedlichen Steigung des Momentenverlaufs für negative und positive Stellwege erkennbar ist.

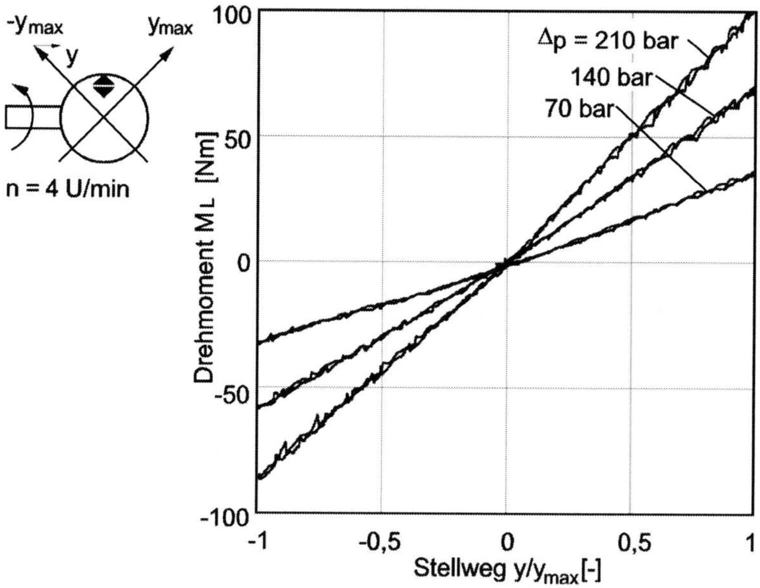

Bild 3.38: Drehmoment eines Axialkolbenverdrängers für eine geringe Zwangsdrehzahl

Alle Leckagen in der Einheit verringern den konstruktiv erreichbaren Volumenstrom und beeinflussen die dynamischen Eigenschaften des Gesamtantriebes. Der theoretische Förderstrom Q_{1th} errechnet sich aus dem Stellkolbenweg y, dem maximalen Stellkolbenweg y_{max}, dem maximalen Hubvolumen V_{1max} und der Antriebsdrehzahl n_1 nach folgender Gleichung:

$$Q_{th} = V_1(y) \cdot n_1 = \frac{V_{1max}}{y_{max}} \frac{\dot{\varphi}_1}{2\pi} y = V_{Qy} \cdot y \tag{3.6}$$

mit

$$V_{Qy} = \frac{V_{1max} \cdot \dot{\varphi}_1}{2\pi \cdot y_{max}}. \tag{3.7}$$

Für das theoretische Motormoment gilt:

$$M_{2th} = \frac{V_2(y) \cdot \Delta p}{2\pi} = \frac{V_{2max} \cdot p_0}{2\pi \cdot y_{max}} \cdot y = V_{My} \cdot y \tag{3.8}$$

mit

$$V_{My} = \frac{V_{2\max} \cdot p_0}{2\pi \cdot y_{\max}} . \tag{3.9}$$

Bild 3.39 zeigt die Volumenstrombilanz einer Pumpe sowie beispielhaft den Entstehungsort der einzelnen Verluste.

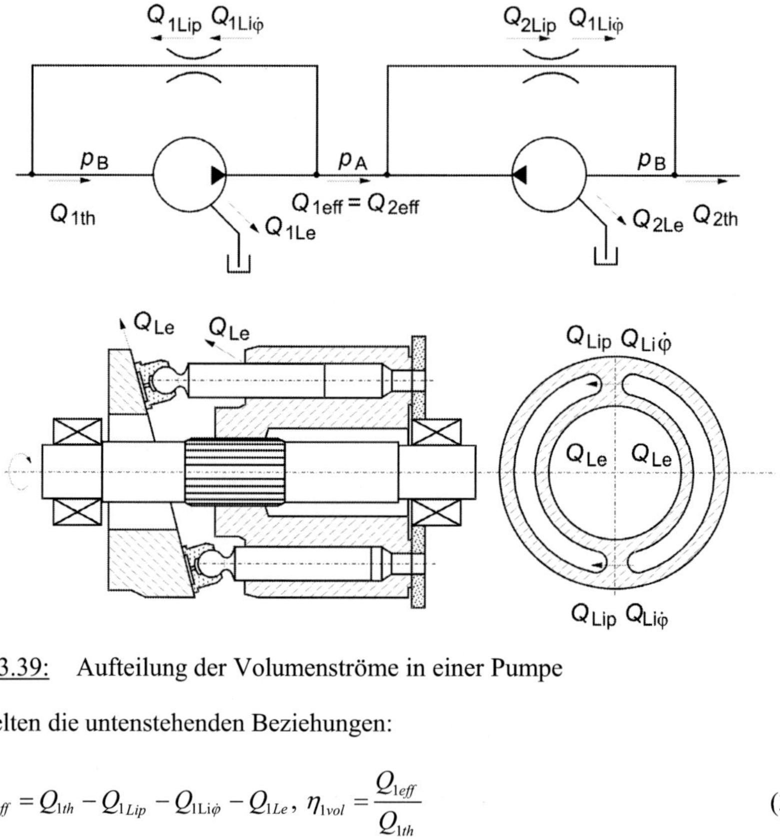

Bild 3.39: Aufteilung der Volumenströme in einer Pumpe

Es gelten die untenstehenden Beziehungen:

$$Q_{1eff} = Q_{1th} - Q_{1Lip} - Q_{1\text{Li}\dot{\varphi}} - Q_{1Le} ,\ \eta_{1vol} = \frac{Q_{1eff}}{Q_{1th}} \tag{3.10}$$

$$Q_{2eff} = Q_{2th} - Q_{2Lip} - Q_{2\text{Li}\dot{\varphi}} - Q_{2Le} ,\ \eta_{2vol} = \frac{Q_{2th}}{Q_{2eff}}$$

für $p_A > p_B$.

Die volumetrischen Verluste können in drei Leckageanteile aufgeteilt werden. Proportional zur Druckdifferenz $p_A - p_B$ ergibt sich der interne Leckvolumenstrom

$$Q_{1Lip} = K_{1Lip} \cdot p_L \tag{3.11}$$

zwischen Hoch- und Niederdruckseite der Pumpe. Ein zweiter Anteil internen Lecköls $Q_{Li\varphi}$ ist abhängig von der Drehrichtung und proportional der Drehzahl n. Das nach außen fließende Lecköl Q_{Le} sammelt sich im Gehäuse der Pumpe und wird über einen separaten Leckölanschluß abgeführt. Dieser Volumenstrom ist in erster Näherung vom Summendruck p_A+p_B an der Pumpe abhängig.

Der effektiv zur Verfügung stehende Volumenstrom Q_{eff} ergibt sich aus der Differenz zwischen dem theoretischen Fördervolumen Q_{th} und der Summe der Verluste. Der volumetrische Wirkungsgrad in Bild 3.39 ist das Verhältnis von effektivem zu theoretischem Volumenstrom.

Bild 3.40 zeigt das stationäre Kennlinienfeld einer Servopumpe. Bei konstanter Ausschwenkung der Pumpe zeigt sich eine Abnahme des effektiven Volumenstromes mit steigender Druckdifferenz $p_A - p_B$, was einer Verschlechterung des volumetrischen Wirkungsgrades entspricht. Wird die Maschine als Motor betrieben, z.B. verursacht durch negative Druckdifferenz, ergibt sich ein größerer Volumenstrom. Das Verhältnis zur Berechnung des volumetrischen Wirkungsgrads wird umgekehrt.

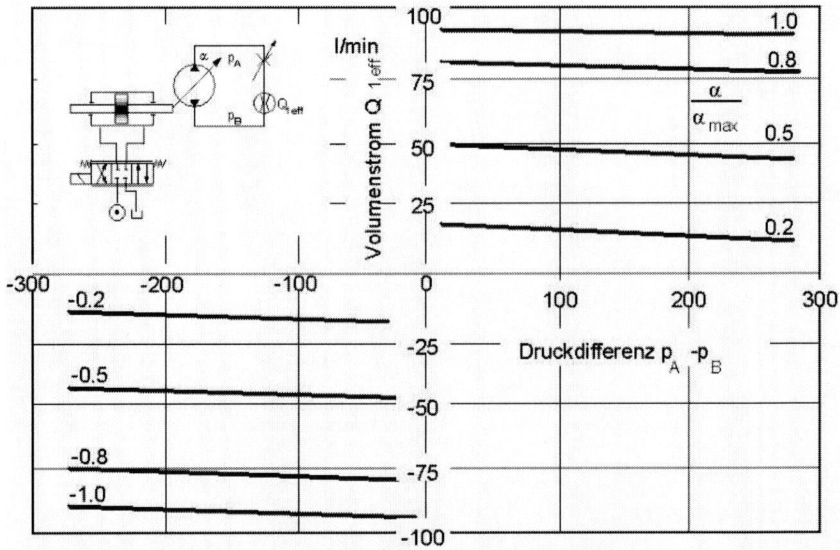

Bild 3.40: Stationäres Kennlinienfeld einer Verstellpumpe

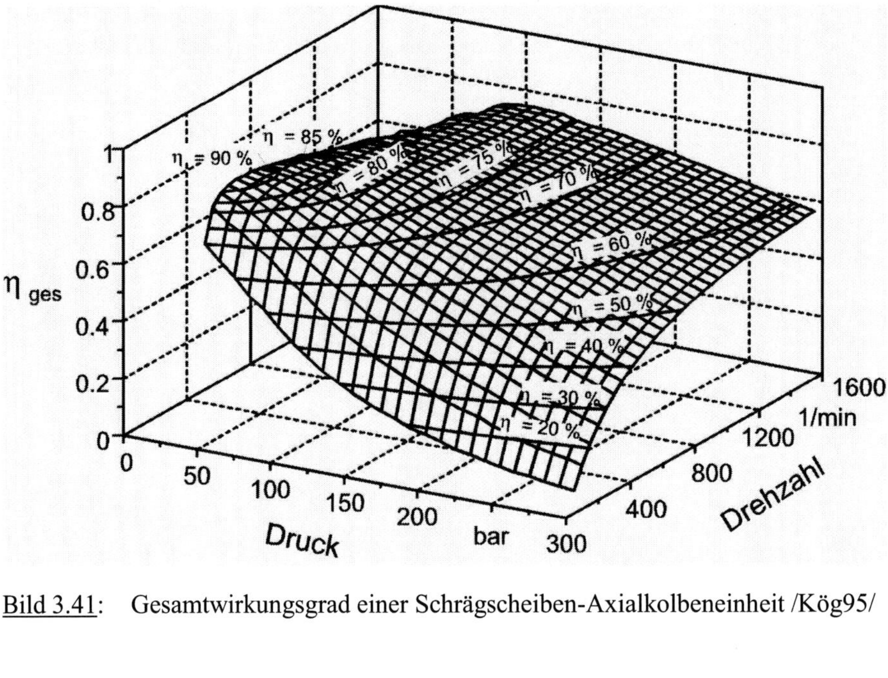

Bild 3.41: Gesamtwirkungsgrad einer Schrägscheiben-Axialkolbeneinheit /Kög95/

Der Gesamtwirkungsgrad einer Axialkolbeneinheit ist in Bild 3.41 beispielhaft dargestellt. Mit steigendem Druck nimmt der Wirkungsgrad unabhängig von der Drehzahl ab, da sowohl die volumetrischen als auch die hydraulisch-mechanischen Verluste mit dem Druck ansteigen. Der starke Abfall des Wirkungsgrades mit fallender Drehzahl hängt zum Einen mit den dann ansteigenden Reibungsverlusten zusammen, zum Anderen sinkt die Nutzleistung, wodurch das Verhältnis von aufgenommener zu abgegebener Leistung sehr ungünstig wird und gegen Null geht.

3.2.2.2 Eigenverstellkräfte eines Servoverdrängers

Die von außen auf den Stellkolben wirkende Lastkraft bezeichnet man als Eigenverstellkraft der Servopumpe. Sie setzt sich aus Reib-, Feder- und Trägheitskräften des Stellsystems sowie nicht kompensierten Druckkräften z.B. am Steuerspiegel zusammen. Jede Pumpenbauart hat aufgrund der vorliegenden Kinematik, des Kraftflusses und der Reibverhältnisse einen eigenen Kraftverlauf. Der Einfluss der folgenden Betriebsparameter ist in unterschiedlicher Gewichtung nachweisbar:

- Druckdifferenz p_A-p_B an den hydraulischen Anschlüssen
- Summendruck p_A+p_B an den hydraulischen Anschlüssen
- Bewegungsrichtung und Stellkolbenweg y

Bild 3.42 zeigt für eine Radialkolbenpumpe den Verlauf der Eigenverstellkräfte in Abhängigkeit vom Stellkolbenweg y /Hah73/.

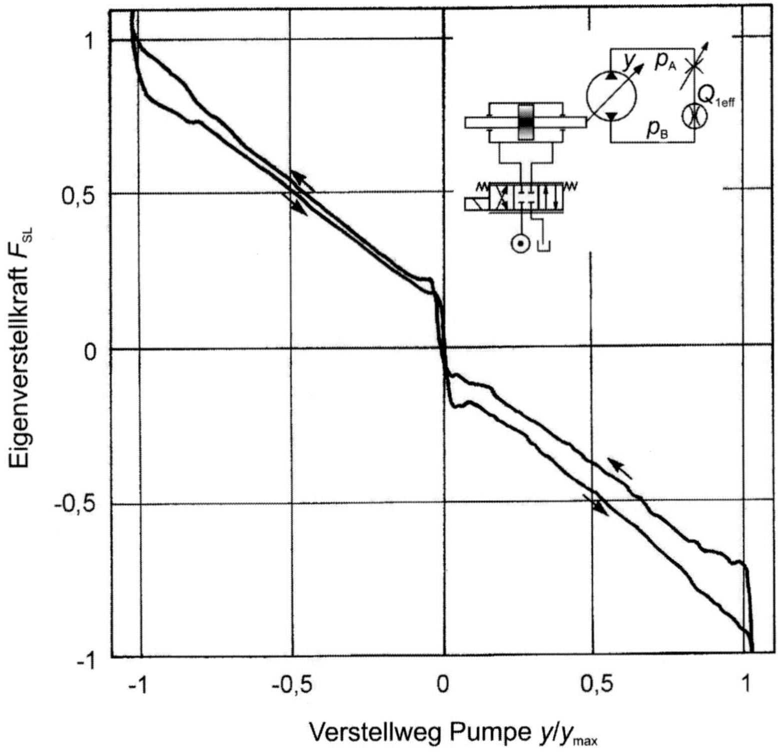

Bild 3.42: Eigenverstellkräfte einer Radialkolbenpumpe

Die durch Reibung in der Verstelleinheit bewirkte Hysterese beeinflusst auch den Verlauf der Drucksignalfunktion. Eine derartige Umkehrspanne ist in Bild 3.43 dargestellt. Die Pumpe arbeitet bei dieser Messung im Bereich kleiner Ausschwenkwinkel mit verschlossenen Anschlüssen gegen zwei Druckbegrenzungsventile. Die erreichte Druckdifferenz wird über dem Pumpenstellsignal aufgetragen. Das Bild 3.43 zeigt, dass eine signalseitige Kompensation der Umkehrspanne möglich ist. Zu diesem Zweck wird abhängig von der Verstellrichtung der halbe Wert der Umkehrspanne zum Sollwert y_{soll} addiert bzw. subtrahiert /Ber88/.

Pumpenkonstruktionen, die eine spielfreie Übertragung zwischen Stellkolben und Stellelement besitzen und bei denen nur geringe Coulomb'sche Reibung auftritt, können auf derartige Kompensationen verzichten.

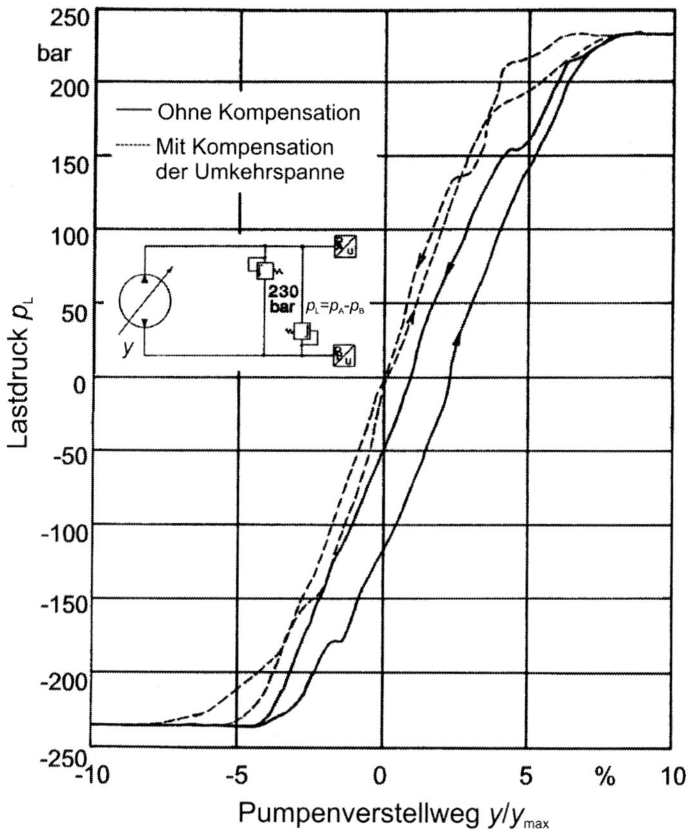

Bild 3.43: Drucksignalfunktion einer Servopumpe mit und ohne Kompensation der Umkehrspanne

3.2.3 Dynamisches Verhalten

Das Bild 3.44 zeigt den prinzipiellen Verlauf der Sprungantwort eines Pumpenstellsystems.

Das elektrische Eingangssignal wird sprungförmig geändert. Das Stellventil öffnet zunächst mit der maximalen Geschwindigkeit $\dot{y}_{V\,\max}$. Nach Erreichen des Anschlages y_{Vmax} bewegt sich der Stellkolben zwischen t_1 und t_2 mit der maximalen Geschwindigkeit. Bei der Annäherung an den Sollwert y_{soll} verringert sich die Ventilschieberauslenkung nach einer Exponentialfunktion. Der Pumpenstellweg kann für die drei Abschnitte entsprechend Gleichung (3.12) berechnet werden /Ber88/, falls die Geschwindigkeitsverstärkung C_0 und die Kreisverstärkung V_{KS} bekannt sind.

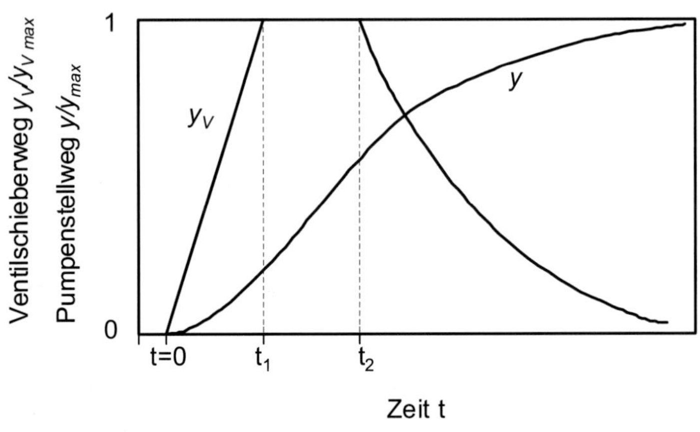

Bild 3.44: Pumpenstellvorgang mit maximaler Ventilöffnung

Pumpenstellweg y:

$$y = \begin{cases} \frac{1}{2} \cdot C_0 \cdot \dot{y}_{V\max} \cdot t^2 & \text{für } t \le t_1 \\ \frac{C_0 \cdot y_{V\max}^2}{2 \cdot \dot{y}_{V\max}} + C_0 \cdot y_{V\max} \cdot (t - t_1) & \text{für } t_1 < t < t_2 \\ y_{soll} - \frac{C_0 \cdot y_{V\max}}{V_{KS} \cdot e^{-t_2 \cdot V_{KS}}} \cdot e^{-t \cdot V_{KS}} & \text{für } t \ge t_2 \end{cases} \tag{3.12}$$

$$\text{mit } t_2 = \frac{y_{V\max}}{2 \cdot \dot{y}_{V\max}} + \frac{y_{soll}}{C_0 \cdot y_{V\max}} - \frac{1}{V_{KS}} \tag{3.13}$$

Die Zeit, in der 90 % der Sollsprunghöhe erreicht wird, ist die Anregelzeit t_A.

$$t_A = t_2 - \frac{1}{V_{KS}} \ln\left(\frac{0{,}1 \cdot V_{KS} \cdot y_{soll}}{C_0 \cdot y_{V\max}} \right) \tag{3.14}$$

In Bild 3.45 ist das mit diesen Gleichungen berechnete Sprungantwortverhalten dargestellt und einem gemessenen Verlauf gegenübergestellt, /Ber88/. Es ist zu beachten, dass hier ein Ausschwenkvorgang von maximal negativer Position über Null zu maximal positiver Position betrachtet wird. Zwischen Messung und Simulation zeigt sich eine gute Übereinstimmung.

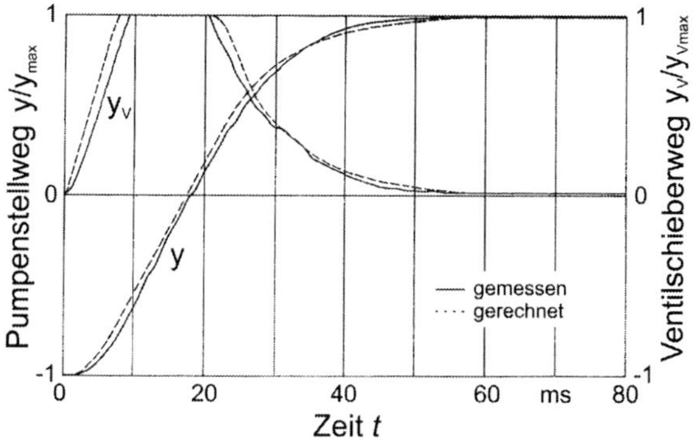

Bild 3.45: Sprungantwort eines Servopumpenstellsystems

Mit Hilfe der Gleichung (3.14) kann die Anregelzeit t_A errechnet und für unterschiedliche konstruktive Parameter optimiert werden. In Bild 3.46 lässt sich eine am Beispiel einer Axialkolbenpumpe durchgeführte Variation der Stellkolbenfläche bei gegebenem Steuerventil erkennen /Ber88/.

Wird die Stellkolbenfläche zu klein gewählt, sind extrem große Lastdrücke zum Aufbau der Verstellkraft notwendig. Ist die Fläche zu groß, so wachsen die Volumenströme immer stärker an. Das Bild 3.46 zeigt, dass eine optimale Abstimmung von Ventil und Stellkolbenfläche die Anregelzeit maßgeblich beeinflusst. Erfahrungsgemäß wird ein gutes Zeitverhalten der Verstelleinrichtung erreicht, wenn der benötigte Lastdruck p_{SL} am Stellkolben ungefähr 30% des Versorgungsdruckes p_0 nicht überschreitet.

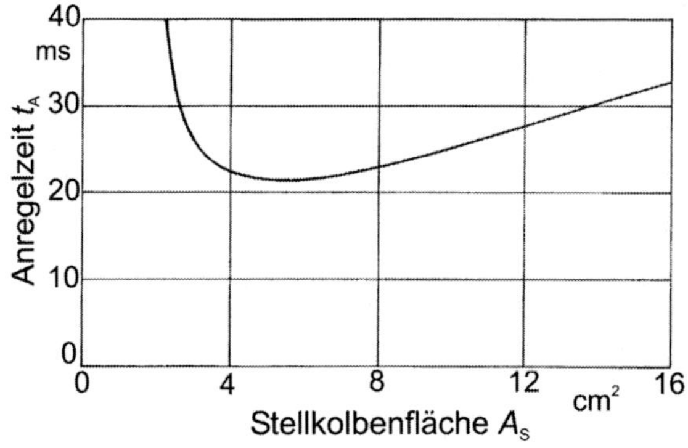

Bild 3.46: Änderung der Anregelzeit bei Variation der Stellkolbenfläche

Die Wirkung der von außen beeinflussbaren Systemgrößen - Reglerverstärkung K_R und Versorgungsdruck p_0 - zeigen die Frequenzkennlinien in Bild 3.47 und Bild 3.48 /Hah73/. Aus Bild 3.47 ist zu entnehmen, dass eine größere Kreisverstärkung durch eine größere Reglerverstärkung K_R zunächst zu einem besseren dynamischen Verhalten führt. Das bedeutet, es stellt sich eine größere Eigenkreisfrequenz mit geringerem Amplitudenabfall bei noch guter Dämpfung ein. Eine weitere Erhöhung der Kreisverstärkung über $K_R/K^*_R = 0{,}44$ erbringt ab einer Frequenz von 25 Hz bei der hier gewählten Ausschwenkamplitude keine Verbesserung im Zeitverhalten mehr, da der Sättigungsbereich des Ventils erreicht ist.

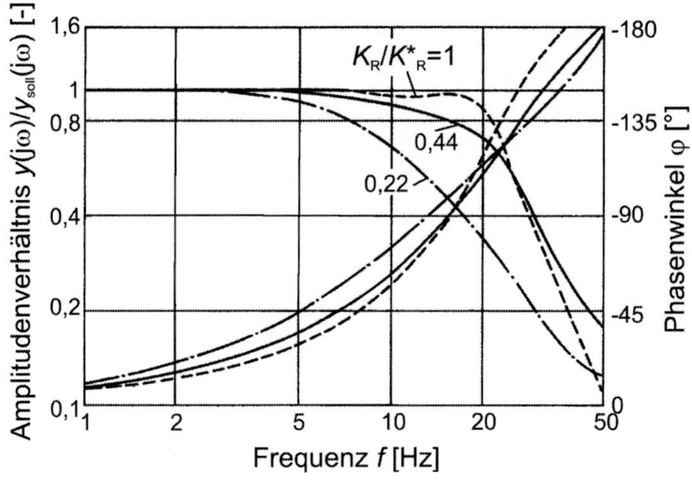

Bild 3.47: Zeitverhalten des Stellsystems bei unterschiedlicher Reglerverstärkung

Die in Bild 3.48 gezeigte Abhängigkeit des Frequenzganges vom Versorgungsdruck p_0 ist darauf zurückzuführen, dass mit steigendem Versorgungsdruck p_0 die Volumenstrom-Signalverstärkung V_{Qy} des Servoventils zunimmt und die Sättigung erst bei größeren Lastvolumenströmen Q_L auftritt.

Das dynamische Verhalten wird außerdem maßgeblich von der im Stellsystem installierten Leistung ($P_S = p_0 . Q_S$) beeinflusst. Abhängig von den Forderungen, die von der Anwendung her an die Pumpe gestellt werden, kann daher das Verhältnis der hydraulischen Leistung P_H der Verstellpumpe zur installierten Leistung P_S des Verstellsystems in weiten Bereichen schwanken.

Bei Anwendungen mit hohen dynamischen Forderungen müssen u.U. bis zu ca. 20% der Pumpenleistung P_H im Stellsystem installiert werden, während bei anderen Anwendungen bereits ca. 5% ausreichen. Falls die Betätigungsfrequenz der Servopumpe nicht zu hoch ist, können Hydraulikspeicher oder eine druckgeregelte Pumpe bzw. eine Pumpe mit Nullhubregelung helfen, die im Stellsystem umgesetzte Leistung zu verringern.

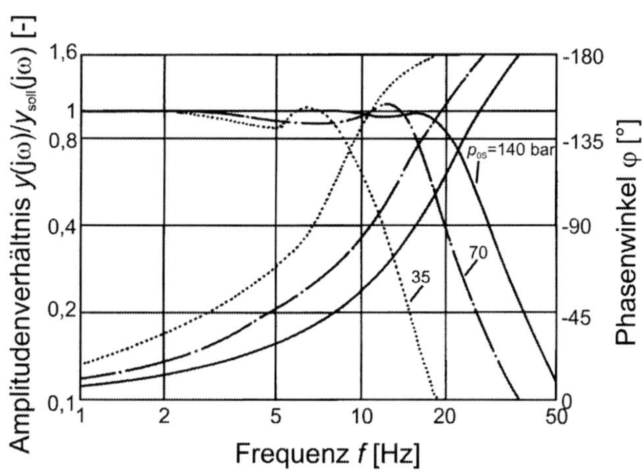

Bild 3.48: Zeitverhalten des Stellsystems bei unterschiedlichem Systemdruck

3.3 Drehzahlveränderliche Konstantpumpen

Neben der Verwendung von Verstellpumpen zur Verdrängersteuerung ist in neuerer Zeit eine weitere technische Lösung entwickelt worden. Während bei den Verstellpumpen das Schluckvolumen verändert wird, um den Volumenstrom anzupassen, geschieht dies bei den drehzahlveränderlichen Konstantpumpen auf der elektrischen Antriebsseite durch drehzahlgeregelte Elektromotoren. Es kommen dabei hauptsächlich Drehstrommotoren mit Frequenzumrichtern zum Einsatz /Neu02/. Letztere haben durch Fortschritte in der Entwicklung der Umrichtertechnik die Gleichstrommotoren verdrängt, da sie einen wirtschaftlicheren Betrieb ermöglichen und sehr robust sind.

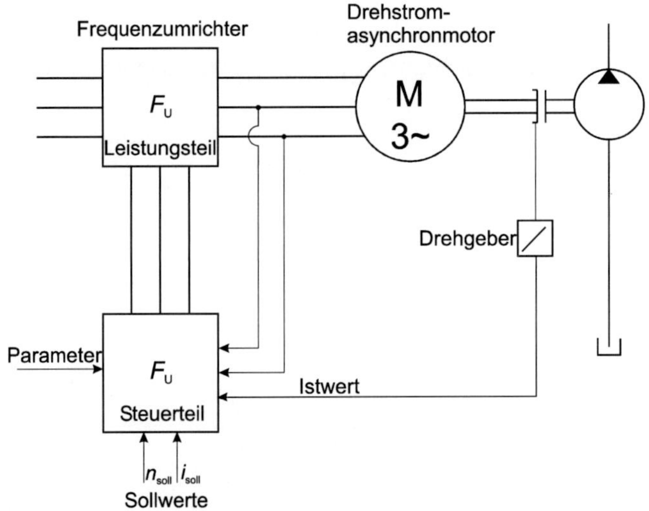

Bild 3.49: Schema eines drehzahlveränderlichen Konstantpumpenantriebs /Voi02/

Als Pumpen können prinzipiell alle möglichen Konstantpumpen eingesetzt werden. Es müssen allerdings folgende Gesichtspunkte berücksichtigt werden:

- Dauerbetrieb unter Last bei kleinen Drehzahlen
- Druckhalten bei Drehzahl Null
- guter hydraulisch-mechanischer Wirkungsgrad im unteren Drehzahlbereich

- für den Einsatz in geschlossenen Kreisläufen muss ein motorischer Betrieb möglich sein

Insbesondere der erste Punkt ist bei der Auswahl entscheidend, da die meisten Konstantpumpen für den Einsatz mit konstanter Drehzahl (in der Regel 1450 U/min) konstruiert werden. Es bieten sich deshalb besonders die Bauarten an, die kostengünstig und robust sind, also z.B. Zahnradpumpen. Um hohe Betriebsdrücke über 300 bar zu erreichen, werden Innenzahnradpumpen eingesetzt.

Das statische Verhalten der Steuerkette Elektromotor-Konstantpumpe wird im wesentlichen durch die Pumpe bestimmt. Entscheidend ist das Verhalten im Bereich sehr kleiner Drehzahlen ($|n| < 10$ U/min). Hier müssen die Volumenstrom-Drehzahl und die Druck-Drehzahl-Kennlinie einen möglichst stetigen Verlauf aufweisen, um anspruchsvollen Regelungsaufgaben genügen zu können.

Das untenstehende Bild 3.50 einer Motor-Pumpen-Kombination zeigt einen besonders kompakten Aufbau. Ein elektrischer Unteröl-Motor ist mit einer Hohlwelle ausgeführt und treibt eine Innenzahnradpumpe an. Diese Bauart zeichnet sich zudem durch eine geringe Schallabstrahlung aus.

Bild 3.50: Drehzahlveränderliche Motor-Pumpen-Kombination in kompakter Bauweise /Voi02/

4 HYDRAULISCHE AKTOREN

neu bearbeitet von Dipl.-Ing. Ulf Piepenstock

Hydraulische Aktoren setzen hydraulische Größen, also Drücke und Volumenströme, in mechanische Größen wie Kräfte, Geschwindigkeiten oder Positionen bzw. Drehmomente, Drehzahlen oder Drehwinkel um.

Im Allgemeinen werden unter Servomotoren qualitativ höherwertige hydraulische Aktoren verstanden, die in elektrohydraulischen Regelkreisen eingesetzt werden. Die wichtigsten Anforderungen, die an Servomotoren gestellt werden, sind:

- Gleichförmiges Bewegungsverhalten in einem sehr großen Drehzahl- bzw. Geschwindigkeitsbereich (häufig mehr als 1:1000), sowie in einem großen Lastbereich. Beim Rotationsmotor bedeutet dies ein möglichst drehwinkelunabhängiges Schluckvolumen sowie eine möglichst drehwinkelunabhängige Änderung der Leckölströme und der Reibmomente.

- Stick-slip-freies Bewegungsverhalten auch bei niedrigsten Drehzahlen bzw. Geschwindigkeiten durch günstiges Reibverhalten.

- Geringe Losbrechdruckdifferenz beim Anfahren aus dem Stillstand.

- Gleiches Bewegungsverhalten in beiden Bewegungs-/ Drehrichtungen.

- Gutes Zeitverhalten durch möglichst kleines Eigenträgheitsmoment bei gleichzeitig großem Schluckvolumen und kleinem Totvolumen.

In den meisten Fällen werden Servomotoren mit Drehwinkelgebern und Servozylinder mit einem Wegmesssystem ausgerüstet. In diesem Kapitel werden die wichtigsten Bauarten und die stationären Eigenschaften von Servozylindern und -motoren beschrieben.

4.1 Aufbau und Eigenschaften von Linearmotoren

In der Hydraulik werden für die direkte Erzeugung translatorischer Bewegungen Zylinder eingesetzt. Bei Anwendungen in Regelkreisen müssen die Coulombschen

Reibungskräfte, die an der Kolben- und Kolbenstangendichtung entstehen, wesentlich geringer sein als bei üblichen Zylindern, bei denen die Dichtungsreibung ein gleichmäßiges Bewegungsverhalten des Zylinders beeinträchtigt. Sie verringert die Positionsgenauigkeit bei Lageregelungen durch eine Vergrößerung der Umkehrspanne und bewirkt im Bereich niedriger Geschwindigkeiten den sogenannten "Stick-slip-Effekt".

In der Servotechnik werden je nach Betriebsbedingungen und Anforderungen an Genauigkeit und Leckageverhalten die Dichtungen und Führungssysteme ausgelegt. Bei den Dichtungen sind zu unterscheiden:

- berührende Dichtungen (bei Servozylindern üblicherweise PTFE-Werkstoffe)
- berührungslose Dichtungen (Spaltdichtung)

Mögliche Führungssysteme können bestehen aus:

- berührenden Führungen (Führungsband, Führungsbuchse)
- berührungslosen Führungen (hydrostatische Lagerung)

Die Kombination dieser Elemente ermöglicht unterschiedliche Arten von Servozylindern für unterschiedliche Anforderungen.

Ein großer Teil der industriellen Anwendungen kann durch den Einsatz von Servozylindern mit speziellen Berührungsdichtungen auf Teflonbasis abgedeckt werden, wobei gleichzeitig hohe Anforderungen an die Oberflächengüte von Zylinderrohr, Kolbenstange und Kolbenstangenführung erfüllt sein müssen. Zur Auslegung und Auswahl geeigneter Dichtungs- und Führungspakete siehe /Dic03/.

In Bild 4.1 ist der Aufbau einer reibungsarmen Gleitring-Dichtung dargestellt. Die Dichtungen im Gehäuse bestehen aus einem Gleitring, den ein vorgespannter O-Ring an den Kolben drückt. Der Dichtkantenring und das Führungsband sind hier aus mit Bronze gesintertem PTFE hergestellt. Diese Werkstoffkombination weist günstige Reibeigenschaften bei geringem Verschleiß auf.

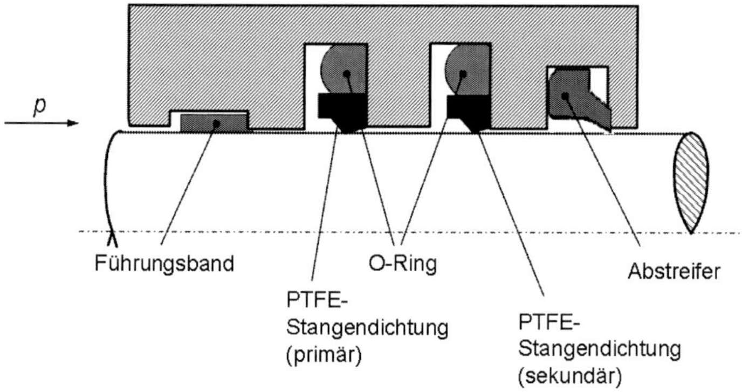

Bild 4.1: Reibungsarme Kolbenstangendichtung /Sch05/

Bild 4.2 zeigt den Reibungskraftverlauf eines PTFE-Dichtkantenringes für einen Geschwindigkeitsbereich bis 500 mm/s, vgl. /Tao91/. Die Reibungskräfte dieser Dichtung zeigen dabei nur eine geringe Abhängigkeit von der Geschwindigkeit im Gegensatz zu anderen Dichtungen, wie z.B. Lippendichtungen, deren Reibungskräfte mit zunehmender Geschwindigkeit stark abfallen und damit einen entdämpfenden Einfluss auf den Servoantrieb ausüben. Aufgrund der hubrichtungsabhängigen Schmierverhältnisse sind die Reibungskräfte beim Einfahren der Kolbenstange deutlich höher als beim Ausfahren der Stange /Tao91/.

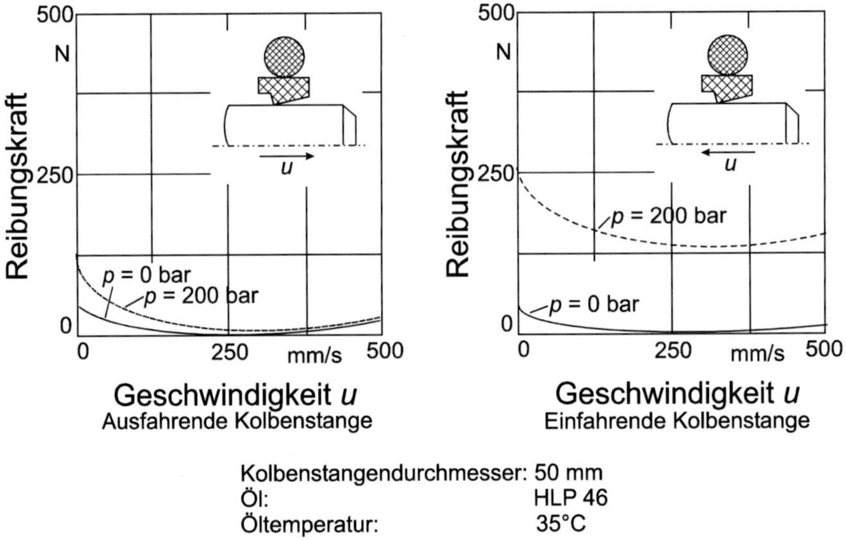

Bild 4.2: Reibungskraftverlauf bei einem PTFE-Dichtkantenring für Servozylinder

Beim Einsatz von Zylindern mit Berührungsdichtungen in Anlagen, in denen hochfrequente Schwingungen auftreten, können Probleme infolge der thermischen Belastung vor allem der Kunststoff-Dichtungen entstehen. Bei Querkraftbelastung ist auch die thermische eventueller Führungsbänder zu überdenken. Durch hochfrequente Schwingungen mit kleiner Amplitude können Dichtungen und Führungen örtlich sehr hoch erwärmt werden, was zu einer Schädigung des Kunststoffmaterials führen kann. In solchen Fällen sowie bei höchsten Anforderungen an die Gleichförmigkeit der Bewegung, besonders im niedrigsten Geschwindigkeitsbereich, werden Servozylinder mit hydrostatischer Lagerung eingesetzt.

Ein Servozylinder mit hydrostatischer Kolbenstangenlagerung und separater Ölversorgung wird in Bild 4.3 gezeigt. Der Kolben ist ohne Dichtungen in das Zylindergehäuse eingepasst. Coulombsche Reibungskräfte am Kolben und an den Kolbenstangenführungen werden weitgehend vermieden; es tritt im Wesentlichen nur Flüssigkeitsreibung, auf.

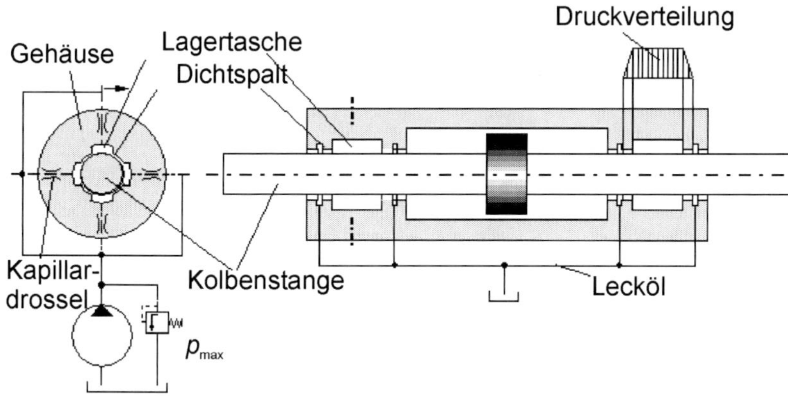

Bild 4.3: Aufbau einer hydrostatischen Kolbenstangenlagerung

Durch Abstimmung der vier konstanten Strömungswiderstände, hierbei handelt es sich meist um Kapillaren, kann die hydrostatische Lagerung ausbalanciert werden. Nachteilig sind die separate Ölversorgung, die hohen Leckverluste und die Gefahr des Ausfalls der hydrostatischen Lagerung durch Verstopfen der Kapillardrosseln. Bei Auftreten einer Exzentrizität führt eine Änderung der Druckverteilung zu einer resultierenden zentrierenden Kraft. Qualitativ ist dies in Bild 4.4 wiedergegeben.

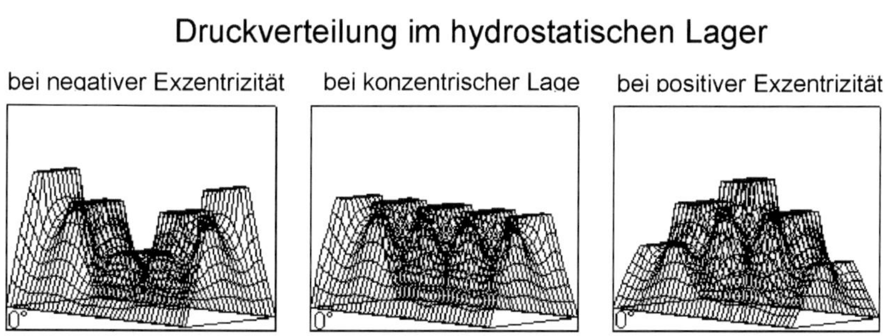

Bild 4.4: Druckverteilung bei auftretender Exzentrizität

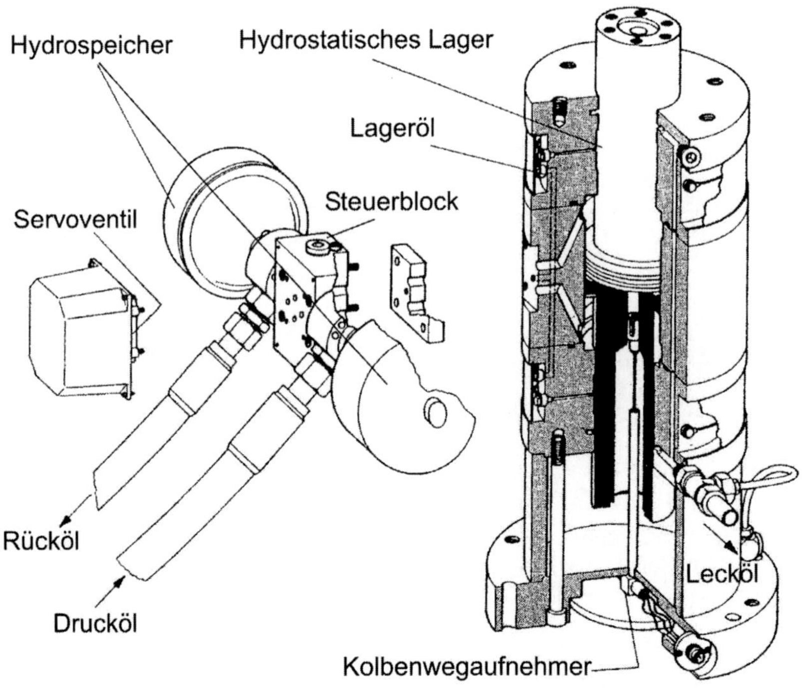

Bild 4.5: Zylinder mit hydrostatischer Kolbenstangenlagerung

Bild 4.5 zeigt einen Servozylinder mit hydrostatischer Lagerung, wie er in Prüfmaschinen verwendet wird. Zur Verringerung des Totvolumens wird das Servoventil in der Regel direkt auf der Achse angebracht. Hydrospeicher an Druck- und Tankanschluss dienen zum Ausgleich von Druck- und Volumenstrompulsationen/-schwankungen. Servozylinder verfügen üblicherweise über ein berührungsloses Wegmesssystem. Der Istwert wird an die Regelelektronik weitergegeben.

Bild 4.6 zeigt ein Foto eines Servozylinders mit hydrostatischer Lagerung der Kolbenstange. Auch hier sind Servoventil und Speicher direkt am Zylinder angeordnet.

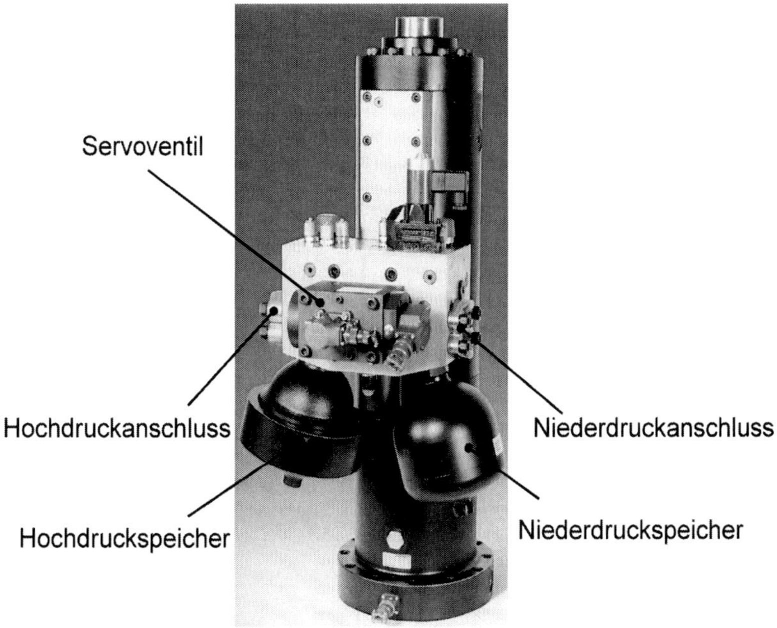

Bild 4.6: Produktbeispiel eines Servozylinders /Aut91/

Eine andere Bauform von Servozylindern ist in Bild 4.7 dargestellt. Hier werden durch die zentrierende Wirkung einer Keilspaltströmung am Kolben und an der Kolbenstangenführung Coulombsche Reibkräfte nahezu vollständig vermieden, so dass nur geschwindigkeitsproportionale Dämpfungskräfte wirksam werden.

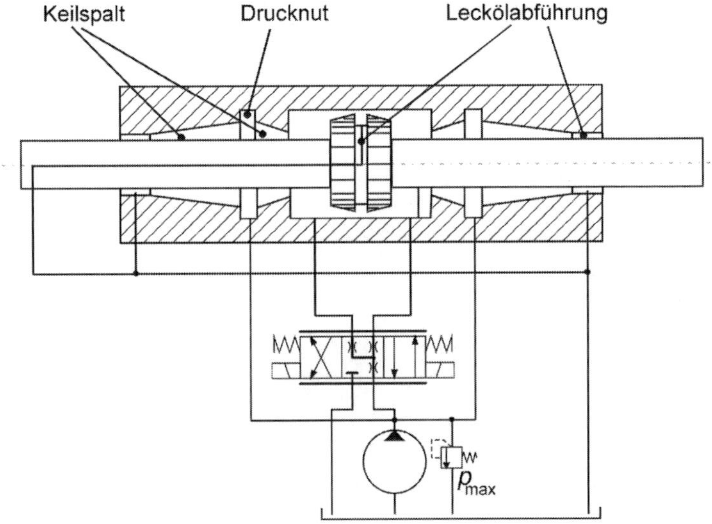

Bild 4.7: Servozylinder mit hydrostatischer Keilspaltlagerung

Durch die ständige Versorgung der Kolben- und Kolbenstangenlagerung mit Drucköl wird eine Tragfähigkeit auch im Stillstand erreicht. In Bild 4.8 ist die Wirkungsweise eines einfachen zylindrischen Keilspaltlagers zu erkennen.

Die Tragfähigkeit des in der Mitte gezeigten stillstehenden Keilspaltlagers beruht auf dem vorhandenen statischen Druckunterschied $p_A - p_B$; die Tragfähigkeit bei bewegter Lagerung beruht auf einem dynamischen Druckaufbau. Bei einer relativen Geschwindigkeit zwischen Kolben und Zylinderwandung mit anliegender Druckdifferenz überlagern sich der statische und der dynamische Druckverlauf. Bei einer Bewegung nach rechts ($v < 0$, Bild 4.8 oben) wird dadurch die Tragfähigkeit höher, bei einer nach links gerichteten Bewegung ($v > 0$, Bild 4.8 unten) wird sie kleiner. Bei größeren Geschwindigkeiten entsteht hierbei die Gefahr einer Unterdruckbildung. Durch Doppelspaltlager (siehe Bild 4.7) kann dies kompensiert werden.

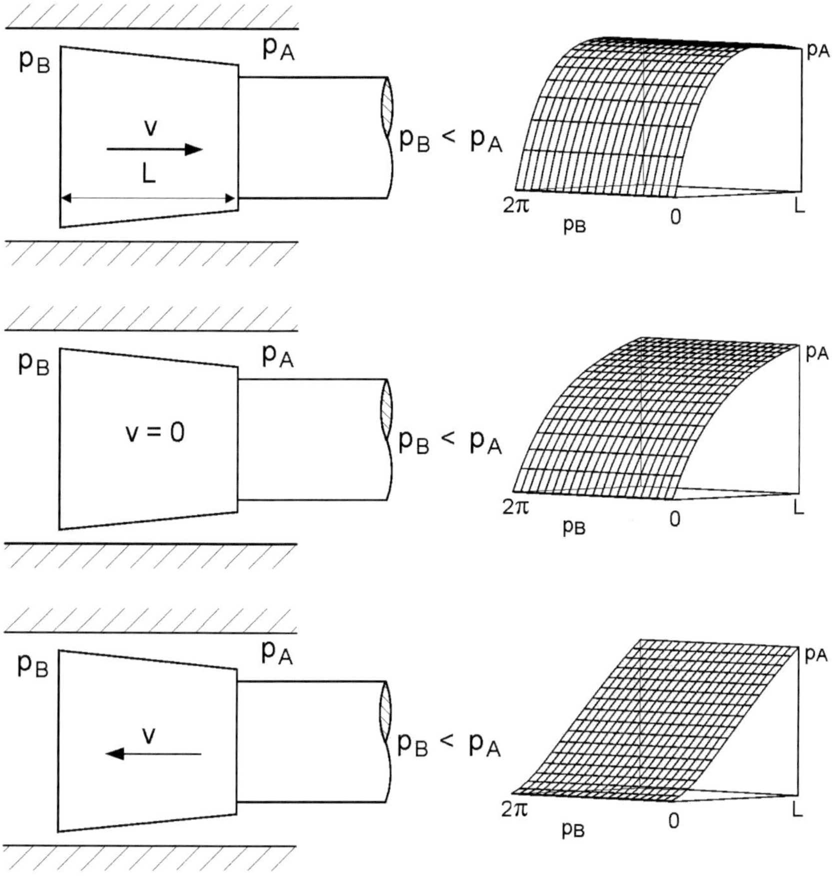

Bild 4.8: Wirkung eines zylindrischen hydrostatischen Keilspaltlagers bei unterschiedlichen Geschwindigkeiten

Die Darstellung der zentrierenden Wirkung eines Keilspaltlagers erfolgt in Bild 4.9.

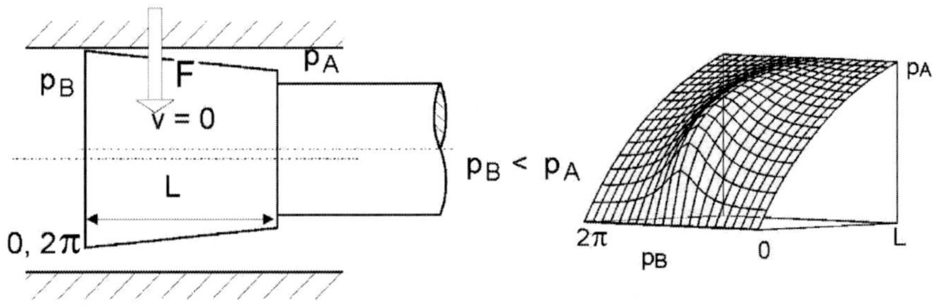

Bild 4.9: Wirkung eines zylindrischen hydrostatischen Keilspaltlagers bei Auftreten einer Exzentrizität

Wenn der Kolben, wie in Bild 4.9 gezeigt, aus der Mitte verlagert wird, verändert sich die Druckverteilung über dem Umfang dahingehend, dass an der engsten Stelle der Druckanstieg steiler und an der weitesten Stelle flacher wird. Das Integral der Druckverteilung ist dann ungleich Null und es entsteht eine Kraft, die das Lager wieder in die zentrische Ausgangslage zurückdrängt. Die konvergierend konische Gestaltung des Kolbens bewirkt somit eine zentrierend wirkende hydrostatische Lagerung.

Der fertigungstechnische Aufwand und die damit verbundenen Fertigungskosten hydrostatisch gelagerter Zylinder sind höher als bei Zylindern mit Berührungsdichtungen.

4.2 Aufbau und Eigenschaften von Schwenkmotoren

Mit Hilfe hydraulischer Schwenkmotoren können Druckkräfte in Drehmomente umgesetzt werden bzw. Volumenströme in Drehbewegungen mit begrenztem Schwenkwinkel. Dabei werden drei Arten von hydraulischen Schwenkantrieben nach ihrer Bauform unterschieden. Bild 4.10 zeigt den prinzipiellen Aufbau der drei Bauformen.

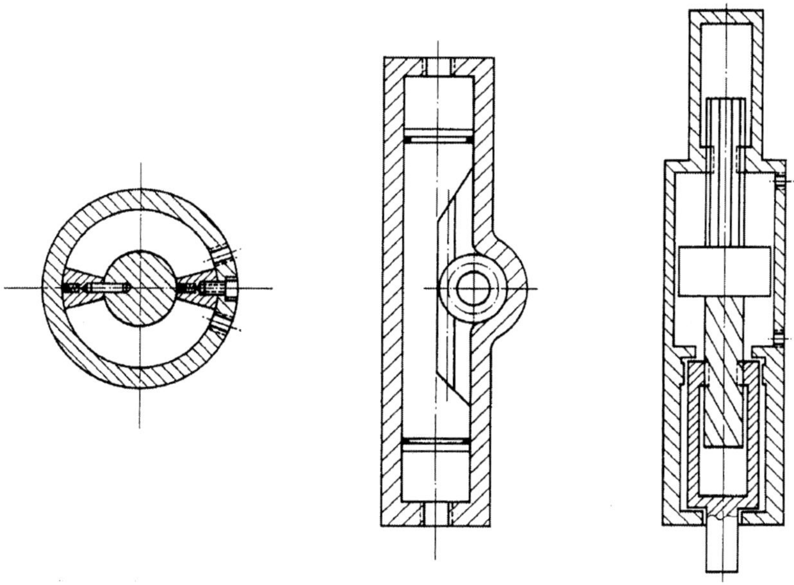

Bild 4.10: Bauformen hydraulischer Schwenkantriebe

Innerhalb der Hydraulik schließen die hier beschriebenen Schwenkantriebe die Lücke zwischen langsamlaufenden Rotationsmotoren, mit denen beliebige Drehbewegungen realisiert werden und Schubkurbelantrieben, mit denen Drehbewegungen bis etwa 100° realisiert werden.

Schwenkmotoren decken den Bereich bis etwa 360° ab. Im Gegensatz zu Langsamläufern und Schubkurbelantrieben ist bei Schwenkmotoren das abgegebene Drehmoment unabhängig von der Winkelstellung. Schwenkmotoren werden überwiegend für Positionieraufgaben eingesetzt, bei denen eine hohe Funktionssicherheit verlangt wird und nur ein kleiner Bauraum zur Verfügung steht.

In der Servohydraulik wird insbesondere der Schwenkmotor in Flügelbauart verwendet. Er zeichnet sich durch eine besonders kompakte Bauart aus. Da die Flügel mit der Achse ein Teil bilden, können mit dem Flügelmotor Druckkräfte spielfrei in Drehmomente umgewandelt werden. Die Druckkräfte können über einen oder zwei Flügel auf die Schwenkachse übertragen werden, siehe Bild 4.11.

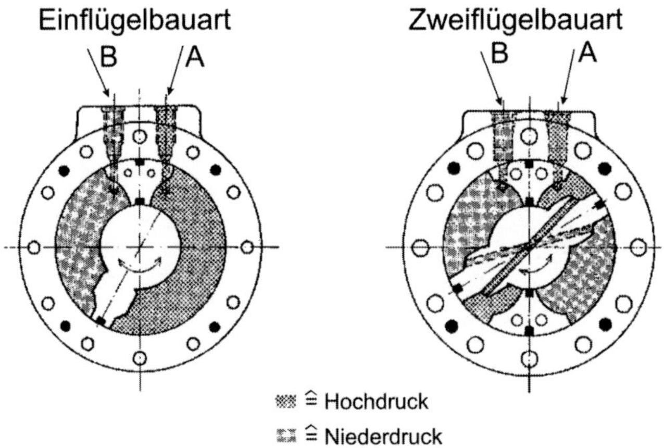

Bild 4.11: Schwenkantriebe in Flügelbauart

Bei Schwenkantrieben mit zwei Flügeln ist das Drehmoment höher, der maximal erreichbare Schwenkwinkel beträgt allerdings nur etwa 100°. Bei der Bauform mit nur einem Flügel werden etwa 280° erreicht.

Die Druckkammern dieser Motoren müssen radial und axial gegeneinander abgedichtet werden. Dazu werden glasfaserverstärkte Teflondichtungen eingesetzt, die mit Viton oder Perbunandichtungen hinterlegt werden. Trotz der aufwendigen Dichtung ist die interne Leckage zwischen den Druckkammern deutlich höher als zwischen Zylinderkammern in Linearantrieben.

4.3 Aufbau und Eigenschaften von Rotationsmotoren

In ventilgesteuerten Servosystemen werden Konstantmotoren eingesetzt. Kolbenmotoren, die speziell für die höheren Anforderungen der Servotechnik entwickelt wurden, sind die in Bild 4.12 und Bild 4.13 gezeigten Axial- und Radialkolbenmotoren.

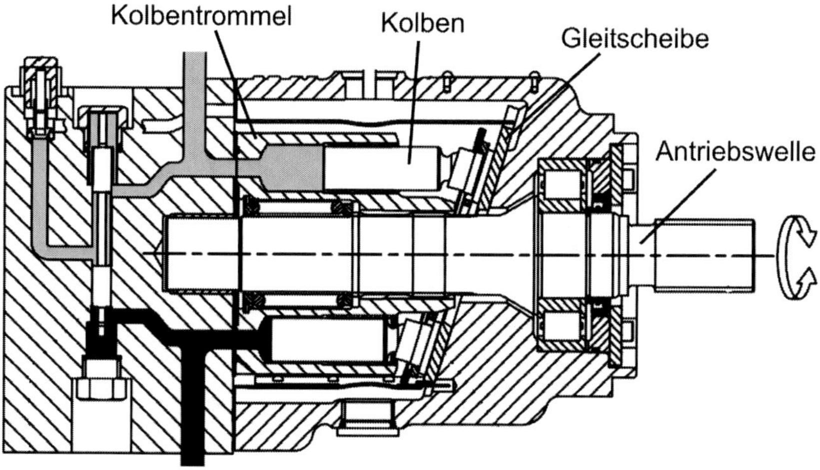

Bild 4.12: Axialkolbenmotor in Schrägscheibenbauart

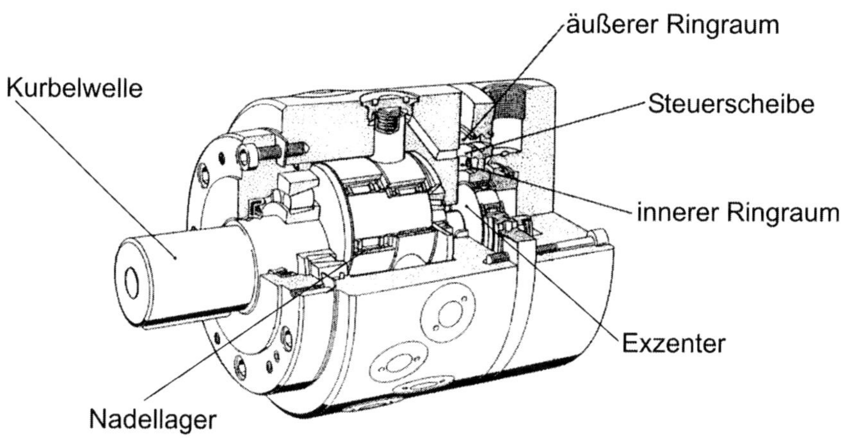

Bild 4.13: Radialkolbenmotor

Axialkolbenmotoren werden häufig eingesetzt, da sie eine hohe Leistungsdichte ermöglichen. Zur Reibungsminderung bei geringen Drehzahlen sind diese Einheiten mit entsprechend optimierten Triebwerken ausgestattet. Häufig werden dazu speziell konturierte Kolben eingesetzt.

Ähnliche Konstruktionsmerkmale zur Verminderung der Reibung weist der im Bild 4.13 dargestellte *Radialkolbenmotor* auf. Die Kolben stützen sich hier ebenfalls nicht direkt, sondern über eine nadelgelagerte Zwischenhülse auf der Exzenterwelle ab. Eine zusätzliche Wälzlagerung zwischen dem Exzenterring und der Steuerscheibe verringert die Reibung am Steuerspiegel. Durch die Bewegung der Steuerscheibe werden die Kolbenräume abwechselnd mit dem äußeren und dem inneren Ringraum verbunden.

Neben den Kolbenmotoren werden in Servosystemen auch *Flügelzellenmotor*en eingesetzt, wenn geringere Drehmomente und höhere Drehzahlen verlangt werden. Diese für Servosysteme vorgesehenen Flügelzellenmotoren werden mit engeren Toleranzen gefertigt als für normale Anwendungen. Ansonsten unterscheiden sie sich nicht von den üblichen Flügelzellenmotoren.

Bild 4.14 zeigt eine weitere Bauform von Servomotoren. Der dargestellte Rollflügelmotor wurde speziell für Anforderungen in Servosystemen entwickelt.

Die Arbeitsweise des Rollflügelmotors geht aus den sechs verschiedenen gezeichneten Arbeitsstellungen eines Bewegungsablaufs der vier Drehschieber und des Rotors mit den beiden Flügeln hervor, siehe Bild 4.15.

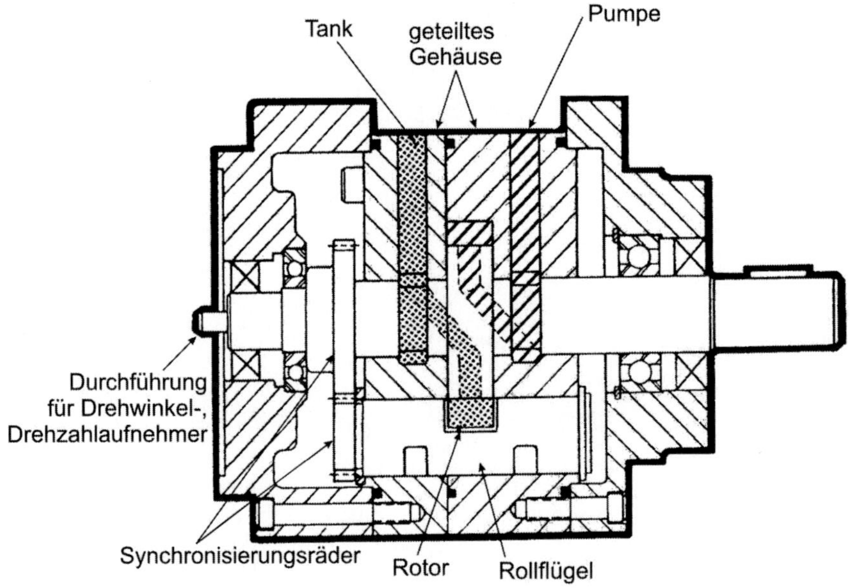

Bild 4.14: Schnitt durch einen Rollflügelmotor

Über Druckübertrager gelangt das Drucköl (schwarz) vom Motorgehäuse in zwei der vier Verdrängerräume. Die beiden anderen Verdrängerräume sind mit dem Rücköl (schraffiert) verbunden.

Die vier Drehschieber werden über ein mit der Motorwelle verbundenes Sonnenrad über Stirnzahnräder angetrieben und laufen synchron mit dem Motor um (Drehzahlverhältnis Drehschieber zu Rotor = 2:1). Die Drehschieber sind so ausgebildet, dass zwei umlaufende Druckkammern entstehen, wobei jeweils nach einer Drehung der Motorwelle um 90° das nachfolgende Drehschieberpaar die Abdichtung der unter Druck stehenden Verdrängerräume übernimmt.

Auf die Rollflügel wirkt bei gleichbleibendem Hebelarm zu jedem Zeitpunkt auf der einen Seite nur der Eingangs- und auf der anderen Seite nur der Ausgangsdruck. Hierdurch entsteht ein kontinuierlicher, pulsationsarmer Drehzahl- und Drehmomentverlauf.

Da der Rotor und die Drehschieber im Berührungspunkt aufeinander abwälzen, sind die Reibverluste im Motor gering. Das Losbrechmoment ist daher relativ gering.

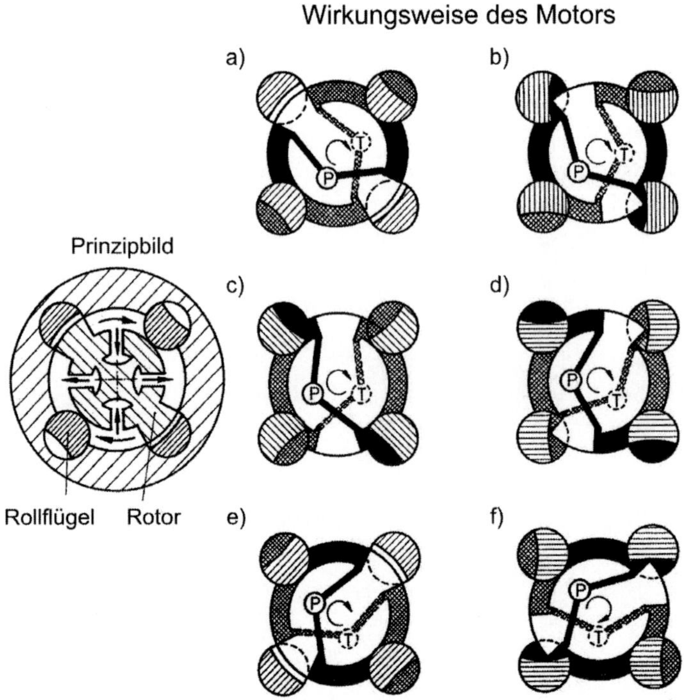

Bild 4.15: Wirkungsweise des Rollflügelmotors

4.4 Wirkungsgrad von Rotationsmotoren

Unabhängig von den einzelnen Bauarten der Motoren werden im folgenden die charakteristischen Kenngrößen abgeleitet. Für den idealen Hydromotor, einen Motor ohne Reibungs- und Leckverluste sowie ohne drehwinkelabhängiges Schluckvolumen, ist das an der Motorwelle verfügbare Nutzmoment gleich dem theoretischen Motordrehmoment

$$M_{2\text{th}} = \frac{V_2 \cdot \Delta p}{2 \cdot \pi} \tag{4.1}$$

und der aufgenommene Volumenstrom

$$Q_{2th} = V_2 \cdot n_2 \tag{4.2}$$

gleich dem austretenden Volumenstrom.

4.4.1 Hydraulisch-mechanische Verluste

Im Hydromotor entstehen durch Reibung Verluste, zu deren Überwindung eine Druckdifferenz Δp_{LVerl} erforderlich ist. Die Reibungsverluste bestehen im Wesentlichen aus drehzahl- und druckabhängigen Anteilen sowie konstanten Reibanteilen. Die drehzahlabhängigen Reibverluste setzen sich zusammen aus:

- drehzahlproportionalen Verlusten durch viskose Reibung
- dem Quadrat der Drehzahl proportionalen Verlusten durch Verwirbelung und Strömungswiderstände
- mit der Drehzahl abfallenden Verlusten im Mischreibungsbereich

Die druckabhängigen Reibungsverluste sind darauf zurückführen, dass die Anpresskräfte der unter Druck stehenden Bauelemente eines Motors linear mit der Summe der Drücke $\Sigma p = p_A + p_B$ am Motor anwachsen. So werden beispielsweise die Kolben einer Axialkolbenmaschine in Schrägscheibenbauweise mit steigendem Druck stärker gegen die Schrägscheibe gedrückt, wodurch größere Querkräfte und damit höhere Reibkräfte an den Kolben entstehen.

Messungen an Motoren haben ergeben, dass die mechanischen Verluste im Wesentlichen vom Summendruck ($p_A + p_B$) und von der Drehzahl abhängen.

Der grundsätzliche Verlauf der hydraulisch-mechanischen Verluste von Hydromotoren im Bereich geringer bis mittlerer Motordrehzahlen ist in Bild 4.16 zu erkennen. In diesem Kennlinienfeld ist deutlich der hyperbolisch mit steigender Drehzahl abfallende Verlauf der Lastdruckdifferenz $p_L = p_A - p_B$ im Bereich niedriger Drehzahlen zu erkennen. Es zeigt sich ebenfalls, dass zum Anlauf aus dem Stillstand ($n_2 = 0$) bereits eine beträchtliche Druckdifferenz erforderlich ist.

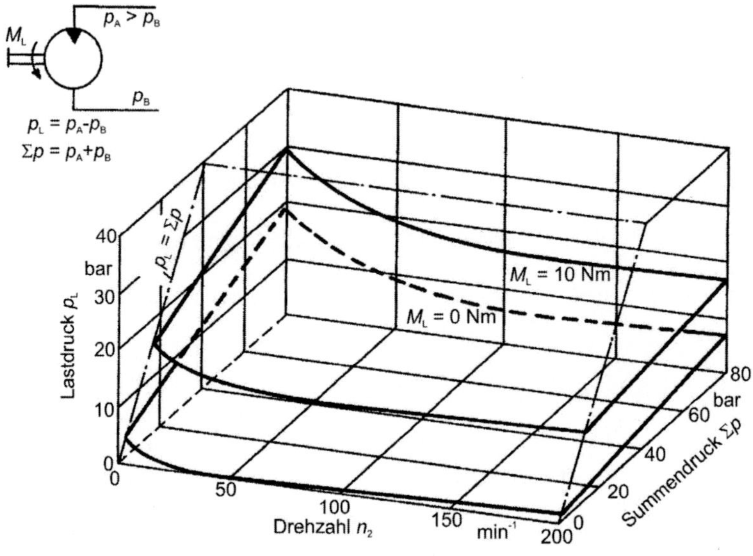

Bild 4.16: Motorkennlinienfeld ($p_L = f(\Sigma p, n_2)$) einer Axialkolbenmaschine im unteren Drehzahlbereich

Beim Anlaufen aus dem Stillstand verursachen motoreigene Reibkräfte eine Druckdifferenz, die sog. Losbrechdruckdifferenz, die auf die Haftreibungsverhältnisse zurückzuführen ist. Die Losbrechdruckdifferenz stellt beim Einsatz von Motoren in Regelkreisen eine Unstetigkeit dar, die sich als Umkehrspanne störend auf das Betriebsverhalten der Regelung auswirkt. Servomotoren sollen daher eine möglichst kleine Losbrechdruckdifferenz aufweisen.

Das Abtriebsdrehmoment $M_{2\text{eff}}$, das an der Welle des verlustbehafteten Motors zum Antreiben der Last zur Verfügung steht, ergibt sich zu

$$M_{2eff} = M_{2th} - M_{2Verl} \tag{4.3}$$

Der hydraulisch-mechanische Wirkungsgrad des Motors beträgt:

$$\eta_{2hm} = \frac{M_{2eff}}{M_{2th}} = \frac{M_{2th} - M_{2Verl}}{M_{2th}} = 1 - \frac{M_{2Verl}}{M_{2th}} \tag{4.4}$$

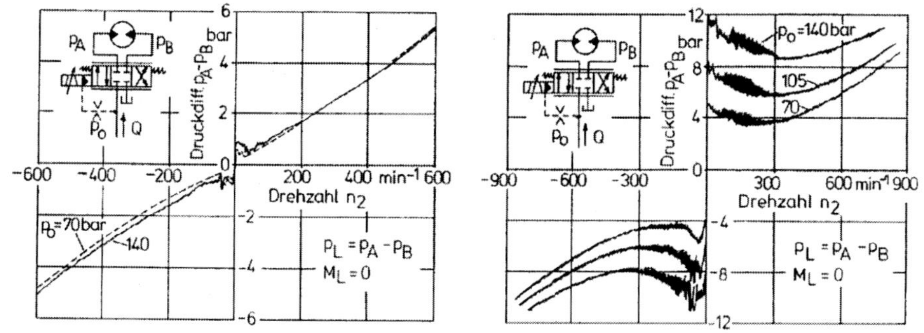

Rollflügelmotor (V_2 = 36 cm³)   Axialkolbenmotor (V_2 = 39 cm³)

Bild 4.17: Druckdifferenz p_A - p_B in Abhängigkeit von der Drehzahl bei unbelastetem Motor (M_L = 0)

Für den Axialkolben- und den Rollflügelmotor sind in Bild 4.17die charakteristischen Druckdifferenzen bei Betrieb ohne äußere Last über einen relativ großen Drehzahlbereich dargestellt.

Der Rollflügelmotor weist nur geringe Losbrechdruckdifferenzen auf. Diese sind zudem weitgehend unabhängig vom Druckniveau.

Im Gegensatz dazu lässt sich für den Axialkolbenmotor eine deutliche Druckabhängigkeit der Reibkräfte erkennen. Ferner führt der negative Gradient der Reibkraft im Bereich kleiner Drehzahlen leicht zum Stick-Slip-Verhalten des Antriebs, wie aus dem Bild zu ersehen ist. Beim Axialkolbenmotor ist das Reibverhalten für unterschiedliche Versorgungsdrücke deutlich ausgeprägter. Bei höheren Versorgungsdrücken ergeben sich damit auch erhöhte Reibmomente.

4.4.2 Volumetrische Verluste

Die interne und externe Leckage von Hydromotoren ist in erster Linie vom Druck abhängig. Es gelten die gleichen Zusammenhänge, wie sie bereits im vorigen Kapitel für Verstellpumpen ausgeführt wurden.

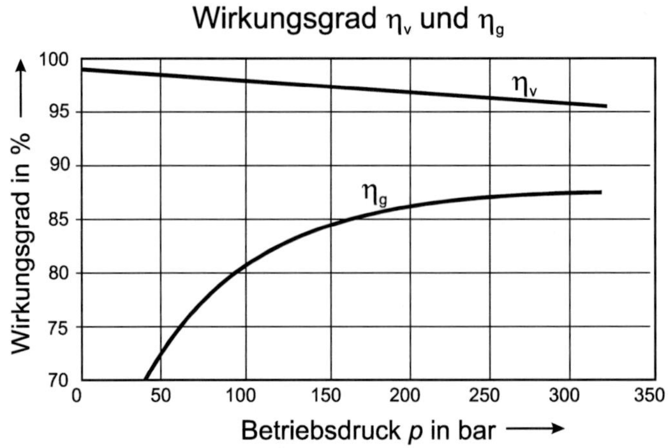

Bild 4.18: Verlauf des Wirkungsgrads über dem Druck einer Innenzahnradmaschine /Voi02/

Das obenstehende Bild 4.18 zeigt den Verlauf des volumetrischen und des Gesamtwirkungsgrades über dem Druck. Es zeigt sich ein annähernd linearer Abfall des volumetrischen Wirkungsgrades mit steigendem Druck. Ist dieses Kennfeld bekannt, so kann es für ein Antriebssystem mit hohen Anforderungen an die Regelgüte leicht berücksichtigt werden.

5 SENSOREN UND REGELEINRICHTUNGEN

neu bearbeitet von Dr.-Ing. David Prust und Dr.-Ing. Christian Stammen

Für die Regelung moderner servohydraulischer Steuerketten wird meist ein elektrischer Signalkreis genutzt. Hierzu ist es erforderlich, Prozessgrößen der servohydraulischen Steuerkette durch Sensorsysteme in elektrische Signale zu wandeln und einer Regeleinheit zuzuführen. Die Regeleinheit generiert abhängig von Prozess- und Sollgrößen das Stellsignal, das auf das Stellelement der Steuerkette geschaltet wird. In Bild 5.1 ist der schematische Aufbau eines geregelten elektrohydraulischen Antriebs dargestellt.

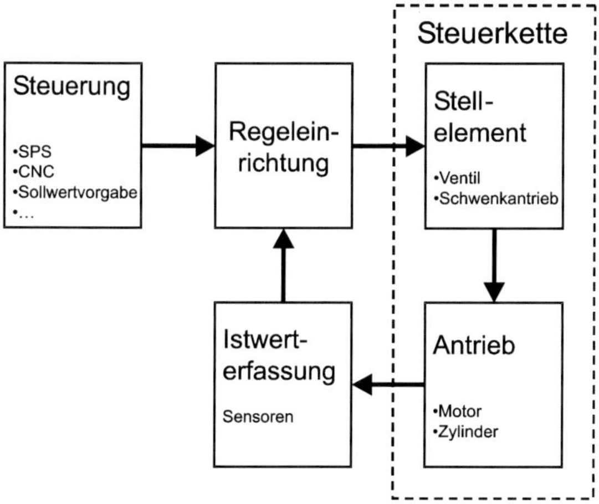

Bild 5.1: Schematischer Aufbau eines Regelkreises

In diesem Kapitel soll ein Überblick über häufig verwendete Mess- und Regeleinrichtungen gegeben werden. Da der Regelkreis bei servohydraulischen Achsen im Allgemeinen elektrisch geschlossen wird, sind dies Sensoren mit elektrischem Ausgang und elektronische Regeleinrichtungen. Es wird unterschieden zwischen Sensoren mit analogem Signalausgang und solchen mit Digitalausgang. Analoge Sensoren geben beispielsweise eine Spannung zwischen 0 und 10 Volt aus, während digitale Sensoren über ein Bussystem an den Regler angeschlossen werden können. Je nach Regelungsaufgabe und Anwendungsbereich kommen unterschiedliche

Sensoren zur Anwendung. Für Servohydraulische Regelungsaufgaben kommen in den meisten Fällen Positionssensoren sowie Kraft- oder Druckaufnehmer zu Einsatz, wobei letztere sich in ihrem Funktionsprinzip nicht unterscheiden. Beim Druckaufnehmer wird die gemessene Kraft lediglich auf eine Wirkfläche bezogen, wodurch der darauf wirkende Druck bestimmt werden kann. Für Geschwindigkeits- bzw. Beschleunigungsmessungen kommen nur selten spezielle Sensoren zum Einsatz, da diese Information auch durch Differenziation des Wegsignals gewonnen werden kann. Aus diesem Grund soll im Folgenden ausschließlich auf Weg- bzw. Drucksensoren und deren Funktionsprinzipien eingegangen werden.

5.1 Sensoren zur Erfassung der Position

Für die Realisierung lagegeregelter Antriebe ist die messtechnische Erfassung der Position erforderlich. Dies gilt sowohl für Linear- als auch für Rotationsantriebe. Positionssensoren können nach ihrem Messsignalausgang und dem Messprinzip entsprechend Bild 5.2 gegliedert werden.

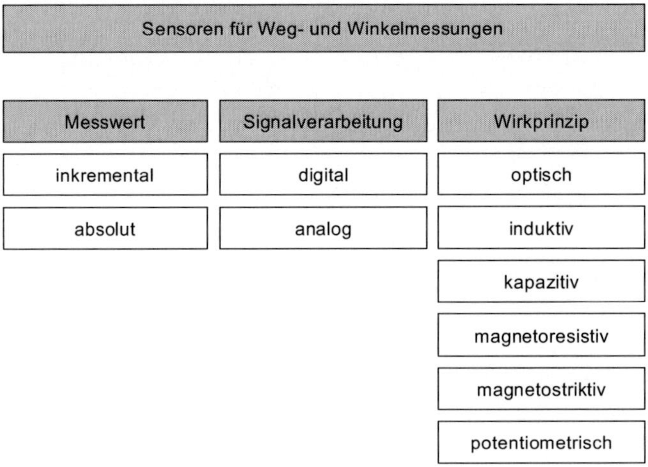

Bild 5.2: Übersicht Messprinzipien für Weg- und Winkelmessungen /Tie02/

Nachfolgend werden die für servohydraulische Antriebe im Wesentlichen eingesetzten Positionsaufnehmer (Weg- und Drehwinkelaufnehmer) vorgestellt und ihre Funktionsweise erläutert.

5.1.1 Potentiometrische Positionsaufnehmer

Potentiometrische Positionsaufnehmer nutzen den elektrischen Widerstand zur Erzeugung eines der Position proportionalen Signals.

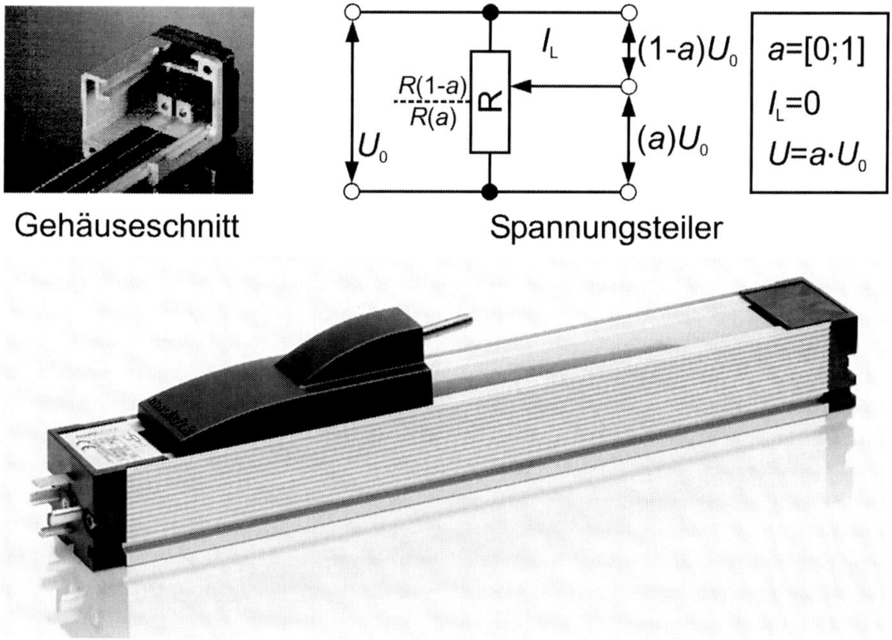

Bild 5.3: Potentiometrischer Längenmaßstab /Nov12/

Hierbei wird das Potentiometer zur Gewährleistung der Messgenauigkeit nicht als verstellbarer Widerstand, sondern als Spannungsteiler ohne Schleiferlast eingesetzt, das heißt der Strom über den Schleifer i_L sollte möglichst Null sein. Der elektrische Strom fließt demnach unabhängig von der Schleiferposition immer über den gesamten Widerstand. Über der Länge des Widerstandes stellt sich somit ein linearer Spannungsabfall ein, so dass über den Schleifer eine der Position entsprechende Spannung abgegriffen werden kann. Um einen lastfreien Schleiferabgriff zu erzielen, wird eine Operationsverstärkerschaltung benutzt, siehe Bild 5.4.

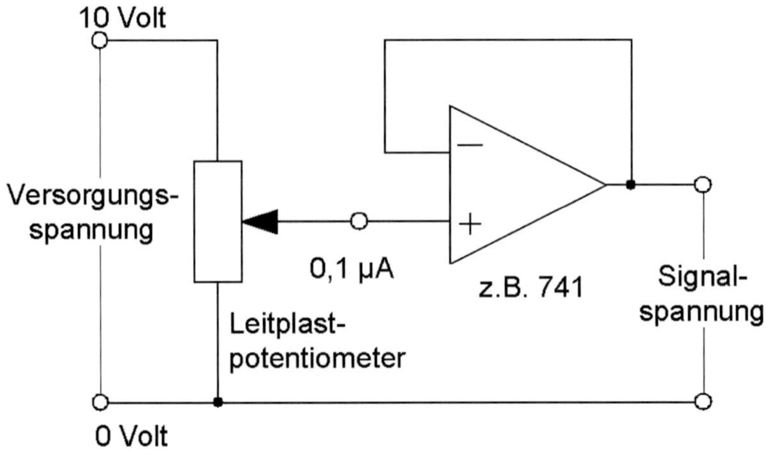

Bild 5.4: Verschaltung des Potentiometers als Positionssensor /Nov12/, /Tie02/

Der potentiometrische Sensor wird mit einer Referenzspannungsquelle verbunden und die Spannung fällt über der Länge des Widerstandes linear ab. Wenn jetzt die Spannungsdifferenz an der Schleiferposition über einen Operationsverstärker lastfrei abgegriffen wird, kann eine der Position entsprechende Spannung ermittelt werden. Um die lineare Kennlinie des potentiometrischen Sensors nicht zu verfälschen, ist unbedingt auf einen lastfreien Abgriff der Schleiferspannung zu achten.

Zur Einstellung des Potentiometermessbereiches und des elektrischen Nullpunktes sind Schaltungen zu wählen, bei denen die Temperatur- und Feuchteabhängigkeit der verwendeten elektronischen Bauelemente (insbesondere der Kalibrierwiderstände) keinen Einfluss auf das Messergebnis ausüben. Zwei exemplarische Beschaltungen des Leitplastpotentiometers sind in Bild 5.5 gezeigt, die zum Einen eine Einstellung des Messbereiches und zum Anderen eine Einstellung des Nullpunktes ermöglichen.

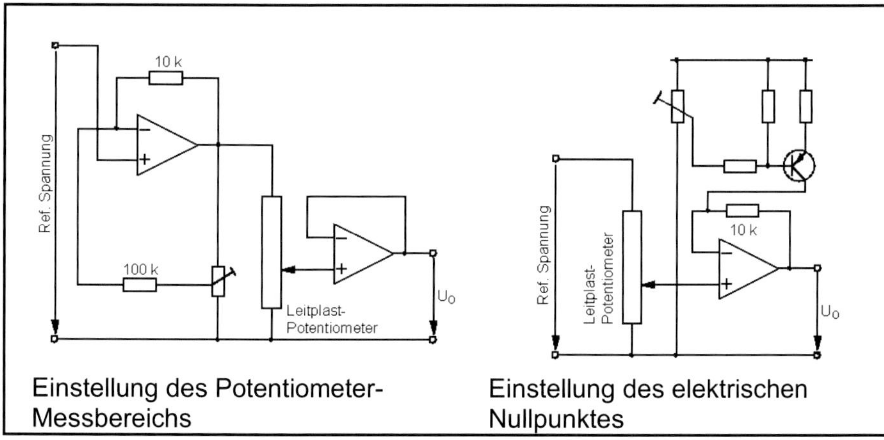

Bild 5.5: Elektronische Beschaltung von potentiometrischen Sensoren /Nov12/

Für die Erfassung von Winkelpositionen können Rundpotentiometer eingesetzt werden, die in verschiedenen Bauformen hergestellt werden. Wesentlich für die Auswahl eines geeigneten Drehwinkelsensors ist der zu erfassende Winkelbereich. Rundpotentiometer gibt es mit unterschiedlichen Messbereichen (typisch 300° - 350°), für permanent rotierende Wellen werden jedoch auch durchdrehbare Bauformen mit einem Messwinkelbereich von 360° angeboten. Daneben finden auch mehrgängige Getriebe-Rundpotentiometer Anwendung, deren Ausgangsspannung über mehrere Umdrehungen proportional steigt. Solch ein potentiometrischer Drehgeber, der aufgrund der Durchdrehbarkeit auch an rotierenden Antrieben verwendbar ist, wird in Bild 5.6 exemplarisch vorgestellt. Das Signal dieses Gebers steigt proportional mit dem Drehwinkel, beim Überdrehen der Nullposition fällt die Spannung wieder auf Null ab.

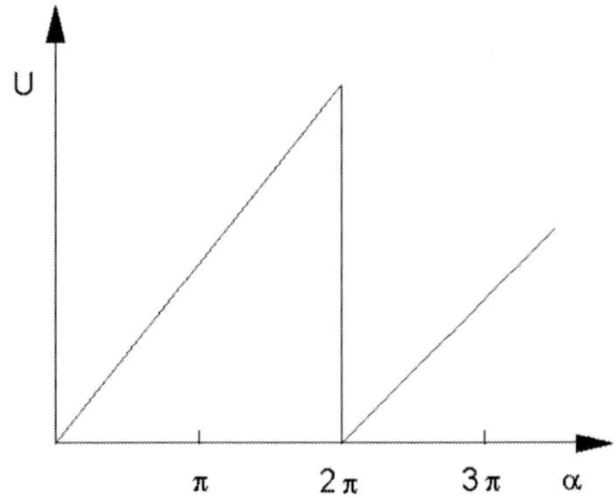

Bild 5.6: Potentiometrischer Winkelsensor /Nov12/

Potentiometrische Positionssensoren weisen aufgrund des berührenden Spannungsabgriffs einen gewissen Verschleiß der Kontaktstelle Leiterbahn/Schleifer auf. Hieraus resultiert eine Begrenzung der Lebensdauer, wobei heutzutage jedoch mehr als $100x10^6$ Hübe realisiert werden können, und eine Begrenzung der Verstellgeschwindigkeit (< 10 m/s). Die Sensoren weisen über einen großen Temperaturbereich eine hohe Wiederholgenauigkeit und Linearität auf und liefern dem Anwender abhängig von der verwendeten Signalaufbereitung ein der Position proportionales analoges Spannungs- oder Stromsignal, das den mechanischen Wegverlauf weitestgehend ohne Zeitübertragungsfehler darstellt. Wird das Signal über weite Wegstrecken übertragen, so wird häufig das Stromsignal (4 - 20 mA) eingesetzt, da der Strom unabhängig vom Widerstand der Zuleitung ist.

5.1.2 Induktive Positionssensoren

Induktive Sensoren sind aus einem Differentialtransformator (LVDT; Linear-Variable-Differential-Transformer) /Nov12, Roh67/ mit einer Primär- und zwei Sekundärwicklungen sowie einem beweglichen Kern aufgebaut. Die Primärwicklung wird mit einer konstanten Wechselspannung versorgt und ist über den Kern magnetisch mit den beiden Sekundärwicklungen gekoppelt. Verschiebt man den Kern, so ändert sich die Kopplung. Der prinzipielle Aufbau eines induktiven Sensorsystems mit der entsprechenden elektronischen Beschaltung ist in Bild 5.7 gezeigt.

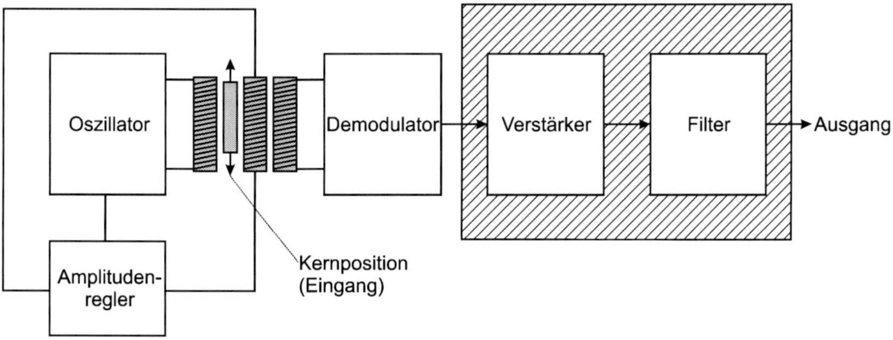

Bild 5.7: Aufbau eines induktiven Positionserfassungssystems /Nov12, Hot/

Hierbei werden die beiden Sekundärwicklungen zu einer induktiven Vollbrücke ergänzt, deren Brückenspannung vom Demodulator abgegriffen wird. Unter Berücksichtigung der Phasenlage zwischen der erfassten Wechselspannung und der anregenden Primärwechselspannung lässt sich so eine eindeutige Zuordnung der Ausgangsspannung zur Kernposition ermitteln. Das demodulierte Gleichspannungssignal wird anschließend noch verstärkt und gefiltert, ehe es als Messgröße der Regeleinheit zur Verfügung gestellt werden kann. Das stationäre Übertragungsverhalten eines induktiven Positionssensors wird aus Bild 5.8 deutlich, wobei hier beispielhaft der Stromausgang (4 - 20 mA) dargestellt ist.

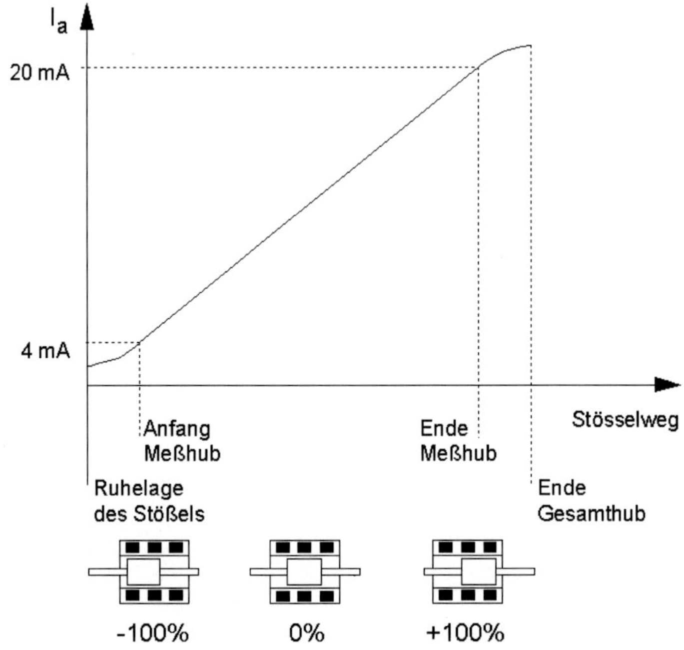

Bild 5.8: Strom-Hub-Kennlinie eines induktiven Wegsensors /Nov12/

Zur Erzielung genauer Messergebnisse ist darauf zu achten, dass nur der lineare Bereich der Kennlinie genutzt wird. Des Weiteren wird bei hohen Anforderungen an die Genauigkeit der Einsatz einer Temperaturkompensation erforderlich, da der Ohm'sche Widerstand der Transformatorwicklungen und damit auch die magnetische Durchflutung beeinflusst werden. Im Gegensatz zu den potentiometrischen Sensoren weist der Sensor keine verschleißbehafteten Kontaktstellen auf, weshalb er weitestgehend verschleißfrei arbeitet. Das Messergebnis wird im Allgemeinen ebenfalls analog als wegproportionale Spannung oder auch als Strom ausgegeben. Für das dynamische Verhalten ist im Wesentlichen die Frequenz der Primär-Wechselspannung verantwortlich. Üblicherweise beträgt die maximale Messfrequenz induktiver Sensoren etwa 10 % der anregenden Trägerfrequenz.

Abschließend sind in Bild 5.9 einige Ausführungen induktiver Positionssensoren dargestellt. Der Einsatzschwerpunkt induktiver Sensoren liegt bei kurzhubigen Sensoren bis 15 mm, lieferbare Messlängen reichen bis zu 0,5 m. Aufgrund der berührungslosen Messung und dem gekapselten, druckfesten Spulengehäuse bietet sich dieser Sensor für die Integration in hydraulische Komponenten (Positionserfassung am Ventilschieber/Pumpenstellzylinder, Integration in Zylinder) an.

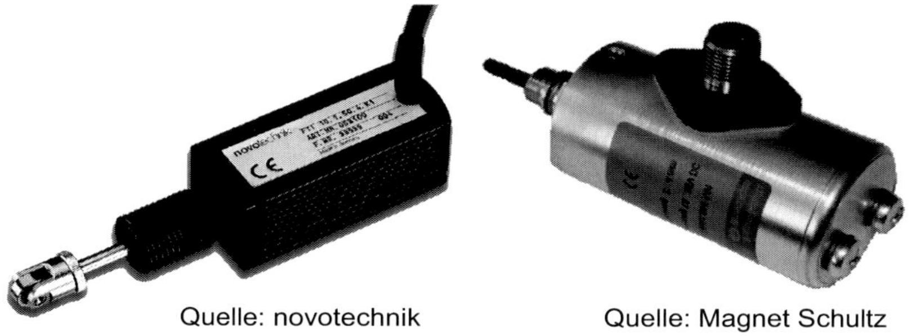

Bild 5.9: Ausführungen induktiver Positionssensoren

Obwohl diese Sensoren nach der Signalverarbeitung ein analoges Ausgangssignal zur Verfügung stellen, werden zunehmend Signalverstärker mit digitaler Schnittstelle angeboten, um dem zunehmenden Einsatz von Digitalrechnern in der Signalverarbeitung Rechnung zu tragen.

5.1.3 Magnetoresistive Positionssensoren

Der magnetoresistive Effekt, welcher darin besteht, dass der elektrische Widerstand einer dünnen ferromagnetischen Schicht sich in Abhängigkeit von der Richtung und Stärke eines Magnetfeldes verändert, kann für die Positionsmessung genutzt werden. Den für größere Wege bzw. Winkel erforderlichen Aufbau eines solchen Sensorsystems zeigt Bild 5.10. Das Sensorsystem besteht aus einer großen Anzahl von Magnetfeldsensoren, die jeweils aus vier zu einer Wheatstone'schen Vollbrücke verschalteten Sensorelementen bestehen, die ihren elektrischen Widerstand in Abhängigkeit des magnetischen Feldes verändern.

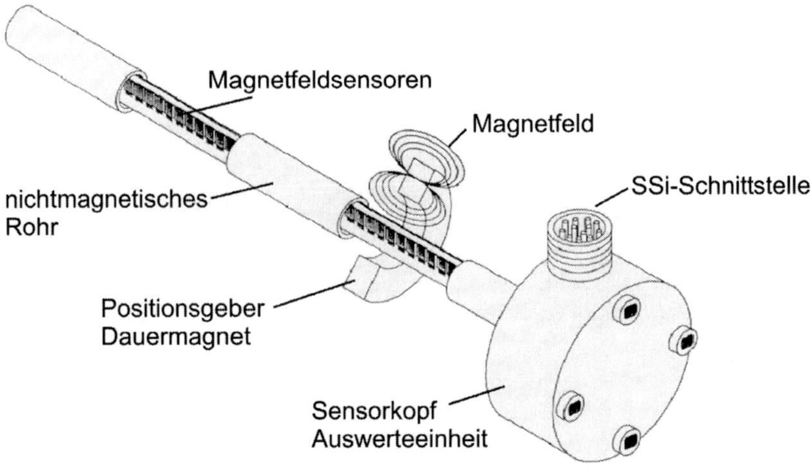

Bild 5.10: Funktionsprinzip eines magnetoresistiven Positionssensors /Sto92/

Ermittelt werden kann die Position eines Magnetfeld-Positionsgebers, der relativ zu den Magnetfeldsensoren bewegt wird, indem die Differenzspannungen der einzelnen Sensorelemente nacheinander in einen digitalen Wert gewandelt werden. Die ermittelten Werte werden anschließend von einem Mikroprozessorsystem mit den im Festspeicher abgelegten Referenzmesswerten verglichen, um die Magnetgeberposition den Sensoren zuzuordnen. Als Position wird die ebenfalls im Festspeicher abgelegte Position der ermittelten Geberposition über die digitale Schnittstelle ausgegeben.

Auch diese Messsysteme gehören zu der Gruppe der berührungslosen Sensoren und weisen somit keinen prinzipbedingten Verschleiß auf. Das Messergebnis stellt eine absolute Position dar und wird in digitaler Form ausgegeben. Da zur Positionsermittlung alle Magnetfeldsensoren von der Mikroprozessoreinheit abgetastet werden müssen, ergibt sich eine getaktete Aktualisierung des aktuellen Messergebnisses. Somit weist das dynamische Übertragungsverhalten dieses Positionssensorsystems eine Totzeit auf, die üblicherweise ca. 1 ms beträgt. Aufgrund der diskreten Anzahl von Magnetfeldsensoren ist die Auflösung des Systems begrenzt und beträgt üblicherweise 10 µm. In Bild 5.11 sind unterschiedliche Bauformen dieser Sensoren abgebildet.

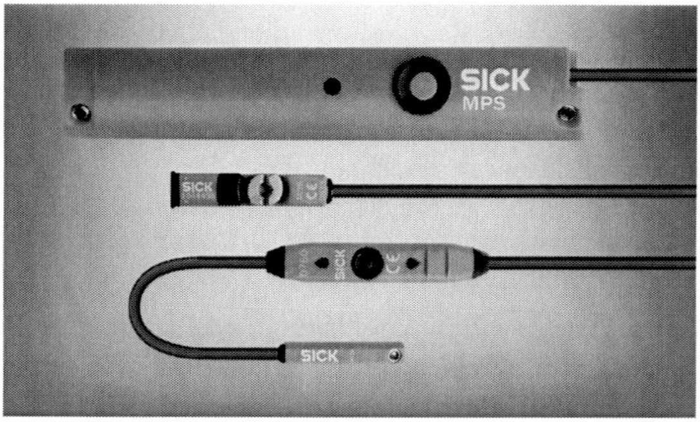

Bild 5.11: Verschiedene Bauformen magnetoresistiver Sensoren /Sic12/

Vorteilhaft an den zur Verfügung stehenden Wegmesssystemen ist, dass der Magnetgeber auch den Erfassungsbereich des Sensors verlassen kann. Bei großen Messlängen wird also nur der für die Anwendung wichtige Bereich messtechnisch erfasst. Des Weiteren kann die mittlere Bauform in Hydraulikzylindern integriert werden, da das Sensorrohr druckfest ausgeführt ist und der Magnetgeber berührungslos über das Sensorrohr geführt wird. Neben den in Bild 5.11 gezeigten Sensoren für größere Messbereiche werden auch spezielle Sensoren für den Anbau an hydraulischen Schieberventilen hergestellt, siehe Bild 5.12.

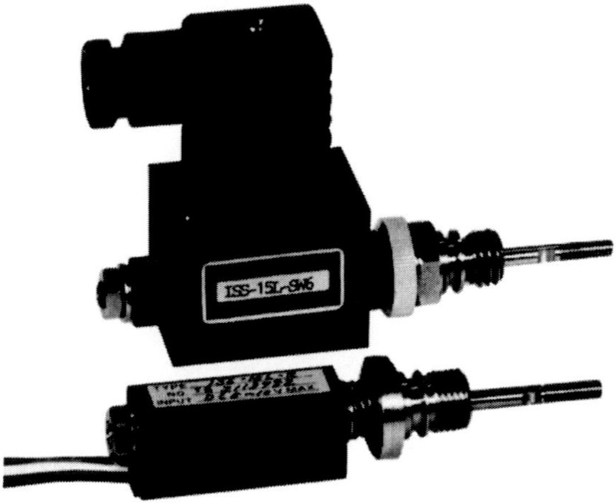

Bild 5.12: Magnetoresistiver Positionssensor für Schieberventile /Pew/

5.1.4 Magnetostriktive Positionssensoren

Als weiterer physikalischer Effekt, der in Absolutpositionsgebern zum Einsatz kommt, ist die Magnetostriktion zu nennen.

Der prinzipielle Aufbau eines solchen Sensors ist in Bild 5.13 dargestellt. Ein Rohr aus weichmagnetischem Material stellt den eigentlichen Wellenleiter dar. Der an der zu ermittelnden Position befindliche Positionsgeber ist im Wesentlichen ein Permanentmagnet, dessen Feldlinien in Richtung des Messelementes verlaufen. Angeregt wird das System mit einem Stromimpuls, der durch den im Rohr befindlichen elektrischen Leiter fließt und ein zirkulares Magnetfeld im Messelement erzeugt. Aufgrund der Wechselwirkung dieses Zirkularfeldes mit dem Feld des Positionsgebers kommt es zu einer elastischen Verformung des Gefüges im Wellenleiter, die eine mechanische Welle erzeugt. Diese breitet sich mit Ultraschallgeschwindigkeit (ca. 2,85 m/ms) in beide Richtungen im Wellenleiter aus, wird jedoch an einer Seite weggedämpft. Am anderen Ende des Wellenleiters wird die mechanische Welle durch einen Signalwandler in ein elektrisches Signal umgesetzt.

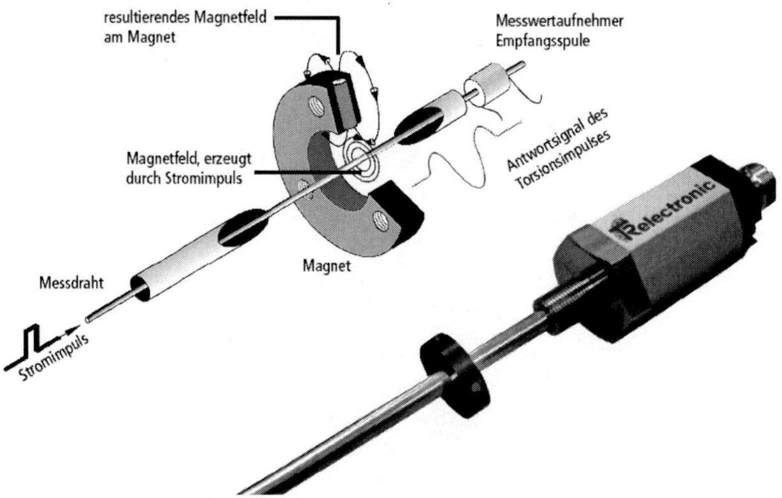

Bild 5.13: Aufbau eines magnetostriktiven Wegmesssystems /Tre07/

Gemessen wird die Laufzeit der Welle im Wellenleiter, also die Zeit zwischen dem Stromimpuls und der Messung der mechanischen Torsionswelle im Sensorkopf. Dieses Messprinzip liefert ebenfalls direkt ein absolutes Positionssignal, das in einem festen Zeitraster aktualisiert wird. Dieses Zeitraster wird abhängig von der maximalen Messlänge so gewählt, dass die maximale Wellenlaufzeit immer kleiner ist als diese Zykluszeit.

Wie alle bisher vorgestellten Messprinzipien weist auch das gerade vorgestellte Messprinzip die Möglichkeit einer Integration in den Hydraulikzylinder auf. Hierzu wird das Messsystem in gekapselter Bauweise aufgebaut und der Positionsgeber berührungslos über den Wellenleiter geführt.

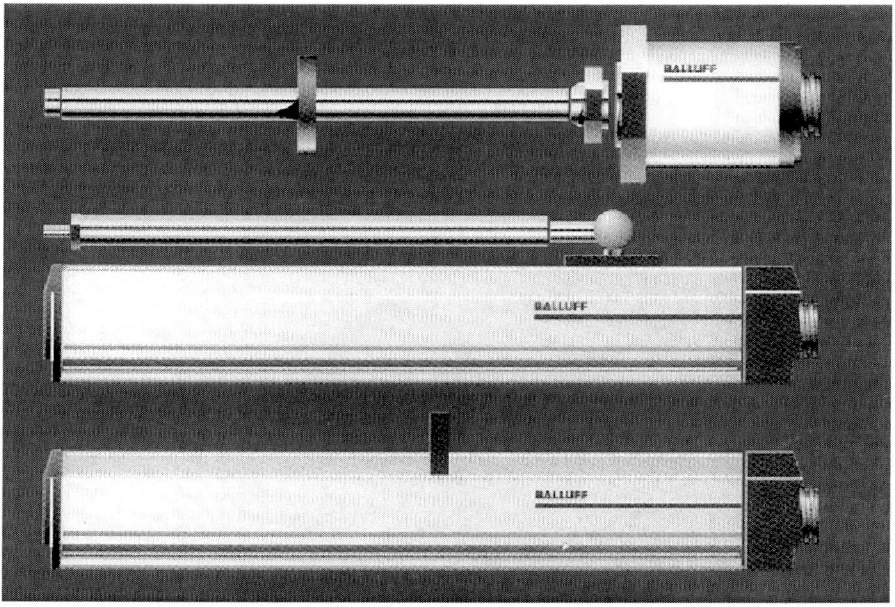

Bild 5.14: Bauformen magnetostriktiver Wegmesssysteme /Bal/

Dies entspricht der in Bild 5.14 ganz oben dargestellten Bauform. Die weiter gezeigten Messsysteme werden dagegen außen montiert, wobei der Positionsgeber entweder im Messsystem geführt und über eine Schubstange an das Antriebssystem gekoppelt wird, oder aber der Geber direkt am Antrieb montiert wird. Die in Bild 5.14 unten dargestellte Bauform bietet ebenfalls die Möglichkeit, dass der Positionsgeber den Messbereich des Sensors verlassen kann. Bei Antrieben mit großen Verfahrwegen muss deshalb nicht unbedingt der gesamte, sondern nur der zu regelnde Positionsbereich messtechnisch erfasst werden.

5.1.5 Optische Positionssensoren

Optische Positionssensoren arbeiten nach dem Prinzip der photoelektrischen Abtastung sehr feiner Strichgitter, wie es in Bild 5.15 exemplarisch für das Durchlichtverfahren mit inkrementalem Glasmaßstab dargestellt ist.

Das Messsystem besteht aus der Abtasteinheit, bestehend aus Lichtquelle, Kondensor, Abtastplatte und Photoelementen und dem eigentlichen Maßstab, der eine Gitterteilung mit einer Teilungsperiode von üblicherweise 10 µm oder 20 µm aufweist. Bei einer Relativbewegung zwischen Abtasteinheit und Maßstab kommen nun abwechselnd Striche und Lücken der Gitterteilung mit denen der Abtasteinheit zur Deckung. Dies erzeugt periodisch ändernde Lichtströme auf den Photoelementen, die in elektrische Signale umgewandelt werden.

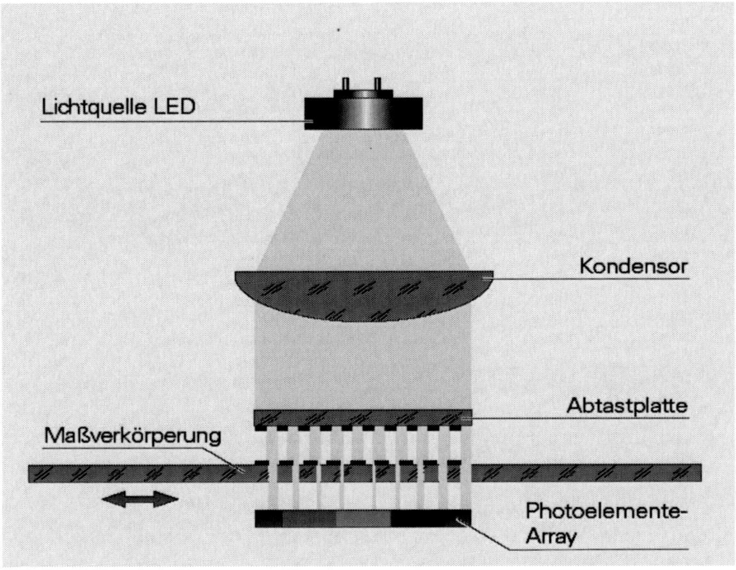

Bild 5.15: Photoelektrisches Messprinzip mit Glasmaßstab /Hei12/

Bei inkrementalen Messsystemen werden zwei sinusförmige Ausgangssignale von der Abtasteinheit erzeugt, die aufgrund zweier um ein Viertel der Teilungsperiode versetzter Strichgitter auf der Abtastplatte um 90° phasenverschoben sind. Der Signalverlauf für eine kontinuierliche Bewegung mit konstanter Geschwindigkeit ist in Bild 5.16 (links) dargestellt. Die Betrachtung der beiden phasenverschobenen Signale I_{e1} und I_{e2} ermöglicht eine Erkennung der Bewegungsrichtung. Die weitere

Signalverarbeitung wird in einer Interpolations- und Digitalisierungs-Elektronik vorgenommen, die dann die sinusförmigen Signale in Rechtecksignale mit einer Frequenz, die einem geradzahligen Vielfachen der Sinusfrequenz entspricht, umwandelt. Bei diesem Messverfahren erfolgt die Positionsermittlung, indem die Flanken der erzeugten Rechtecksignale gezählt werden, deren Abstand sich aus der Teilungsperiode und der gewählten Interpolation sowie der Anzahl ausgewerteter Flanken pro Periode ergibt.

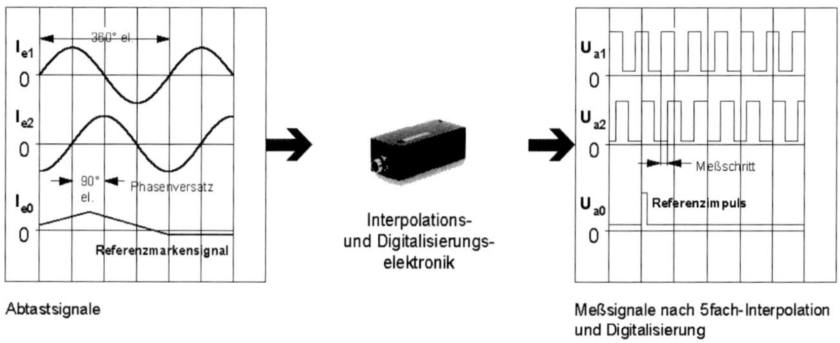

Bild 5.16: Verlauf und Weiterverarbeitung der Signale /Hei92/

Das Zählen der Flanken erbringt jedoch nur eine relative Position zur Position bei Zählerstand Null. Um eine absolute Position zu ermitteln, muss das ebenfalls zur Verfügung stehende Referenzsignal genutzt werden. Um nach dem Einschalten der Anlage die Absolutposition zu ermitteln, ist zunächst eine Referenzfahrt durchzuführen, während der eine Referenzmarke angefahren wird. Ist die eindeutige Position der Referenzmarke erfasst, so kann dieser Punkt als Bezugspunkt für die ermittelten relativen Positionsänderungen genutzt werden. Einige Messsysteme verfügen über mehrere Referenzmarken, so dass die Referenzfahrt nur bis zur nächsten Referenzmarke durchgeführt werden muss. Bei der Zusammenstellung des Messsystems ist darauf zu achten, dass auch bei maximaler Antriebsgeschwindigkeit die Grenzfrequenzen des Zählers und der Interpolationselektronik nicht überschritten werden, um Zählfehler zu vermeiden. Diese Fehler können nur bei Erreichen einer Referenzmarke erkannt und korrigiert werden.

Die zur Digitalisierung und Interpolation {XE „Interpolation“ }eingesetzte Elektronik weist das Schaltbild aus Bild 5.17 auf. Die sinusförmigen Eingangssignale I_{e1} und I_{e2} werden zunächst verstärkt und dann interpoliert. Hierzu dienen Widerstands-Netzwerke, die aus den beiden sinusförmigen Abtastsignalen über vektorielle

Addition zusätzliche phasenverschobene Signale erzeugen. Die phasenverschobenen Signale werden in den nachgeschalteten Schmitt-Triggern in Rechtecksignale umgeformt und dann in zwei Exklusiv-Oder-Elementen zu zwei Folgen von Rechtecksignalen zusammengefasst. Diese Rechtecksignale weisen im angenommenen Fall der 5-fach Interpolation die 5-fache Frequenz der sinusförmigen Eingangsfrequenz auf, was gleichbedeutend mit einer 5-fach höheren Positionsauflösung des Messsystems ist.

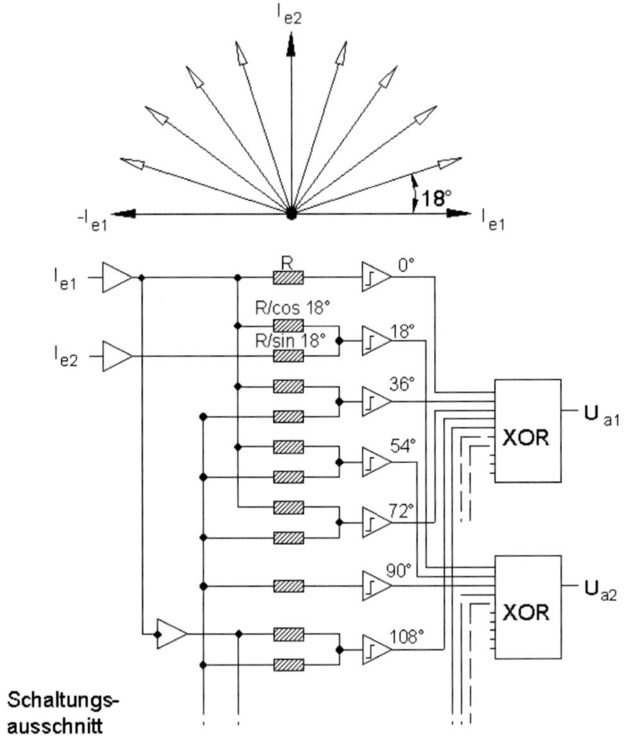

Bild 5.17: Elektronische Schaltung der Interpolationselektronik /Hei92/

Alternativ zu inkrementalen Maßstäben können bei optischen Messsystemen auch absolut codierte Maßstäbe eingesetzt werden. Um jede Position des Maßstabs als absolute Größe zu codieren, sind bei diesen Maßstäben entsprechend viele Kanäle auf dem Maßstab aufgebracht. Aufgrund der vielen Spuren eines solchen Maßstabs und den entsprechend vielen Kanälen des Abtastsystems sind absolut codierte optische Messsysteme in der Produktion recht teuer. In Bild 5.18 ist beispielhaft der

Glasmaßstab eines Drehgebers abgebildet, der eine absolute Codierung gemäß Gray-Code besitzt. Die verschiedenen Spuren sind auf konzentrischen Kreisen unterschiedlichen Durchmessers aufgebracht, damit alle Spuren zeitgleich gelesen werden können. Der Gray-Code zeichnet sich unter anderem dadurch aus, das sich zwischen zwei Positionscodierungen immer nur ein Bit ändert, was auch zur Fehlerüberwachung des Signals ausgenutzt werden kann.

Bild 5.18: Glasmaßstab eines Drehgebers mit Gray-Code-Absolutcodierung /Sic12/

Ein großer Vorteil der Absolutcodierung ist, dass auch nach Signalfehlern oder nach Positionsänderungen mit großer Geschwindigkeit direkt wieder die absolute Position abgelesen werden kann, während bei inkrementalen Sensoren Zählfehler auftreten können, die zu fehlerhaften Positionsangaben führen.

Die optische Auflösung von Glasmaßstäben ist wegen Beugungseffekten, die durch die schmalen Lichtspalte hervorgerufen werden, begrenzt, daher kann die Winkelauflösung des Drehgebers nicht durch Verkleinerung der Codierungsmarkierung nicht beliebig erhöht werden. Wird eine besonders hohe Auflösung benötigt, kommen Drehgeber mit Untersetzungsgetriebe, wie in Bild 5.19 dargestellt, zum Einsatz. Bei dem abgebildeten Drehgeber wird ein mehrstufiges Rädergetriebe eingesetzt, um geringe Winkeländerungen der Eingangswelle in eine große Winkeländerung des Glasmaßstabs zu übertragen. Auf diese Weise kann mit eine höhere Winkelauflösung bei unveränderter Auflösung des optischen Sensors erreicht werden.

Bild 5.19: Aufbau eines hochauflösenden Drehgebers mit Untersetzungsgetriebe /Sic12/

Für die Ermittlung der Geschwindigkeit und Beschleunigung von Antrieben werden nur selten spezielle Sensoren eingesetzt. Meist wird das Signal eines Positionsgebers in der Regeleinrichtung differenziert, um den Geschwindigkeits- oder Beschleunigungs-Istwert zu ermitteln. Lediglich bei drehzahlgeregelten Rotationsantrieben werden noch vermehrt Tachogeneratoren, wie in Bild 5.19 dargestellt, zur Winkelgeschwindigkeitsermittlung eingesetzt. Diese erzeugen entsprechend dem Generatorprinzip eine der Winkelgeschwindigkeit proportionale Spannung.

5.1.6 Zusammenfassung

Abschließend fasst Bild 5.20 die charakteristischen Eigenschaften der unterschiedlichen Positionssensoren nochmals zusammen:

	poten-tiome-trisch	induk-tiv	kapazi-tiv	mag-neto-resistiv	mag-neto-striktiv	optisch inkre-mental	optisch absolut
Ausgangssignal	analog	analog	analog	digital	digital	digital	digital
Absolutwert	ja	ja	ja	ja	ja	nein	ja
Auflösung	∞	∞	∞	mittel	mittel	sehr hoch	sehr hoch
Zeittakt	nein	nein	nein	ja	ja	nein	nein

Bild 5.20: Charakteristika der unterschiedlichen Positionssensoren

Systeme mit analoger Signalschnittstelle werden bevorzugt zusammen mit analogen Regelelektroniken eingesetzt. Insbesondere bei intergrierten und unter Öl eingesetzten Messsystemen kommen häufig induktive Wegmesssysteme, die aufgrund des druckfesten Innenrohrs problemlos mit Druck beaufschlagt werden können, zum Einsatz. Auch die magnetostriktiven und magnetoresistiven Wegmesssysteme verfügen über diese Fähigkeit, da der Positionsgeber berührungslos über das Sensorsystem bewegt werden kann, das in einem druckfesten Rohr integriert ist. Da die Auswertung jedoch im Allgemeinen über eine digitale Schaltung erfolgt, wird die absolut angegebene Position meist digital zur Verfügung gestellt. Somit ist der Einsatz dieser Sensoren insbesondere bei digitalen Regelsystemen mit mittleren bis hohen Ansprüchen an die Positioniergenauigkeit geeignet. Für Anwendungen mit sehr hohen Ansprüchen an die Positioniergenauigkeit werden meist optische Messsysteme eingesetzt, wobei die Auflösung inkrementaler Systeme durch die Variation der Interpolationselektronik erhöht werden kann.

5.2 Sensoren zur Druckmessung

In vielen technischen Anwendungen ist zur Realisierung von Prozessen der Einsatz von Kraftregelungen erforderlich. Anwendungsfelder der Kraftregelung liegen beispielsweise in der Um- und Urformtechnik, wobei die Fließprozesse im Werkzeug oder zwischen den Walzen über die geregelte Kraft gesteuert werden. Weitere Anwendungsfelder bieten sich im Prüfmaschinenbau, wo dem Prüfling gezielt vorgegebene Belastungen aufgeprägt werden.

Meist wird die Regelgröße Kraft nicht direkt, sondern aus dem resultierenden Lastdruck ermittelt, da die Messung der hydrostatischen Drücke im Allgemeinen die kostengünstigere Lösung darstellt. Korrekterweise ist in diesem Fall jedoch von einer Lastdruckregelung und nicht von einer Kraftregelung zu sprechen. Kraft- bzw. Lastdruckregelungen von fluidtechnischen Antrieben treten meist nur in Kombination mit Positions- oder Geschwindigkeitsregelungen auf.

5.2.1 Aufbau von resistiven Druckaufnehmern

Zur Druckmessung werden im Allgemeinen Messwandler eingesetzt, in der die Größe "Druck" in ein proportionales elektrisches Signal umgewandelt wird. Diese Umwandlung erfolgt über die Messung der elastischen Verformung eines Messelementes unter Druckeinwirkung. In Bild 5.21 ist der schematische Aufbau eines Drucksensors mit einer Membran als elastischem Messelement abgebildet.

Je nach Anwendungsfall kann die Membran ein- oder zweiseitig mit Druck beaufschlagt werden. Die resultierende Druckkraft bewirkt eine Verformung der Membran, woraus eine Widerstandsänderung der Widerstandselemente auf der Membran resultiert. Die Anordnung der Messelemente auf der Membran, die zu einer Wheatstone'schen Brücke verschaltet werden, ist ebenfalls in Bild 5.21 dargestellt. Als Messelemente werden heutzutage Messelemente aus Konstantan oder Platin-Iridium-Draht (DMS) verwendet. Alternativ werden ebenfalls Halbleiter-Widerstände (Silizium) verwendet, die den piezoresistiven Effekt nutzen. In diesem Fall werden die Messelemente direkt in die dabei aus Silizium bestehende Membran implantiert.

Alternativ zur Membran wird ebenfalls ein Dehnrohr als Druck-Weg-Umsetzer eingesetzt, auf dem DMS-Elemente aufgebracht sind. Der Aufbau eines ausgeführten Sensors ist in Bild 5.22 gezeigt.

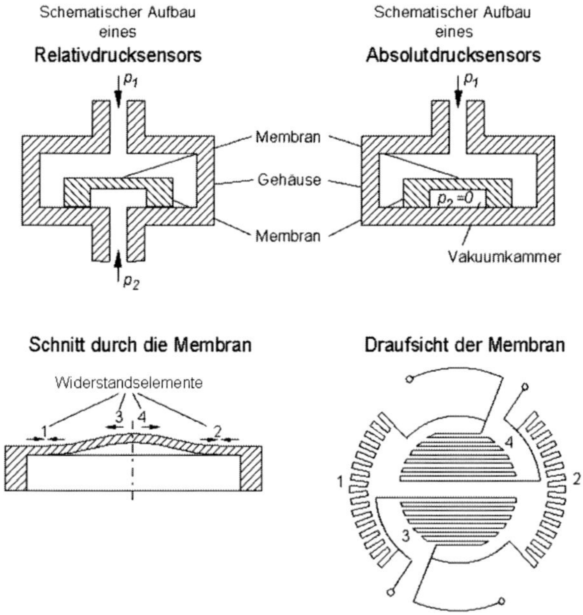

Bild 5.21: Aufbau resistiver Drucksensoren /Tie02/

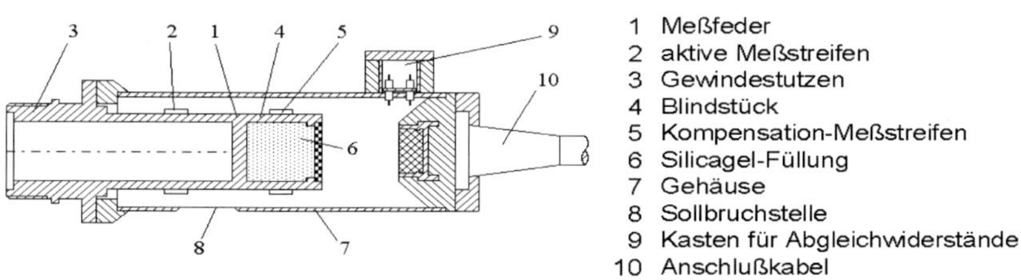

Bild 5.22: Drucksensor mit einem elastischen Rohr als Druck-Weg-Umsetzer mit Dehnungsmessstreifen /Roh67/

Hier dient das Rohr (1) als Messelement, das zwei in Umfangsrichtung aufgeklebte Messstreifen (2) trägt. Es läuft auf der einen Seite in einen Gewindestutzen (3) zum Anschluss an den Druckraum und auf der anderen Seite in ein unbeanspruchtes Blindstück (4) aus, das zwei Kompensationsmessstreifen (5) trägt und im Innern mit einer Silicagel-Füllung (6) zur Feuchtigkeitsabsorption gefüllt ist. Das Gehäuse (7) ist zum Schutz der Messstreifen mit einem Edelgas gefüllt. Die Sollbruchstelle (8) verhindert ein Aufreißen des Gehäuses (7), was bei Bruch der Messfeder (1) infolge Überlastung möglich wäre. Im Kasten (9) befinden sich die nötigen Abgleichwiderstände.

Im Vergleich zur Widerstandsmessung an DMS-Widerstandselementen aus Konstantan bietet die Nutzung piezoresistiver Halbleiter-Widerstände eine um den Faktor 10 höhere Ausgangsspannung. Aus diesem Grund kann ein Messverstärker mit einer entsprechend geringeren Verstärkung das Signal auch mit geringerem Rauschpegel zur Verfügung stellen. Während die Herstellung der Membran kostengünstiger ist, erfordert die Verwendung von piezoresistiven Widerständen jedoch die Kompensation der Temperaturabhängigkeit, da der Temperaturkoeffizient deutlich höher als bei Konstantan-Draht ist.

In Bild 5.23 sind mehrere Ausführungen von Drucksensoren zu ersehen.

Bild 5.23: Ausführungen von Drucksensoren /Suc08/

5.2.2 Piezoelektrische Drucksensoren

Für die Messung hochdynamischer Druckänderungen können piezoelektrische Druckgeber eingesetzt werden. Piezoelektrische Geber sind aktiv, das heißt im Gegensatz zu den resistiven Gebern benötigen sie keine Versorgungsspannung. Wie fast alle aktiven Geber sind sie nur bedingt für statische Messungen geeignet, weisen jedoch eine sehr hohe Eigenfrequenz von bis zu 150 kHz auf.

Werden bestimmte Kristalle durch Druck/Kraft-Einwirkung verformt, so konzentrieren sich Ladungen an bestimmten Flächen des Kristalls. Die sich einstellende Spannungsdifferenz zwischen den Flächen ist allein abhängig vom Verformungsweg und nicht von der Verformungsgeschwindigkeit.

Der Aufbau eines piezoelektrischen Druckgebers ist aus Bild 5.24 ersichtlich.

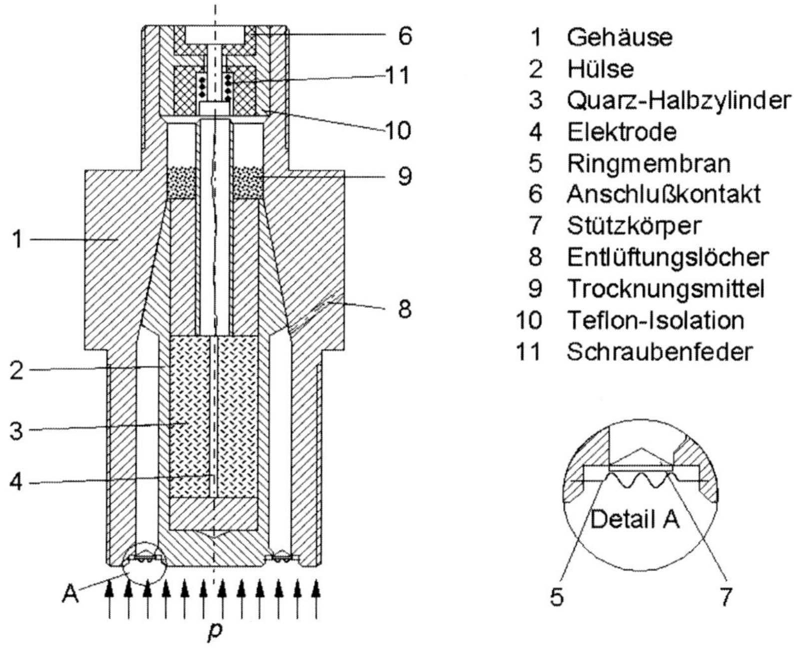

Bild 5.24: Piezoelektrischer Druckgeber /Roh67, Kis97/

Im Gehäuse (1) ist im konischen Sitz die Hülse (2) eingefügt, in die zwei Quarz-Halbzylinder (3) unter Vorspannung eingepresst sind. Zwischen ihnen ist die Elektrode (4) eingeklemmt. Der zu messende Druck (p) wirkt zum Einen direkt über die Stirnfläche der Hülse und zum Anderen über die Fläche der Ringmembran (5) auf die Hülse (2) und damit auf die Quarz-Halbzylinder (3). Die erzeugte druckproportionale Spannung wird zwischen der Hülse (2) bzw. dem Gehäuse (1) und der Elektrode (4) bzw. dem Anschlusskontakt (6) abgegriffen. Um die sehr dünne Ringmembran (5) zu stützen, sind die Stützkörper (7) vorgesehen. Um Seitendruck auf die Hülse (2) und damit den Quarz-Halbzylindern (3) zu unterbinden, wird der Ringspalt um die Hülse über der Entlüftungsbohrung (8) drucklos gehalten. Im oberen Teil des Gehäuses (1) befindet sich ein Trocknungsmittel (9), das einen hohen Isolationswiderstand garantieren soll. Die Teflon-Isolation (10) des Anschlusskontaktes (6) wird durch die Schraubenfeder (11) vorgespannt, um auch bei großen, temperaturbedingten Ausdehnungen der einzelnen Teile eine einwandfreie Dichtung zu erhalten.

Zur Auswertung piezoelektrischer Sensoren werden Ladungsverstärker eingesetzt. Dieser Verstärker ist im Prinzip ein integrierender Verstärker, der den durch die Ladungsänderung am Quarzkristall entstehenden Eingangsstrom i integriert. Er generiert eine Ausgangsspannung, die direkt proportional zur erzeugten Ladung ist.

5.3 Reglerbaugruppen

Reglerbaugruppen verarbeiten Sollwertvorgaben und aktuelle Istwerte des hydraulischen Antriebs zu einer Stellgröße. Sie schließen so die offene Steuerkette zu einem Regelkreis. Ein Stetigventil oder eine verstellbare Verdrängereinheit als Stellglied setzen diese Stellgröße für den hydraulischen Antrieb um.

Die Auswahl der Reglerbaugruppe wird auf die Art des umzusetzenden Reglers, die geforderte Regelgüte und die Dynamik abgestimmt. Während die Auswahl eines für die Antriebsaufgabe günstigen Reglers durch die Struktur des Systems und die zu regelnde Zustandsgröße erfolgt, müssen notwendige Dynamik und Regelgüte auf die konkrete Antriebsaufgabe abgestimmt werden.

Da die Auswahl der Reglerstruktur von der Regelstrecke abhängt, bieten gebräuchliche Reglerbaugruppen dem Anwender eine Kombination mehrerer Regelübertragungsverhalten an. Der Anwender kann somit die Struktur durch Schalter oder die Parametrierung festlegen. Die heute gebräuchlichen Reglerbaugruppen können nach Art der Signalverarbeitung in analoge und digitale unterschieden werden. Die Grundelemente für die analoge oder digitale Umsetzung von einfachen linearen Reglern sind in Bild 5.25 zusammenfassend dargestellt.

Regler Bez.	**Blockdarstellung Differentialgleichung Beiwerte (elektr. Regler)**	**Schaltsymbol**
P	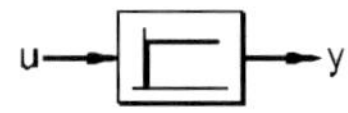 **Analog:** $y_P = K_P \cdot u,\ K_P = \frac{R_1}{R_0}$ **Digital:** $y_{P,k} = K_P \cdot u_k$	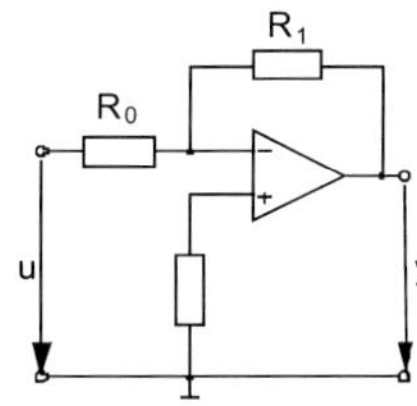
I	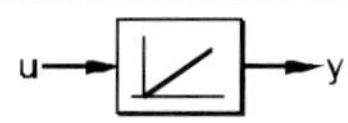 **Analog:** $y_I = K_I \int u \cdot dt,\ K_I = \frac{1}{R_0 \cdot C} = \frac{1}{T_I}$ **Digital:** $y_{I,k} = y_{(k-1)} + K_I \cdot T \cdot u_k$,	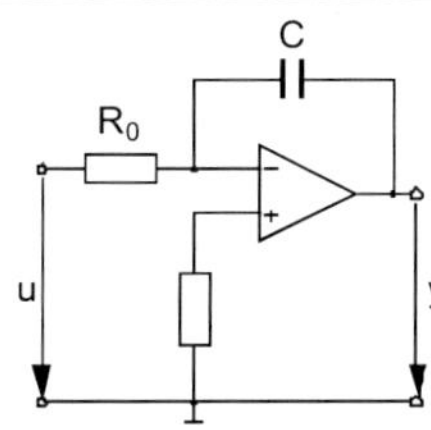
D	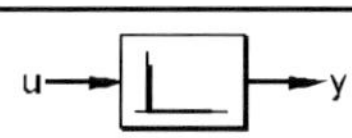 **Analog:** $y_D = K_D \cdot \frac{du}{dt}$, $K_D = C_0 \cdot R_1,\ R_0 << R_1$ **Digital:** $y_{D,k} = \frac{K_D}{T} \cdot (u_k - u_{k-1}),\ K_D = K_P \cdot T_V$	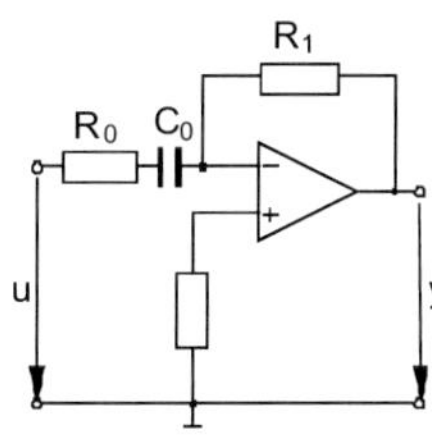
PI	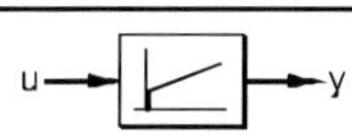 **Analog:** $y_{PI} = K_P \cdot u + K_I \int u \cdot dt$ **Digital:** $y_{PI,k} = y_{k-1} + K_P[(1+\frac{T}{T_N}) \cdot u_k - u_{k-1}]$ $K_P = \frac{R_1}{R_0},\ T_N = R_1 C = \frac{K_P}{K_I},\ T_I = R_0 C = \frac{1}{K_I}$	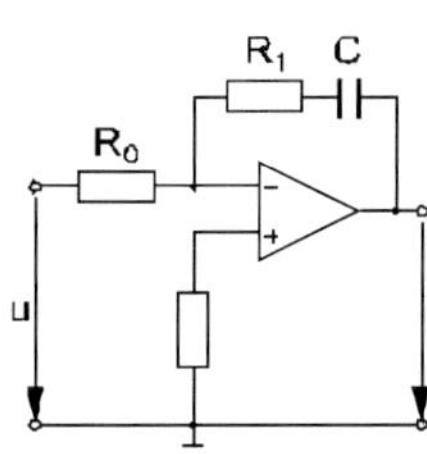

Bild 5.25: Grundelemente für Regler mit linearem Übertragungsverhalten /Lut00/

Bei Verwendung der gezeigten Operationsverstärkerschaltungen ist zu berücksichtigen, dass diese das Signal invertieren. Diese Vorzeichenumkehr muss an anderer Stelle wieder ausgeglichen werden, z.B. durch Verpolung des angeschlossenen Stellglieds. Alternativ kann die Ausgangsspannung in einem nachgeschalteten Operationsverstärker invertiert werden. Analoge Regler werden durch die dargestellte Beschaltung von Operationsverstärkern realisiert. Sie eignen sich besonders für die Regelung von analog gemessenen Werten wie Drücken oder Wegen mit geringem Hub wie bspw. der Ventilschieberposition. Analog werden bevorzugt Regler mit linearem Übertragungsverhalten umgesetzt, die sich aus den beschriebenen Grundelementen kombinieren lassen. Abhängig von der Regelstrecke werden z.B. PT_1-Regler (Lageregelung), PI- oder PID-Regler (Druckregelung) oder PDT_1 - Regler (Drehzahlregelung, Lageregelung eines stark gedämpften Linearantriebs) eingesetzt. Diese sind in Bild 5.26 dargestellt.

Regler Bez.	**Blockdarstellung Differentialgleichung Beiwerte (elektr. Regler)**	**Schaltsymbol**
PID	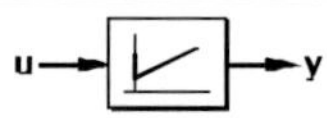 **Analog:** $y_{PID} = K_P \cdot u + K_I \int u \cdot dt + K_D \cdot \frac{du}{dt}$ **Digital:** Summe der Einzelterme: $y_{PID,k} = y_{I,(k-1)} + K_P[u_k + \frac{T}{T_N} u_k + \frac{T_V}{T}(u_k - u_{k-1})]$ Darstellung ohne I- Speicher: $y_{PID,k} = y_{k-1} + K_P[(1 + \frac{T}{T_N} + \frac{T_V}{T})u_k - (1 + 2\frac{T_V}{T})u_{k-1} + \frac{T_V}{T} u_{k-2}]$ $K_P = \frac{R_1 + R_2}{R_0}$, $T_N = (R_1 + R_2) \cdot C_1$, $T_V = \frac{R_1 \cdot R_2}{R_1 + R_2} + R_3 C_2$	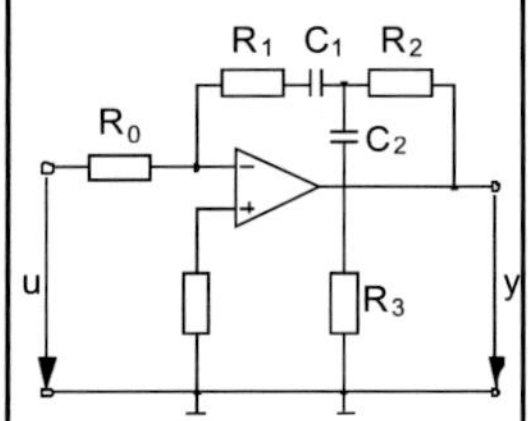
PDT_1	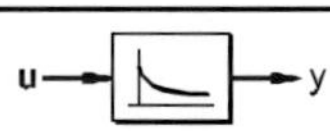 **Analog:** $T_1 \frac{dy_{PDT_1}}{dt} + y_{PDT_1} = K_P \cdot u + K_D \frac{du}{dt}]$ **Digital:** $y_{PDT_1,k} = (1 + \frac{T_1}{T})^{-1} \cdot (\frac{T_1}{T} y_{k-1} + K_P[(1 + \frac{T_V}{T})u_{k-1} + \frac{T_V}{T} u_k])$ $K_P = \frac{R_1 + R_2}{R_0}$, $T_V = \frac{R_1 \cdot R_2}{R_1 + R_2} + R_3 C$, $T_1 = R_3 C << T_V$	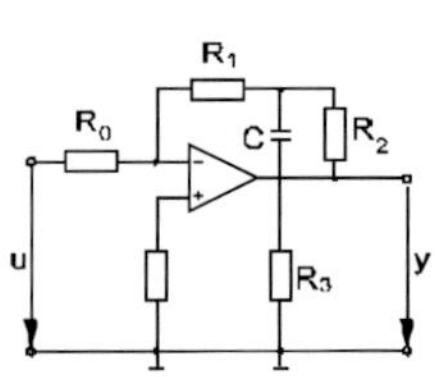

Bild 5.26: Grundelemente für Regler mit linearem Übertragungsverhalten /Lut00/

Aufwändige mehrschleifige Regelungsstrukturen, werden nur selten analog realisiert. In der Regel sind Einstellmöglichkeiten für Nullpunkt und Verstärkung des Istwertes vorhanden, teilweise werden nichtlineare Erweiterungen wie eine Flächenanpassung oder ein Kompensationssprung zur Überwindung der positiven Überdeckung einfacher Proportionalventile umgesetzt. Die Einstellung aller Parameter erfolgt über jeweils ein Potentiometer, die Genauigkeit und Reproduzierbarkeit der Einstellung ist damit nur eingeschränkt gegeben.

Zusätzlich zur eigentlichen Regelfunktion sind auf analogen Reglerbaugruppen teilweise weitere Funktionsgruppen integriert, wie zum Beispiel Ventilendstufe und Dithersignalgenerator. Sie bieten eine direkte Anschlussmöglichkeit für unterschiedliche analoge Sensoren und Stellglieder, bei Verwendung eines 4-20 mA-Stromausgangs ist häufig eine Kabelbrucherkennung realisiert, die Fehler über eine LED anzeigt. Exemplarisch werden in Bild 5.27 zwei analoge Reglermodule für Hutschienenmontage gezeigt.

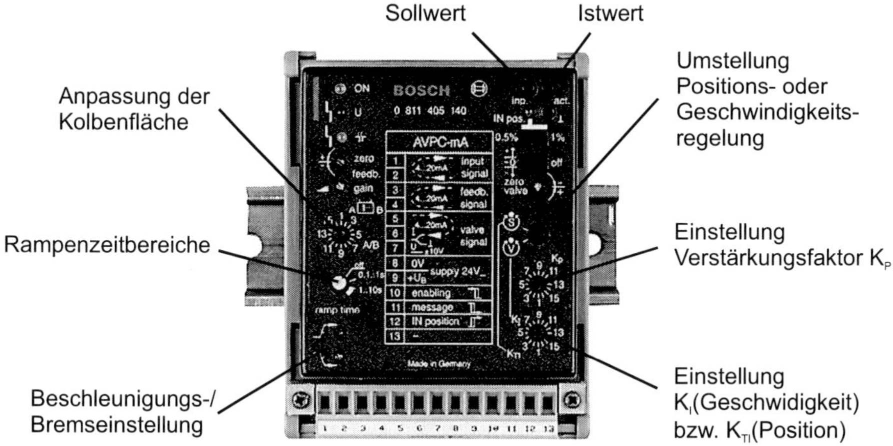

Bild 5.27: Analoge Reglermodule /Bos/

Stand der Technik für die Regelung servohydraulischer Antriebe sind digitale Reglerbaugruppen. Wichtigstes Unterscheidungsmerkmal zu analogen Regelungen ist die zeitdiskrete Abarbeitung des Regelalgorithmus auf einem Mikrocontroller, digitalem Signalprozessor (DSP) oder Industrie-PC, die die vorgestellten Operationsverstärkerschaltungen ersetzt. Die Einstellung der Reglerparameter erfolgt ebenfalls digital, die Werte sind dadurch reproduzierbar und exakt auf einen anderen Regler übertragbar. Durch die Programmierbarkeit der Mikrorechner können beliebige Erweiterungen des Reglers und nichtlineare Anpassungen an die Regelstrecke vorgenommen werden. Speicherfunktionen für Signalverläufe ermöglichen in Verbindung mit einem angeschlossenen Laptop die einfache Visualisierung der Zusammenhänge zwischen Soll- und Istwert und erleichtern so die Inbetriebnahme und Fehlersuche. Die digitale Parametrierung spart die Potentiometer zur Einstellung ein und macht so eine kompaktere Bauform auch für Regler mit großem Funktionsumfang möglich. Bild 5.28 zeigt ein digitales PID-Druckregelmodul mit analogen Schnittstellen für Soll- und Istwert, welches sämtliche Funktionen der oben beschriebenen Analogregler beinhaltet, aber zusätzlich die Vorteile eines digitalen Reglers mit den genannten Funktionen bietet.

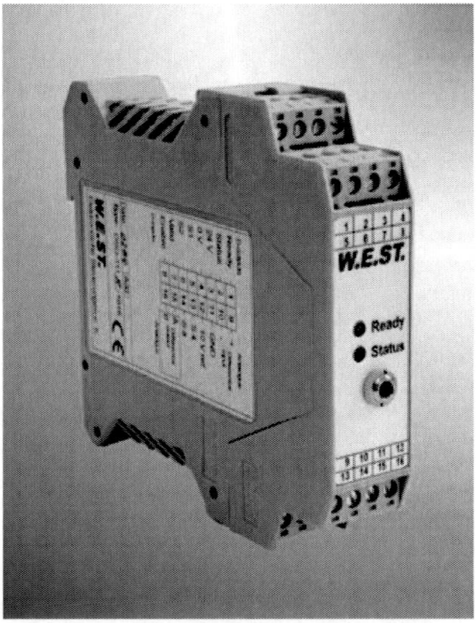

Bild 5.28: Digitales PID-Druckregelmodul (Quelle: W.E.St.)

Digitale Regler bieten eine hohe Schnittstellenvielfalt zur Ein- und Ausgabe von Messwerten und Stellgrößen. Integriert sind beispielsweise Interfaces für verschiedene Positionsgeber, Eingänge für Endlagenschalter (binär) und weitere Digital I/O's für Schaltfunktionen bzw. Binär-Signaleingänge. In Verbindung mit hochauflösenden Wegsensoren mit digitaler Schnittstelle oder Inkrementalgebern ermöglichen digitale Regler eine genaue Lageregelung auch für große Hübe. Das Stellelement der servohydraulischen Steuerkette wird zumeist analog über einen Spannungs- oder Stromausgang angesteuert, in Ausnahmefällen über eine Feldbus-schnittstelle. Ist der digitale Regler in der on-board Elektronik eines Ventils integriert, erfolgt die direkte Ansteuerung der Ventilendstufe über ein pulsweitenmoduliertes Signal. Zur Parametrierung und zur Kommunikation untereinander sowie mit übergeordneten Steuerungen werden Feldbusse (Profibus, Industrial Ethernet, Interbus-S, CAN/CANopen, SERCOS) oder serielle Schnittstellen eingesetzt (RS 232, RS 485). Häufig bieten Hersteller digitaler Regler auch Geräte an, in denen zu der Regelungsfunktion auch eine NC-Steuerung und programmierbare Sollwertgeneratoren für Bewegungsabläufe und Profilvorgaben integriert sind.

Schematisch zeigt Bild 5.29 den Aufbau eines Ventils mit integriertem digitalem Regler. Neben dem zur Regelung eingesetzten Mikrocontroller weist es einen DSP auf, der u.A. zur Aufbereitung der Sensorsignale genutzt wird. Die Parametrierung erfolgt über einen Feldbus (CANopen), die Sollwertvorgabe kann ebenfalls über den Feldbus oder analog erfolgen. Eine Variante des Ventils zur Druckregelung bietet zur Erleichterung der Inbetriebnahme einen Polvorgabealgorithmus an, der die Voreinstellung der Regelung über die Vorgabe eines einzelnen Streckenparameters realisiert.

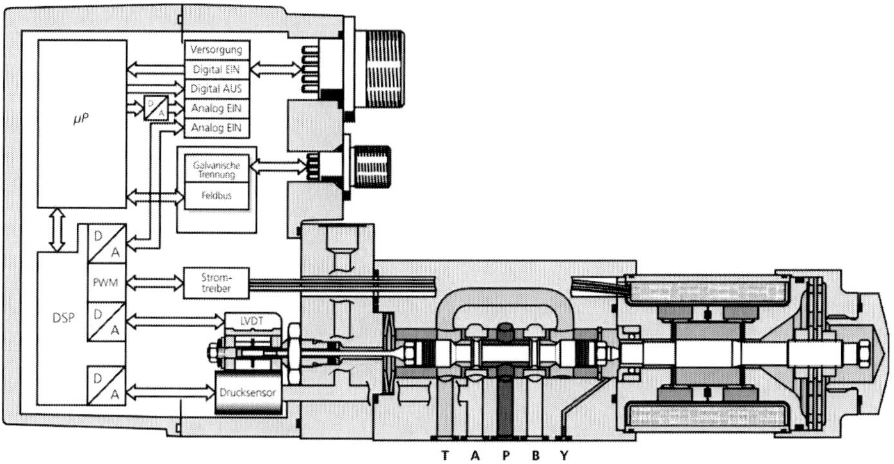

Bild 5.29: digital geregeltes Ventil mit Druckregelfunktion (Quelle: MOOG)

Für die Regelung hydraulischer Antriebe werden zumeist keine frei programmierbaren Regler, sondern speziell auf die Hydraulik abgestimmte Achsreglermodule eingesetzt, die dem Benutzer eine Auswahl geeigneter Regelalgorithmen anbieten. Integrierte Sollwertgeneratoren für Bahnkurven und Rampen stellen für eine Vorsteuerung (Sollwertaufschaltung) neben dem Sollwert auch Sollgeschwindigkeit und –beschleunigung zur Verfügung. Die Sollwertaufschaltung kann das Regelverhalten wesentlich verbessern, insbesondere wenn gleichzeitig eine druckabhängige Linearisierung der Ventildurchflusskennlinie genutzt wird. Um den

Anwendern den Einsatz hydraulischer Antriebe zu erleichtern, geht der Trend zu einer vereinheitlichten Konfigurations- und Bedienoberfläche für die Regler elektrischer und hydraulischer Achsen. Bild 5.30 und Bild 5.31 zeigen einen hydraulische Achsregler, die dieses Konzept umsetzen. Die Programmierung der Bewegungsabläufe kann standardisiert nach IEC 61131-3 erfolgen.

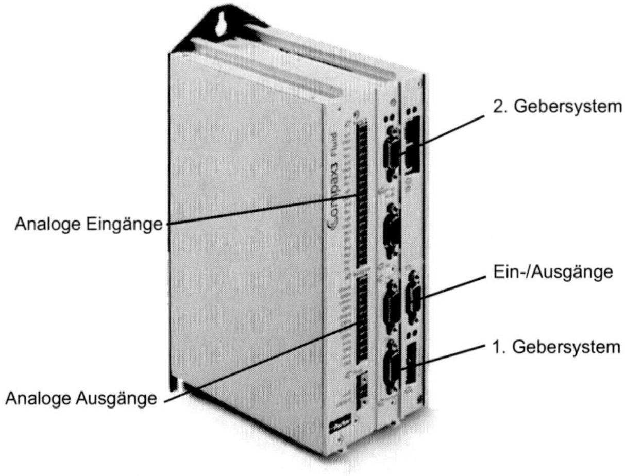

Bild 5.30: Steuer- und Regelmodul für hydraulische Antriebe Compax3F (Quelle: Parker)

Die Anpassung der Achsregler an die spezielle Anwendung erfolgt über die Parametrierung der Regler und Festlegung der Fahrprofile. Sind mehrere Antriebsachsen synchron im Gleichlauf zu verfahren, so erfolgt der Datenaustausch zwischen den einzelnen Achsreglern innerhalb eines Moduls problemlos, zwischen mehreren Geräten kann eine Synchronisation über einen lokalen Feldbus erfolgen.

Bild 5.31: Digitales Achsreglermodul für 4 hydraulische Achsen, bis auf 32 erweiterbar (Quelle: Bosch Rexroth)

Das in Bild 5.32 dargestellte hyTRax-Regelmodul bietet zum einen die Regelalgorithmen für die klassischen Algorithmen zur Wegregelung, zur Kraft-/ Druckregelung sowie zur Gleichlaufregelung für bis zu acht Achsen standardmäßig an. Bezüglich der Hardware handelt sich im Kern um einen leistungsfähigen Hutschienen-PC, der über Profibus mit dem Leitrechner kommuniziert.

Bild 5.32: hyTRax-Regelmodul für bis zu acht Achsen /Trs07/

Aufgrund der Rechenleistung können mit dieser Lösung zum anderen auch problemlos anspruchsvollere und entsprechend rechenintensivere Regelalgorithmen realisiert werden, die das ausgeprägt nichtlineare Verhalten hydraulischer Achsen besser berücksichtigen. Ein wichtiger Vertreter dieser Konzepte sind die sog. modellbasierten Ansätze (Model Based Predictive Control) (siehe Bild 5.33), bei welchen der wesentliche Anteil des Stellsignals über einen Vorsteuerzweig bestimmt wird. In der Vorsteuerung wird dazu das applikationsspezifische Kennlinienfeld der gesamten hydraulischen Achse hinterlegt; zusätzlich werden bestimmte erforderliche Prozesssignale gemessen und in der Vorsteuerung verarbeitet. Es handelt sich bei diesem Ansatz um ein sehr robustes Verfahren, da der eigentliche Regelkreis dank des Vorsteuerzweiges nicht unnötig scharf eingestellt werden muss und damit eine untergeordnete Rolle spielt. Die Kette Vorsteuerzweig – Strecke kann prinzipbedingt nicht instabil werden.

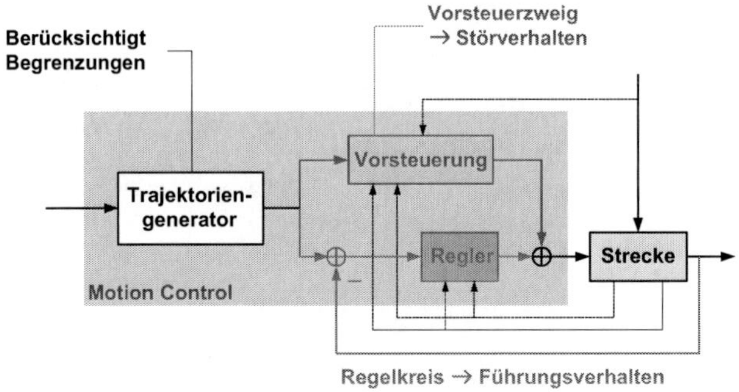

Bild 5.33: Modellbasiertes Regelungskonzept /Trs07/

Um den Aufbau solch komplexer Strukturen möglichst effizient zu gestalten, bietet der Hersteller an, die Regelalgorithmen über entsprechende Softwaretools auf den jeweils vorliegenden Applikationsfall anzupassen, zu optimieren und vorzuparametrieren. So kann das Verhalten des Systems mit den gewünschten Lastzyklen virtuell durchgespielt werden, bevor die Anlage real aufgebaut wird.

Zusammengefasst lassen sich die Funktionalitäten analoger und digitaler Regler in einer Tabelle darstellen (s. Bild 5.34).

Funktionsumfang analoger und digitaler Regler	**A**	**D**
Reglerfunktionen		
Lineare Regler (P, PI, PID, PT_1, PDT_1)	X	X
Nichtlineare Erweiterungen (z.B. schaltender Integrierer)		X
Dither	X	X
Hubabhängige Kennlinienkorrektur (geknickte Kennlinie)	(X)	X
Druckabhängige Kennlinienkorrektur		X
Sollwertgenerator		X
Rampengenerator	X	X
Schnittstellen		
Analog (Strom, Spannung)	X	X
Inkrementalgeber		X
Serielle Kommunikation (SSI), Feldbus		X

Bild 5.34: Tabellarische Übersicht der Merkmale analoger und digitaler Regler

Für ausgedehnte Anlagen strebt die Fluidtechnik zu dezentralen Steuer- und Regelungsstrukturen und fügt sich damit in den allgemeinen Entwicklungstrend weg von zentralen Konzepten ein. Bei zentralen Steuerungskonzepten erfolgt die Ansteuerung und Regelung aller Ventile und Antriebe in einer Anlage per Parallelverdrahtung binär oder analog von einer zentralen Steuereinheit aus. Dieses Konzept beinhaltet eine aufwendige Installation, hohe Kosten für Kabel, Kabelkanäle und eine erhöhte Störanfälligkeit. Des Weiteren sind solche Anlagen unflexibel bezüglich späterer Modifikationen und Änderungen. Aus den genannten Gründen werden die Steuer- und Regeleinrichtungen für hydraulische Anlagen zunehmend den einzelnen Antrieben zugeordnet, um dort dezentral dessen Steuerung bzw. Regelung zu übernehmen.

Der Anwender hat in diesem Fall eine sehr kompakte Hydraulikachse, die nach außen hin lediglich über vier Verbindungen versorgt wird – die Druck- und Tankleitung der Hydraulikversorgung, die Spannungsversorgung des Reglers sowie der Feldbus zur

Kommunikation mit der übergeordneten Steuerung. Die Ansteuerung des Ventils, die Erfassung und Verarbeitung der Sensorsignale (Druck/Kraft, Position) sowie die eigentliche Regelung übernimmt der dezentrale Regler.

Die Kommandos erhalten diese dezentralen Einheiten dann über Feldbussysteme von übergeordneten Steuereinrichtungen. Damit Komponenten unterschiedlicher Hersteller miteinander kommunizieren können, werden Steuerungsfunktionen und Kommunikationsschnittstellen standardisiert. Ferner werden Geräteprofile definiert, welche die Informationen und Daten, die mit einem bestimmten Gerätetyp ausgetauscht werden können, festlegen. Ziel der Geräteprofile ist es, eine einheitliche Informationsschnittstelle zu schaffen und so eine gewisse Austauschbarkeit von Geräten mit gleicher Funktion zu erzielen, ohne, wie es bisher in der Praxis oft der Fall ist, das gesamte Steuerungssystem neu programmieren zu müssen.

Abschließend können folgende Vorteile von dezentralen Konzepten mit vereinheitlichten Geräteprofilen genannt werden:

- herstellerübergreifende Austauschbarkeit von Komponenten
- Nutzung von Standardsoftware zur Inbetriebnahme, Wartung und Diagnose
- Vermeidung von Fehlerquellen durch die Reduzierung und Vereinheitlichung von Softwareschnittstellen
- durch herstellerübergreifende Steuerbefehle vereinfachte Programmierung der übergeordneten Steuerung
- mögliche Fehlerdiagnose durch die Auswertung einheitlicher Fehlercodes
- Reduzierung der Kosten innerhalb der Projektierung, Inbetriebnahme und Wartung
- Verfügbarkeit des Profils mit gleicher Funktionalität für mehrere Bussysteme

6 STATISCHE KENNWERTE VENTILGESTEUERTER ANTRIEBE

neu bearbeitet von Dr.-Ing. Matthias Liermann

In diesem Kapitel werden die Kennwerte für die Beschreibung von ventilgesteuerten Antrieben hergeleitet. Ventilsteuerungen sind Steuerungen mit verstellbaren hydraulischen Widerständen und werden deshalb auch Widerstandssteuerungen genannt. Die Systematik der Ventilsteuerungen bzw. Widerstandssteuerungen wurde in Kapitel 2.2.1. aufgestellt. Die Idee ist, dass alle Ventilsteuerungen eine Verschaltung von nur 5 Grundelementen darstellen, die Halbbrücken genannt werden.

6.1 Typen und Eigenschaften hydraulischer Widerstände

Grundeinheiten der Widerstandssteuerungen sind hydraulische Widerstände. In Anlehnung an die Elektrotechnik wird der Wert des Widerstandes R_{hyd} einer Querschnittsverengung als die Änderung der anliegenden Druckdifferenz Δp im Verhältnis zur entsprechenden Volumenstromänderung Q definiert.

$$R_{\mathrm{hyd}} = \frac{\partial(\Delta p)}{\partial Q} \tag{6.1}$$

Der Kehrwert des Widerstandes ist der Durchflussbeiwert G_{hyd} einer Querschnittsverengung. Es gilt:

$$G_{\mathrm{hyd}} = \frac{1}{R_{\mathrm{hyd}}} \tag{6.2}$$

Hydraulische Widerstände können grob in zwei Gruppen aufgegliedert werden. Die Einteilung erfolgt in Abhängigkeit der Randbedingungen, die bei der Herleitung der Durchflussgleichungen aus den Navier-Stokes-Gleichungen getroffen werden. Für die Herleitung siehe z.B. /Mur05/.

Je nach Geometrie des hydraulischen Widerstandes wird zwischen Spalt (bzw. Drossel) und Blende unterschieden, siehe Bild 6.1. Wenn eine *Spaltströmung* vorliegt, kann davon ausgegangen werden, dass die Geschwindigkeit u (x-Richtung) nur eine Funktion der Spalthöhe h ist, und dass der Druck im Spalt nur von der

Wegkoordinate x abhängt. Bei der *Blendenströmung* wird davon ausgegangen, dass die Reibungskräfte gegenüber den Trägheitskräften vernachlässigbar sind.

<table>
<tr><th>Spaltströmung</th><th>Blendenströmung</th></tr>
<tr><td>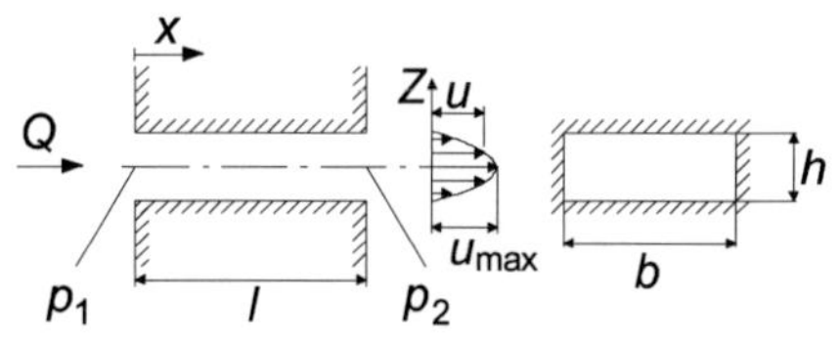

$\Delta p = p_1 - p_2$</td><td>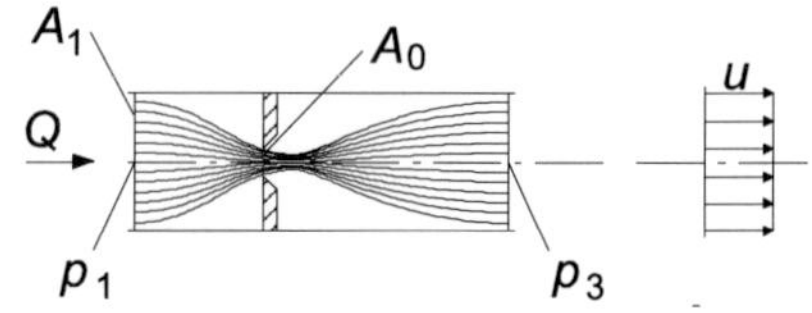

$\Delta p = p_1 - p_3$</td></tr>
<tr><td>$l >> h,\ b >> h$</td><td>$A_1 >> A_0$</td></tr>
<tr><td>inkompressibel, Dichte und Viskosität konstant, eindimensional, stationär</td><td>inkompressibel, Dichte und Viskosität konstant, eindimensional, stationär, reibungsfrei</td></tr>
<tr><td>$Q = \frac{b \cdot h^3}{12 \cdot \eta \cdot l} \cdot \Delta p$</td><td>$Q = \alpha_D \cdot A_0 \cdot \sqrt{\frac{2}{\rho}} \cdot \sqrt{\Delta p}$
(Abweichend von den Voraussetzungen berücksichtigt α_D die Stoß- und Reibungsverluste sowie die Geometrie)</td></tr>
</table>

Bild 6.1: Spalt- und Blendenströmung

Für stationäre Bedingungen folgt aus der Spaltströmung die Gleichung von Hagen-Poiseuille, aus der Blendenströmung die Gleichung von Bernoulli. Angewandt auf die entsprechenden Geometrien ergeben sich die in Bild 6.2 unten angegebenen Durchflussgleichungen für eine Blende, einen ebenen Spalt und einen Radialspalt.

In der Durchflussgleichung für die Spaltströmung steht die Viskosität der Flüssigkeit η im Nenner. Da die Viskosität jedoch stark temperaturabhängig ist, ist der Spalt als hydraulischer Widerstand nur bedingt geeignet. Ein blendenförmiger Widerstand ist demgegenüber fast temperaturunabhängig, da die Dichte nahezu konstant bleibt. Eine geringe Temperaturabhängigkeit weist der Durchflusskoeffizient α_D im Bereich niedriger Reynoldszahlen auf, da hier der Einfluss der Zähigkeit wirksam wird.

Für hydraulische Steuerungen werden neben konstanten Widerständen vor allem einstellbare Widerstände benötigt. In Bild 6.2 sind technisch realisierbare, veränderliche Widerstände aufgeführt.

Blende	Spalt	Kapillare
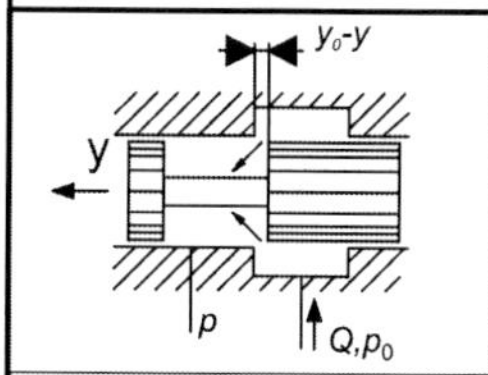	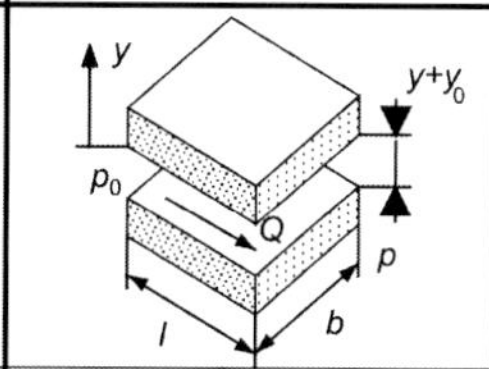	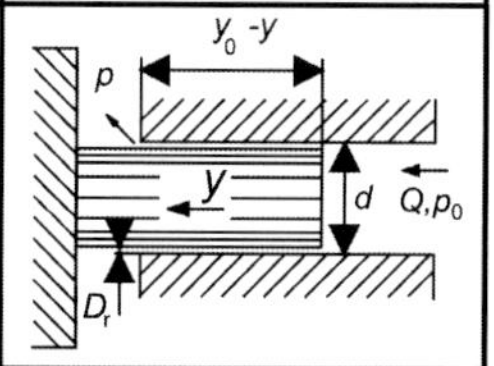
$Q=\alpha_D\cdot\pi\cdot d\cdot(y_0-y)\cdot\sqrt{\frac{2(p_0-p)}{\rho}}$	$Q=\frac{b}{12\cdot\eta\cdot l}\cdot(y_0+y)^3\cdot(p_0-p)$	$Q=\frac{\pi\cdot d\cdot D_r^3}{12\cdot\eta}\cdot\frac{1}{(y_0-y)}\cdot(p_0-p)$

Bild 6.2: Einstellbare Widerstände

Die Durchflussgleichungen der einstellbaren Widerstände zeigen, dass bei der einstellbaren Blende der Volumenstrom linear vom Weg y abhängt, jedoch wurzelförmig von der Druckdifferenz Δp. Bei dem einstellbaren Spalt und der Kapillare geht die Druckdifferenz demgegenüber linear ein.

In hydraulischen Widerstandssteuerungen werden möglichst scharfkantige blendenförmige Querschnittsverengungen ohne lange Berührungswege mit der Flüssigkeit verwendet, um den Volumenstrom viskositäts- und damit weitgehend temperaturunabhängig zu machen. Die dafür erforderlichen, steuerbaren blendenförmigen Widerstände werden technisch meist durch scharfkantige Steuerschieber realisiert.

Neben der Durchfluss- und Widerstandscharakteristik sind für die Eigenschaften von Widerstandssteuerungen die Überdeckungsverhältnisse an den Widerständen von großer Bedeutung.

Es gibt drei Arten von Überdeckungsverhältnissen:

- negative Überdeckung
- Nullüberdeckung
- positive Überdeckung

Diese werden am Beispiel eines Steuerschiebers mit zwei gegensinnig steuerbaren blendenförmigen Widerständen erläutert, siehe Bild 6.3.

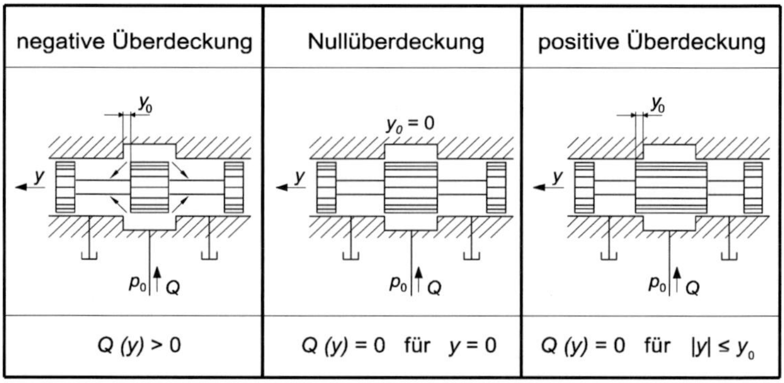

Bild 6.3: Überdeckungsverhältnisse am Steuerschieber

Die Überdeckung wird häufig in Prozent vom Gesamthub $y_{\max}$ eines Ventilschiebers angegeben. Sie ist positiv definiert, wenn die Steuerkanten bei Mittelstellung des Schiebers geschlossen sind und sich um die Länge y_0 überlappen. Sie ist negativ definiert, wenn in Mittelstellung ein Spalt der Länge y_0 geöffnet ist.

$$|\,\ddot{U}berdeckung\,| = \frac{y_0}{y_{\max}} \tag{6.3}$$

In Abhängigkeit von den Überdeckungsverhältnissen stellen sich am Steuerschieber folgende Zusammenhänge zwischen dem Volumenstrom Q und der Steuerschieberauslenkung y ein:

- *Negative Überdeckung:* Im Bereich $|y| < y_0$ fließt der Volumenstrom über beide Steuerkanten. Für $|y| \geq y_0$ fließt der Volumenstrom Q nur noch über eine Steuerkante.

- *Nullüberdeckung:* Bei der Steuerschieberstellung $y = 0$ sind alle Widerstandsquerschnitte gerade geschlossen. Es fließt kein Volumenstrom. Für $|y| > 0$ fließt ständig ein Volumenstrom über eine Steuerkante.

- *Positive Überdeckung:* Bei Steuerschiebern mit positiver Überdeckung bleiben die Widerstandsquerschnitte im Bereich von $|y| \leq y_0$ geschlossen. Für $|y| > y_0$ fließt ständig ein Volumenstrom über eine Steuerkante.

Bei einem real ausgeführten Steuerschieber gibt es immer Radialspiel zwischen Schieber und Hülse, weshalb die oben genannten Beziehungen als idealisiert anzusehen sind.

6.2 Definition der Kenngrößen und Kennlinienfelder

Die kennzeichnenden Eigenschaften einer hydraulischen Brückenschaltung, siehe Kapitel 2.2.1.1, sind die Abhängigkeiten der Ausgangsgrößen Druck p und Volumenstrom Q von der Stellgröße y des Steuerelementes. Die Abhängigkeiten dieser drei Größen voneinander lassen sich in Form von Kennlinienfeldgleichungen beschreiben. Aus diesen Kennlinienfeldgleichungen werden dann zwei Kenngrößen abgeleitet, die das stationäre Verhalten charakterisieren:

Druckverstärkung e_0

$$e_0 = \left.\frac{\partial p_{\mathrm{A}}}{\partial y}\right|_{Q_{\mathrm{A}}=0,y=0} \tag{6.4}$$

Die Druckverstärkung e_0 gibt an, in welchem Maß der Ausgangsdruck p_{A} in Abhängigkeit von der Auslenkung y des Steuerelementes im Arbeitspunkt ansteigt. Als Arbeitspunkt wird hier im Weiteren der *Nullpunkt* des Steuerelementes ($y = 0$) bei stehendem Abtrieb ($Q_{\mathrm{A}} = 0$) gewählt.

Volumenstromverstärkung c_0

$$c_0 = \left.\frac{\partial Q_{\mathrm{A}}}{\partial y}\right|_{p_{\mathrm{L}}=0,y=0} \tag{6.5}$$

Die Volumenstromverstärkung c_0 ergibt sich analog als die Änderung des Volumenstromes Q_{A} in Abhängigkeit von der Auslenkung y des Steuerelementes im Arbeitspunkt. Als Arbeitspunkt wird hier wieder der Nullpunkt der Brückenschaltung ($y = 0$) und der Fall, dass der Lastdruck am Abtrieb Null ist, gewählt. Der *Lastdruck* wird als $p_{\mathrm{L}} = p_{\mathrm{A}} - p_{\mathrm{B}}$ definiert. Für Differentialzylinder gilt: $p_{\mathrm{L}} = p_{\mathrm{A}} - \alpha\, p_{\mathrm{B}}$.

Je nach Betriebsart des servohydraulischen Antriebs können die Kenngrößen auch in anderen Arbeitspunkten definiert werden. Bei Zylinderantrieben wird häufig statt der Druckverstärkung e_0 die Kraftverstärkung E_0 und statt der Volumenstromverstärkung c_0 die Geschwindigkeitsverstärkung C_0 als Kennwert benutzt.

Kraftverstärkung E_0:

$$E_0 = \left.\frac{\partial F}{\partial y}\right|_{\dot{x}=0,y=0} \tag{6.6}$$

mit $F = p_{\mathrm{L}} \cdot A$ folgt:

$$E_0 = e_0 \cdot A \tag{6.7}$$

Geschwindigkeitsverstärkung C_0:

$$C_0 = \left.\frac{\partial \dot{x}}{\partial y}\right|_{F=0,y=0} \tag{6.8}$$

mit $\dot{x} = Q_A / A$ folgt:

$$C_0 = \frac{c_0}{A} \tag{6.9}$$

Die Kenngrößen und Kennlinienfelder sind abhängig von der Art der hydraulischen Versorgung. Es muss hier zwischen dem Konstantdrucksystem und dem Konstantstromsystem unterschieden werden. Beim Konstantdrucksystem können die Kennlinienfeldgleichungen und Kenngrößen für die einzelnen Halbbrücken bestimmt werden und anschließend für die Vollbrücken überlagert werden. Beim Konstantstromsystem ist dies nicht möglich, da sich die Volumenströme der einzelnen Halbbrücken beeinflussen. Hier muss jede Vollbrückenschaltung einzeln betrachtet werden. Im Weiteren wird auf eine ausführliche Herleitung der Kennlinienfeldgleichungen verzichtet, hier sei auf /Bac74/ verwiesen.

6.2.1 Brückenschaltungen mit Konstantdruckquelle

In diesem Abschnitt werden für das Konstantdrucksystem die Kennlinienfeldgleichungen und Kennwerte für die fünf Brückenhalbglieder (s. Kapitel 2.2.1.1) sowie die Vollbrücken (s. Kapitel 2.2.1.2) ermittelt. Die einzelnen Widerstände werden dabei als ideal angesehen, d.h. es bleiben Leckverluste, Reibung, Ölkompressibilität etc. unberücksichtigt.

6.2.1.1 Halbbrücken

Bei der Bestimmung der Kennlinienfeldgleichungen und Kennwerte muss zwischen der Art der Überdeckung unterschieden werden.

Negative Überdeckung

Es wird angenommen, dass sich der Schieber nur innerhalb der negativen Überdeckung bewegt ($|y| \leq y_0$), mit y_0 als Länge des offenen Spaltes, den ein Schieber zu einer Hülse in Nullstellung lässt. Weiterhin haben alle variablen Widerstände im

Nullpunkt bzw. die konstanten Widerstände den gleichen Widerstandsbeiwert B, siehe Gleichung 6.12. Der Tankdruck wird als Null angenommen. Für den Arbeitspunkt $F = 0$ gilt durch die Gleichheit der Widerstände $p_A = p_0/2$ (unter der Voraussetzung, dass auf der anderen Kolbenseite ein entsprechender Gegendruck vorhanden ist).

Brückenhalbglied A:

Anhand des Brückenhalbgliedes A wird die Vorgehensweise bei der Ermittlung der Kennlinienfeldgleichung und der Kennwerte näher erläutert, siehe Bild 6.4.

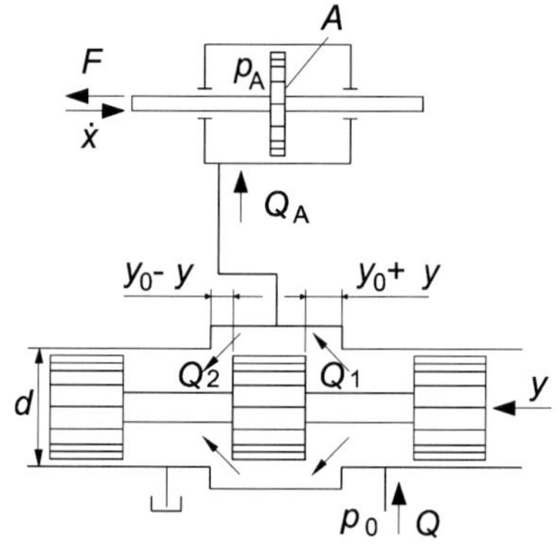

Bild 6.4: Brückenhalbglied A mit negativer Überdeckung

Für die über die beiden Steuerkanten fließenden Volumenströme werden die Durchflussgleichungen angesetzt:

$$Q_1 = B \cdot (y_0 + y) \cdot \sqrt{p_0 - p_A} \quad \text{für } y_0 > y \tag{6.10}$$

$$Q_2 = B \cdot (y_0 - y) \cdot \sqrt{p_A} \quad \text{für } y_0 > y \tag{6.11}$$

mit dem Durchflusskoeffizienten

$$B = \alpha_D \cdot \pi \cdot d \cdot \sqrt{\frac{2}{\rho}} \tag{6.12}$$

Für die Reihenschaltung der Widerstände gilt die Kontinuitätsgleichung

$$Q_A = Q_1 - Q_2 = A \cdot \dot{x} \tag{6.13}$$

Werden die Durchflussgleichungen in die Kontinuitätsgleichung eingesetzt, ergibt sich die Gleichung für die Geschwindigkeit und nach deren Differentiation nach y die Geschwindigkeitsverstärkung C_0.

$$\dot{x} = \frac{B}{A} \cdot \left((y_0 + y) \cdot \sqrt{p_0 - p_A} - (y_0 - y) \cdot \sqrt{p_A} \right) \tag{6.14}$$

$$C_0 = \left. \frac{\partial \dot{x}}{\partial y} \right|_{(p_A = p_0/2, y=0)} = \sqrt{2} \cdot \frac{B}{A} \sqrt{p_0} \tag{6.15}$$

Zur Berechnung der Kraftverstärkung wird die Voraussetzung $\dot{x} = 0$ nach Gleichung (6.6) zunutze gemacht. Dadurch ergibt sich aus der Kontinuitätsgleichung (6.13)

$$Q_1 = Q_2 \tag{6.16}$$

$$(y_0 + y)^2 \cdot (p_0 - p_A) = (y_0 - y)^2 \cdot p_A \tag{6.17}$$

$$p_A = \frac{F}{A} = p_0 \frac{(y_0 + y)^2}{(y_0 + y)^2 + (y_0 - y)^2} \tag{6.18}$$

Damit ergibt sich die Kraftverstärkung E_0 zu

$$E_0 = \left. \frac{\partial F}{\partial y} \right|_{\dot{x}=0, y=0} = \frac{p_0 \cdot A}{y_0} \tag{6.19}$$

Zur Schaffung dimensionsloser Kennlinienfelder wird der Volumenstrom Q_A auf den Volumenstrom Q_0, Gleichung (6.20), und die Geschwindigkeit auf $\dot{x}_{max}$, Gleichung (6.21), bezogen. Diese ergeben sich durch Einsetzen der Bedingungen $y = 0$, $p_A = p_0/2$ in Gleichung (6.10) bzw. $y = y_0$, $p_A = 0$ in Gleichung (6.14).

$$Q_0 = B \cdot y_0 \cdot \sqrt{\frac{p_0}{2}} \tag{6.20}$$

$$\dot{x}_{max} = 2 \cdot \frac{B \cdot y_0}{A} \sqrt{p_0} \tag{6.21}$$

Daraus folgen die dimensionslosen Kennlinienfeldgleichungen für das Brückenhalbglied A:

$$\frac{Q_A}{Q_0} = \left(1 + \frac{y}{y_0}\right) \cdot \sqrt{2 \cdot \left(1 - \frac{p_A}{p_0}\right)} - \left(1 - \frac{y}{y_0}\right) \cdot \sqrt{2 \cdot \frac{p_A}{p_0}} \tag{6.22}$$

$$\frac{\dot{x}}{\dot{x}_{max}} = \frac{1}{2} \cdot \left(1 + \frac{y}{y_0}\right) \cdot \sqrt{1 - \frac{p_A}{p_0}} - \frac{1}{2} \cdot \left(1 - \frac{y}{y_0}\right) \cdot \sqrt{\frac{p_A}{p_0}} \tag{6.23}$$

In Bild 6.5 ist das Kennfeld für das Brückenhalbglied A dargestellt.

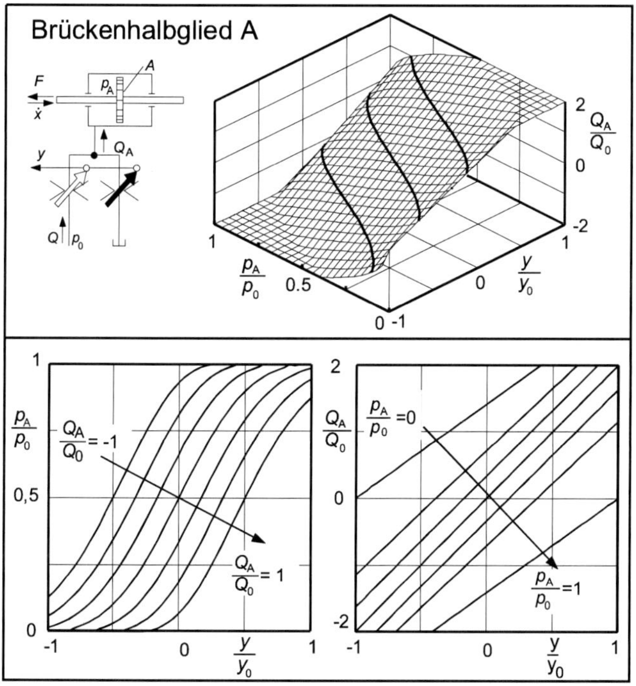

Bild 6.5: Kennfeld der Halbbrücke A (Konstantdrucksystem)

Da die Volumenstromverstärkung c_0 als Ableitung der Gleichung (6.22) nach dem Schieberweg y und ebenso die Druckverstärkung e_0 als Ableitung der Druckgleichung (6.18) nach y in den jeweils eingangs festgelegten Arbeitspunkten definiert ist, können c_0 und e_0 auch grafisch aus den zweidimensionalen Kennfelddarstellungen ermittelt werden. Durch Ermittlung der Steigung im Arbeitspunkt und anschließender Multiplikation der Steigung mit der Normierungsgröße Q_0 bzw. p_0 ergeben sich die oben rechnerisch hergeleiteten Werte, siehe Bild 6.6. Auf diese Weise können die Kennwerte auch leicht für andere Arbeitspunkte ermittelt werden.

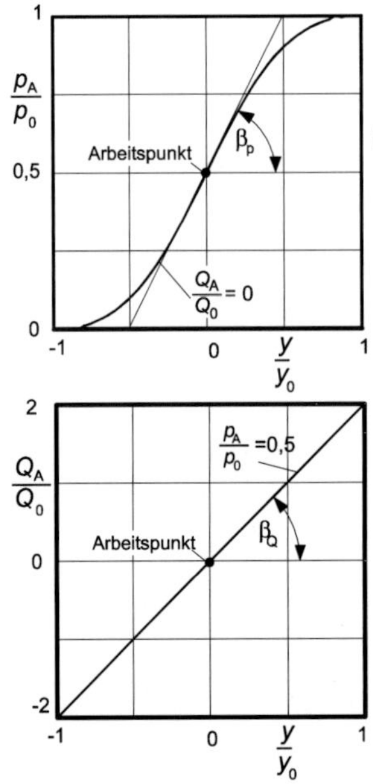

$$\tan \beta_p \cdot \frac{p_0}{y_0} = \frac{p_A}{y} = e_0$$

$$\tan \beta_Q \cdot \frac{Q_0}{y_0} = \frac{2 \cdot Q_A}{y} = 2 \cdot B \cdot y \cdot \sqrt{\frac{p_0}{2}} \cdot \frac{1}{y} = \sqrt{2} \cdot B \cdot \sqrt{p_0} = c_0$$

Bild 6.6: Grafische Ableitung der Kenngrößen Druckverstärkung und Volumenstromverstärkung aus dem Kennlinienfeld für das Brückenhalbglied A

Brückenhalbglied B:

Das Brückenhalbglied B besteht aus einem konstanten Widerstand im Zulauf sowie einem variablen Widerstand im Ablauf. Es wird vorausgesetzt, dass der variable Widerstand für $y = y_0$ den gleichen Widerstandsbeiwert B wie der konstante Widerstand hat, siehe Bild 6.7.

Die Durchflussgleichungen ergeben sich zu:

$$Q_1 = B \cdot y_0 \cdot \sqrt{p_0 - p_A} \tag{6.24}$$

$$Q_2 = B \cdot (y_0 - y) \cdot \sqrt{p_A} \tag{6.25}$$

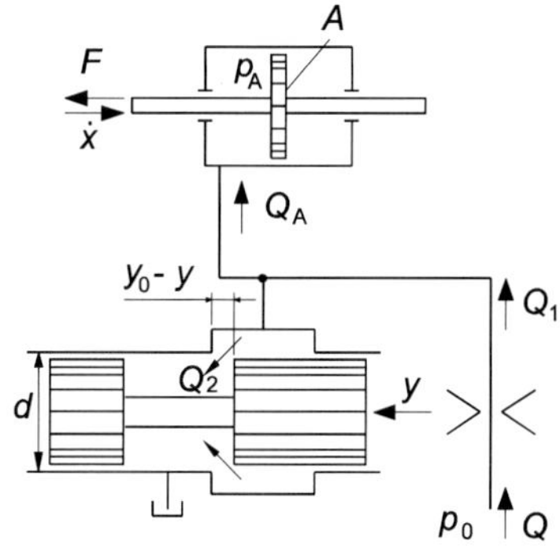

Bild 6.7: Brückenhalbglied B mit negativer Überdeckung

Daraus ergeben sich analog zum Brückenhalbglied A die Kraft- und Geschwindigkeitsverstärkung:

Kraftverstärkung:

$$E_0 = \frac{1}{2} \cdot \frac{p_0 \cdot A}{y_0} \tag{6.26}$$

Geschwindigkeitsverstärkung:

$$C_0 = \frac{1}{\sqrt{2}} \cdot \frac{B}{A} \sqrt{p_0} \tag{6.27}$$

Als Bezugsgröße für die dimensionslosen Kennlinienfeldgleichungen wird wie beim Brückenhalbglied A der Volumenstrom Q_0 durch den Eingangswiderstand für $p_A = p_0/2$ bzw. die maximale Geschwindigkeit $\dot{x}_{max}$ verwendet. Die maximale Geschwindigkeit für $y = y_0$ und $p_A = 0$ ist halb so groß wie beim Brückenhalbglied A.

$$Q_0 = B \cdot y_0 \cdot \sqrt{\frac{p_0}{2}}, \quad \dot{x}_{max} = \frac{B \cdot y_0}{A} \sqrt{p_0} \tag{6.28}$$

Damit ergeben sich die Kennlinienfeldgleichungen zu:

$$\frac{Q_A}{Q_0} = \sqrt{2 \cdot \left(1 - \frac{p_A}{p_0}\right)} - \left(1 - \frac{y}{y_0}\right) \cdot \sqrt{2 \cdot \frac{p_A}{p_0}} \tag{6.29}$$

$$\frac{\dot{x}}{\dot{x}_{\max}} = \sqrt{1 - \frac{p_A}{p_0}} - \left(1 - \frac{y}{y_0}\right) \cdot \sqrt{\frac{p_A}{p_0}} \tag{6.30}$$

Das Kennlinienfeld ist in Bild 6.8 in einer Übersicht für alle Brückenhalbglieder dargestellt.

Brückenhalbglied C:

Beim Brückenhalbglied C sind gegenüber dem Brückenhalbglied B der variable und der konstante Widerstand vertauscht. Dementsprechend sind die Kraft- und Geschwindigkeitsverstärkung vom Betrag her gleich mit unterschiedlichen Vorzeichen.

Kraftverstärkung:

$$E_0 = -\frac{1}{2} \cdot \frac{p_0 \cdot A}{y_0} \tag{6.31}$$

Geschwindigkeitsverstärkung:

$$C_0 = -\frac{1}{\sqrt{2}} \cdot \frac{B}{A} \sqrt{p_0} \tag{6.32}$$

Der Arbeitspunkt für die Normierungsgröße für das dimensionslose Geschwindigkeitskennfeld muss anders gewählt werden, da bei dem bisher verwendeten Arbeitspunkt $y = y_0$ und $p_A = 0$ die Geschwindigkeit Null ist. Die maximale Geschwindigkeit wird hier für $y = -y_0$ und $p_A = 0$ erreicht und ist so groß wie beim Brückenhalbglied A. Die Bezugsgröße Q_0 bleibt unverändert.

$$Q_0 = B \cdot y_0 \cdot \sqrt{\frac{p_0}{2}}, \quad \dot{x}_{\max} = 2 \cdot \frac{B \cdot y_0}{A} \sqrt{p_0} \tag{6.33}$$

Damit ergeben sich die Kennlinienfeldgleichungen:

$$\frac{Q_A}{Q_0} = \left(1 - \frac{y}{y_0}\right) \cdot \sqrt{2 \cdot \left(1 - \frac{p_A}{p_0}\right)} - \sqrt{2 \cdot \frac{p_A}{p_0}} \tag{6.34}$$

$$\frac{\dot{x}}{\dot{x}_{\max}} = \frac{1}{2} \cdot \left(1 - \frac{y}{y_0}\right) \cdot \sqrt{1 - \frac{p_A}{p_0}} - \frac{1}{2} \cdot \sqrt{\frac{p_A}{p_0}} \tag{6.35}$$

Brückenhalbglied D:

Das Brückenhalbglied D besteht nur noch aus konstanten Widerständen. Da die Kraft- und die Geschwindigkeitsverstärkung Ableitungen nach y darstellen, sind beide Kennwerte Null.

Kraftverstärkung:

$$E_0 = 0 \tag{6.36}$$

Geschwindigkeitsverstärkung:

$$C_0 = 0 \tag{6.37}$$

Die Normierungsgrößen für die Kennlinienfelder lauten:

$$Q_0 = B \cdot y_0 \cdot \sqrt{\frac{p_0}{2}}, \quad \dot{x}_{\max} = \frac{B \cdot y_0}{A}\sqrt{p_0} \tag{6.38}$$

Damit ergeben sich die Kennlinienfeldgleichungen zu:

$$\frac{Q_A}{Q_0} = \sqrt{2 \cdot \left(1 - \frac{p_A}{p_0}\right)} - \sqrt{2 \cdot \frac{p_A}{p_0}} \tag{6.39}$$

$$\frac{\dot{x}}{\dot{x}_{\max}} = \sqrt{1 - \frac{p_A}{p_0}} - \sqrt{\frac{p_A}{p_0}} \tag{6.40}$$

Das Brückenhalbglied D setzt damit einer (aufgeprägten) Geschwindigkeit einen Widerstand entgegen.

Brückenhalbglied E:

Ziel der Halbbrücken ist es, einen Versorgungsdruck durch Teilung an Widerständen fest oder variabel verringern zu können. Dieser Druck kann dann zur Steuerung eines hydraulischen Antriebs genutzt werden. Das Brückenhalbglied E besteht nicht, wie alle anderen Halbbrücken, aus einer Reihenschaltung zweier Widerstände. Anstatt den Druck zu teilen, wird der Versorgungsdruck direkt auf die Ringseite eines Differentialzylinders mit dem Flächenverhältnis α geleitet. Dadurch wird zwar nicht der Druck, wohl aber die resultierende Kraft um ein festes Verhältnis geteilt.

Weil das Teilungsverhältnis fest ist, wird das Brückenhalbglied E als Ersatzschaltung für das Brückenhalbglied D bezeichnet. Die Kennwerte sind bei ruhendem Antrieb und $\alpha = 0{,}5$ bei beiden Halbbrücken gleich. Der Vorteil der Halbbrücke E ist, dass bei einer Bewegung des Zylinders keine Verluste an Widerständen entstehen. Die

Kraft bleibt somit immer konstant. Sie ist nur vom Flächenverhältnis und dem Versorgungsdruck abhängig.

Die Kennlinienfelder und die Kenngrößen der Brückenhalbglieder sind in Bild 6.8 zusammengestellt. Dabei sind die Kennwerte der Brückenhalbglieder B, C, D und E als Bruchteile der Kennwerte C_{0A} und E_{0A} des Brückenhalbgliedes A angegeben.

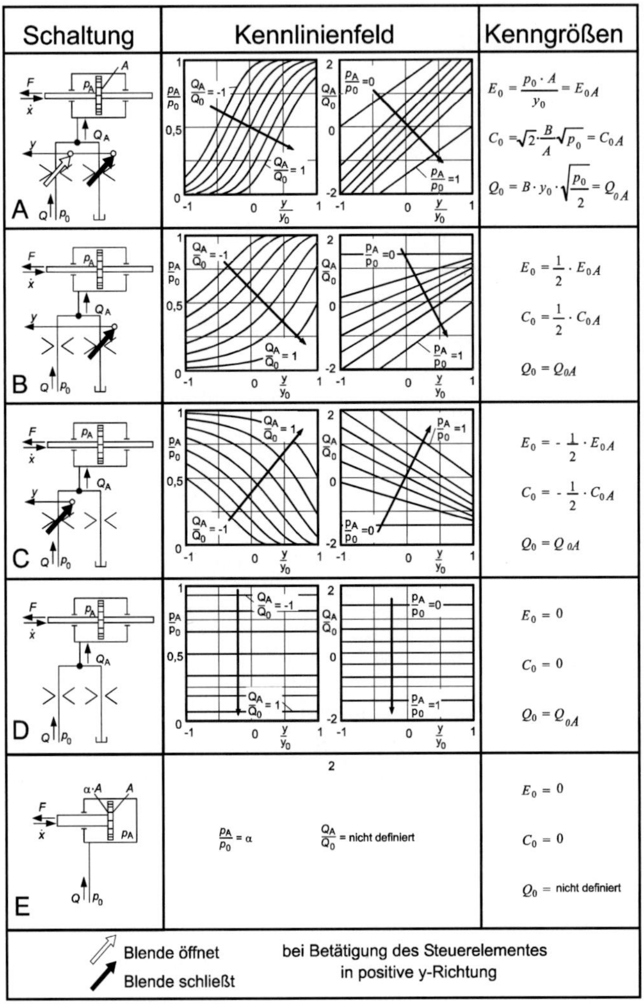

Bild 6.8: Kennlinienfelder und Kenngrößen der Brückenhalbglieder mit negativer Überdeckung

Nullüberdeckung

Die Betrachtung der Nullüberdeckung ist nur für das Brückenhalbglied A mit zwei veränderlichen Steuerkanten in Bild 6.9 sinnvoll und von Interesse. Die Herleitung der Kennwerte und Kennlinienfeldgleichungen erfolgt wie bei den Steuerungen mit negativer Überdeckung. Es gelten auch hier die Kontinuitätsgleichung und das Kräftegleichgewicht. Je nach Schieberstellung muss für die Durchflussgleichungen eine Fallunterscheidung durchgeführt werden.

Brückenhalbglied A (Nullüberdeckung):

$$y > 0: \quad Q_1 = B \cdot y \cdot \sqrt{p_0 - p_\mathrm{A}} \tag{6.41}$$

$$Q_2 = 0 \tag{6.42}$$

$$y < 0: \quad Q_1 = 0 \tag{6.43}$$

$$Q_2 = -B \cdot y \cdot \sqrt{p_\mathrm{A}} \tag{6.44}$$

Für $y = 0$ sind Q_1 und Q_2 gleich Null. Nach der Definition der Kraftverstärkung E_0 nach Gleichung (6.19), geht sie für $y_0 \to 0$ gegen unendlich.

Kraftverstärkung:

$$E_0 = \left.\frac{\partial F}{\partial y}\right|_{y\to 0,\dot{x}=0} \to \infty \tag{6.45}$$

Die Geschwindigkeitsverstärkung im Arbeitspunkt ($y \to 0$, $p_\mathrm{A} = p_0/2$) ergibt sich zu:

Geschwindigkeitsverstärkung:

$$C_0 = \left.\frac{\partial \dot{x}}{\partial y}\right|_{y\to 0, p_A = p_0/2} = \frac{1}{\sqrt{2}} \cdot \frac{B}{A}\sqrt{p_0} \tag{6.46}$$

Für die Kennlinienfeldgleichungen werden als Normierungsgrößen Q_0, der Volumenstrom für $y = y_{\max}$ und $p_\mathrm{A} = p_0/2$ verwendet bzw. $\dot{x}_{\max}$, die Geschwindigkeit für $y = y_{\max}$ und $p_\mathrm{A} = 0$.

$$Q_0 = B \cdot y_{\max} \cdot \sqrt{\frac{p_0}{2}}, \quad \dot{x}_{\max} = \frac{B \cdot y_{\max}}{A}\sqrt{p_0} \tag{6.47}$$

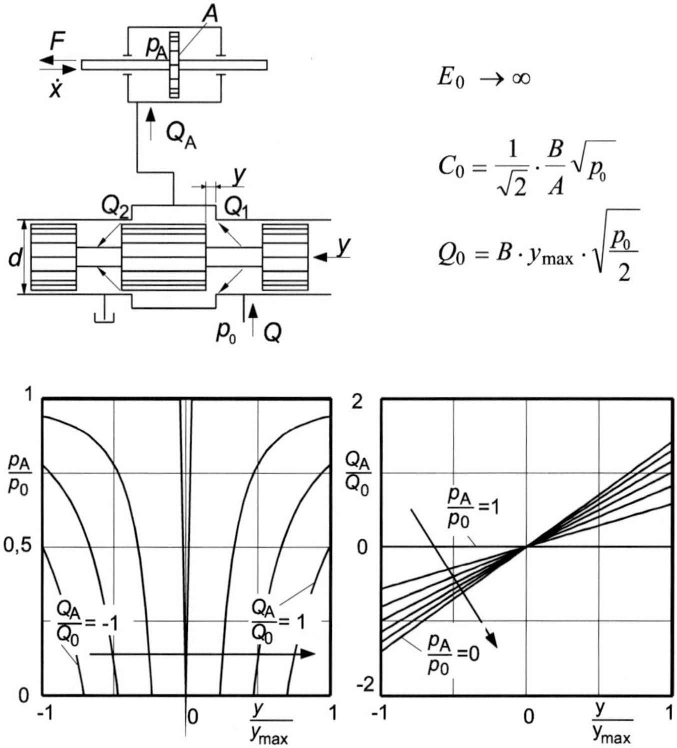

Bild 6.9: Brückenhalbglied A mit Nullüberdeckung

Damit ergeben sich die Kennlinienfeldgleichungen:

$$\frac{Q_A}{Q_0} = \frac{y}{y_{max}} \cdot \sqrt{2 \cdot \left(1 - \frac{p_A}{p_0}\right)} \tag{6.48}$$

$$\frac{\dot{x}}{\dot{x}_{max}} = \frac{y}{y_{max}} \cdot \sqrt{1 - \frac{p_A}{p_0}} \tag{6.49}$$

6.2.1.2 Vollbrücken

Die hydraulische Vollbrücke entsteht durch die Kombination von zwei Halbbrücken, deren Drücke p_A und p_B jeweils auf die entgegen gesetzten Flächen eines Zylinders oder Motors wirken. Durch Verstimmung der Widerstandsbrückenschaltung entsteht eine Lastdruckdifferenz:

$$p_L = p_A - p_B \text{ für Rotationsmotoren und Gleichgangzylinder}$$
$$p_L = p_A - \alpha\, p_B \text{ für Differentialzylinder} \tag{6.50}$$

Da nur die resultierende Kraft und nicht die einzelnen Drücke in den Zylinderkammern für die Betrachtung des Antriebs relevant sind, werden die Vollbrückenkennfelder für den Lastdruck p_L angegeben. Analog hierzu wird der Lastvolumenstrom Q_L definiert als der Volumenstrom, der den Lastdruck erfährt. Bei einem leckagefreien Rotationsantrieb oder einem gleichflächigen Zylinder ist der Lastvolumenstrom gleich dem zugeführten und dem abgeführten Volumenstrom.

Die Ermittlung der Kenngrößen und Kennlinienfelder der Vollbrücken kann wie bei den Halbbrücken mit Hilfe der Durchflussgleichungen, der Kontinuitätsgleichung und der Beziehung für das Kräftegleichgewicht erfolgen. Für das Konstantdrucksystem können die Systemkenngrößen jedoch auch durch einfache Überlagerungsgesetze aus den Kenngrößen der Halbbrücken gewonnen werden, da sich die Volumenströme der Halbbrücken nicht gegenseitig beeinflussen.

Die resultierende Kraftverstärkung einer *symmetrischen* Steuerung im Konstantdrucksystem ist betragsmäßig gleich der Summe der Beträge der Kraftverstärkungen der Brückenhalbglieder.

$$|E_{0,\mathrm{res}}| = |E_{0,1}| + |E_{0,2}| \tag{6.51}$$

Die resultierende Geschwindigkeitsverstärkung einer *symmetrischen* Steuerung im Konstantdrucksystem ist gleich dem Mittelwert der Beträge der Geschwindigkeitsverstärkungen der Brückenhalbglieder.

$$|C_{0,\mathrm{res}}| = \frac{1}{2}\left(|C_{0,1}| + |C_{0,2}|\right) \tag{6.52}$$

Bei *asymmetrischen* Systemen trägt die Halbbrücke E nicht zur Veränderung der resultierenden Geschwindigkeitsverstärkung und Kraftverstärkung bei. Die Kennwerte entsprechen denen des aktiven Halbgliedes.

Bei der Kombination der Halbbrücken und der anschließenden Überlagerung der Kenngrößen ist zu beachten, dass sich, um funktionierende Steuerungen zu erhalten, die Vorzeichen der Halbbrücken teilweise umkehren. Bild 6.10 zeigt die graphische Ableitung der Verstärkungen für die Vollbrücke. Da sich die Drücke p_A und p_B im

Gegensinn verändern, verdoppelt sich der Druck- bzw. Kraftanstieg über der Widerstandsänderung.

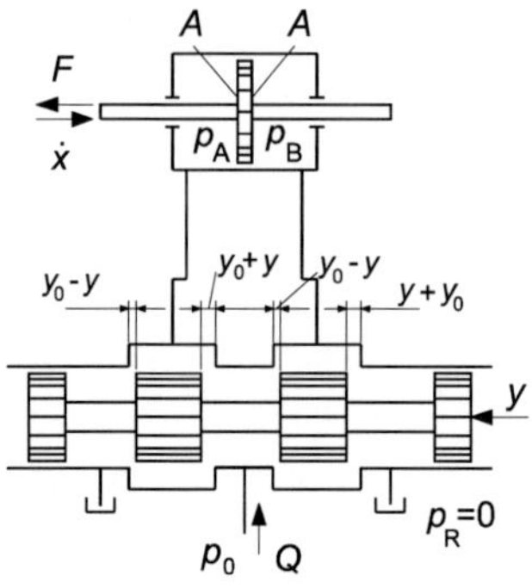

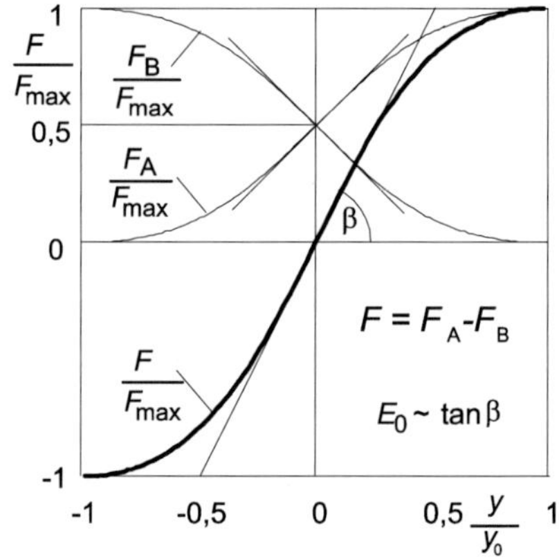

Bild 6.10: Graphische Ableitung der Kraftverstärkung der Steuerung A+A bei symmetrischer negativer Überdeckung

Für die weitere Betrachtung der Kennlinienfelder wird wieder zwischen den Überdeckungsarten Nullüberdeckung und negativer Überdeckung unterschieden.

Negative Überdeckung

Zum Vergleich der Kenngrößen der Vollbrückenschaltungen mit negativer Überdeckung werden folgende Voraussetzungen getroffen:

- Die Arbeitskolben und ebenso die Steuerkolben der zu vergleichenden Vollbrücken entsprechen sich in den Abmessungen.
- Für die Kolbenflächen gilt:
  symmetrische Systeme: $A_1 = A_2$
  asymmetrische Systeme: $A_2 = 0{,}5 \cdot A_1$, d.h. $\alpha = 0{,}5$
- Für $\dot{x} = 0$ und $y = 0$ fließen durch alle Brücken gleiche Volumenströme, d.h. die negativen Überdeckungen y_0 sind für alle Steuerkanten gleich groß

In Bild 6.11 sind alle Widerstandssteuerungen, die sich aus der Kombinationsmatrix in Kapitel 2.2.1.2 ergeben, mit ihren Kennlinienfeldern und ihren Kenngrößen bei negativer Überdeckung zusammengestellt.

Schaltung	Kennlinienfeld	Kenngrößen
A+A 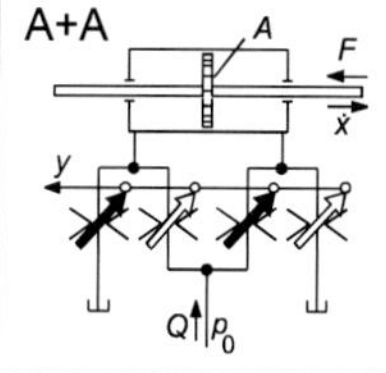	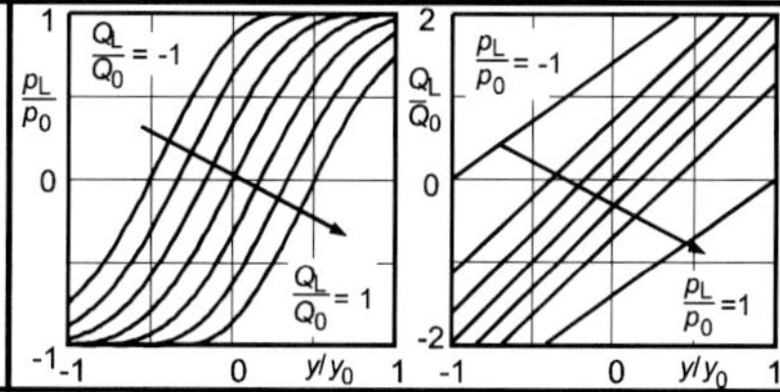	$E_0 = 2 \cdot \frac{p_0 \cdot A}{y_0} = E_{0AA}$ $C_0 = \sqrt{2}\,\frac{B}{A}\sqrt{p_0} = C_{0AA}$
A+B 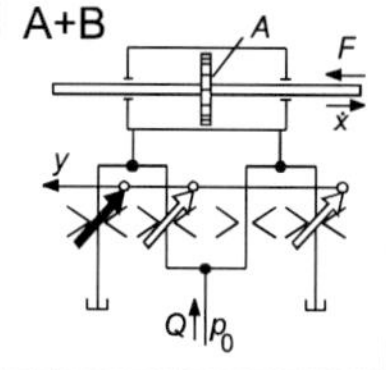	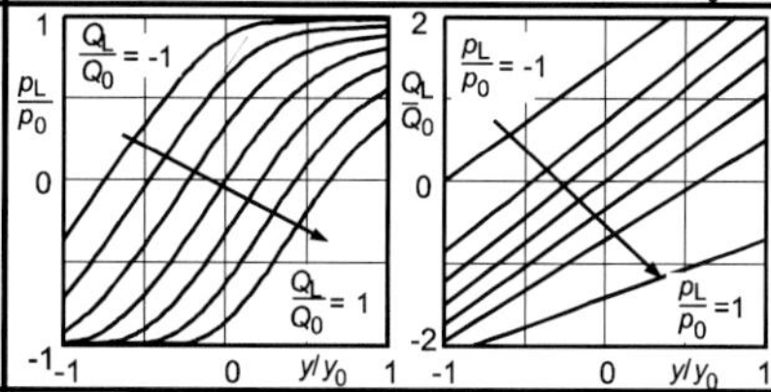	$E_0 = \frac{3}{4} \cdot E_{0AA}$ $C_0 = \frac{3}{4} \cdot C_{0AA}$
A+C 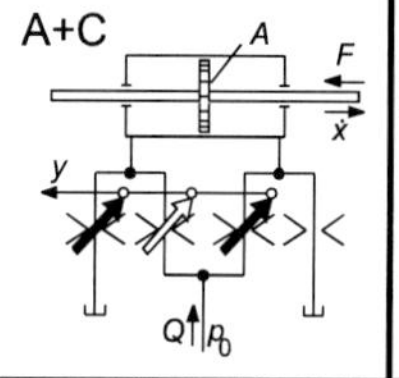	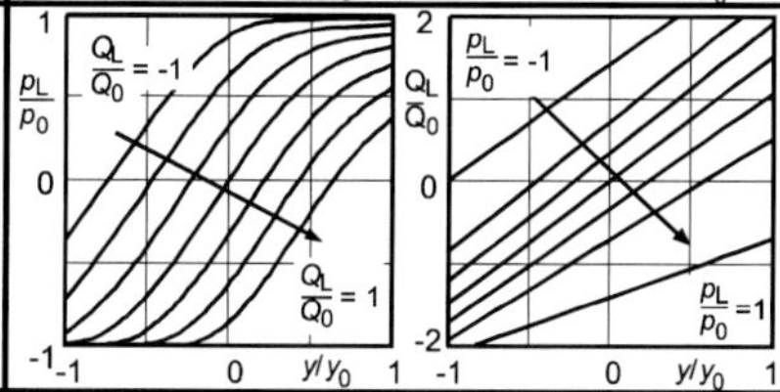	$E_0 = \frac{3}{4} \cdot E_{0AA}$ $C_0 = \frac{3}{4} \cdot C_{0AA}$
A+D 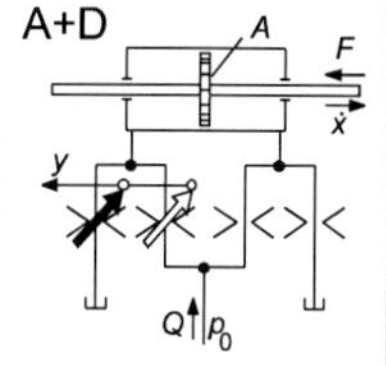	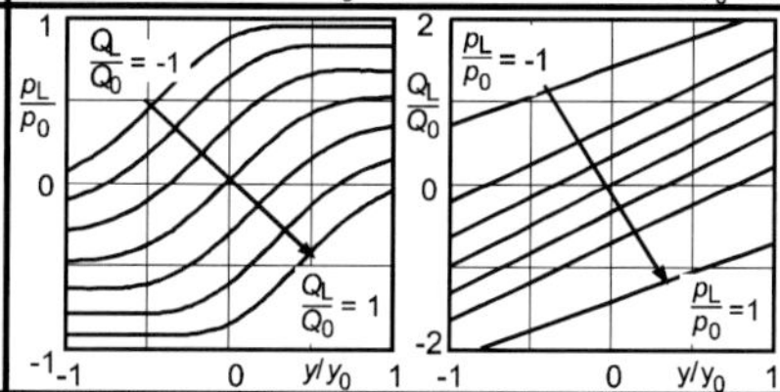	$E_0 = \frac{1}{2} \cdot E_{0AA}$ $C_0 = \frac{1}{2} \cdot C_{0AA}$
B+B 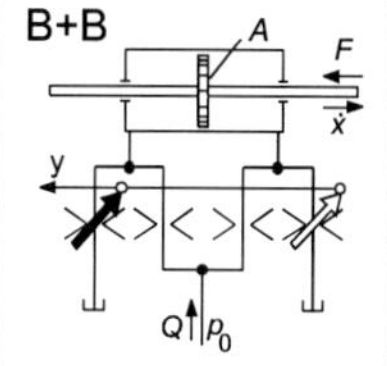	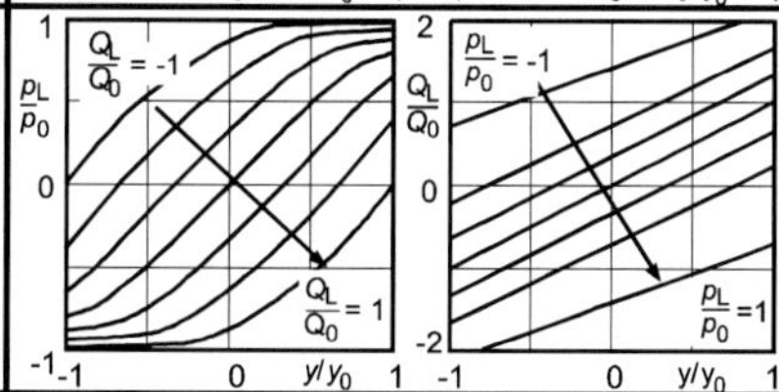	$E_0 = \frac{1}{2} \cdot E_{0AA}$ $C_0 = \frac{1}{2} \cdot C_{0AA}$
B+C 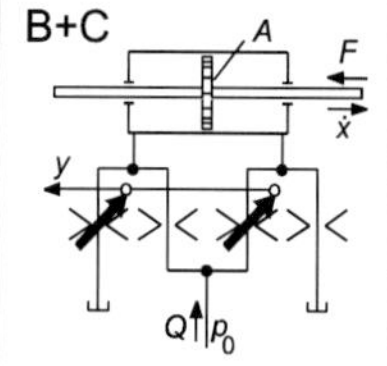	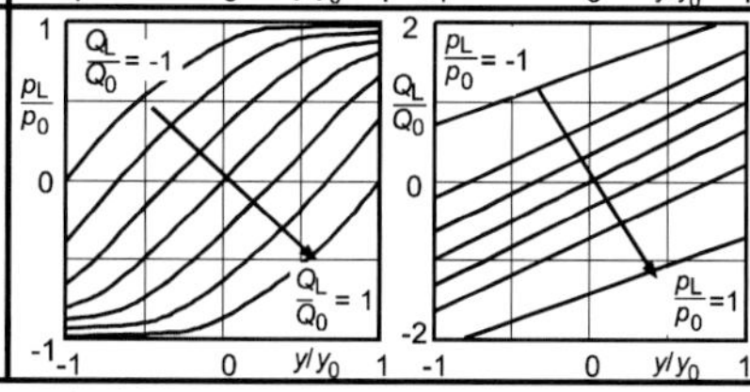	$E_0 = \frac{1}{2} \cdot E_{0AA}$ $C_0 = \frac{1}{2} \cdot C_{0AA}$

Bild 6.11: Kennlinienfelder und Kenngrößen hydraulischer Vollbrücken mit negativer Überdeckung

Schaltung	Kennlinienfeld	Kenngrößen
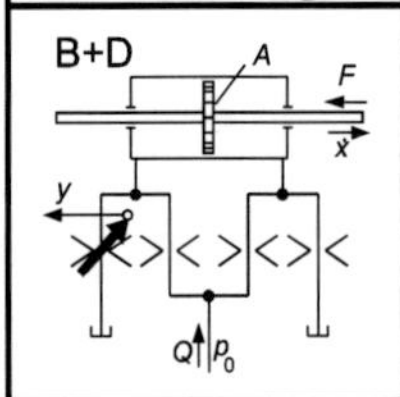	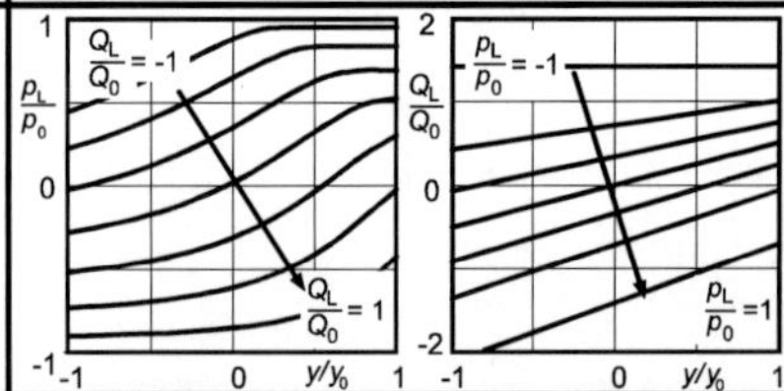	$E_0=\frac{1}{4}\cdot E_{0AA}$ $C_0=\frac{1}{4}\cdot C_{0AA}$
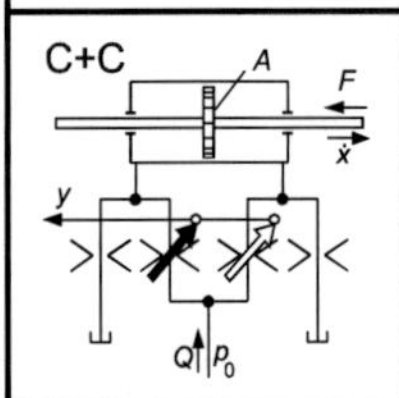	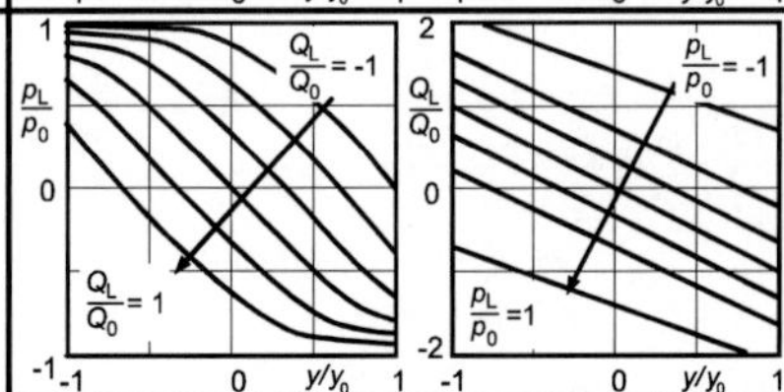	$E_0=-\frac{1}{2}\cdot E_{0AA}$ $C_0=-\frac{1}{2}\cdot C_{0AA}$
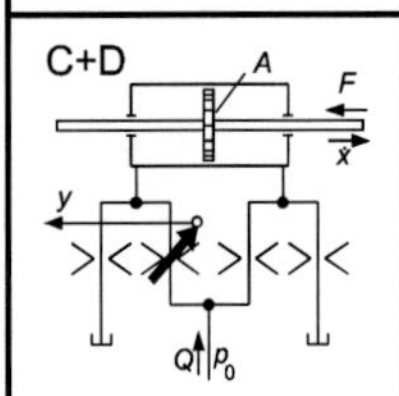	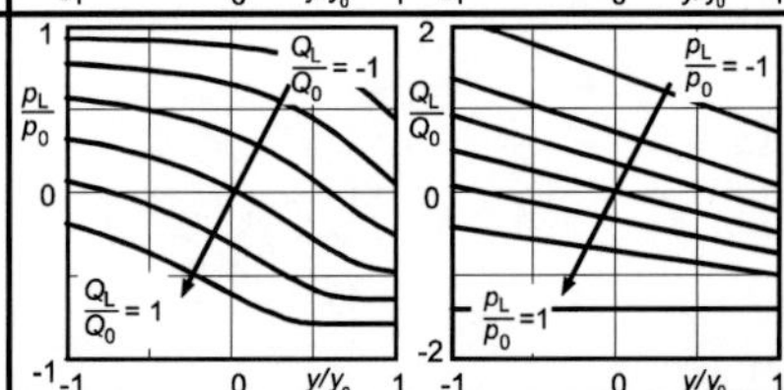	$E_0=-\frac{1}{4}\cdot E_{0AA}$ $C_0=-\frac{1}{4}\cdot C_{0AA}$
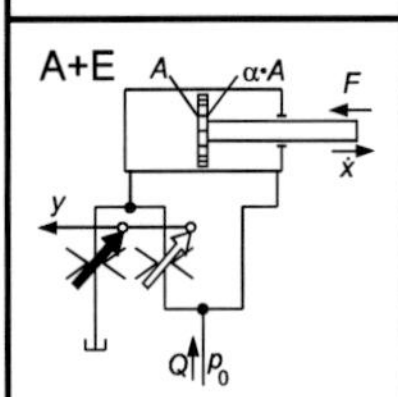	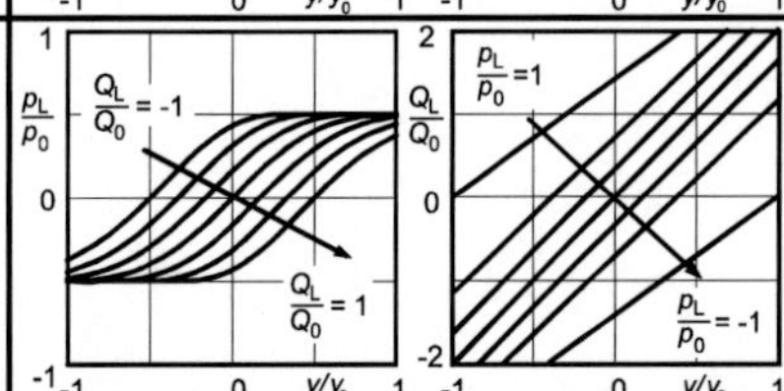	$E_0=\frac{1}{2}\cdot E_{0AA}$ $C_0=C_{0AA}$
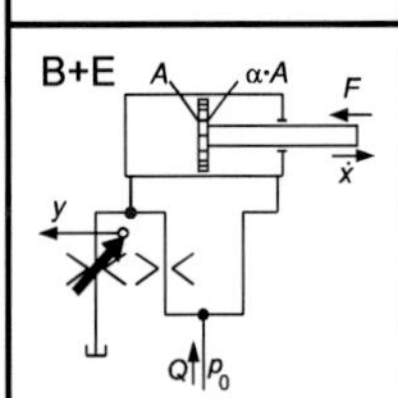	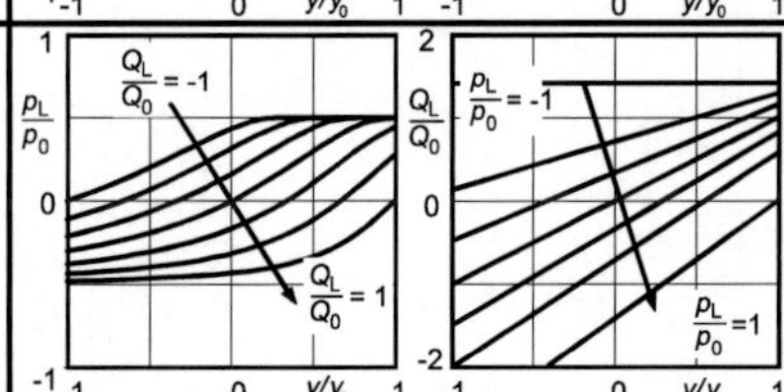	$E_0=\frac{1}{4}\cdot E_{0AA}$ $C_0=\frac{1}{2}\cdot C_{0AA}$
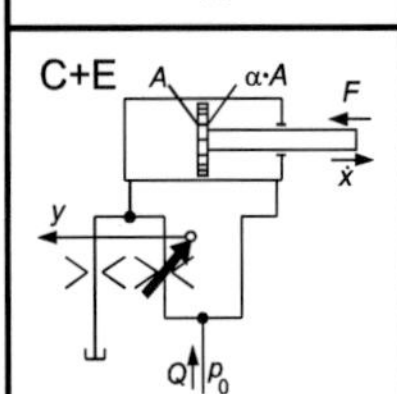	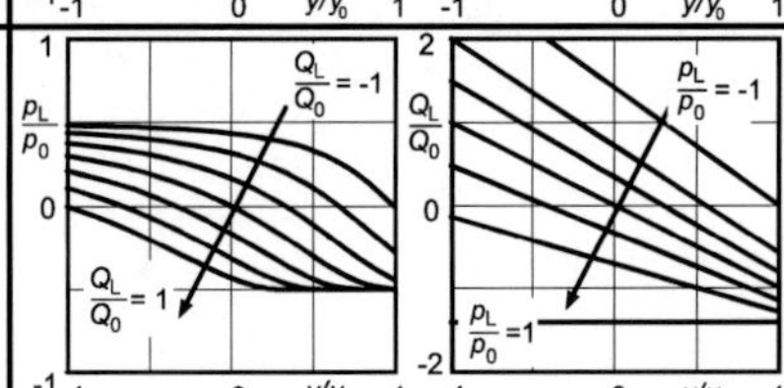	$E_0=\frac{1}{4}\cdot E_{0AA}$ $C_0=\frac{1}{2}\cdot C_{0AA}$

Bild 6.12: Kennlinienfelder und Kenngrößen hydraulischer Vollbrücken mit negativer Überdeckung

Aus den Kennlinienfeldern können für jede Steuerung die stationären Betriebsdaten des Stellgliedes bei einer bestimmten Auslenkung des Steuerelementes y entnommen werden. Je größer die Kenngrößen E_0 und C_0 sind, desto geringer können die Auslenkungen y des Steuerelementes bleiben, um einen bestimmten Betriebspunkt (p bzw. F, Q bzw. $\dot{x}$) zu erreichen, bzw. desto größer ist die erreichbare Dynamik des Systems bei konstanter maximaler Steuerschiebergeschwindigkeit.

Der Vergleich der Kennwerte der einzelnen Schaltungen miteinander lässt einen Zusammenhang zwischen den erzielbaren Verstärkungen und der Anzahl der aktiven Steuerkanten feststellen, siehe Bild 6.12. Mit zunehmender Anzahl der aktiven Steuerkanten steigt die erzielbare Kraft- bzw. Geschwindigkeitsverstärkung linear an, wobei die Geschwindigkeitsverstärkung der asymmetrischen Steuerungen den doppelten Wert der symmetrischen Steuerung mit gleicher Anzahl aktiver Steuerkanten hat.

$$E_{0,\max} = 2 \cdot E_{0,\mathrm{A}}\,,\; C_{0,\max} = C_0 \tag{6.53}$$

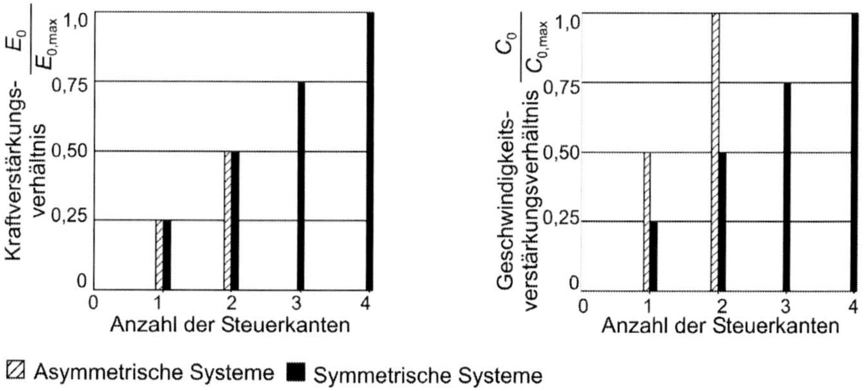

Bild 6.13: Veränderung der Systemkenngrößen mit der Anzahl der aktiven Steuerkanten

Nullüberdeckung

Bei Vollbrücken mit Nullüberdeckung ist in der Praxis nur die Schaltung A+A von Bedeutung. Sie wird häufig bei 4-Wege-Proportional- oder Servoventilen eingesetzt, siehe Bild 6.14. Im Vergleich zur negativen Überdeckung ändert sich bei nullüberdeckten Schiebern nicht mehr Ein- und Ausgangswiderstand gleichzeitig, sondern nur noch entweder Ein- oder Ausgangswiderstand, da ein Widerstand jeweils komplett geschlossen ist. Auf jeder Verdrängerseite ist damit also bei Betätigung des

Steuerelementes jeweils ein Widerstand unendlich groß. In Bild 6.14 ist dies graphisch in einem Strukturplan dargestellt.

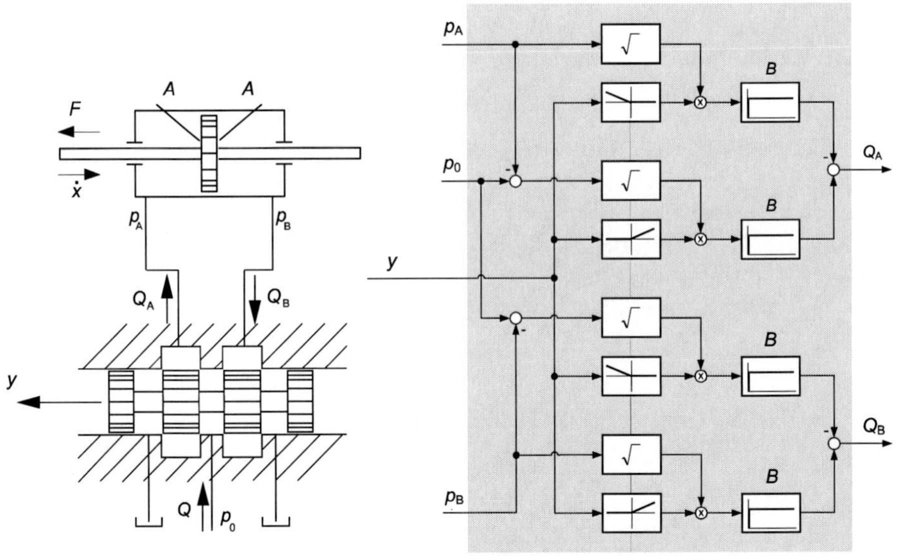

Bild 6.14: Ventilgesteuerter Antrieb mit nullüberdecktem Ventil

Die Kennwerte E_0 und C_0 können wie bei den Ventilsteuerungen mit negativer Überdeckung durch Überlagerung der Halbbrücken mit Nullüberdeckung gewonnen werden, Gleichungen (6.51) und (6.52). Damit ergeben sich:

Kraftverstärkung:

$$E_0 = \left.\frac{\partial F}{\partial y}\right|_{y\to 0, \dot{x}=0} \to \infty \tag{6.54}$$

Geschwindigkeitsverstärkung:

$$C_0 = \left.\frac{\partial \dot{x}}{\partial y}\right|_{y\to 0, \Delta p=0} = \frac{1}{\sqrt{2}} \cdot \frac{B}{A}\sqrt{p_0} \tag{6.55}$$

Bei der Herleitung der Kennlinienfeldgleichungen muss bei der Nullüberdeckung berücksichtigt werden, dass die Durchflussgleichungen vom Vorzeichen der Steuerschieberauslenkung abhängig sind. Es muss also eine Fallunterscheidung vorgenommen werden. Die Herleitung erfolgt im Übrigen analog zur negativen Überdeckung.

Für die Kennlinienfeldgleichung wird als Normierungsgröße Q_0, der Volumenstrom bei voll geöffnetem Schieber $y = y_{max}$ und bei unbelastetem Antrieb ($F = 0$; $p_L = 0$), verwendet, bzw. analog hierzu die maximale Geschwindigkeit $\dot{x}_{max}$.

$$Q_0 = B \cdot y_{max} \cdot \sqrt{\frac{p_0}{2}} \Rightarrow \dot{x}_{max} = \frac{B \cdot y_{max}}{A} \sqrt{\frac{p_0}{2}} \tag{6.56}$$

Man erhält hiermit die normierten Kennfeldgleichungen:

$$\frac{Q_L}{Q_0} = \frac{y}{y_{max}} \cdot \sqrt{1 - \frac{p_L}{p_0} \cdot sign(y)} \tag{6.57}$$

$$\frac{\dot{x}}{\dot{x}_{max}} = \frac{y}{y_{max}} \cdot \sqrt{1 - \frac{F}{F_{max}} \cdot sign(y)} \tag{6.58}$$

Das nichtlineare Kennlinienfeld der Vierkantensteuerung ist in Bild 6.15 dargestellt. Wenn die Lastkraft und der Steuerschieberweg unterschiedliche Vorzeichen haben, (Quadrant II und IV) kann die Geschwindigkeit $\dot{x}$ größere Werte als $\dot{x}_{max}$ (nach Gleichung (6.56)) annehmen. Gut erkennbar ist der wurzelförmige Zusammenhang zwischen Last und Volumenstrom sowie das Verhältnis von Nutz- zu Eckleistung, dargestellt durch die schraffierten rechteckigen Flächen. Die Wirkungsgradbetrachtung ventilgesteuerter Systeme wird in Kapitel 6.6 näher behandelt. Bei voll geöffnetem Ventil vereinfacht sich (6.57) zu:

$$\frac{Q_L}{Q_0} = \sqrt{\frac{p_0 - p_L}{p_0}} \tag{6.59}$$

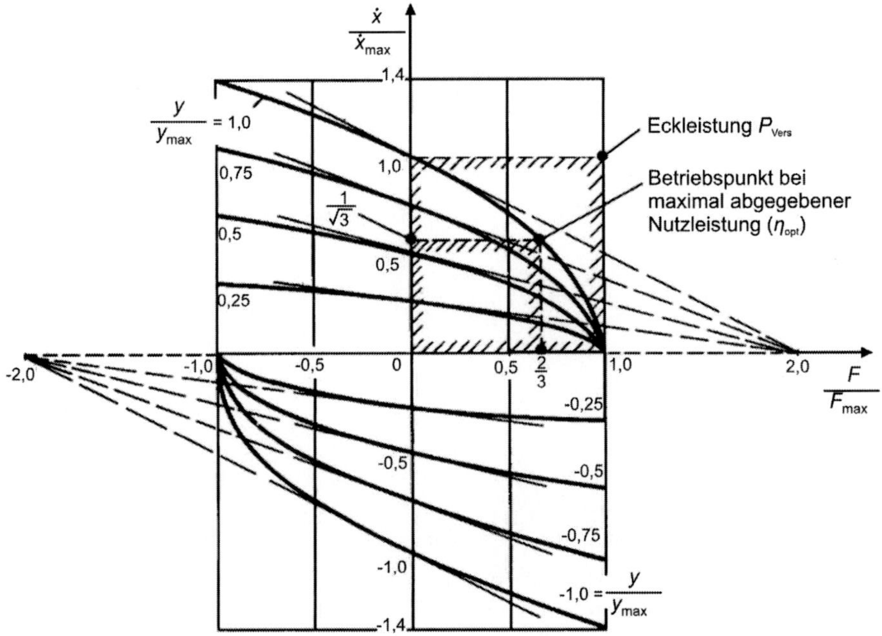

Bild 6.15: Kennlinienfeld der Vierkantensteuerung mit Nullüberdeckung

Bild 6.16 stellt den Zusammenhang aus Gleichung (6.57) dreidimensional dar, wobei die unteren Diagramme die beiden weiteren Klappmöglichkeiten neben der aus Bild 6.15 anzeigen.

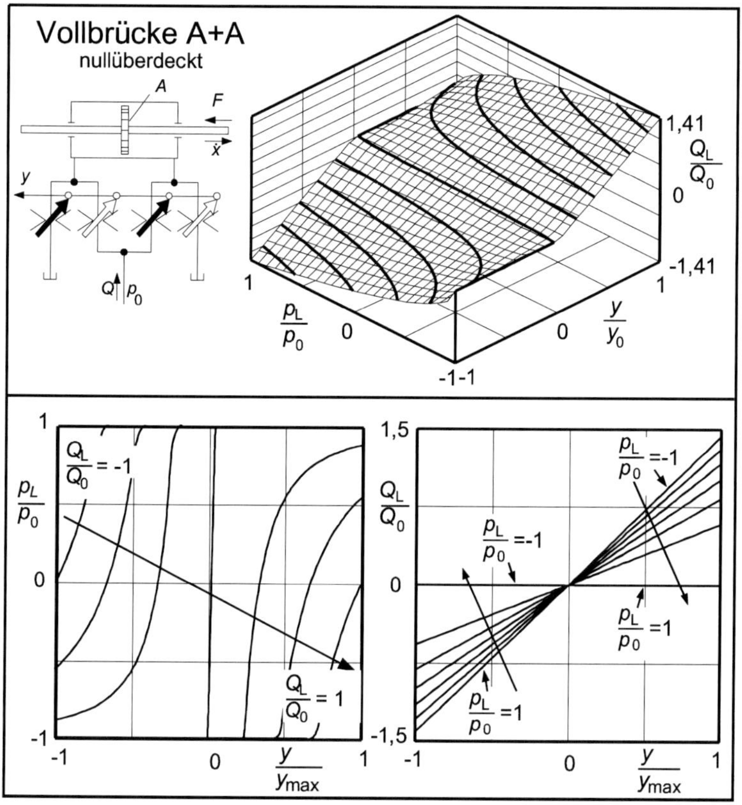

Bild 6.16: Kennlinienfeld der Vierkantensteuerung mit Nullüberdeckung

Vollbrückenschaltung mit real ausgeführtem 4/3-Wegeventil

Bild 6.15 ist die Seitenansicht des in Bild 6.16 dargestellten dreidimensionalen Kennfeldes. Im Allgemeinen können aufgrund von Fertigungstoleranzen keine idealen Nullüberdeckungen realisiert werden. Neben Längentoleranzen an den Steuerkanten tritt an ausgeführten Steuerschiebern auch Leckage durch das Radialspiel zwischen Schieber und Gehäuse auf. Dieses kann nicht beliebig minimiert werden, da ansonsten die Reibung zwischen Schieber und Gehäuse zu groß würde. In einigen Fällen wird an den Steuerschiebern bewusst eine geringe negative Überdeckung zugelassen, um auf jeden Fall eine positive Überdeckung durch Fertigungstoleranzen und damit eine erhöhte Umkehrspanne zu vermeiden. Meistens reicht allerdings das Radialspiel aus, um die erhöhte Umkehrspanne zu vermeiden. Hierdurch wird insbesondere die Kraftverstärkung auf einen endlichen Wert reduziert. Die Änderungen die sich hieraus ergeben, können dem Kennlinienfeld einer Vierkantensteuerung mit 10% negativer Überdeckung in Bild 6.17 entnommen werden.

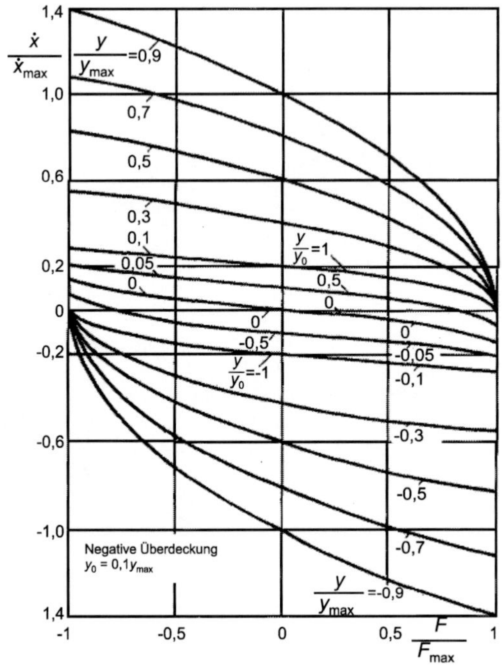

Bild 6.17: Kennlinienfeld der Vierkantensteuerung mit 10% negativer Überdeckung

Das Kennlinienfeld ist nur bis zur Ventilschieberöffnung $y = 0{,}9\ y_{max}$ gezeichnet. Bei dieser Öffnung des Ventils erreicht der kraftfreie Antrieb die in Gleichung 6.47 definierte maximale Geschwindigkeit x_{max}. Durch die negative Überdeckung wird der Ventilquerschnitt vergrößert. Zwei Ventile mit gleichem Schieberdurchmesser und –Hub haben bei unterschiedlichen Überdeckungen daher auch unterschiedliche Nenn-, bzw. Maximaldurchflüsse.

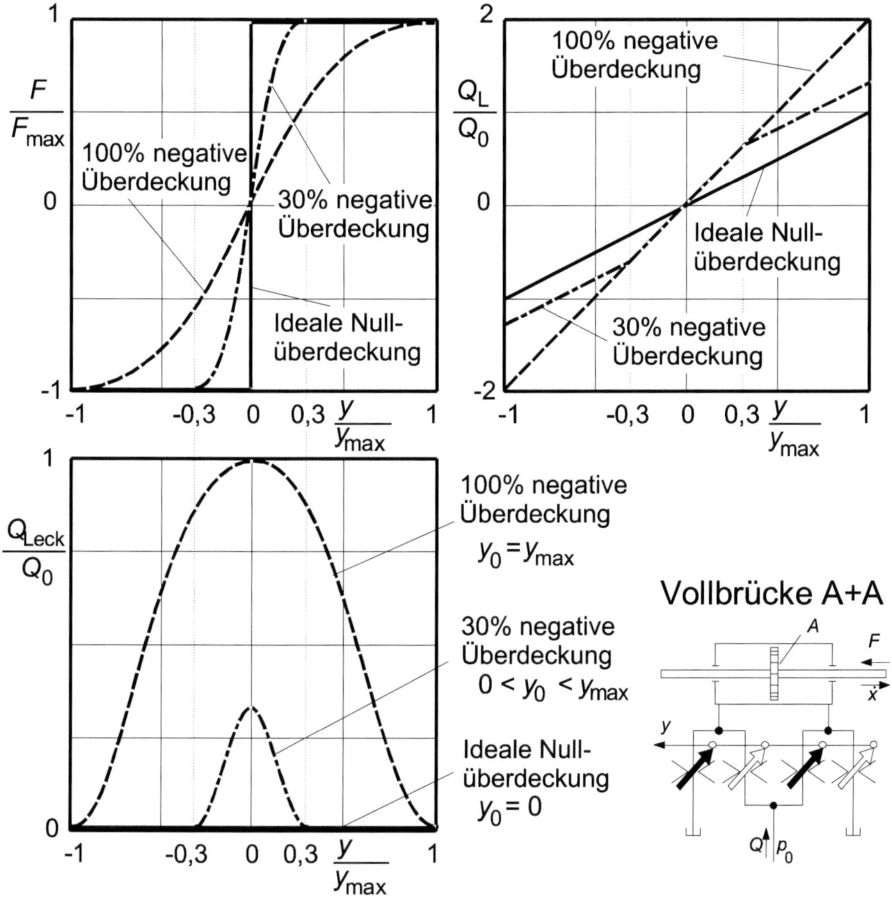

Bild 6.18: Kraft-, Volumenstrom- und Leckageverlauf der Ventilsteuerung A+A mit unterschiedlichen Überdeckungen

In Bild 6.18 ist die Kraftverstärkung und die Leckage für eine Vollbrücke A+A bei idealer Nullüberdeckung, geringer negativer Überdeckung durch Radialspiel und Fertigungstoleranz sowie mit negativer Überdeckung dargestellt. Mit zunehmender Leckage fällt die erreichbare Kraftverstärkung ab.

6.2.1.3 Regelfall Differentialzylinder

In den statischen Betriebszuständen eines ventilgesteuerten Zylinderantriebs, d. h. im Stillstand oder während des Verfahrens mit konstanter Geschwindigkeit, wird sein

Verhalten maßgeblich vom Zusammenspiel des Ventils mit dem Zylinder bestimmt. Wesentlich sind in diesem Zusammenhang die Durchströmungsverhältnisse an den Steuerkanten des Ventils, die in enger Beziehung zu den Drücken und Volumenströmen im Zylinder und damit zu dessen Geometrie stehen. Die Eigenschaften der einzelnen Komponenten haben daher einen direkten Einfluss auf das Antriebsverhalten, jedoch kann erst ihre kombinierte Betrachtung Aufschluss über das zu erwartende Gesamtverhalten geben.

Der schematische Aufbau und die Verhältnisse der Steuerkantenüberdeckung des betrachteten Ventiltyps sind in Bild 6.19a dargestellt. Der am Hochdruckanschluss einströmende Volumenstrom wird an den scharfkantigen Steueröffnungen (1..4) zwischen Ventilschieber und den Ringnuten im Gehäuse bzw. den Steuerfenstern in der Ventilhülse abgedrosselt. Je nach Art der Ventilschieberüberdeckung – positiv, negativ oder nullüberdeckt – und Öffnungsgrad des Ventils sind von den vier mechanisch gekoppelten Steuerkanten keine (Nullstellung), alle (Vierkantenbetrieb) oder zwei (Zweikantenbetrieb) gleichzeitig aktiv. Die Nullöffnung y_0 repräsentiert die Öffnungslänge der Steuerkanten in Schiebermittelstellung. Sie ist positiv bei negativer Überdeckung (Bild 6.19a) und umgekehrt sowie im Allgemeinen an allen Kanten identisch.

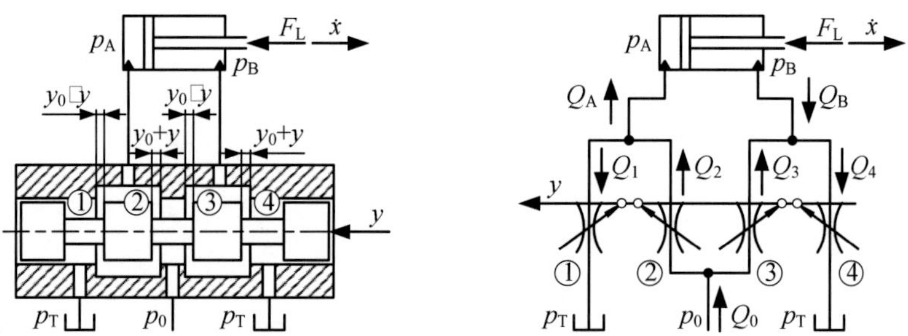

Bild 6.19: a) Ventilaufbau und Überdeckungsverhältnisse, b) hydraulische Vollbrücke

In Analogie zur elektrischen Brückenschaltung können Ventil und Zylinder als eine hydraulische Vollbrücke aufgefasst werden, bestehend aus je einer als Spannungsteiler fungierenden Halbbrücke mit zwei hydraulischen Widerständen pro Zylinderkammer [Bac74], Bild 6.19. Alle vier verstellbaren Widerstände sind über den Ventilschieber mechanisch gegensinnig gekoppelt.

Die Steuerkantenverhältnisse wirken sich bei Ansteuerung des Ventils durch die Ausprägung charakteristischer Kennlinien aus, Bild 6.20 (sieha auch Kapitel 3.1.4.1).

Diese sagen aus, wie sensibel das Ventil bezüglich des Differenzdruckanstiegs bei verschlossenen Verbraucheranschlüssen bzw. bezüglich des Kurzschluss-Volumenstroms auf ein Ansteuersignal reagiert. Die Steigungen der Kennlinien in einem Arbeitspunkt stellen die Druck-Signalverstärkung V_{py} und die Volumenstrom-Signalverstärkung V_{Qy} im lastfreien symmetrischen Fall dar. Je größer diese Kennwerte sind, desto stärker reagiert das Ventil auf eine Anregung. Für die Lageregelung werden daher bevorzugt nullüberdeckte oder nur leicht negativ überdeckte Ventile eingesetzt, da diese im für die Positionierung relevanten Bereich um die hydraulische Nullstellung herum eine feinfühlige Regelung ermöglichen, während positiv überdeckte Ventile hier eine Totzone aufweisen. Aufgrund des unvermeidlichen Radialspiels zwischen Schieber und Bohrung sowie fertigungsbedingter Abweichungen ist eine ideale Nullüberdeckung in realen Ventilen nicht erreichbar. Spiel oder Verschleiß wirken um den hydraulischen Nullpunkt wie eine geringfügig negative Überdeckung.

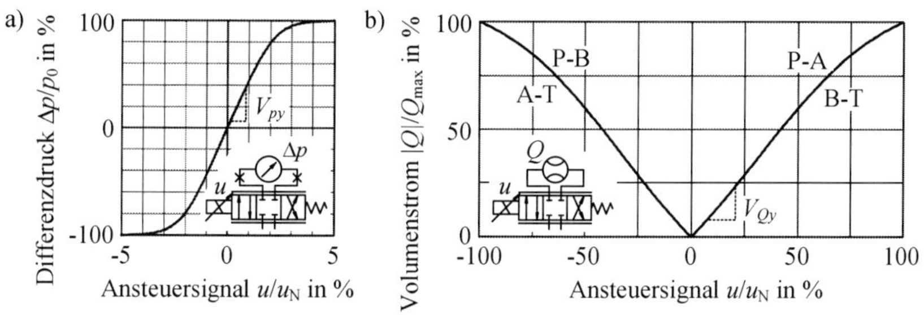

Bild 6.20: Typische Ventilkennlinien bei Nullüberdeckung, a) Drucksignalkennlinie [Dup10] b) Volumenstromsignalkennlinie [Par08a]

Über die mit der Schieberposition bis zum maximalen Hub y_{max} linear veränderlichen Durchflusswiderstände stellen sich die Volumenströme über die Steuerkanten des Ventils in Abhängigkeit von den abfallenden Druckdifferenzen gemäß

$$Q_1 = \begin{cases} B_1 \dfrac{y_0 - y}{y_0 - y_{max}} \sqrt{p_A - p_T}, & y < y_0 \\ 0, & y \geq y_0 \end{cases} \tag{6.60}$$

$$Q_2 = \begin{cases} B_2 \dfrac{y_0 + y}{y_0 + y_{max}} \sqrt{p_0 - p_A}, & y > -y_0 \\ 0, & y \leq -y_0 \end{cases} \tag{6.61}$$

$$Q_3 = \begin{cases} B_3 \dfrac{y_0 - y}{y_0 + y_{\max}} \sqrt{p_0 - p_\mathrm{B}}, & y < y_0 \\ 0, & y \geq y_0 \end{cases} \tag{6.62}$$

$$Q_4 = \begin{cases} B_4 \dfrac{y_0 + y}{y_0 + y_{\max}} \sqrt{p_\mathrm{B} - p_\mathrm{T}}, & y > -y_0 \\ 0, & y \leq -y_0 \end{cases} \tag{6.63}$$

ein. Alle vier Steuerkanten besitzen die gleiche blendenartige Geometrie mit dem konstanten Durchflussbeiwert

$$B_i = B = Q_\mathrm{N} \sqrt{\frac{2}{\Delta p_\mathrm{N}}}, \; i = 1..4. \tag{6.64}$$

Ausnahmen sind Ventile mit angepassten Steuerkanten [Feu93]. Q_N gibt den vom Hersteller spezifizierten Nennvolumenstrom des Ventils bei anliegender Nenndruckdifferenz Δp_N über zwei Steuerkanten am lastfreien Ventil an. Üblicherweise gilt $\Delta p_\mathrm{N} = 70$ bar bei Servoventilen und $\Delta p_\mathrm{N} = 10$ bar bei Proportionalventilen. Da die ungleichen Kolbenflächen am Differentialzylinder jedoch einen um den Faktor α kleineren Volumenstrom Q_B auf der Stangenseite erzwingen, fällt an den stangenseitigen Steuerkanten eine um den Faktor α^2 geringere Druckdifferenz ab.

Aus den Durchflussgleichungen (6.60) bis (6.64) lassen sich mit den Volumenstrombilanzen und Gleichung (6.50) die stationären Druckniveaus in den Zylinderkammern bei Zweikantenbetrieb ($|y| > |y_0|$) und im Stillstand gewinnen. Wird der Tankdruck vernachlässigt ($p_\mathrm{T} \approx 0$) und die Maximalkraft des Zylinders als

$$F_0 = p_0 \cdot A_\mathrm{K} \tag{6.65}$$

definiert, gilt für das Ausfahren des Kolbens ($\dot{x} > 0$) mit $\alpha\, Q_2 = Q_4$, $Q_1 = Q_3 = 0$

$$p_\mathrm{A,aus} = \frac{p_0}{1+\alpha^3} \left(\alpha^3 + \frac{F_\mathrm{L}}{F_0} \right), \tag{6.66}$$

$$p_\mathrm{B,aus} = \frac{p_0}{1+\alpha^3} \left(\alpha^2 - \alpha^2 \frac{F_\mathrm{L}}{F_0} \right), \tag{6.67}$$

für das Einfahren ($\dot{x} < 0$) mit $\alpha\, Q_1 = Q_3$, $Q_2 = Q_4 = 0$

$$p_{\mathsf{A,ein}} = \frac{p_0}{1+\alpha^3}\left(\alpha + \frac{F_{\mathsf{L}}}{F_0}\right) \qquad \geq p_{\mathsf{A,aus}}\,, \tag{6.68}$$

$$p_{\mathsf{B,ein}} = \frac{p_0}{1+\alpha^3}\left(1-\alpha^2 \frac{F_{\mathsf{L}}}{F_0}\right) \;\geq p_{\mathsf{B,aus}}\,, \tag{6.69}$$

sowie für den Stillstand ($\dot{x} = 0$) mit $Q_1 = Q_2$, $Q_3 = Q_4$

$$p_{\mathsf{A,still}} = \frac{p_0}{1+\alpha}\left(\alpha + \frac{F_{\mathsf{L}}}{F_0}\right), \tag{6.70}$$

$$p_{\mathsf{B,still}} = \frac{p_0}{1+\alpha}\left(1 - \frac{F_{\mathsf{L}}}{F_0}\right), \tag{6.71}$$

Die resultierenden Kammerdrücke sind unabhängig von der Kolbengeschwindigkeit und bei gleicher Last beim Einfahren höher als beim Ausfahren, Bild 6.21. Dadurch kommt es beim Richtungswechsel zu Drucksprüngen.

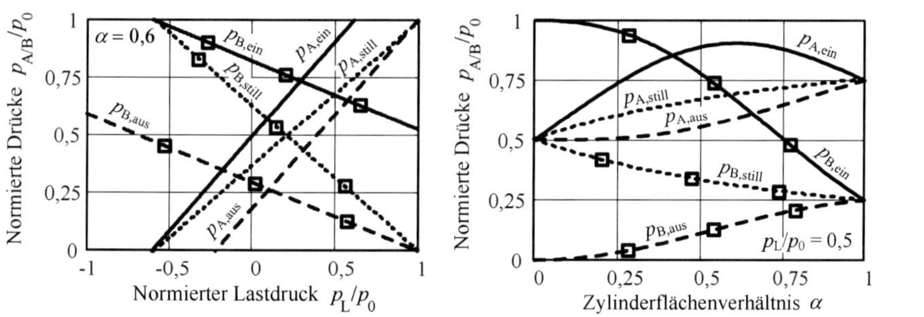

Bild 6.21: Kammerdrücke über Lastdruck (links) und Flächenverhältnis (rechts)

Die Gleichungen (6.61), (6.62), (6.66) und (6.69) liefern die Geschwindigkeiten

$$\dot{x}_{\mathsf{aus}} = \frac{Q_2}{A_{\mathsf{K}}} = \dot{x}_0\,\frac{y_0 + y}{y_0 + y_{\max}}\sqrt{1 - \frac{F_{\mathsf{L}}}{F_0}}, \tag{6.72}$$

$$\dot{x}_{\mathsf{ein}} = -\frac{Q_3}{\alpha A_{\mathsf{K}}} = -\dot{x}_0\,\frac{y_0 - y}{y_0 + y_{\max}}\sqrt{\alpha + \frac{F_{\mathsf{L}}}{F_0}}, \tag{6.73}$$

Die hier als Bezug verwendete maximale lastfreie Ausfahrgeschwindigkeit $\dot{x}_0$ im motorischen Betrieb stellt sich unter maximalem Ventilvolumenstrom

$$Q_{\mathrm{V,max}} = B\sqrt{p_0/2} \tag{6.74}$$

bei vollem Druck mit Gleichung (6.63) und (6.67) ein. Als Vergleichsgröße wird der Wert $\dot{x}_{\mathrm{G},0}$ für den Gleichgangzylinder herangezogen:

$$\dot{x}_0 = \frac{Q_{\mathrm{V,max}}}{A_{\mathrm{K}}} = \frac{B}{A_{\mathrm{K}}}\sqrt{\frac{p_0}{2}}\sqrt{\frac{2}{1+\alpha^3}} = \dot{x}_{\mathrm{G},0}\sqrt{\frac{2}{1+\alpha^3}}, \tag{6.75}$$

Im Gegensatz zu symmetrischen Zylindern fährt der Kolben somit ohne Last bei betragsgleicher Ventilöffnung gemäß Gleichung (6.72) und (6.73) um den Faktor $\sqrt{\alpha}$ langsamer ein als aus. Ein Auftragen der Geschwindigkeit über Lastkraft und Ventilöffnung liefert das Leistungskennfeld des Antriebs, das beispielhaft für einen Differentialzylinder mit negativ überdecktem Ventil in Bild 6.22 dargestellt ist.

Bei kleinen Ventilöffnungen befindet sich der Antrieb im Vierkantenbetrieb ($|y| < |y_0|$). Der Verlauf der Kennlinien lässt hier erkennen, dass zu jeder Lastkraft genau eine Ventilöffnung existiert, die den Zylinder zum Stillstand bringt. Der Vierkantenbereich verschwindet bei idealer positiver oder Nullüberdeckung vollständig. Im Zweikantenbetrieb ($|y| \geq |y_0|$) folgt der Antrieb den hergeleiteten Gesetzmäßigkeiten. Während der Kolben in den beiden motorischen Quadranten 1 und 3 entgegen der Lastrichtung arbeitet, wird der Zylinder in den Quadranten 2 und 4 als Pumpe angetrieben und bremst so die Last. Für eine Vielzahl von Anwendungen ist der Motorbetrieb mit den richtungsabhängigen maximal aufnehmbaren Lastkräften entscheidend. Wenn jedoch mit treibenden Lasten gerechnet werden muss, kann auf der Bodenseite ungleichflächiger Zylinder insbesondere im 2. Quadranten bereits bei geringen ziehenden Lasten Pseudokavitation auftreten. Auf der Stangenseite entsteht diese Gefahr erst bei sehr hohen drückenden Kräften im 4. Quadranten (in Bild 6.22 durch gestrichelte Linien nur angedeutet). Hier kommt es vorher zu einer Drucküberhöhung über den Systemdruck hinaus, die den zulässigen Zylinderdruck $p_{\mathrm{Z,zul}}$ nicht überschreiten darf. Abhilfe schafft ein Ventil mit um den Faktor α kleinerem Durchfluss an den B-seitigen Steuerkanten 3 und 4, das die Kraftgrenzen der Quadranten angleicht und gleichzeitig die Kammerdrucksprünge nach Bild 6.21 vermeidet [Feu93].

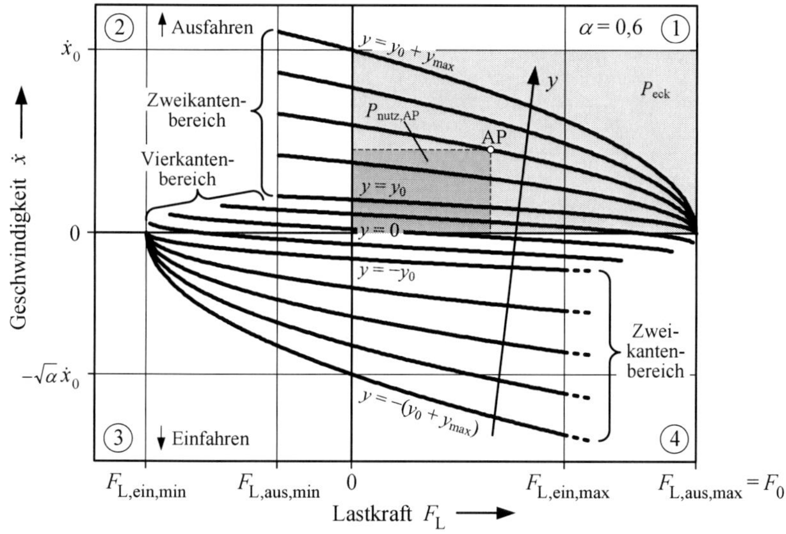

Bild 6.22: Leistungskennfeld eines ventilgesteuerten Zylinderantriebs

Die Extremwerte der Lastkraft ergeben sich wie folgt:

$$F_{L,aus,max} = F_0, \qquad F_{L,aus,min} = -\alpha^3 F_0, \tag{6.76}$$

$$F_{L,ein,min} = -\alpha F_0, \qquad F_{L,ein,max} = \min\left(\left(1+\alpha^3\right)\frac{p_{Z,zul}}{p_0} - \alpha, \frac{1}{\alpha^2}\right) F_0, \tag{6.77}$$

Durch diese Zusammenhänge bedingt wird die Ausprägung des Antriebskennfelds maßgeblich von den konstruktiven Parametern A_K, α und Q_N sowie vom gewählten p_0 beeinflusst, vgl. Bild 6.23.

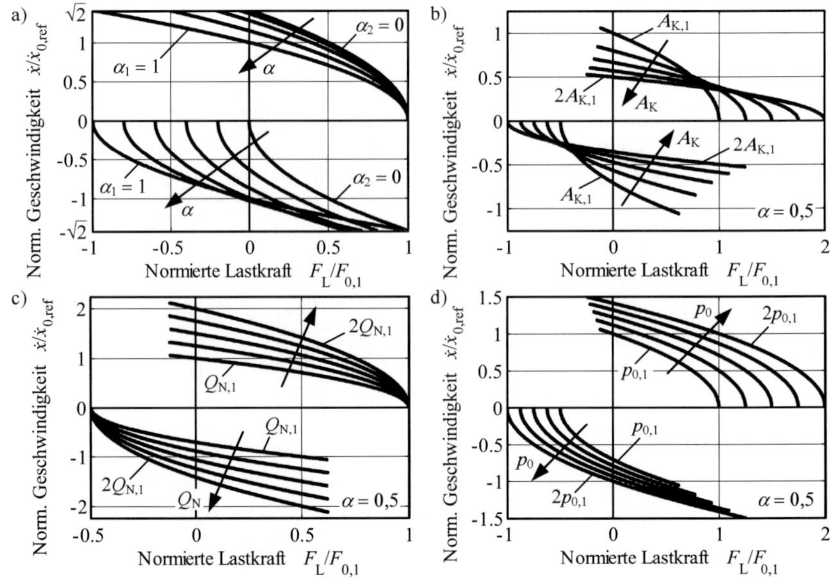

Bild 6.23: Beeinflussung des Kennfelds bei Nullüberdeckung durch Flächenverhältnis (a), Kolbenfläche (b), Ventilnenndurchfluss (c) und Versorgungsdruck (d).

6.2.2 Brückenschaltung bei Konstantstromquelle

Bei Konstantstromquellen wird dem hydraulischen Verbraucher ein konstanter Volumenstrom zur Verfügung gestellt, der durch eine Anordnung von Widerständen zwischen dem Verbraucher und dem Tank aufgeteilt wird. Dadurch wird permanent der gesamte Volumenstrom mehr oder weniger abgedrosselt. Damit diese prinzipbedingten Verluste möglichst klein gehalten werden, ist der nominelle Druck p_0 im lastfreien Zustand im Allgemeinen sehr klein. Da sich der Versorgungsdruck in Abhängigkeit von der Verbraucherlast einstellt, muss eine Maximaldruckabsicherung eingebaut werden. Ist der Druck höher als p_{max}, so verhält sich das System wie ein Konstantdrucksystem. Das Verhältnis von p_{max} zu p_0 liegt im Allgemeinen in der Größenordnung von zehn bis einhundert.

Die Abfuhr des Versorgungsvolumenstroms erfordert permanent geöffnete Widerstände, deshalb sind für Ventilsteuerungen im Konstantvolumenstromsystem nur Widerstände mit negativer Überdeckung möglich.

Im Gegensatz zum Konstantdrucksystem können die Vollbrücken mit Konstantstromquelle nicht mehr einfach durch die Überlagerung der jeweiligen Halbbrücken betrachtet werden, da sich die Volumenströme der Halbbrücken gegenseitig beeinflussen. In der Praxis ist zudem nur die Brückenschaltung A+A von Bedeutung, wie sie beispielsweise in Kraftfahrzeugservolenkungen (siehe Bild 8.53) eingesetzt wird, so dass hier im Weiteren nur diese betrachtet wird. Weitere Brückenschaltungen sind in /Bac74/ beschrieben.

6.2.2.1 Vollbrücke A+A

Die Vollbrücke A+A mit Konstantstromsystem ist in Bild 6.24 dargestellt.

Wie bei den Brückenschaltungen mit Konstantdruckquelle wird davon ausgegangen, dass alle Strömungswiderstände in Neutralstellung ($y = 0$) gleich sind und das Flächenverhältnis des Arbeitszylinders eins beträgt. Als Bezugsgröße wird der Druck p_{0m} gewählt, der sich in Neutralstellung bei unbelastetem Zylinder einstellt ($x = 0$; $F = 0$). Es wird sich hier auf die Kenngrößen e_0 und c_0, sowie die Kennfeldgleichung $\Delta p = f(Q, y)$ beschränkt, da die Definition einer maximalen Kraft nur schlecht möglich ist. Diese ist von dem jeweils eingestellten Maximaldruck zur Systemabsicherung abhängig.

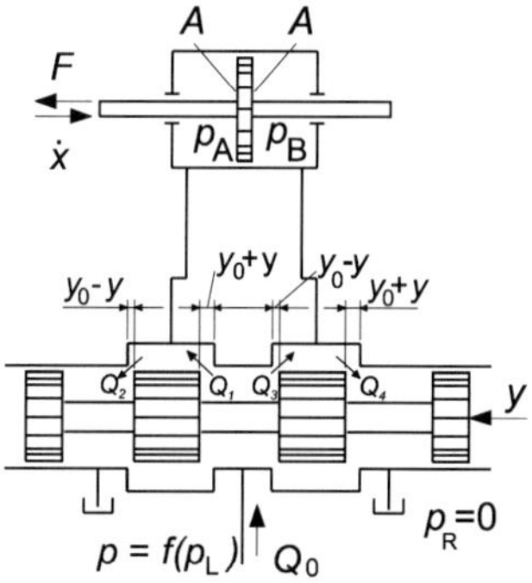

Bild 6.24: Vollbrücke A+A im Konstantstromsystem

Die Durchflussgleichungen für die Halbglieder lauten:

$$Q_1 = B \cdot (y_0 + y) \cdot \sqrt{p_0 - p_A} \tag{6.78}$$

$$Q_2 = B \cdot (y_0 - y) \cdot \sqrt{p_A} \tag{6.79}$$

$$Q_3 = B \cdot (y_0 - y) \cdot \sqrt{p_0 - p_\mathrm{B}} \tag{6.80}$$

$$Q_4 = B \cdot (y_0 + y) \cdot \sqrt{p_\mathrm{B}} \tag{6.81}$$

Die Kontinuitätsgleichungen lauten:

$$Q_0 = Q_1 + Q_3 = Q_2 + Q_4 \tag{6.82}$$

$$\dot{x} \cdot A = Q_1 - Q_2 = Q_4 - Q_3 = Q_\mathrm{L} \tag{6.83}$$

Mit der Gleichgewichtsbedingung

$$\Delta p = p_\mathrm{A} - p_\mathrm{B} = \frac{F}{A} \tag{6.84}$$

und der Beziehung für den Versorgungsdruck

$$\frac{p_0}{p_{0\mathrm{m}}} = \frac{1}{\left(1 - \left(\frac{y}{y_0}\right)^2\right)^2} \left[\left(1 + \left(\frac{y}{y_0}\right)^2\right)\left(1 + \left(\frac{Q_\mathrm{L}}{Q_0}\right)^2\right) - 4 \frac{Q_\mathrm{L}}{Q_0} \frac{y}{y_0} \right] \tag{6.85}$$

kann die Kennlinienfeldgleichung hergeleitet werden:

$$\frac{\Delta p}{p_{0\mathrm{m}}} = \frac{2}{\left(1 - \left(\frac{y}{y_0}\right)^2\right)^2} \left[\frac{y}{y_0}\left(1 + \left(\frac{Q_\mathrm{L}}{Q_0}\right)^2\right) - \frac{Q_\mathrm{L}}{Q_0}\left(1 + \left(\frac{y}{y_0}\right)^2\right) \right] \tag{6.86}$$

Die Druck- und die Volumenstromverstärkung betragen:

$$e_0 = 2 \cdot \frac{p_{0\mathrm{m}}}{y_0} \tag{6.87}$$

$$c_0 = \frac{Q_0}{y_0} \tag{6.88}$$

In Bild 6.25 ist das Kennlinienfeld der Schaltung A+A im Konstantstromsystem dargestellt. Zu beachten ist die sehr starke Änderung der Steigungen in Abhängigkeit vom Eingangssignal. Im Gegensatz zu den betrachteten Systemen mit Konstantdruckversorgung haben die Verstärkungen ihr Minimum im hydraulischen Nullpunkt.

Wie bereits erwähnt, geht das System bei Erreichen des Maximaldruckes in ein Konstantdrucksystem über. Die Verläufe des Lastvolumenstroms können durch Geraden angenähert werden, so dass für das Gültigkeitsgebiet des Konstantstromsystems in Abhängigkeit vom maximalen Versorgungsdruck näherungsweise geschrieben werden kann:

$$-1+\frac{p_{0m}}{2p_0}\sqrt{2\frac{p_0}{p_{0m}}}\left(1+\frac{Q_L}{Q_0}\right)\le\frac{y}{y_0}\le 1-\frac{p_{0m}}{2p_0}\sqrt{2\frac{p_0}{p_{0m}}}\left(1-\frac{Q_L}{Q_0}\right) \tag{6.89}$$

Außerhalb dieser Grenzen für den Ventilschieberweg geht das System in ein Konstantdrucksystem über.

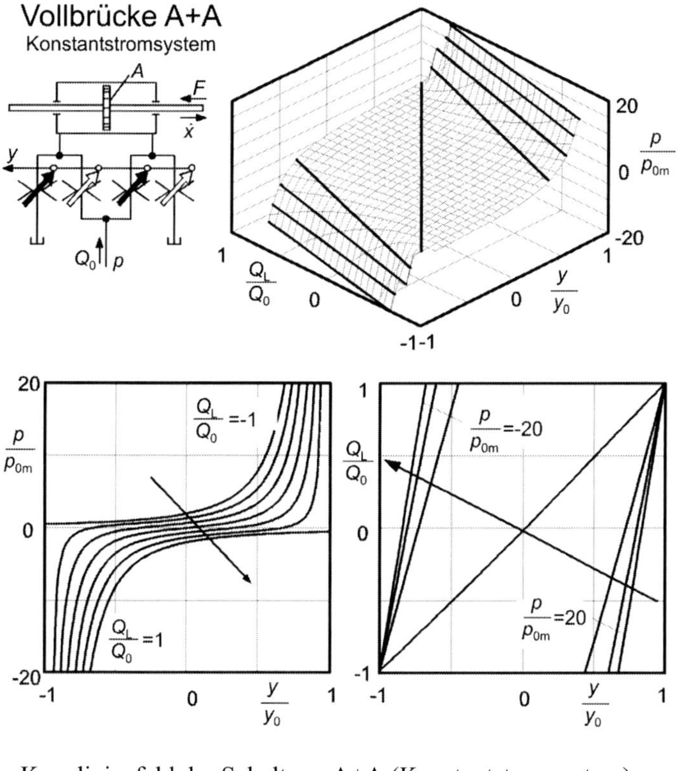

Bild 6.25: Kennlinienfeld der Schaltung A+A (Konstantstromsystem)

6.3 Linearisierung der Kennfelder

Die Durchflussgesetze und die Kennlinienfeldgleichungen der Brückenschaltungen sind nichtlinear und deshalb für eine mathematische Beschreibung von Servoantrieben nur schwer zu handhaben. Da man in der Regel genaue Aussagen nur für bestimmte Arbeitspunkte benötigt, können die nichtlinearen Beziehungen zwischen Druck, Volumenstrom und Schieberauslenkung in den betrachteten Arbeitspunkten linearisiert werden. Die Linearisierung gilt dann immer nur für den jeweiligen Arbeitspunkt.

Zur Linearisierung wird eine Reihenentwicklung nach Taylor für die Kennlinienfeldgleichung oder die Durchflussgleichung durchgeführt und diese nach dem zweiten Glied abgebrochen, /Föl94/.

Für die Gleichung

$$F = f(\dot{x}, y) \tag{6.90}$$

ergibt sich dann nach Taylor:

$$F = F_{\mathrm{AP}} + \left.\frac{\partial F}{\partial y}\right|_{\mathrm{AP}} \cdot \left(y - y_{\mathrm{AP}}\right) + \left.\frac{\partial F}{\partial \dot{x}}\right|_{AP} \cdot \left(\dot{x} - \dot{x}_{\mathrm{AP}}\right) \tag{6.91}$$

6.3.1 Linearisierung der negativ überdeckten Vollbrücke A+A

Für den bisher betrachteten Arbeitspunkt $F_{\mathrm{AP}} = 0;\ \dot{x}_{\mathrm{AP}} = 0;\ y_{\mathrm{AP}} = 0$ bei negativ überdeckten Systemen ist die partielle Ableitung der Aktorkraft nach y bereits bekannt, es handelt sich dabei um die Kraftverstärkung E_0. Die partielle Ableitung nach der Geschwindigkeit lässt sich mit Hilfe der Kraftverstärkung und der partiellen Ableitung der Geschwindigkeit nach y, also der Geschwindigkeitsverstärkung, ausdrücken, da für Funktionen zweier Veränderlicher gilt:

$$\left.\frac{\partial F}{\partial y}\right|_{\dot{x},\mathrm{AP}} \cdot \left.\frac{\partial \dot{x}}{\partial F}\right|_{y,\mathrm{AP}} \cdot \left.\frac{\partial y}{\partial \dot{x}}\right|_{F,\mathrm{AP}} = -1 \tag{6.92}$$

Damit wird Gleichung (6.91) zu

$$F = F_{\mathrm{AP}} + \left.\frac{\partial F}{\partial y}\right|_{\dot{x},\mathrm{AP}} \left(y - y_{\mathrm{AP}}\right) - \left.\frac{\partial F}{\partial y}\right|_{\dot{x},\mathrm{AP}} \cdot \left.\frac{\partial y}{\partial \dot{x}}\right|_{F,\mathrm{AP}} \left(\dot{x} - \dot{x}_{\mathrm{AP}}\right) \tag{6.93}$$

und für den betrachteten Arbeitspunkt gilt dann

$$F = E_0 \cdot y - \frac{E_0}{C_0} \cdot \dot{x} \tag{6.94}$$

Umgeformt nach der Ventilschieberauslenkung y ergibt sich

$$y = \frac{\dot{x}}{C_0} + \frac{F}{E_0} \tag{6.95}$$

bzw.

$$y = \frac{Q_\text{L}}{c_0} + \frac{p_\text{L}}{e_0} \tag{6.96}$$

bei Verwendung der Größen Druck- und Volumenstromverstärkung.

Die Gleichung (6.95) wird im Allgemeinen nur für Systeme mit negativer Überdeckung verwendet, da für die Nullüberdeckung die Kraftverstärkung gegen unendlich und somit der zweite Term gegen Null geht. Die Gleichung sagt aus, dass bei Systemen mit negativer Überdeckung durch eine Steuerschieberauslenkung entweder eine Kraft oder eine Geschwindigkeit erzeugt wird. Bei gleichzeitigem Auftreten von Kraft und Geschwindigkeit teilt sich die Steuergröße in entsprechende Anteile auf.

6.3.2 Linearisierung der nullüberdeckten Vollbrücke A+A

Für nullüberdeckte Systeme geht man bei der Linearisierung von der Durchflussgleichung für den Lastvolumenstrom, siehe Gleichung 6.57 aus:

$$Q_\text{L} = Q_\text{L,AP} + \left.\frac{\partial Q_\text{L}}{\partial y}\right|_{p_\text{L},\text{AP}} \left(y - y_\text{AP}\right) + \left.\frac{\partial Q_\text{L}}{\partial p_\text{L}}\right|_{y,\text{AP}} \left(p_\text{L} - p_\text{L,AP}\right) \tag{6.97}$$

Der Lastvolumenstrom wird durch die Linearisierung als Summe von zwei unabhängigen Einflüssen *Ventilstellung* y und *Lastdruck* p_L ausgedrückt. Die Gewichtungen der Einflüsse sind die Faktoren *Volumenstromsignalverstärkung* V_Qy und *Volumenstromdruckverstärkung* V_Qp.

$$Q_\text{L} = Q_\text{L,AP} + V_{Qy} \cdot \Delta y - V_{Qp} \cdot \Delta p_\text{L} \tag{6.98}$$

Für die partiellen Ableitungen werden folgende Größen definiert:

Volumenstromsignalverstärkung

$$V_{Qy} = \left.\frac{\partial Q_{\mathrm{L}}}{\partial y}\right|_{p_L} = \frac{Q_{0,\max}}{y_{\max}} \cdot \sqrt{1 - \frac{p_{\mathrm{L,AP}}}{p_0} \cdot sign(y_{\mathrm{AP}})} \tag{6.99}$$

Volumenstromdruckverstärkung

$$V_{Qp} = -\left.\frac{\partial Q_{\mathrm{L}}}{\partial p_{\mathrm{L}}}\right|_{y} = \frac{Q_{0,\max} \cdot y_{\mathrm{AP}}}{2 \cdot p_0 \cdot y_{\max}} \cdot \sqrt{\frac{1}{1 - \frac{p_{\mathrm{L,AP}}}{p_0} \cdot sign(y_{\mathrm{AP}})}} \tag{6.100}$$

An dieser Stelle sei darauf hingewiesen, dass die Ableitung des Lastvolumenstroms nach dem Lastdruck negativ und somit V_{Qp} nach obiger Definition positiv ist. Die Ableitung des Lastvolumenstroms nach dem Lastdruck ist negativ, da bei höherem Lastdruck weniger Volumenstrom durch das Ventil fließen kann.

Drucksignalverstärkung

$$V_{py} = \left.\frac{\partial p_{\mathrm{L}}}{\partial y}\right|_{Q_L} \tag{6.101}$$

Für das Produkt der partiellen Ableitungen gilt wieder:

$$\left.\frac{\partial Q_{\mathrm{L}}}{\partial y}\right|_{p_L,\mathrm{AP}} \cdot \left.\frac{\partial p_{\mathrm{L}}}{\partial Q_{\mathrm{L}}}\right|_{y,\mathrm{AP}} \cdot \left.\frac{\partial y}{\partial p_L}\right|_{Q_L,\mathrm{AP}} = -1 \tag{6.102}$$

Daraus folgt für die Kenngrößen:

$$V_{Qy} = V_{Qp} \cdot V_{py} \tag{6.103}$$

Die linearisierte Gleichung für nullüberdeckte Systeme in einem beliebigen Arbeitspunkt lautet dann:

$$\begin{aligned} Q_{\mathrm{L}} &= Q_{\mathrm{L,AP}} + \left.\frac{\partial Q}{\partial y}\right|_{p,\mathrm{AP}} \cdot \left(y - y_{\mathrm{AP}}\right) - \left.\frac{\partial Q}{\partial y}\right|_{p,\mathrm{AP}} \left.\frac{\partial y}{\partial p}\right|_{Q,\mathrm{AP}} \cdot \left(p_{\mathrm{L}} - p_{\mathrm{L,AP}}\right) \\ &= Q_{\mathrm{L,AP}} + V_{\mathrm{Qy}} \cdot \Delta y - \frac{V_{Qy}}{V_{py}} \cdot \Delta p_{\mathrm{L}} = Q_{\mathrm{L,AP}} + V_{\mathrm{Qy}} \cdot \Delta y - V_{\mathrm{Qp}} \cdot \Delta p_{\mathrm{L}} \end{aligned} \tag{6.104}$$

Die Ventilkenngrößen V_{Qy} und V_{Qp} sind arbeitspunktabhängig und beschreiben Geraden, die das quadratische Kennlinienfeld in Bild 6.15 und Bild 6.16, im Arbeitspunkt tangieren.

Ein für die mathematische Beschreibung von Servoantrieben wichtiger Arbeitspunkt der Volumenstromdruckfunktion ist der hydraulische Nullpunkt ($Q_{L,AP} = 0;\ p_{L,AP} = 0; y_{AP} = 0$), denn Regelsysteme arbeiten zum einen häufig in diesem Punkt, zum anderen haben die Ventilkennwerte hier ihre für den Regelkreis ungünstigsten Werte. Für diesen Arbeitspunkt vereinfacht sich Gleichung (6.104) zu

$$Q_\mathrm{L} = c_0 \cdot y - \left|\frac{c_0}{e_0}\right| \cdot p_\mathrm{L} = V_\mathrm{Qy} \cdot y - V_\mathrm{Qp} \cdot p_\mathrm{L} \tag{6.105}$$

und entspricht damit Gleichung (6.96) für die negative Überdeckung.

Es sei noch einmal betont, dass die Linearisierungen nur im Bereich des jeweils gewählten Arbeitspunktes Gültigkeit haben.

6.4 Ermittlung der Kenngrößen aus Ventildatenblättern

Struktur und Inhalt eines Ventildatenblattes sind nicht vereinheitlicht und unterscheiden sich je nach Ventiltyp und Hersteller. Folgende statische Kennwerte sind in diesem Kapitel eingeführt worden:

y_0 / y_max:	Ventilüberdeckung,	Gleichung (6.3)
V_Qy:	Volumenstromsignalverstärkung,	Gleichung (6.99)
V_Qp:	Volumenstromdruckverstärkung,	Gleichung (6.100)
V_py:	Drucksignalverstärkung,	Gleichung (6.101)
e_0 :	Druckverstärkung	Bild 6.11 und Bild 6.12
c_0:	Volumenstromverstärkung	Bild 6.11 und Bild 6.12

Darüber hinaus sind die Kennwerte Ventileigenfrequenz und Dämpfungsgrad von Interesse, die für die Modellbildung und Regelung von Antrieben benötigt werden.

ω_V:	Ventileigenkreisfrequenz	(Kapitel 7.1.1.3)
D_V:	Dämpfungsgrad des Ventils,	(Kapitel 7.1.1.3)

Im Folgenden wird beschrieben, wie diese Kennwerte aus den Angaben des Ventildatenblatts berechnet werden können.

Ventilüberdeckung

Die Ventilüberdeckung kann, wenn nicht explizit angegeben, auf zwei Wegen ermittelt werden. Entweder als Verhältnis des Leckölvolumenstroms zum Nenndurchfluss oder durch Bestimmung der Steigung der Drucksignalfunktion des Ventils in Mittelstellung. Das letztere Verfahren wird in Kapitel 6.5 beschrieben.

Man benötigt die Ventilüberdeckung, um zwischen den Bereichen in- und außerhalb der Überdeckung unterscheiden zu können. Leider geben die Hersteller die Überdeckung häufig nicht an, es sei denn sie ist bewusst negativ oder positiv ausgeführt ($|y_0 / y_{max}| \geq 5\%$). Regelventile streben meistens nullüberdecktes Verhalten an. Aufgrund des Radialspiels des Schiebers in der Hülse fließt jedoch in der Mittelstellung jedes Schieberventils (ohne Sitze) über alle Steuerkanten ein gewisser Volumenstrom. Dies entspricht nicht dem Verhalten einer idealen Nullüberdeckung sondern dem einer negativen Überdeckung, wo in der Mittelstellung alle Anschlüsse miteinander verbunden sind. Bei größerer Öffnung des Ventils kann der Leckageanteil durch Radialspiel vernachlässigt werden, wobei der Übergang fließend ist. In der Mittelstellung kann das Antriebsverhalten durch die Kennwerte Druck- und Volumenstromverstärkung, e_0 und c_0, charakterisiert werden.

Volumenstromsignalverstärkung / Volumenstromdruckverstärkung

Für V_{Qy} und V_{Qp} setzt man in Gleichung (6.99) und (6.100) für Q_{0max} den Nennvolumenstrom des Ventils ein, und für p_0 den entsprechenden Nenndruck, bei dem der Nennvolumenstrom gemessen wurde. Dieser beträgt in der Regel 35 bar pro Steuerkante. In die Gleichung muss der Druck eingesetzt werden, der in der Messung des Nennvolumenstroms über das ganze Ventil abfällt. Bei einem 4/3-Wegeventil sind dies 70 bar über zwei Steuerkanten des kurzgeschlossenen Ventils, siehe auch Kapitel 3.1.4.3. Der Wert für die maximale Steuerschieberauslenkung y_{max} wird in Ventildatenblättern nicht angegeben. Stattdessen kann die Differenz zwischen mittlerem und maximalem Eingangsstrom oder -spannung eingesetzt werden, welcher auf Grund der ventilinternen Regelung proportional zum maximalen Ventilschieberhub ist.

Drucksignalverstärkung, Druckverstärkung und Volumenstromverstärkung

Für nullüberdeckte Systeme werden für die Herleitung der Drucksignalverstärkung, die ja theoretisch unendlich ist, die Druckverstärkung e_0 und Volumenstromverstärkung $c0$ benötigt, siehe linearisierte Kennfeldgleichung (6.105). Die Kennwerte e_0 und $c0$ wurden für negativ überdeckte Ventilsteuerungen hergeleitet, siehe (6.4) und (6.5), und lassen sich bei Kenntnis der negativen Überdeckung y_0 / y_{max} , des

Versorgungsdruckes p_0 und des Durchflusskoeffizienten B berechnen. Die Bestimmung des Durchflusskoeffizienten nach Gleichung (6.12) erfolgt pragmatischerweise durch Umformen der Durchflussgleichung für den Nenndurchfluss

$$Q_{nenn} = B \cdot y_{\max} \cdot \sqrt{\Delta p_{nenn}} \tag{6.106}$$

Ventileigenfrequenz und –dämpfung

Ventileigenfrequenz und –Dämpfung werden in Ventildatenblättern meistens nicht explizit angegeben. Häufig ist stattdessen der Frequenzgang z.B. als Bode-Diagramm abgebildet, aus dem diese Kennwerte abgelesen werden können. In Bild 6.26 ist der Frequenzgang eines Ventils für zwei verschiedene sinusförmige Eingangssignale (100% und 5% des maximalen Eingangssignales) abgebildet.

Ventileigenfrequenz und –Dämpfung sind Kennwerte, mit denen die Verstelldynamik des Ventilschiebers charakterisiert wird. Die Definition von Eigenfrequenz und Dämpfung basiert auf der mathematischen Beschreibung eines Einmassenschwingers, dessen Übertragungsverhalten abstrahiert auch als PT_2 bezeichnet wird (proportional mit einer Zeitverzögerung zweiter Ordnung, siehe auch Kapitel 9.2.2). Obwohl der Aufbau verschiedener Servoventile, wie in Kapitel 3.1 näher erläutert, sehr unterschiedlich ist, ist die Modellierung als PT_2 in den meisten Fällen ausreichend. In Kapitel 7.1.1 wird die Vereinfachung komplexer, physikalisch begründeter Ventilmodelle auf ein PT_2 schrittweise durchgeführt.

Die Werte für Ventileigenfrequenz und –Dämpfung können durch Vergleich des Ventilfrequenzgangs mit Frequenzgängen eines PT_2 ermittelt werden, siehe Kapitel 9.2.2 oder /Abe06/. Die Kennfrequenz f_0 ist die Frequenz, bei der der Phasengang -90° erreicht. Ausgehend von diesem Wert für die Kennfrequenz f_0 kann man die Amplitudenüberhöhung $\ddot{U}$

$$\ddot{U} = \lg\left|\frac{\text{Amplitude Eingangsgröße}}{\text{Amplitude Ausgangsgröße}}\right| \tag{6.107}$$

an dieser Stelle aus dem Amplitudengang abmessen und der folgenden Tabelle einen Wert für die Dämpfung D entnehmen:

Überhöhung $\ddot{U}$	-0,301	-0,151	0	0,097	0,222	0,398	0,699	1
Dämpfung D	1	0.707	0,5	0,4	0,3	0,2	0,1	0,05

Durch die Formel

$$f_e = f_0 \sqrt{1 - D^2} \tag{6.108}$$

kann die Eigenfrequenz f_e berechnet werden.

Im Beispiel von Bild 6.26 kommt man auf diesem Weg zu einer Dämpfung von D = 0.707 und zu einer Eigenfrequenz f_e von 76 Hz.

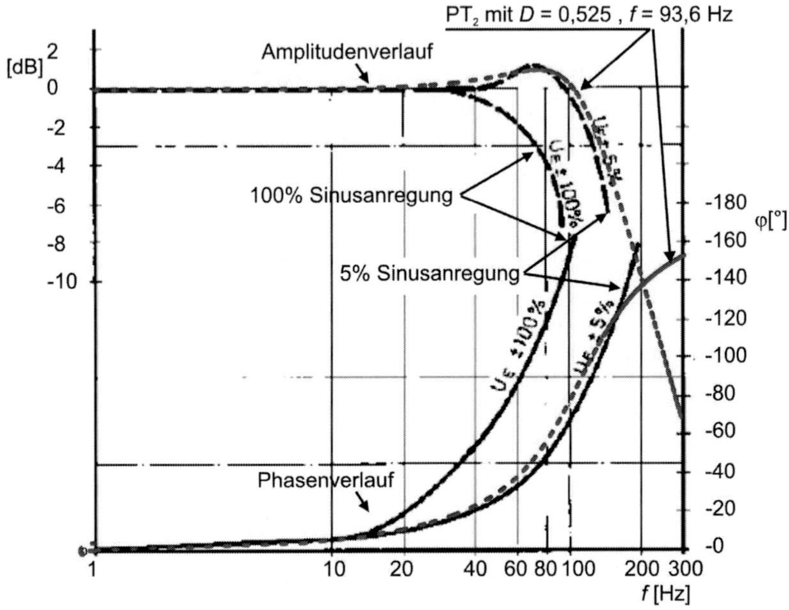

Bild 6.26: Ermittlung von Eigenfrequenz und Dämpfung mit Ventilfrequenzgang

Durch eine direkte grafische Überlagerung verschiedener PT_2 Frequenzgänge mit dem gemessenen Frequenzgang konnte eine etwas bessere Übereinstimmung durch die Werte D = 0,525 und f_e = 93,6 Hz erreicht werden, siehe Bild 6.26.

Manche Ventilhersteller charakterisieren die Dynamik eines Ventils durch die „-3dB Frequenz" oder die Reaktionszeit des Ventils. Bei der -3dB Frequenz beträgt die erreichte Ventilschieberhubamplitude nur noch 70,7 % einer sinusförmigen Anregung. Die Reaktionszeit ist die Zeit zum Öffnen des Ventilschiebers aus der Mittelstellung auf den maximalen Hub.

6.5 Experimentelle Ermittlung der Kenngrößen

Die Ventilkenngrößen können nur dann mit hinreichender Exaktheit berechnet werden, wenn die genauen Überdeckungsverhältnisse und Leckageströme im Ventil bekannt sind. Ist dies nicht der Fall und ist eine vereinfachte Berechnung aus Genauigkeitsgründen nicht zulässig, müssen die Kennwerte experimentell ermittelt werden bzw. aus bekannten, auf Messungen basierenden Kennlinien, die vom Ventilhersteller bekannt sind, abgelesen werden. Im Folgenden werden die Prüfaufbauten zur Ermittlung der Ventilkenngrößen

V_{Qy}:	Volumenstromsignalverstärkung,	Gleichung (6.99)
V_{py}:	Drucksignalverstärkung,	Gleichung (6.101)
y_0 / y_{max}:	Ventilüberdeckung,	Gleichung (6.3)

vorgestellt. Die Kenngröße V_{Qp} berechnet sich nach Gleichung (6.103).

Volumenstromsignalfunktion

Bild 6.27 zeigt einen Prüfaufbau zur Ermittlung der Volumenstromsignalfunktion, aus der die Volumenstromsignalverstärkung ermittelt wird. Es sind prinzipiell zwei Prüfaufbauten möglich. In dem links im Bild dargestellten Fall wird das Ventil mit dem angeschlossenen Zylinder vermessen. Dies hat den Vorteil, dass dann auch Verluste, die im Zylinder entstehen, wie Reibung und interne Leckage, in der Kenngröße berücksichtigt sind. Oftmals steht aber der für den Einsatz des Ventils vorgesehene Abtrieb nicht zur Verfügung. Rechts in Bild 6.27 ist ein Aufbau dargestellt, der unabhängig vom verwendeten System ist. Der Lastdruck wird hier über Druckbegrenzungsventile eingestellt, sodass hiermit das ganze Ventilkennfeld (Volumenstrom-Lastfunktion) aufgenommen werden kann.

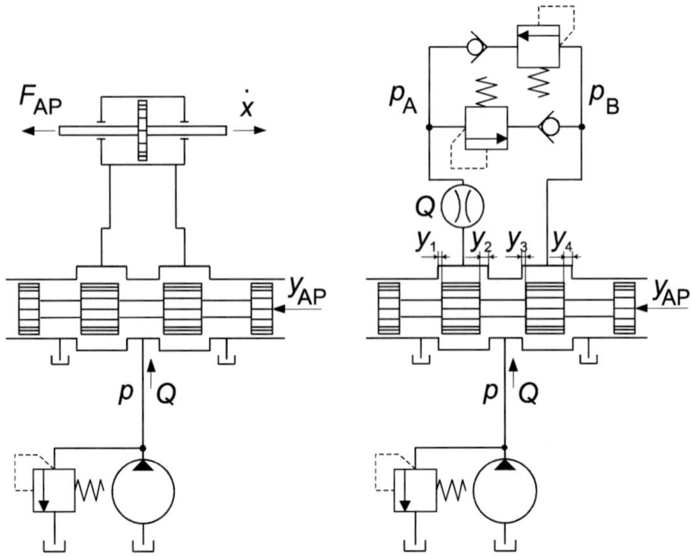

Bild 6.27: Prüfaufbau zur Ermittlung des Ventilkennfelds und der Volumenstromsignalfunktion

Das Ventil wird auf den gewünschten Wert des zu betrachtenden Arbeitspunktes (im Allgemeinen der Nullpunkt) eingestellt. An dem Zylinder bzw. an den Druckbegrenzungsventilen wird die dem Arbeitspunkt entsprechende Belastung eingestellt. Hierbei ist zu berücksichtigen, dass der Belastungsdruck aufgrund der Kennlinie der Druckbegrenzungsventile eine Abhängigkeit vom Volumenstrom aufweist. Über die Messung des Volumenstroms bzw. der Zylindergeschwindigkeit kann nun die Kennlinie des Volumenstroms über einer quasistatischen Änderung des Ventilsignals bzw. des Ventilweges aufgenommen werden. Durch graphische Ermittlung der Steigung ergibt sich dann die Volumenstromsignalverstärkung.

Drucksignalfunktion

Die Drucksignalfunktion wird mit den in Bild 6.28 dargestellten Vorrichtungen vermessen. Bei der Aufnahme der Drucksignalkennlinie wird der Volumenstrom bzw. die Geschwindigkeit konstant gehalten. Dies ist im Fall eines Zylinder- oder Rotationsmotorabtrieb durch einen Fremdantrieb möglich, in dem in Bild 6.28 rechts dargestellten Aufbau ohne Abtrieb geschieht dies durch einen Stromregler. Für den häufig untersuchten Fall, dass die Geschwindigkeit bzw. der Lastvolumenstrom Null sein soll, kann man auch die Arbeitsanschlüsse des Ventils einfach schließen oder den Zylinder fest einspannen.

Die Größen y, Q_L werden auf ihren gewünschten Wert eingestellt und durch quasistatisches Verstellen des Ventilschieberweges um den Arbeitspunkt kann der Druck in den Arbeitsanschlüssen in Abhängigkeit vom Ventilschiebersignal aufgezeichnet werden. Hierbei ist darauf zu achten, dass die Anschlussvolumina sehr klein sind und die Messung langsam durchgeführt wird, da sonst die Zeitkonstante für den Druckaufbau bei geringer Ventilöffnung groß werden kann und so die Messung durch eine Hysterese verfälscht wird. Durch graphische Ableitung im Arbeitspunkt ergibt sich die Drucksignalverstärkung V_{py} und mit dem bereits ermittelten Wert für V_{Qy} kann nach Gleichung (6.103) der Kennwert V_{Qp} berechnet werden, so dass für weitere mathematische Betrachtungen die Parameter der linearisierten Kennfeldgleichung vorliegen.

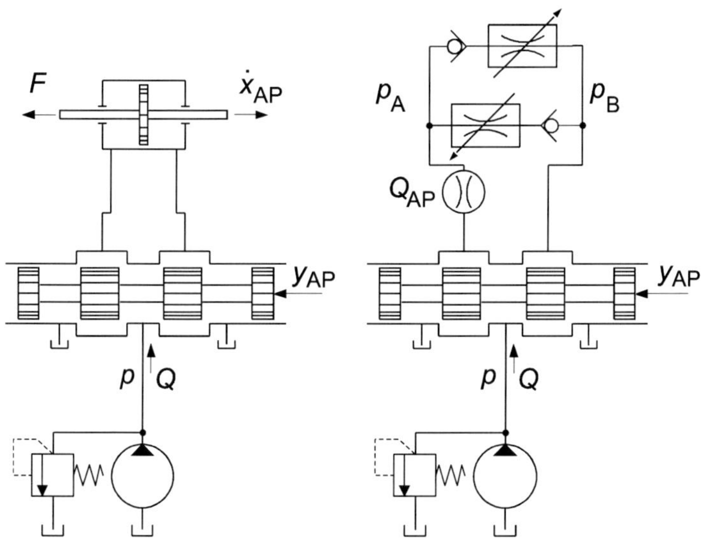

Bild 6.28: Prüfaufbau zur Ermittlung der Drucksignalverstärkung

Ventilüberdeckung

Die Ventilüberdeckung y_0 / y_{max} kann auf zwei Arten ermittelt werden. Entweder sie wird aus der Volumenstromsignalfunktion abgelesen, oder durch Auswertung der Drucksignalfunktion ermittelt. Die Volumenstromsignalfunktion weist im Bereich der negativen Überdeckung eine höhere Steigung auf, siehe Bild 6.18. Setzt man diesen Bereich ins Verhältnis zum Gesamthub erhält man die negative Überdeckung.

Eine andere Möglichkeit ist die Auswertung der Steigung der Drucksignalfunktion in Schiebermittelstellung, /Fei87a/. Die Überdeckungen der einzelnen Steuerkanten sind häufig nicht gleich. Mit der Auswertung der Drucksignalfunktion kann die Unsymmetrie der Steuerkanten bestimmt werden. Für die folgenden Ausführungen wird nur eine Halbbrücke (A) betrachtet.

Zunächst werden zwei Hilfsgrößen eingeführt: Die mittlere Überdeckung $y_{0/A}$ der Ventilhalbbrücke, sowie Δ_A, die Verschiebung der Halbbrücke A aus der symmetrischen Mittellage. Für die Halbbrücke A gilt dann:

$$y_1 = y_{0/A}(1 + \Delta_A) \quad \text{und} \quad y_2 = y_{0/A}(1 - \Delta_A) \tag{6.109}$$

Damit können, wie im Folgenden gezeigt wird, Δ_A und $y_{0/A}$ durch Ablesen der Steigung der Drucksignalfunktion $V_{py/A}$ und des absoluten Drucks $p_{A,y=0}$ an den Arbeitsanschlüssen des verschlossenen Ventils in Mittelstellung bestimmt werden. Bild 6.29 zeigt die Drucksignalfunktion und den Summendruck eines 4/3-Wege-Regelventils im Bereich von ± 3 % Ventilschieberhub.

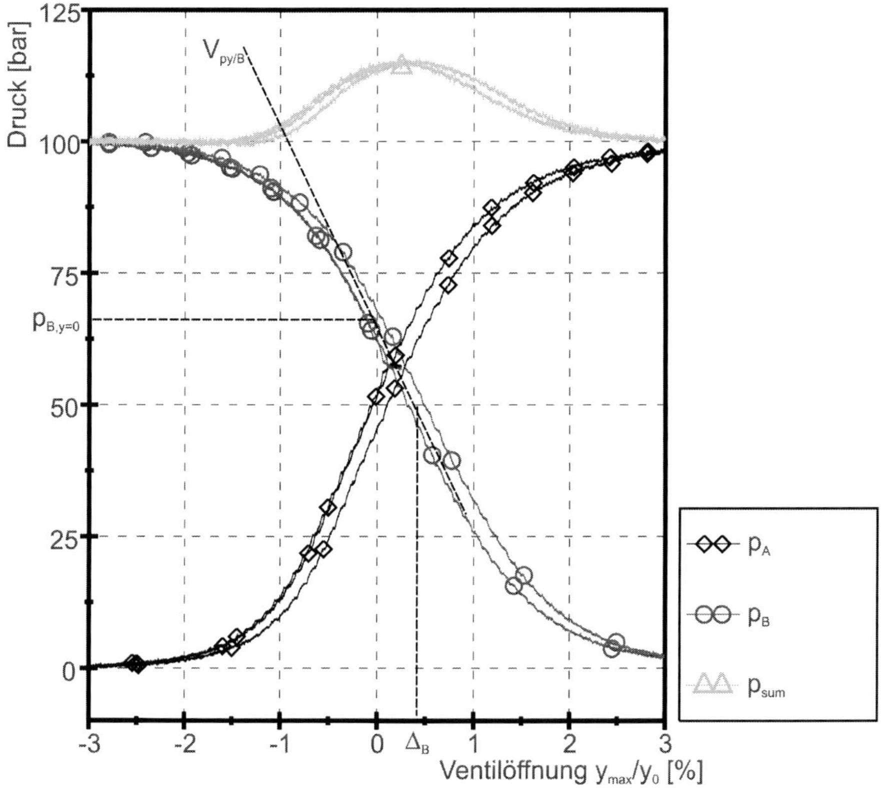

Bild 6.29: Ermittlung der Überdeckung mit Hilfe der Drucksignalfunktion (Moog D769)

Da die Arbeitsanschlüsse verschlossen sind, gilt für die Volumenströme der Halbbrücke A, siehe auch Bild 6.4:

$$Q_1 = B(y_1 + y) \cdot \sqrt{p_0 - p_A} = B(y_2 - y) \cdot \sqrt{p_A} = Q_2 \tag{6.110}$$

Durch Umformung nach p_A und Ersetzen der Einzelüberdeckungen y_1 und y_2 durch die mittlere Überdeckung $y_{0/A}$ und die Verschiebung der Halbbrücke A aus der symmetrischen Mittellage Δ_A, erhält man:

$$p_A = p_0 \cdot \frac{1}{1 + \left(\dfrac{-y + y_{0/A}(1 - \Delta_A)}{y + y_{0/A}(1 + \Delta_A)} \right)^2} \tag{6.111}$$

In Mittelstellung (y = 0) kann man Δ_A durch Einsetzen des Drucks $p_{A/y=0}$ berechnen:

$$\Delta_A = \frac{1 - \sqrt{\frac{p_0}{p_{A,y=0}} - 1}}{1 + \sqrt{\frac{p_0}{p_{A,y=0}} - 1}} \tag{6.112}$$

Die Druckverstärkung $V_{py/A}$ der Halbbrücke A in Mittelstellung (y = 0) ergibt sich aus der Ableitung des Druckes nach dem Ventilweg zu:

$$V_{py/A} = p_0 \cdot \frac{4(1-\Delta_A)}{y_{0/A} \cdot \left[1 + \left(\frac{1-\Delta_A}{1+\Delta_A}\right)^2\right]^2 (1+\Delta_A)^3} \tag{6.113}$$

Durch Umformung der Gleichung nach der mittleren negativen Überdeckung der Steuerkante A $y_{0/A}$ erhält man:

$$y_{0/A} = p_0 \cdot \frac{4(1-\Delta_A)}{V_{py/A} \cdot \left[1 + \left(\frac{1-\Delta_A}{1+\Delta_A}\right)^2\right]^2 (1+\Delta_A)^3} \tag{6.114}$$

mit $V_{py/A}$ als Steigung ablesbar aus der Drucksignalfunktion in Mittelstellung. Die mittlere Überdeckung von Steuerkante B berechnet sich analog.

Beide Verfahren, die Ermittlung der Überdeckungen aus der Volumenstromsignalfunktion und aus der Drucksignalfunktion, kommen zu unterschiedlichen Ergebnissen. Bei der Volumenstromsignalfunktion fließt über die kurzgeschlossenen Arbeitsanschlüsse des Ventils ein der Ventilöffnung entsprechender verhältnismäßig großer Volumenstrom. Die Ventilschieberleckage ist demgegenüber so klein, dass sie sich auf die Messung kaum auswirkt. Anders bei der Messung der Drucksignalfunktion. Bei einer kleinen Ventilschieberöffnung sind die Widerstände der Halbbrücke sehr hoch, es fließt daher nur ein kleiner Volumenstrom. In diesem Fall geht die Leckage über das Radialspiel des Schiebers in der Hülse stärker ein. Die Überdeckungen, die mit Hilfe der Drucksignalfunktion bestimmt werden, sind folglich tendenziell größer als die mit der Volumenstromsignalfunktion gemessenen. Ein Vorteil der Methode mit der Drucksignalfunktion ist, dass die Unsymmetrie genauer bestimmt werden kann.

6.6 Wirkungsgrad von Ventilsteuerungen

Jeder Punkt des Kennlinienfeldes einer Ventilsteuerung stellt einen Belastungsfall dar, dem eine bestimmte nutzbare Leistung zugeordnet wird. Im Folgenden wird der Frage nach der über den Steuerschieber maximal abgebbaren Leistung nachgegangen. Einzubeziehen in diese Betrachtung ist die Art der Leistungseinspeisung. Es wird deshalb zwischen dem Konstantdrucksystem und dem Konstantvolumenstromsystem unterschieden. Im Konstantdrucksystem wird der benötigte Volumenstrom über ein Drucknetz bereitgestellt. Im einfachsten Fall geschieht dies über eine Konstantpumpe mit Druckbegrenzungsventil, wobei der nicht benötigte Volumenstrom über dieses abgedrosselt wird. Energetisch günstiger sind Konstantdrucksysteme, bei denen der Volumenstrom über eine Verstellpumpe oder einen großen Speicher bereitgestellt wird, also dem Bedarf angepasst wird. Im Konstantstromsystem wird der Volumenstrom von einer Konstantpumpe bereitgestellt und über den steuernden Widerstand abgedrosselt. Betrachtet wird eine Vollbrücke A+A mit Nullüberdeckung für das Konstantdrucksystem und eine Vollbrücke A+A mit negativer Überdeckung für das Konstantstromsystem, siehe Bild 6.30.

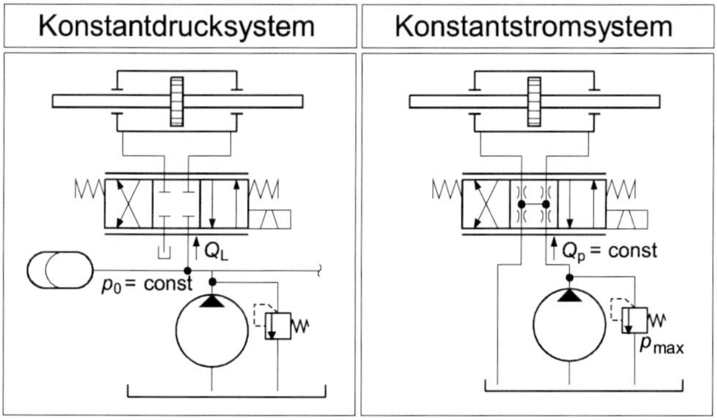

Bild 6.30: Konstantdruck- und Konstantstromsystem

6.6.1 Konstantdrucksystem

Beim Einsatz einer Konstantpumpe ohne Speicher im Konstantdrucksystem wird permanent eine konstante Leistung P_{Vers}, auch Eckleistung genannt, zur Verfügung gestellt, wobei die nicht abgenommene Leistung über ein Druckbegrenzungsventil abgedrosselt wird:

$$P_{\text{Vers}} = Q_0 \cdot p_0 = A \cdot \dot{x}_{\max} \cdot p_0 \tag{6.115}$$

Die vom Verbraucher abgenommene Leistung ist abhängig von der Last und der Geschwindigkeit und berechnet sich zu:

$$P_{\text{Nutz}} = Q_{\text{L}} \cdot p_{\text{L}} = A \cdot \dot{x} \cdot p_{\text{L}} \tag{6.116}$$

Theoretischer Wirkungsgrad bei voller Versorgungseckleistung

Das Einsetzen der Kennlinienfeldgleichung für nullüberdeckte Systeme (6.58) für die Geschwindigkeit $\dot{x}$ führt zu der folgenden Beziehung für die Nutzleistung:

$$P_{\text{Nutz}} = A \cdot \dot{x}_{\max} \cdot p_{\text{L}} \cdot \frac{y}{y_{\max}} \cdot \sqrt{1 - \frac{p_{\text{L}}}{p_0}} \tag{6.117}$$

Daraus folgt für den Wirkungsgrad η:

$$\eta = \frac{P_{\text{Nutz}}}{P_{\text{Vers}}} = \frac{Q_{\text{L}}}{Q_0} \cdot \frac{p_{\text{L}}}{p_0} = \frac{y}{y_{\max}} \cdot \frac{p_{\text{L}}}{p_0} \cdot \sqrt{1 - \frac{p_{\text{L}}}{p_0}} \tag{6.118}$$

Der Wirkungsgrad η ist nach Gleichung (6.118) abhängig von der Ventilschieberauslenkung und dem Lastdruck p_{L}. Der optimale Wirkungsgrad ergibt sich für eine maximale Ventilöffnung von $y = y_{\max}$. Der optimale Lastdruck p_{Lopt} kann durch Nullsetzen der Ableitung von η nach dem Lastdruck p_{L} ermittelt werden:

$$\frac{\partial \eta}{\partial p_{\text{L}}} = \frac{1}{p_0} \cdot \sqrt{1 - \frac{p_{\text{L}}}{p_0}} - \frac{p_{\text{L}}}{p_0^2} \cdot \frac{1}{2 \cdot \sqrt{1 - \frac{p_{\text{L}}}{p_0}}} = 0 \tag{6.119}$$

Damit ergibt sich der optimale Lastdruck p_{Lopt} zu

$$p_{\text{Lopt}} = \frac{2}{3} \cdot p_0 \quad \text{bzw.} \quad F_{\text{opt}} = \frac{2}{3} \cdot F_{\max} \tag{6.120}$$

In die Kennlinienfeldgleichung (6.58) eingesetzt ergibt sich für diesen Arbeitspunkt ein Lastvolumenstrom bzw. eine Geschwindigkeit von

$$Q_{\text{Lopt}} = \frac{1}{\sqrt{3}} \cdot Q_0 \quad \text{bzw.} \quad \dot{x}_{\text{opt}} = \frac{1}{\sqrt{3}} \cdot \dot{x}_{\max} \tag{6.121}$$

Grafisch veranschaulicht ist dieser Betriebspunkt in Bild 6.15. Bei voll geöffnetem Ventilschieber ($y/y_{\max} = 1$) geht die maximale Nutzleistung an den Verbraucher, wenn der Lastdruck gerade 2/3 des maximalen Lastdruckes beträgt. Die maximale Nutzleistung ist das Produkt aus Lastvolumenstrom und Lastdruck und wird in Bild 6.15 durch die maximale Fläche eines Rechtecks dargestellt, welches von der Ventilkennlinie begrenzt wird. Der optimale Wirkungsgrad dieser Systemkonfiguration beträgt dabei

$$\eta_{\text{opt}} = 38\% \tag{6.122}$$

Das heißt, bei dieser Konfiguration einer Druckversorgung mit Konstantpumpe und Druckbegrenzungsventil werden mindestens 62 % der eingesetzten Leistung durch Drosselung in Verlustwärme umgewandelt. Bild 6.31 stellt diesen Zusammenhang graphisch dar.

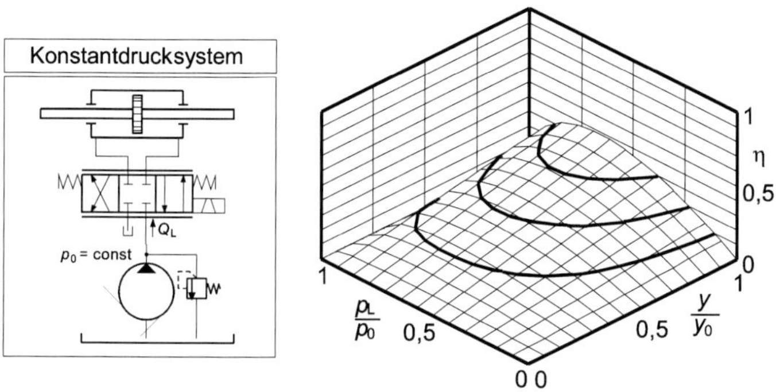

Bild 6.31: Wirkungsgrad einer Ventilsteuerung im Konstantdrucksystem bei Verwendung einer Konstantpumpe

Wirkungsgrad bei reduzierter Versorgungseckleistung

Die vorangegangen Überlegungen haben eine Auslegung der Pumpenleistung P_{Vers} vorausgesetzt, mit der das ganze Ventilkennfeld durchfahren werden kann. Aus der Ventilkennlinie in Bild 6.15 wird deutlich, dass die Antriebsgeschwindigkeit bzw. der Lastvolumenstrom bei sinkendem Lastdruck bis auf $\dot{x}_{\text{max}} = \dot{x}_{\text{opt}}\sqrt{3}$ ansteigt. Die höhere Geschwindigkeit bei niedrigerem Lastdruck wird in der Praxis jedoch üblicherweise nicht verlangt. Legt man die konstante Pumpendrehzahl bzw. –Volumenstrom niedriger aus, sinkt damit auch die Versorgungsleistung P_{Vers}, die über das DBV abgedrosselt werden muss. Häufig wird der Fördervolumenstrom auf 110 % des geforderten Volumenstroms bei maximaler Last ausgelegt, so dass

$$\dot{x}_{\text{max}} = \dot{x}_{\text{opt}} \cdot 110\% \,. \tag{6.123}$$

Für diese Auslegung ist der maximale Wirkungsgrad höher und beträgt:

$$\eta_{\text{opt}} = \frac{P_{\text{Nutz}}}{P_{\text{Vers}}} = \frac{\frac{2}{3} p_0 \cdot 90{,}9\% Q_{\max}}{p_0 \cdot Q_{\max}} = 60{,}6\% \tag{6.124}$$

Regelfall Differentialzylinder

In Kapitel 6.2.1.3 wurden die Kennwerte Kraft, Geschwindigkeit und Leistung für einen Differentialzylinder mit nullüberdecktem Ventil definiert. Neben diesen Werten ist auch der Wirkungsgrad η des Systems abhängig vom Flächenverhältnis α. Der Wirkungsgrad von Differentialzylindern am Konstantdrucknetz ist in einem gegebenen Arbeitspunkt als

$$\eta = \frac{P_{\text{Nutz}}}{P_{\text{Vers}}} = \frac{P_{\text{Nutz,AP}}}{P_{\text{Eck}}} = \frac{\max\left(F_{\text{L,AP}} \dot{x}_{\text{AP}}, 0\right)}{F_0 \cdot \dot{x}_0}, \quad \eta \geq 0 \tag{6.125}$$

definiert. Die gewonnene Nutzleistung $P_{\text{Nutz,AP}}$ im Arbeitspunkt (dunkelgraues Rechteck in Bild 6.22 als Beispiel) wird ins Verhältnis gesetzt zur Eckleistung P_{Eck}, die für eine Abdeckung des gesamten Kennfelds als Versorgungsleistung P_{Vers} bereitgestellt werden muss (hellgraues Rechteck in Bild 6.22). Eine Extremwertbetrachtung der Gleichung (6.125) mit Hilfe von (6.72) bzw. (6.73) zeigt, wie in Bild 6.32 für an α angepasste Eingangsleistung dargestellt, dass η bei Lastkräften von

$$F_{\text{L,aus,opt}} = \frac{2}{3} F_0 \quad \text{bzw.} \quad F_{\text{L,ein,opt}} = -\frac{2}{3} \alpha \cdot F_0 \tag{6.126}$$

und voller Ventilöffnung optimal wird. Während in den Bremsbetrieb-Quadranten 2 und 4 der Wirkungsgrad bei null liegt, da hier keine Nutzleistung anfällt, liegen die Maximalwerte in den motorischen Quadranten bei

$$\eta_{\text{aus,max}} = 2\left(\frac{1}{3}\right)^{\frac{3}{2}} \approx 0{,}38 \quad \text{bzw.} \quad \eta_{\text{ein,max}} = 2\left(\frac{\alpha}{3}\right)^{\frac{3}{2}} \leq \eta_{\text{aus,max}}, \tag{6.127}$$

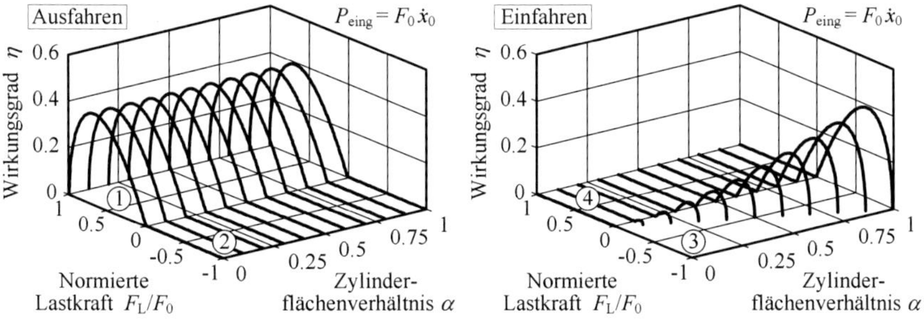

Bild 6.32: Wirkungsgrad als Funktion von Lastkraft und Flächenverhältnis

Aus den vorangehenden Ausführungen geht hervor, dass der Gleichgangzylinder als symmetrischer Sonderfall bezüglich seines statischen Verhaltens einfacher zu beschreiben und handzuhaben ist, ein Differentialzylinder je nach Lastfall jedoch einige Vorteile besitzt. Insbesondere, wenn ein asymmetrisches Leistungsprofil vorliegt, dessen Arbeitspunkte hauptsächlich oder gar ausschließlich im 1. Quadranten liegen, weist der Differentialzylinder bei gleicher Kolbenfläche und Versorgungsleistung einen erweiterten Leistungsbereich auf. Er ist darüber hinaus infolge des kleineren Kolbendurchmessers und der einseitigen Kolbenstange kompakter, leichter und kostengünstiger. Erkauft werden diese Vorteile durch verringerte Leistungsfähigkeit, Neigung zu Pseudokavitation und Überdruckgefahr in den übrigen Quadranten sowie richtungsabhängiges Fahr- und Reibverhalten mit Drucksprüngen beim Richtungswechsel.

Wirkungsgrad mit Konstantdrucksystem und Verstellpumpe

Wie man erkennt, kann der Wirkungsgrad (nur) über die Art der Versorgung verbessert werden, indem die eingesetzte Leistung reduziert wird.

Wird eine druckgeregelte Verstellpumpe eingesetzt, die nur den tatsächlich benötigten Volumenstrom bereitstellt ($Q_0 = Q_L$), ist der Wirkungsgrad, Gleichung (6.118), nur noch vom Verhältnis p_L zu p_0 abhängig, welches wiederum keine Funktion des Ventilschieberweges y ist. Der Wirkungsgrad dieser Konfiguration ist in Bild 6.33 dargestellt. Im Falle des maximalen Lastdruckes geht der Wirkungsgrad gegen eins. Allerdings fließt dann kein Volumenstrom mehr über das Ventil, so dass zwar keine Leistung eingesetzt, aber auch keine abgenommen wird. Im Fall der maximalen abgegebenen Leistung kann nach den Gleichungen (6.120) und (6.121) der Wirkungsgrad gegenüber dem System mit Konstantpumpe ohne Speicher auf $\eta = 67\ \%$ gesteigert werden.

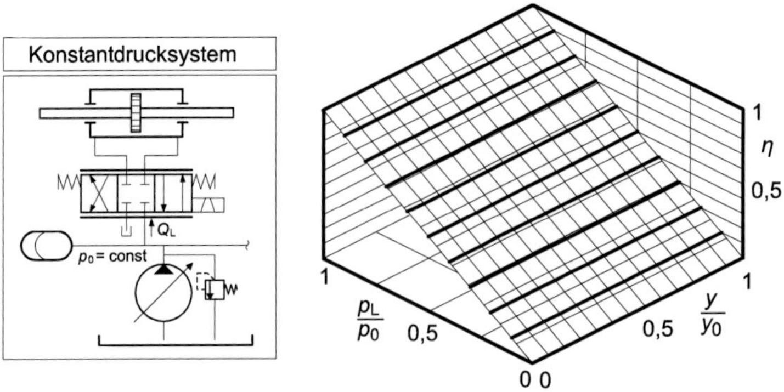

Bild 6.33: Wirkungsgrad einer Ventilsteuerung im Konstantdrucksystem bei Verwendung einer Verstellpumpe

Um diesen Zusammenhang nochmals zu verdeutlichen, ist in Bild 6.34 die Verlustleistung im Vergleich mit der Nutzleistung dargestellt. Die Reduzierung der Verlustleistung durch die angepasste Druckversorgung wird hier insbesondere für kleine Werte von *y* deutlich.

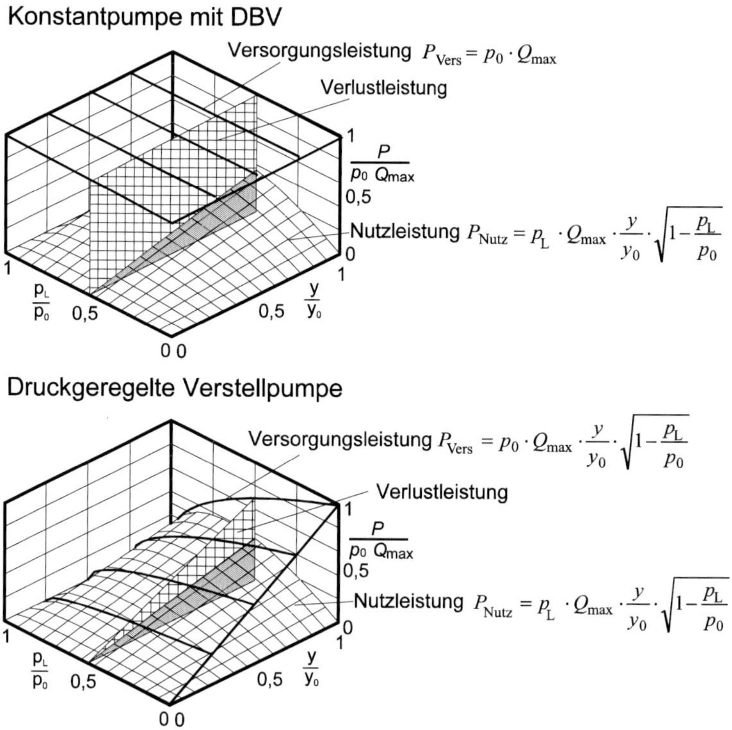

Bild 6.34: Verlustleistung und Nutzleistung einer Ventilsteuerung mit verschiedenen Druckversorgungen

6.6.2 Konstantstromsystem

Beim Konstantstromsystem passt sich der Versorgungsdruck dem Lastdruck an, wobei die resultierende Druckdifferenz so groß sein muss, dass der gesamte Volumenstrom abgedrosselt werden kann. Dadurch wird die Berechnung des Wirkungsgrades aufwendiger, da die eingesetzte Leistung eine Funktion der Belastung ist.

$$P_{Vers} = Q_0 \cdot p_0(p_L) \tag{6.128}$$

Die Nutzleistung berechnet sich wie beim Konstantdrucksystem zu:

$$P_{Nutz} = Q_L \cdot p_L = A \cdot \dot{x} \cdot p_L \tag{6.129}$$

Damit ergibt sich der Wirkungsgrad zu

$$\eta = \frac{P_{\text{Nutz}}}{P_{\text{Vers}}} = \frac{Q_L \cdot p_L}{Q_0 \cdot p_0} \tag{6.130}$$

Mit den Gleichungen (6.85) und (6.86) wird Gleichung (6.130) zu

$$\eta = 2 \cdot \frac{Q_L}{Q_0} \cdot \frac{\left[\frac{y}{y_0}\left(1+\left(\frac{Q_L}{Q_0}\right)^2\right) - \frac{Q_L}{Q_0}\left(1+\left(\frac{y}{y_0}\right)^2\right)\right]}{\left[\left(1+\left(\frac{y}{y_0}\right)^2\right)\left(1+\left(\frac{Q_L}{Q_0}\right)^2\right) - 4\frac{Q_L}{Q_0}\frac{y}{y_0}\right]} \tag{6.131}$$

In Bild 6.35 ist der Wirkungsgrad in Abhängigkeit von Lastdruck und Ventilweg aufgetragen.

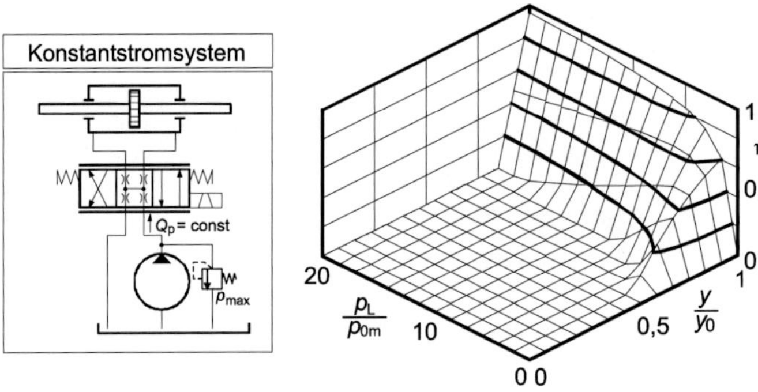

Bild 6.35: Wirkungsgrad einer Ventilsteuerung im Konstantstromsystem

Der maximale Wirkungsgrad ergibt sich für $y = y_0$ und geht in diesem Punkt gegen eins (für $p_L \to \infty$). Für einen guten Wirkungsgrad sollte also der Mitteldruck p_{0m} so klein wie möglich gehalten werden.

6.7 Kosten-Nutzen-Betrachtung zu den Vollbrückenschaltungen

Dem Vorteil bezüglich der hohen Kennwerte der Steuerungen mit mehreren aktiven, stetig steuerbaren Steuerkanten bzw. Ventilen steht der Nachteil ihres höheren Fertigungsaufwandes entgegen. Es seien scharfkantige Steuerschieber mit unterschiedlicher Steuerkantenzahl betrachtet. Der Aufwand zur Herstellung des radialen Spiels zwischen Schieber und Buchse ist in erster Näherung für alle

Ausführungen gleich. Unterschiedlich ist dagegen der Aufwand für die Einhaltung der Längsmaßtoleranzen. Der Fertigungsaufwand steht daher in engem Zusammenhang mit der Anzahl der aufeinander abzustimmenden Steuerkanten.

In Bild 6.36 wird der Vergleich der Kenngrößen für Mehrkantensteuerungen mit negativer Überdeckung dargestellt. Hier ist den normierten Kenngrößen C_0/C_{0max} und E_0/E_{0max} der geschätzte Vorteil bei der Fertigung des Steuerelementes gegenübergestellt. Der optimale Wert der einzelnen Kenngrößen ist der Wert 1. Da das Optimum aller Kenngrößen bei den verschiedenen Ventilsteuerungen nicht gleichzeitig erreicht werden kann, muss zwischen Systemverhalten und Fertigungsaufwand ein Kompromiss geschlossen werden.

Bei der Vierkantensteuerung A+A müssen drei Längsmaße der Buchse und drei des Kolbens auf Größenordnungen von 10^{-6} m genau aufeinander abgestimmt sein. Bei der asymmetrischen Zweikantensteuerung (A+E) muss nur noch ein Längsmaß jeweils von Buchse und Kolben aufeinander angepasst werden. Bei der asymmetrischen Einkantensteuerung (B+E oder C+E) sind die Längsmaße ohne Bedeutung.

Die Vierkantensteuerung hat einerseits die höchsten Systemkenngrößen, erfordert aber auch den höchsten Fertigungsaufwand zur Herstellung des Steuerelementes. Dagegen bietet die Einkantensteuerung einen niedrigen Aufwand für das Steuerelement, jedoch auch schlechte Systemeigenschaften.

	$C_0/C_{0\,max}$	$E_0/E_{0\,max}$	Bewertung
asymmetrische Einkantensteuerung (B+E) oder (C+E)	0,5	0,25	
asymmetrische Zweikantensteuerung (A+E)	1	0,5	
symmetrische Vierkantensteuerung (A+A)	1	1	

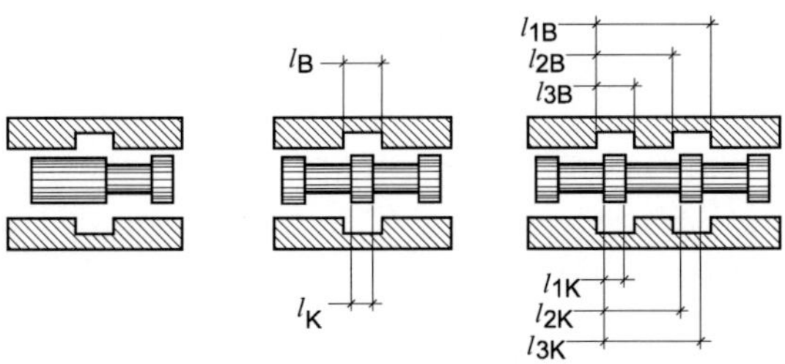

Bild 6.36: Kenngrößen und Fertigungsaufwand bei Ventilsteuerungen

Einen guten Kompromiss zwischen erzielbarem Systemverhalten – in der Regel die Genauigkeit des Regelverhaltens – und dem Fertigungsaufwand stellt die asymmetrische Zweikantensteuerung dar. Sie hat gegenüber der Vierkantensteuerung eine um 50% geringere Kraftverstärkung, aber dafür erheblich geringeren Fertigungsaufwand für das Steuerelement.

7 MODELLBILDUNG HYDRAULISCHER ANTRIEBE

neu bearbeitet von Dipl.-Ing. Kristof Schlemmer

Die Anwendungen der Servohydraulik konzentrieren sich im Allgemeinen auf die Regelung eines Gesamtsystems. Die Aufgabe einer Regelung besteht darin, bestimmte Größen (Regelgrößen) an vorgegebene Größen (Führungsgrößen) anzugleichen. Dabei werden die Regelgrößen fortlaufend erfasst und mit den Führungsgrößen verglichen. Aus dem Ergebnis dieses Vergleichs werden Eingriffe in den Prozess im Sinne einer Angleichung der Regelgrößen an die Führungsgrößen abgeleitet. Der sich dabei ergebende Wirkungsablauf findet in einem geschlossenen Kreis, dem Regelkreis, statt.

Demgegenüber steht die Steuerung eines Systems. Eine Steuerung beschreibt die Vorgänge in einem System, in dem die Eingangsgrößen in das System die Ausgangsgrößen aus dem System einzig und allein aufgrund der dem System eigenen Gesetzmäßigkeiten beeinflussen. Das Kennzeichen einer Steuerung ist der offene Wirkungsablauf über die Steuerkette. Bild 7.1 veranschaulicht die unterschiedlichen Wirkungsweisen von Steuerungen und Regelungen.

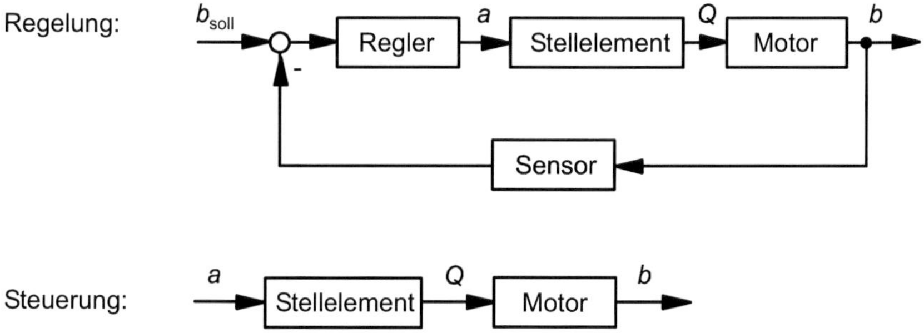

Bild 7.1: Vergleich Regelung – Steuerung

Die Steuerkette besteht aus einem Stellelement und einem hydraulischen Motor. Bei dem Stellelement, auf das ein elektrisches Ansteuersignal *a* wirkt, kann es sich sowohl um ein Stetigventil als auch um eine Verstellpumpe handeln.

Das Stellelement prägt dem Motor einen Volumenstrom Q auf. Der hydraulische Motor ist ein Rotations- oder Linearmotor. Dieser hydraulisch-mechanische Umformer setzt den Volumenstrom in eine Bewegungsgröße b um, bei der es sich um einen Weg, einen Drehwinkel, eine Geschwindigkeit oder eine Drehzahl handeln kann. Auch Kraft, Moment und Druck stellen in der Hydraulik gebräuchliche Ausgangsgrößen dar.

Durch die Erfassung und Rückführung der Regelgröße über einen entsprechenden Sensor wird die Steuerkette zu einem Regelkreis geschlossen. Die Differenz zwischen dem Istwert b und dem Sollwert der Bewegungsgröße b_{soll} wird einem Regler zugeführt. Dieser erzeugt ein Ansteuersignal, das geeignet ist, die Regelabweichung zu verringern und somit die Regelgröße der Sollgröße anzupassen.

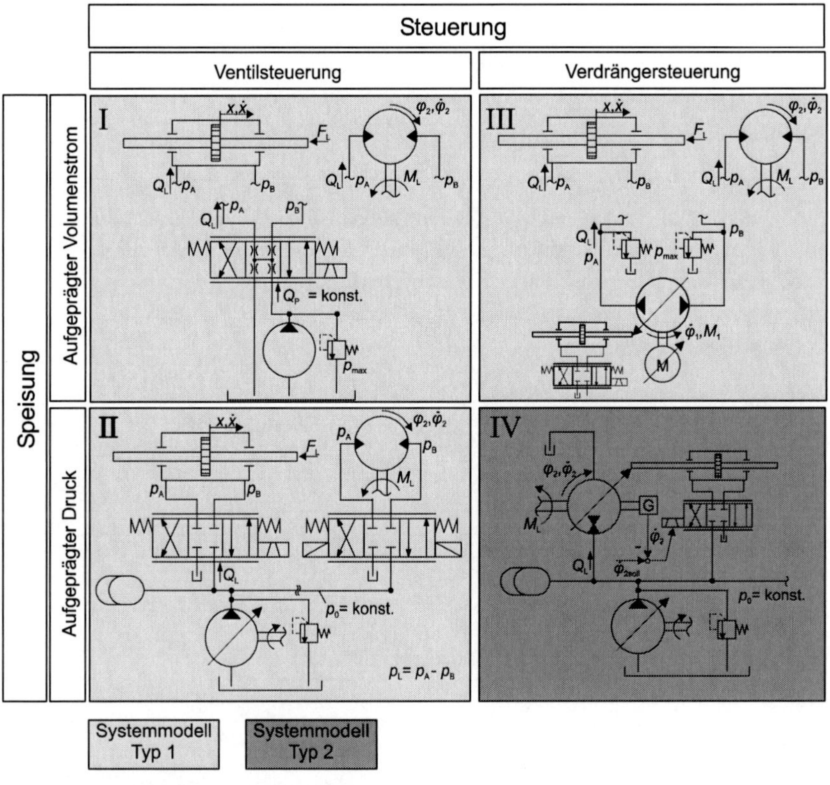

Bild 7.2: Systematik der Grundschaltungen geregelter hydraulischer Antriebe und Einordnung nach regelungstechnischer Systembeschreibung

Steuerketten bzw. Regelkreise lassen sich den in Kapitel 2.1 eingeführten Grundschaltungsarten und Systemmodelltypen zuordnen (vgl. Bild 7.2). Im Mittelpunkt der Betrachtungen dieses Kapitels steht zunächst die Herausarbeitung der zugrunde liegenden Modelle, die die Eigenschaften und das Verhalten dieser Systeme beschreiben. Dazu werden die für das Systemverhalten relevanten Komponenten regelungstechnisch analysiert und die gewonnenen Modelle zu den jeweiligen Steuerketten zusammengesetzt. Anhand dessen wird die strukturelle systemtechnische Gleichheit der Schaltungen I, II und III (Typ 1) im Unterschied zur Schaltung IV (Typ 2) erkenntlich gemacht. Es werden geeignete Kenngrößen zur Beurteilung des statischen und dynamischen Verhaltens der Steuerketten abgeleitet. Weiterhin wird auf die Abweichungen realer Antriebe von den idealisierten Voraussetzungen der aufgestellten Modelle eingegangen. Eine ausführliche Behandlung angewandter Regelungen von hydraulischen Antriebssystemen erfolgt in Kapitel 8.

7.1 Mathematische Modelle hydraulischer Komponenten

Zur Abschätzung des dynamischen Verhaltens der Bestandteile eines hydraulischen Regelkreises ist es notwendig, ein mathematisches Modell aufzustellen. In den Grenzen der Modellgenauigkeit ist es damit möglich, z. B. mit dem Hilfsmittel der digitalen Simulation Aussagen über Führungs- und Störverhalten eines Antriebes zu machen.

Vor diesem Hintergrund werden zunächst die mathematischen und regelungstechnischen Beschreibungen der Stellelemente im hydraulischen Regelkreis – Ventile, Stellsysteme von Verdrängereinheiten sowie Drehzahlverstellung von Konstantpumpen – hergeleitet. Dabei werden jeweils verschiedene Stufen der Vereinfachung des Modells behandelt.

Weiterhin werden Modelle zu den aktorischen Komponenten der Servohydraulik – Verstellmotoren sowie lineare und rotatorische Konstantmotoren – entwickelt.

7.1.1 Stetigventil

7.1.1.1 Nichtlineares Modell 5. Ordnung

Am Beispiel eines zweistufigen Servoventils mit Torquemotorantrieb und Düsen-Prallplatte-Vorsteuerung wird nachfolgend die Vorgehensweise bei der Modellierung des dynamischen Verhaltens eines Servoventils erläutert (siehe Bild 7.3). Dabei werden die wesentlichen Nichtlinearitäten, wie Hysterese und Reibung am Stellkolben und die Begrenzung der Schiebergeschwindigkeit sowie die Strömungskräfte und die nichtlineare Durchflussfunktion an durchströmten Steuerkanten berücksichtigt. Zur Bestimmung von dynamischen Parametern wie Stabilität und Grenzfrequenz wird das nichtlineare Modell auf ein lineares Modell reduziert.

Dieses Modell lässt sich in den meisten Fällen ohne große Fehler weiter reduzieren, so dass für Systembetrachtungen in Kombination mit hydraulischem Motor und Regelkreis ein hinreichend einfaches Modell zur Verfügung steht.

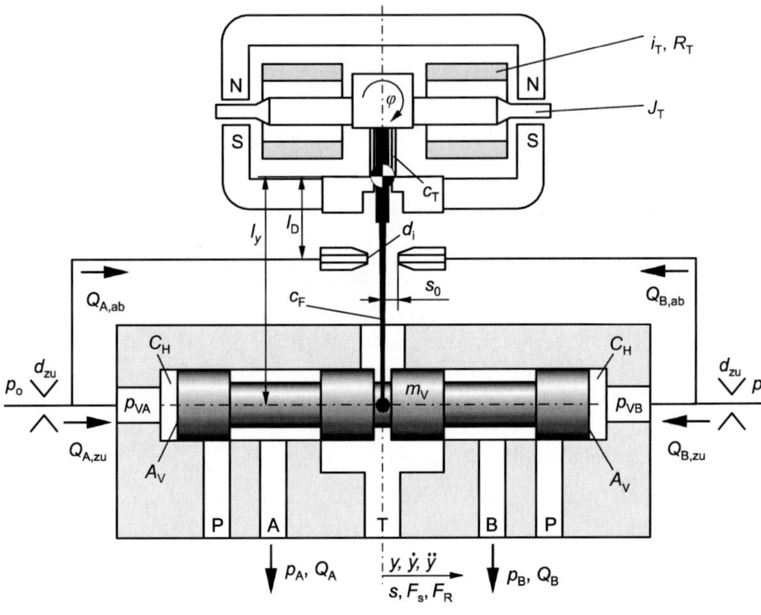

Bild 7.3: Modell eines Servoventils mit Düsen-Prallplatte-Vorsteuerung

Ventilschieber

Die Bewegung des Ventilschiebers mit der Masse m_V ergibt sich aus der Newton'schen Bewegungsgleichung zu:

$$m_V \ddot{y} = \sum F = p_{VL} \cdot A_V + F_S + F_R \tag{7.1}$$

Der am Ventilschieber mit Stirnfläche A_V anliegende Lastdruck p_{VL} wird aus der Differenz der stirnseitigen Drücke gebildet:

$$p_{VL} = p_{VA} - p_{VB} \tag{7.2}$$

Als Störkräfte treten die Summe der Strömungskräfte F_S und die Summe der Reibkräfte F_R auf. Die Reibkräfte setzen sich aus Coulomb'scher und Newton'scher (geschwindigkeitsproportionaler) Reibung, zusammen, wobei hier der Newton'sche Anteil vernachlässigt werden kann. Der Coulomb'sche Anteil F_C kann jedoch besonders bei verschmutztem Fluid groß werden und darf deshalb nicht vernachlässigt werden. Für die Reibkraft folgt dann:

$$F_R = -F_C \operatorname{sign}(\dot{y}) \tag{7.3}$$

Strömungskräfte wirken bei unkompensierten Ventilschiebern in schließender Richtung an der jeweiligen Steuerkante. Diese Kräfte sind annähernd proportional zum Volumenstrom und zu $\sqrt{\Delta p}$. Wird der Volumenstrom über eine Steuerkante wiederum durch den Schieberhub y und $\sqrt{\Delta p}$ ausgedrückt, ergibt sich für eine Steuerkante:

$$F_S = k_{\text{aus,ein}}\, y\, \Delta p \tag{7.4}$$

mit $k_{\text{aus,ein}}$ als Proportionalitätskonstanten für die Ein- und Ausströmkante. Für den Schieber ergibt sich dann bei drucklosem Tank ($p_T = 0$) folgende Gesamtströmungskraft unter der Voraussetzung, dass die Steuerkanten nullüberdeckt sind:

$$y > 0: \quad F_S = -k_{\text{aus}}\, y\, p_A - k_{\text{ein}}\, y\left(p_0 - p_B\right) \tag{7.5}$$

$$y < 0: \quad F_S = -k_{\text{ein}}\, y\left(p_0 - p_A\right) - k_{\text{aus}}\, y\, p_B \tag{7.6}$$

Zusätzlich greift am Schieber noch die Kraft der Rückführbiegefeder an. Diese ist jedoch so gering, dass sie hier vernachlässigt werden kann.

Druckaufbau

Unter Berücksichtigung der Ölkompressibilität errechnen sich die beiden Drücke p_{VA} und p_{VB} aus der Druckaufbaugleichung:

$$\dot{p}_{VA} = \frac{1}{C_{HA}}\left(Q_{A,zu} - Q_{A,ab} - \dot{y}A_V\right) \tag{7.7}$$

$$\dot{p}_{VB} = \frac{1}{C_{HB}}\left(Q_{B,zu} - Q_{B,ab} + \dot{y}A_V\right) \tag{7.8}$$

Die hydraulischen Kapazitäten C_{HA} und C_{HB} setzen sich aus einem hubabhängigen Anteil in den Kolbenräumen und einem konstanten Anteil in den Leitungen bis zum

Vorsteuersystem zusammen (vgl. Gleichung (7.160)). Üblicherweise ist in einem Ventil dieser Anteil größer, so dass hier vereinfachend

$$C_{\mathrm{HA}} = C_{\mathrm{HB}} = C_{\mathrm{H}} \tag{7.9}$$

als konstant angenommen werden kann. Mit

$$\dot{p}_{\mathrm{VL}} = \dot{p}_{\mathrm{VA}} - \dot{p}_{\mathrm{VB}} \tag{7.10}$$

folgt dann:

$$\dot{p}_{\mathrm{VL}} = \frac{1}{C_{\mathrm{H}}}\left(Q_{\mathrm{A,zu}} - Q_{\mathrm{B,zu}} - Q_{\mathrm{A,ab}} + Q_{\mathrm{B,ab}} - 2\dot{y}A_{\mathrm{V}}\right) \tag{7.11}$$

Die Volumenströme ergeben sich aus der Blendendurchflussgleichung (Bild 6.1) zu:

$$Q_{\mathrm{A,zu}} = k_{Q,\mathrm{zu}}\sqrt{p_0 - p_{\mathrm{VA}}} \tag{7.12}$$

$$Q_{\mathrm{B,zu}} = k_{Q,\mathrm{zu}}\sqrt{p_0 - p_{\mathrm{VB}}} \tag{7.13}$$

mit der unter Verwendung des Zulaufblendendurchmessers d_{zu} und des Durchflusskoeffizienten $\alpha_{\mathrm{D,zu}}$ eingeführten Proportionalitätskonstante des zufließenden Volumenstroms

$$k_{Q,\mathrm{zu}} = \alpha_{\mathrm{D,zu}}\frac{\pi d_{\mathrm{zu}}^2}{4}\sqrt{\frac{2}{\rho}} \; . \tag{7.14}$$

Betrachtet man die durch Düseninnendurchmesser d_{i} und Prallplattenstellweg s bestimmte Ablauföffnung am Düsen-Prallplatte-System ebenfalls als verstellbare Blende, so folgt für die veränderlichen Volumenströme nach Bild 6.2 analog:

$$Q_{\mathrm{A,ab}} = k_{Q,\mathrm{ab}}(s_0 + s)\sqrt{p_{\mathrm{VA}}} \tag{7.15}$$

$$Q_{\mathrm{B,ab}} = k_{Q,\mathrm{ab}}(s_0 - s)\sqrt{p_{\mathrm{VB}}} \tag{7.16}$$

mit

$$k_{Q,\mathrm{ab}} = \alpha_{\mathrm{D,ab}} d_{\mathrm{i}}\pi\sqrt{\frac{2}{\rho}} \; . \tag{7.17}$$

Torquemotor

Der Stellweg s der Prallplatte ergibt sich in guter Näherung aus dem Winkel φ des Torquemotors und dem Abstand l_{D} der Düse zum Drehpunkt der Rückführbiegefeder zu:

$$s = -\varphi \cdot l_{\mathrm{D}} \tag{7.18}$$

Der Winkel φ wird durch den Drallsatz am Torquemotor beschrieben:

$$\ddot{\varphi} J_{\mathrm{T}} = \sum M = i_{\mathrm{T}} k_{Mi} + \varphi k_{M\varphi} - \dot{\varphi} d_{\mathrm{T}} - \varphi c_{\mathrm{T}} - c_{\mathrm{F}} \left(\frac{y}{l_y} + \varphi \right) \tag{7.19}$$

$$\Leftrightarrow \quad \ddot{\varphi} J_{\mathrm{T}} + \dot{\varphi} d_{\mathrm{T}} + \varphi \left(-k_{M\varphi} + c_{\mathrm{T}} + c_{\mathrm{F}} \right) = i_{\mathrm{T}} k_{Mi} - c_{\mathrm{F}} \frac{y}{l_y} \tag{7.20}$$

Hierbei ist J_{T} das auf den Drehpunkt reduzierte Massenträgheitsmoment des Torquemotors, k_{Mi} die Proportionalitätskonstante zwischen Spulenstrom i_{T} und erzeugtem Moment und $k_{M\varphi}$ die Proportionalitätskonstante zwischen Ankerwinkel φ und dem destabilisierenden magnetischen Moment, welches durch die Permanentmagneten des Torquemotors erzeugt wird. Die Bewegung des Ankers wird durch Wirbelströme und die Gegeninduktionsspannung in der Spule gedämpft. Dieser Einfluss ist geschwindigkeitsproportional mit der Proportionalitätskonstanten d_{T}. Die Rückführung des Schieberweges erfolgt mit dem Hebelarm l_y über die Biegefeder mit der Federsteifigkeit c_{F}. Der Drehwinkel erzeugt außerdem ein Rückstellmoment durch die Biegesteifigkeit der Rückführbiegefeder c_{F} und die der Hülse des Torquemotors c_{T}. Die Biegesteifigkeit aller Federwirkungen kann als

$$c_{\mathrm{ges}} = c_{\mathrm{T}} + c_{\mathrm{F}} - k_{M\varphi} \tag{7.21}$$

zusammengefasst werden. Zusätzlich greift am Torquemotor ein Moment M_{DP} durch die Druckdifferenz am Düsen-Prallplattesystem an:

$$M_{\mathrm{DP}} = \frac{d_{\mathrm{i}}^2}{4} \pi \, l_{\mathrm{D}} \left(p_{\mathrm{VA}} - p_{\mathrm{VB}} \right) \tag{7.22}$$

Üblicherweise ist dieses Moment jedoch so gering, dass es in der Momentenbilanz des Torquemotors vernachlässigt werden kann.

Der Torquemotor kann durch eine Umstellung von Gleichung (7.20) als schwingungsfähiges $\mathrm{PT_2}$-Glied aufgefasst werden:

$$\ddot{\varphi} + \dot{\varphi} \cdot 2D_{\mathrm{T}}\omega_{\mathrm{T}} + \varphi\,\omega_{\mathrm{T}}^2 = i_{\mathrm{T}}\omega_{\mathrm{T}}^2 \frac{k_{Mi}}{c_{\mathrm{ges}}} - y\omega_{\mathrm{T}}^2 \frac{c_{\mathrm{F}}}{c_{\mathrm{ges}} l_y} \tag{7.23}$$

Sein dynamisches Verhalten lässt sich somit durch seine Kennkreisfrequenz

$$\omega_{\mathrm{T}} = \sqrt{\frac{c_{\mathrm{ges}}}{J_{\mathrm{T}}}} \tag{7.24}$$

und seinen Dämpfungsgrad

$$D_{\mathrm{T}} = \frac{d_{\mathrm{T}}}{2\omega_{\mathrm{T}} J_{\mathrm{T}}} \tag{7.25}$$

beschreiben (zur regelungstechnischen Definition und Ermittlung der Größen Kennkreisfrequenz, Eigenkreisfrequenz und Dämpfungsgrad siehe Kapitel 9.2.2). Der Vergleich mit dem gemessenen typischen Frequenzgang eines Torquemotors in Bild 7.4 zeigt, dass diese Darstellungsform das reale Verhalten in einem weiten Frequenzbereich mit guter Genauigkeit widerspiegelt.

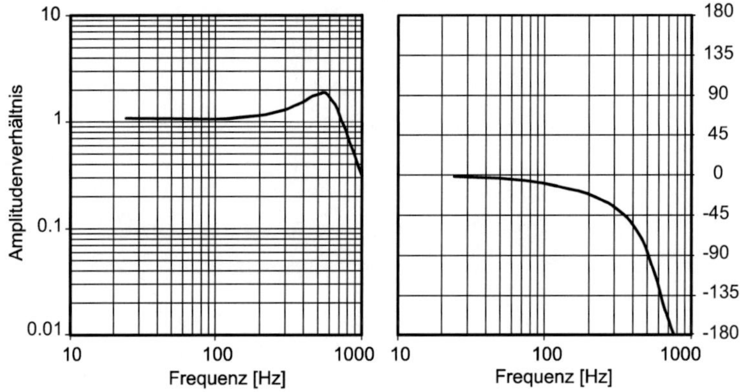

Bild 7.4: Typischer Frequenzgang eines Torquemotors

Elektrische Ansteuerung

In den vorangehenden Ausführungen wurde der Strom i_{T} durch die Spule des Torquemotors betrachtet. Diese Spule besitzt die Induktivität L_{T} und den Innenwiderstand R_{T}. Bei spannungsproportionaler Ansteuerung folgt der Strom durch die Spule dem Eingangsspannungssignal u_{ein} daher mit einer durch die Zeitkonstante

$$T_u = \frac{L_T}{R_T} \tag{7.26}$$

bestimmten Verzögerung. Die Spule stellt somit ein Verzögerungsglied erster Ordnung nach Bild 7.5 dar.

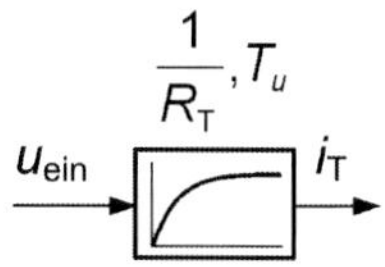

Bild 7.5: Übertragungsverhalten bei spannungsproportionaler Ventilansteuerung

Aus diesem Grund werden Servoventile üblicherweise stromproportional angesteuert. Die erforderliche Ansteuerschaltung ist in Bild 7.6 dargestellt. Dem Operationsverstärker mit dem Verstärkungsfaktor k_V wird dabei eine Messspannung u_{mess} gegengekoppelt rückgeführt, um den Strom durch die Torquemotorspule zu regeln.

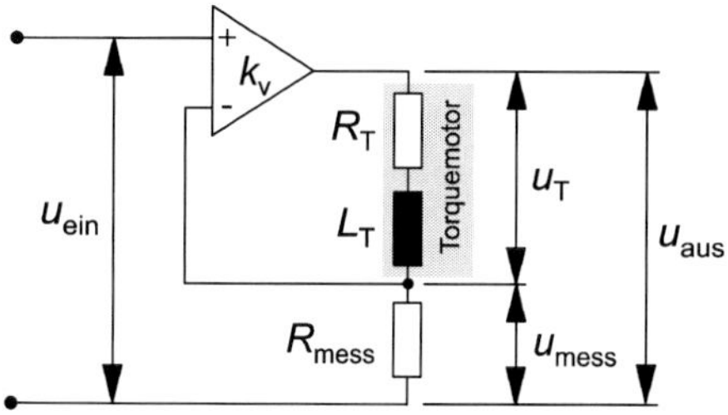

Bild 7.6: Schaltung der stromproportionalen Ventilansteuerung

Die Spannung am Torquemotor u_T ist die Summe der Spannungen an der Induktivität und am Innenwiderstand der Spule, wie sie durch die Differentialgleichung

$$u_T = R_T i_T + L_T \frac{\partial i_T}{\partial t} \tag{7.27}$$

beschrieben wird. Der Messwiderstand R_{mess} wird zur Bestimmung des Stroms durch die Spule benötigt. Die an diesem Widerstand abfallende Spannung beträgt

$$u_{mess} = R_{mess} i_T . \tag{7.28}$$

Der Operationsverstärker ist ein Differenzverstärker mit hohem proportionalem Verstärkungsfaktor. Da der Messwiderstand zudem üblicherweise sehr klein ist, muss er hier nicht berücksichtigt werden, und die Spulenspannung ergibt sich zu

$$u_\mathrm{T} \approx u_\mathrm{aus} = k_\mathrm{V}\left(u_\mathrm{ein} - u_\mathrm{mess}\right). \tag{7.29}$$

Die Kombination der Gleichungen (7.27) bis (7.29) ergibt dann die Differentialgleichung für den Stromverlauf an der Torquemotorspule:

$$\frac{L_\mathrm{T}}{R_\mathrm{T} + k_\mathrm{V} R_\mathrm{mess}} \frac{\partial i_\mathrm{T}}{\partial t} + i_\mathrm{T} = u_\mathrm{ein} \frac{k_\mathrm{V}}{R_\mathrm{T} + k_\mathrm{V} R_\mathrm{mess}} \tag{7.30}$$

Mit

$$k_\mathrm{V} R_\mathrm{mess} >> R_\mathrm{T} \tag{7.31}$$

kann Gleichung (7.30) dann unter Vernachlässigung von R_T vereinfacht werden zu:

$$\frac{L_\mathrm{T}}{k_\mathrm{V} R_\mathrm{mess}} \frac{\partial i_\mathrm{T}}{\partial t} + i_\mathrm{T} = u_\mathrm{ein} \frac{1}{R_\mathrm{mess}} \tag{7.32}$$

Dies entspricht dem in Bild 7.7 dargestellten Verzögerungsglied 1. Ordnung mit der Zeitkonstanten

$$T_i = \frac{L_\mathrm{T}}{k_\mathrm{V} R_\mathrm{mess}}. \tag{7.33}$$

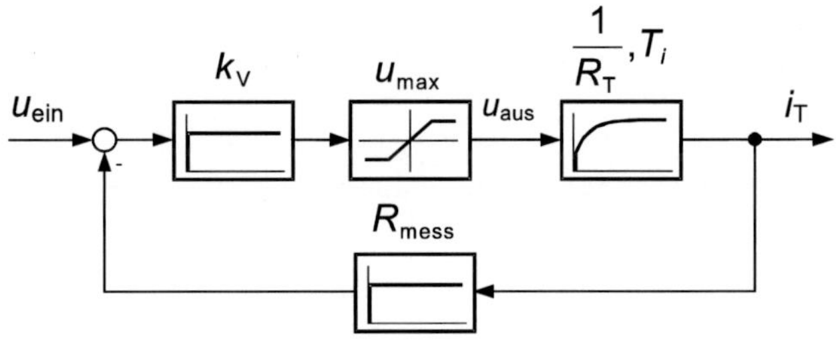

Bild 7.7: Übertragungsverhalten bei stromproportionaler Ventilansteuerung

Die Zeitkonstante der Stromregelung ist damit um den Faktor $\frac{k_\mathrm{V} \cdot R_\mathrm{mess}}{R_\mathrm{T}}$ kleiner als die Zeitkonstante der spannungsproportionalen Ansteuerung T_u. Bei sprungförmigem Eingangssignal steigt die Spannung an der Spule weit über den stationär erforderlichen Wert $u_T = R_T\, i_T$ bis an die Grenzen der Versorgungsspannung und sorgt somit für einen weitaus schnelleren Stromanstieg gegenüber spannungsproportionaler Ansteuerung.

Dieser Zusammenhang gilt jedoch nur, solange die Ausgangsspannung des Verstärkers nicht an die Grenze u_{max} der Versorgungsspannung stößt. Unter Berücksichtigung des elektrischen Wirkungsgrades des Ansteuerverstärkers kann diese Spannung aber nicht beliebig hoch gewählt werden. Der Spulenstrom kann daher einer sprungförmigen Sollwertänderung nicht beliebig schnell folgen, sondern ist durch die maximal mögliche Versorgungsspannung ebenfalls begrenzt.

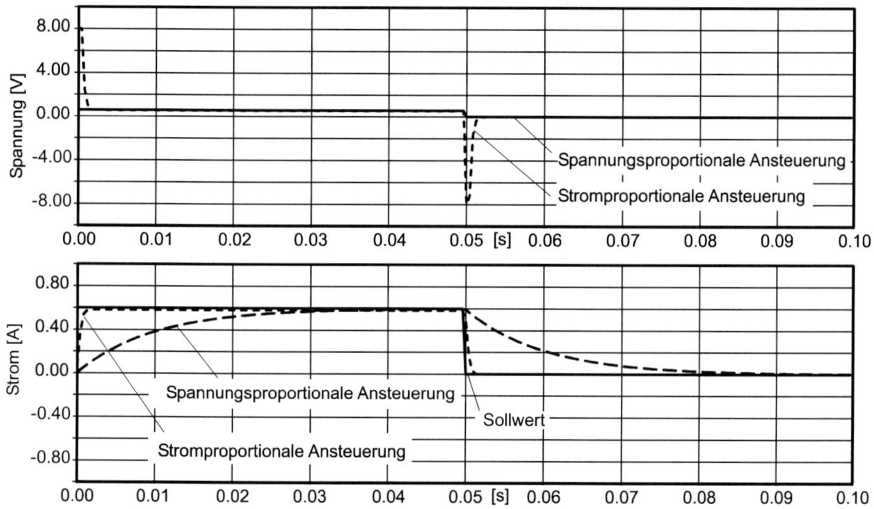

Bild 7.8: Sprungantwort bei strom- und spannungsproportionaler Ansteuerung

Bild 7.8 verdeutlicht die oben hergeleiteten Zusammenhänge anhand des Spannungs- und Stromverlaufs bei strom- bzw. spannungsproportionaler Ansteuerung und sprungförmigem Sollsignal für den Strom. Aufgrund der wesentlich besseren Dynamik der stromproportionalen Ansteuerung werden hochdynamische Servoventile bevorzugt auf diese Weise angesteuert. Die spannungsproportionale Ansteuerung soll daher im Folgenden nicht weiter berücksichtigt werden.

Gesamtsystem

Für die weitere Behandlung der Differentialgleichungen müssen zunächst die Durchflussgleichungen (7.12), (7.13), (7.15) und (7.16) linearisiert werden. Hierzu wird ein Arbeitspunkt p_m mit der Druckänderung $\pm \Delta p$ gewählt. Mit

$$p_{\text{VA}} = p_{\text{m}} + \Delta p\,, \tag{7.34}$$

$$p_{\text{VB}} = p_{\text{m}} - \Delta p \tag{7.35}$$

und

$$\Delta p = \frac{p_{\text{VL}}}{2} \tag{7.36}$$

folgt dann für die Gleichungen des zufließenden Volumenstroms:

$$Q_{\text{A,zu}} = k_{Q,\text{zu}} \sqrt{p_0 - p_{\text{m}} - \Delta p} = k_{Q,\text{zu}} \sqrt{p_0 - p_{\text{m}}} \sqrt{1 - \frac{\Delta p}{(p_0 - p_{\text{m}})}}\,. \tag{7.37}$$

Eine Linearisierung um den Arbeitspunkt $\Delta p = 0$ mittels Taylorreihenentwicklung, die nach dem 2. Glied abgebrochen wird, liefert

$$Q_{\text{A,zu}} = k_{Q,\text{zu}} \sqrt{p_0 - p_{\text{m}}} \left(1 - \frac{\Delta p}{2(p_0 - p_{\text{m}})}\right). \tag{7.38}$$

Für $Q_{\text{B,zu}}$ folgt analog:

$$Q_{\text{B,zu}} = k_{Q,\text{zu}} \sqrt{p_0 - p_{\text{m}}} \left(1 + \frac{\Delta p}{2(p_0 - p_{\text{m}})}\right) \tag{7.39}$$

Für die durch die Vorsteuerstufe abfließenden Volumenströme gilt:

$$Q_{\text{A,ab}} = k_{Q,\text{ab}} (s_0 + s) \sqrt{p_{\text{m}} + \Delta p} = k_{Q,\text{ab}} s_0 \left(1 + \frac{s}{s_0}\right) \sqrt{p_{\text{m}}} \sqrt{1 + \frac{\Delta p}{p_{\text{m}}}} \tag{7.40}$$

Wie oben linearisiert ergeben sich die Volumenströme zu

$$Q_{\text{A,ab}} = k_{Q,\text{ab}} s_0 \left(1 + \frac{s}{s_0}\right) \sqrt{p_{\text{m}}} \left(1 + \frac{\Delta p}{2 p_{\text{m}}}\right), \tag{7.41}$$

$$Q_{\text{B,ab}} = k_{Q,\text{ab}} s_0 \left(1 - \frac{s}{s_0}\right) \sqrt{p_{\text{m}}} \left(1 - \frac{\Delta p}{2 p_{\text{m}}}\right). \tag{7.42}$$

Im Ruhezustand des Ventils ($s = 0, \Delta p = 0$) fließt ein kontinuierlicher Vorsteuervolumenstrom durch das Vorsteuersystem. Dieser Volumenstrom errechnet sich zu

$$Q_{\text{vor}} = k_{Q,\text{zu}} \sqrt{p_0 - p_{\text{m}}} = k_{Q,\text{ab}} s_0 \sqrt{p_{\text{m}}} \,. \tag{7.43}$$

Einsetzen der Durchflussgleichungen in die Druckaufbaugleichung (7.11) ergibt mit Gleichung (7.36):

$$\dot{p}_{\text{VL}} = \frac{1}{C_{\text{H}}} \left(Q_{\text{vor}} \left(-\frac{2s}{s_0} - \frac{p_{\text{VL}}}{2} \left(\frac{1}{p_0 - p_{\text{m}}} + \frac{1}{p_{\text{m}}} \right) \right) - 2\dot{y}A_{\text{V}} \right) \tag{7.44}$$

Mit der Newton'schen Bewegungsgleichung (7.1) für den Ventilschieber folgt dann unter Berücksichtigung von Gleichung (7.18) und Gleichung (7.44) unter Vernachlässigung der Reibungs- und Strömungskräfte:

$$\frac{m_{\text{V}}\dddot{y}}{A_{\text{V}}} = \frac{1}{C_{\text{H}}} \left(Q_{\text{vor}} \left(\frac{2\varphi l_{\text{D}}}{s_0} - \frac{m_{\text{V}}\ddot{y}}{2A_{\text{V}}} \left(\frac{1}{p_0 - p_{\text{m}}} + \frac{1}{p_{\text{m}}} \right) \right) - 2\dot{y}A_{\text{V}} \right) \tag{7.45}$$

Üblicherweise wird das Verhältnis der Vorsteuerdüsen mit

$$k_{Q,\text{zu}} = k_{Q,\text{ab}} s_0 \tag{7.46}$$

so gewählt, dass im Ruhezustand des Ventils

$$p_{\text{m}} = \frac{p_0}{2} \tag{7.47}$$

gilt. Damit vereinfacht sich Gleichung (7.45) unter Einführung der hydraulischen Dämpfung D_{H} und der hydraulischen Kennkreisfrequenz ω_{H} zu:

$$\dddot{y} + \ddot{y} \cdot 2D_{\text{H}}\omega_{\text{H}} + \dot{y}\omega_{\text{H}}^2 = \varphi\,\omega_{\text{H}}^2 \frac{l_{\text{D}} Q_{\text{vor}}}{s_0 A_{\text{V}}} \tag{7.48}$$

mit

$$D_{\text{H}} = \frac{Q_{\text{vor}}}{p_0 C_{\text{H}} \omega_{\text{H}}} \tag{7.49}$$

und

$$\omega_{\text{H}} = \sqrt{\frac{2A_{\text{V}}^2}{m_{\text{V}} C_{\text{H}}}} \,. \tag{7.50}$$

Als letzter Schritt wird Gleichung (7.45) in die Differentialgleichung des Torquemotors (7.23) eingesetzt. Die Differentialgleichung für das Ventil bildet dann ein System 5. Ordnung wie in Bild 7.9 anhand des Wirkungsplans zu erkennen.

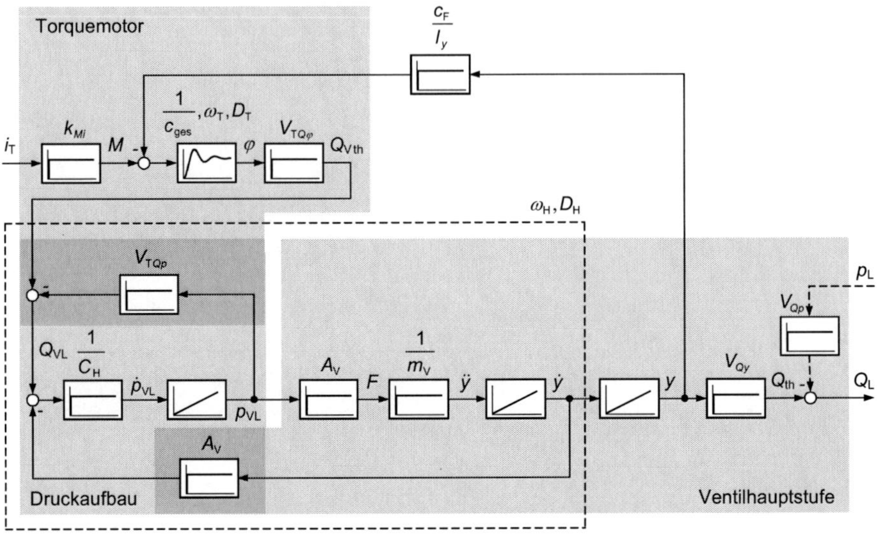

Bild 7.9: Wirkungsplan des Servoventilmodells 5. Ordnung

Die statischen Durchflusscharakteristiken des Düse-Prallplatte-Systems im Torquemotor und der Steuerkanten in der Ventilhauptstufe werden hier unter Verwendung der in Kapitel 6.3 eingeführten Vorgehensweise im Nullpunkt der Prallplatte ($\varphi = 0$, $p_{VL} = 0$) bzw. im hydraulischen Nullpunkt des Ventilschiebers ($y = 0$, $p_L = 0$) linearisiert. Die Gültigkeit der Linearisierung ist auf den Kleinsignalbereich bei geringen Lastdrücken beschränkt. Nichtlineare Sättigungseffekte wie die Begrenzung des Ventilschieberwegs und der Ventilschiebergeschwindigkeit, werden nicht berücksichtigt.

Der Schieberlastvolumenstrom Q_{VL} ist somit durch die linearisierte Kennfeldgleichung

$$Q_{VL} = V_{TQ\varphi}\varphi - V_{TQp}\,p_{VL} \tag{7.51}$$

und der Lastvolumenstrom Q_L durch

$$Q_L = V_{Qy}\,y - V_{Qp}\,p_L \tag{7.52}$$

gegeben. Die Volumenstrom-Signalverstärkung V_{Qy} und die Volumenstrom-Druckverstärkung V_{Qp} sind Eigenschaften des Stetigventils. Der Faktor V_{Qp} beschreibt die Lastdruckabhängigkeit des Lastvolumenstroms in der Widerstandssteuerung infolge der Rückwirkung des Lastdrucks durch das geöffnete Ventil und ist somit charakteristisch für das Stellelement Stetigventil. Aus Gründen der Vereinheitlichung der Behandlung von Ventilen und Pumpen als Stellelemente wird V_{Qp} nicht im Teilmodell des Ventils, sondern im Teilmodell des Druckaufbaus im Motor (s. Kapitel 7.1.5) erfasst. Als Ausgangsgröße des Ventilteilmodells wird daher der theoretische lastfreie Ventilvolumenstrom

$$Q_{\mathrm{th}} = V_{Qy}\, y \tag{7.53}$$

eingeführt, der auch der Volumenstrom-Signalfunktion zugrunde liegt.

Gleiches gilt analog für die Verstärkungen $V_{\mathrm{T}Q\varphi}$ und $V_{\mathrm{T}Qp}$ sowie den theoretischen Volumenstrom

$$Q_{\mathrm{V\,th}} = V_{\mathrm{T}Q\varphi}\,\varphi \tag{7.54}$$

in der Vorsteuerstufe. Da hier der Ventilschieber als translatorischer Antrieb wirkt, in dessen Zylinderkammern sich der Lastdruck p_{VL} aufbaut, wird dieser innerhalb des Druckaufbaumodells über $V_{\mathrm{T}Qp}$ zurückgeführt.

Nichtlinearitäten

Die wichtigste Nichtlinearität beim hydraulisch vorgesteuerten Servoventil ist die Durchflussbegrenzung an der Vorsteuerstufe, welche eine begrenzte maximale Ventilschiebergeschwindigkeit $\dot{y}_{\mathrm{max}}$ zur Folge hat. Die Begrenzung der Schiebergeschwindigkeit bewirkt, dass mit steigender Ansteuerfrequenz die Amplitude des Schiebers abnimmt.

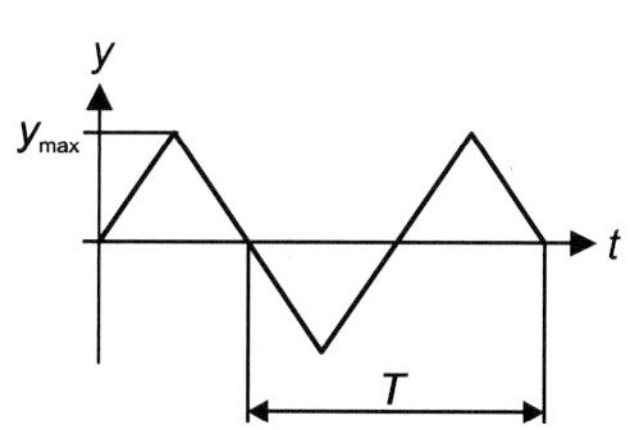

Bild 7.10: Rampenförmiger Schieberwegverlauf am Servoventil

Die maximal erreichbare Amplitude y_{max} errechnet sich gemäß Bild 7.10 mit der Zyklusdauer T zu

$$y_{\max} = \frac{T\,\dot{y}_{\max}}{4}. \tag{7.55}$$

Zur Bestimmung der maximalen Schiebergeschwindigkeit werden sämtliche Verzögerungen durch Druckaufbau und Massenträgheit vernachlässigt ($C_H = 0$, $m_V = 0$) und in sicherer Vereinfachung von einer unendlich großen Beschleunigung ausgegangen. Die maximale Schiebergeschwindigkeit tritt dann in unmittelbarer Folge der maximal auftretenden Druckdifferenz auf, wenn durch die Prallplatte eine der Düsen verschlossen wird ($s = -s_0$), siehe Bild 7.11.

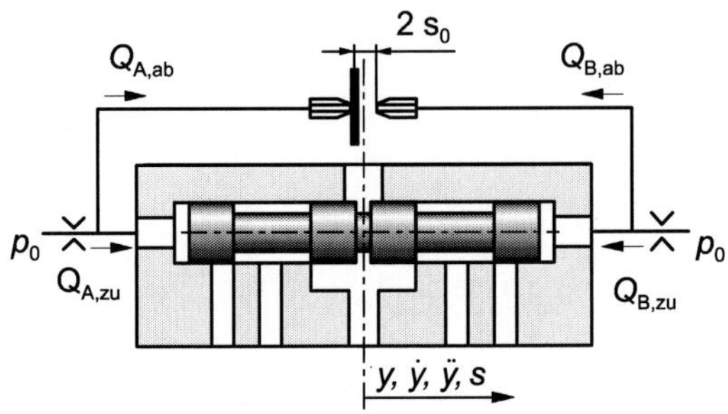

Bild 7.11: Maximale Prallplattenauslenkung am Servoventil

Die Volumenströme betragen in diesem Fall:

$$Q_{A,zu} = k_{Q,zu}\sqrt{p_0 - p_{VA}} \tag{7.56}$$

$$Q_{A,ab} = 0 \tag{7.57}$$

$$Q_{B,zu} = k_{Q,zu}\sqrt{p_0 - p_{VB}} \tag{7.58}$$

$$Q_{B,ab} = k_{Q,ab} \cdot 2 s_0 \sqrt{p_{VB}} \tag{7.59}$$

Die Volumenstrombilanz in der Vorsteuerkammer A lautet damit

$$k_{Q,zu}\sqrt{p_0 - p_{VA}} - 0 = \dot{y}_{\max} A_V. \tag{7.60}$$

Da keine Beschleunigungskräfte am Schieber angreifen und die Geschwindigkeit konstant ist, gilt

$$p_{\mathrm{VL}} = 0 \quad \Rightarrow \quad p_{\mathrm{VA}} = p_{\mathrm{VB}} = p_{\mathrm{m}} = \frac{p_0}{2}. \tag{7.61}$$

Einsetzen in Gleichung (7.60) liefert die maximale Schiebergeschwindigkeit

$$\dot{y}_{\max} = \frac{k_{Q,\mathrm{zu}}}{A_{\mathrm{V}}}\sqrt{\frac{p_0}{2}} = \frac{Q_{\mathrm{vor}}}{A_{\mathrm{V}}}. \tag{7.62}$$

Mit Gleichung (7.55) ergibt sich für die maximal erreichbare Amplitude

$$y_{\max} = \frac{TQ_{\mathrm{vor}}}{4A_{\mathrm{V}}}. \tag{7.63}$$

Aus den Gleichungen (7.62) und (7.63) ist zu entnehmen, dass die erzielbaren Amplituden bzw. Frequenzen des Ventils neben der Ventilschieberfläche vom Vorsteuervolumenstrom abhängig sind. Dieser wiederum wird vom Versorgungsdruck des Systems bestimmt. Der Einfluss des Versorgungsdrucks auf die Ventildynamik wurde bereits in Kapitel 3.1.5.2 behandelt und muss bei der Auslegung servohydraulischer Regelkreise unbedingt berücksichtigt werden.

7.1.1.2 Linearisiertes Modell 3. Ordnung

Üblicherweise liegt die Dynamik von Torquemotor und Ventilschieber in Kombination mit der hydraulischen Kapazität weit auseinander, so dass, bevor die Gleichungen kombiniert werden, hieraus resultierend einige Vereinfachungen getroffen werden können.

Aus Bild 7.4 lässt sich eine mechanische Eigenfrequenz des Torquemotors von ca. 500 Hz ablesen. Die Dynamik des hydraulischen Systems lässt sich mit Gleichung (7.50) berechnen zu $f_{\mathrm{H}} \approx 4200\,\mathrm{Hz}$. Da diese Frequenz etwa um den Faktor 8 über der Dynamik des Torquemotors liegt, kann die Dynamik der Schieberbewegung vernachlässigt werden, so dass sich Gleichung (7.48) zu

$$\dot{y} = \varphi \frac{l_{\mathrm{D}} Q_{\mathrm{vor}}}{s_0 A_{\mathrm{V}}} = \varphi \frac{V_{\mathrm{T}Q\varphi}}{A_{\mathrm{V}}} \tag{7.64}$$

mit der Volumenstrom-Signalverstärkung

$$V_{TQ\varphi} = \frac{l_D Q_{vor}}{s_0} \tag{7.65}$$

vereinfachen lässt. Eingesetzt in die Bewegungsdifferentialgleichung des Torquemotors (7.23) folgt dann:

$$\dddot{y} + \ddot{y} \cdot 2D_T\omega_T + \dot{y}\omega_T^2 + y\omega_T^2 \frac{c_F}{c_{ges} l_y} \frac{V_{TQ\varphi}}{A_V} = i_T \omega_T^2 \frac{k_{Mi}}{c_{ges}} \frac{V_{TQ\varphi}}{A_V} \tag{7.66}$$

Diese Gleichung ist eine Differentialgleichung 3. Ordnung, die durch den Wirkungsplan in Bild 7.12 beschrieben wird. Da bei dieser Vereinfachung der Druckaufbau am Ventilschieber vernachlässigt wird, entfällt auch die Rückführung des Schieberlastdrucks auf den Volumenstrom der Vorsteuerstufe.

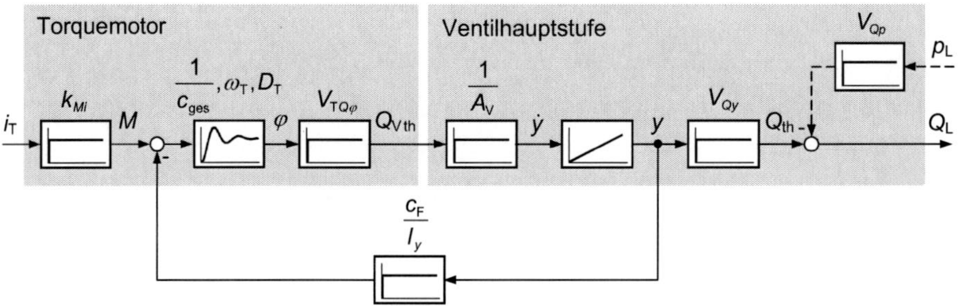

Bild 7.12: Wirkungsplan des Servoventilmodells 3. Ordnung

Gleichung (7.66) kann zur Untersuchung des dynamischen Ventilverhaltens und der Stabilität verwendet werden. Zur Beurteilung der Stabilität kann z.B. das Hurwitz-Kriterium herangezogen werden (siehe Kapitel 9.7.3.2). Man geht dabei vom homogenen Anteil der DGL aus, der immer die Form

$$a_n y^{(n)} + \ldots a_2\ddot{y} + a_1\dot{y} + a_0 y = 0 \tag{7.67}$$

hat. Für Gleichung (7.66) folgt daraus:

$a_3 = 1$,

$a_2 = 2D_T\omega_T$,

$a_1 = \omega_T^2$,

$$a_0 = \omega_T^2 \frac{c_F}{c_{ges}} \frac{V_{TQ\varphi}}{l_y A_V}.$$

Das Hurwitz-Kriterium fordert zum einen, dass alle Koeffizienten positiv und ungleich Null sein müssen. Zweite Bedingung ist, dass alle Hurwitz-Determinanten größer als Null sind. Bei einem System 3. Ordnung gibt es nur eine Determinante:

$$a_2 a_1 - a_3 a_0 > 0 \quad \Leftrightarrow \quad 2D_T\omega_T - \frac{c_F}{c_{ges}} \frac{V_{TQ\varphi}}{l_y A_V} > 0 \tag{7.68}$$

Zur Bestimmung der maximalen Federsteifigkeit der Rückführfeder lässt sich Gleichung (7.68) dann zu

$$2D_T\omega_T \frac{c_{ges} l_y A_V}{V_{TQ\varphi}} = c_{F,max} > c_F \tag{7.69}$$

umformen.

Für die dynamische Beurteilung eines Ventils werden üblicherweise die $-90°$-Frequenz bzw. die -3dB-Frequenz (s. Kapitel 3.1.5.2) herangezogen. Hierzu wird Gleichung (7.66) in einen Frequenzgang überführt:

$$F(j\omega) = \frac{y}{i_T} = \frac{\omega_T^2 \frac{k_{Mi}}{c_{ges}} \frac{V_{TQ\varphi}}{A_V}}{(j\omega)^3 + (j\omega)^2 \cdot 2D_T\omega_T + (j\omega)\omega_T^2 + \omega_T^2 \frac{c_F}{c_{ges}} \frac{V_{TQ\varphi}}{l_y A_V}} \tag{7.70}$$

Besonders einfach lässt sich die $-90°$-Frequenz bestimmen, da hier der Realteil des Nenners von (7.70) zu Null wird, so dass folgt:

$$-\omega_{-90°}^2 \cdot 2D_T\omega_T + \omega_T^2 \frac{c_F}{c_{ges}} \frac{V_{TQ\varphi}}{l_y A_V} = 0 \tag{7.71}$$

$$f_{-90°} = \sqrt{\frac{\omega_T c_F}{2D_T c_{ges}} \frac{V_{TQ\varphi}}{l_y A_V}} \tag{7.72}$$

7.1.1.3 Linearisiertes Modell 2. Ordnung

Die in den beiden vorigen Kapiteln aufgestellten Modelle 5. und 3. Ordnung erlauben eine sehr realitätsnahe Beschreibung des betrachteten Ventilsystems. Ihr Einsatz für quantitative Berechnungen erfordert jedoch die Spezifikation einer Vielzahl von Parametern, die im Normalfall nicht verfügbar oder mit vertretbarem Aufwand zu bestimmen sind. Es soll daher ein praxisgerechteres Modell eingeführt werden, das zwar ungenauer, dafür aber leichter zu handhaben und anzuwenden ist.

Dazu wird wiederum ein Stetigventil betrachtet, das aus einer hydraulischen Vollbrücke A+A besteht und eine ideale Nullüberdeckung besitzt. Die Umsetzung des elektrischen Ansteuersignals i in eine Steuerschieberposition y durch ein beliebiges Aktorprinzip wird vereinfachend mit einem PT_2-Element beschrieben. Die Betrachtung der Frequenzgänge eines typischen Servoventils in Bild 7.13 zeigt, dass diese Darstellung mit reduzierter aber ausreichender Genauigkeit das dynamische Verhalten eines idealen PT_2-Gliedes wiedergibt.

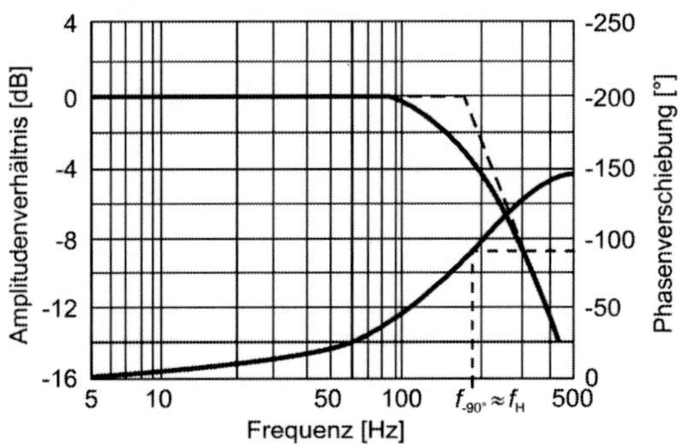

Bild 7.13: Typische Frequenzgänge eines Servoventils /Moo/

Es ist auf diese Weise möglich, die Ventildynamik mittels der Kenngrößen Ventilverstärkung V_V, Kennkreisfrequenz ω_V, Dämpfungsgrad D_V und Volumenstrom-Signalverstärkung V_{Qy} vollständig zu charakterisieren. Die zugehörige Differentialgleichung der Ventilschieberbewegung lautet

$$\ddot{y} + 2D_V\omega_V\dot{y} + \omega_V^2 y = V_V\omega_V^2 i \tag{7.73}$$

und ist in Bild 7.14 in Form eines Wirkungsplans veranschaulicht. Wie in den Modellen höherer Ordnung (s. Kapitel 7.1.1.1 bzw. 7.1.1.2) wird auch hier eine Linearisierung mittels der linearen Kennfeldgleichung (7.52) vorgenommen.

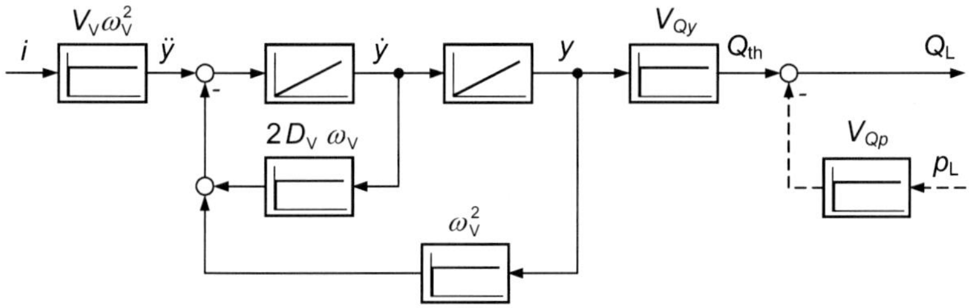

Bild 7.14: Lineares Modell eines Servoventils

Bei realen Ventilen ist die Zwischengröße des Schieberwegs y jedoch oft nicht zugänglich, z. B. aufgrund einer internen Lageregelung des Ventilschiebers. Ventilverstärkung und Volumenstrom-Signalverstärkung können daher zur Volumenstrom-Signalverstärkung V_{Qi} zusammengefasst werden, für die im ungeregelten Fall gilt:

$$V_{Qi} = V_V V_{Qy} \tag{7.74}$$

Damit erhält man eine Beschreibungsform, die auf einem einzigen Übertragungsglied mit lediglich drei Kenngrößen basiert und ein elektrisches Steuersignal als Eingangsgröße direkt in den Ventilvolumenstrom umwandelt. Bild 7.15 zeigt die entsprechende reduzierte Darstellung als PT_2-Element.

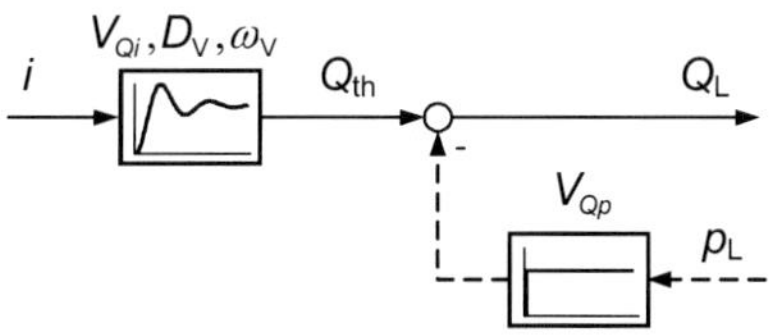

Bild 7.15: Ersatzschaltung des Servoventils als PT_2-Übertragungsglied

Dieses phänomenologisch gestützte Modell kann mit Hilfe von Messdaten verhältnismäßig einfach parametriert werden, um auch reale Ventile untersuchen zu können. Die dazu erforderliche Bestimmung der Kenngrößen wurde in Kapitel 6.4 erläutert. Es ist dabei zu beachten, dass die aus Ventildatenblättern oder Messungen ermittelten Werte für V_{Qi}, ω_V und D_V im Allgemeinen nicht mit den theoretischen Kenngrößen des ungeregelten Ventils übereinstimmen.

7.1.2 Verdrängerstellsystem

Ein elektrohydraulisches Verdrängerstellsystem besteht im Wesentlichen aus einem ventilgesteuerten Zylinder im Lageregelkreis. Dabei spielt es keine Rolle, ob es sich um die Verstellung einer Pumpe oder eines Motors handelt. In Bild 7.16 wird schematisch die Verstelleinheit einer Radialkolbenpumpe dargestellt. Das Regelventil ist in einer A+E-Schaltung mit den beiden Stellkolben verbunden. Mit einem Wegaufnehmer wird der Istwert y der Stellkolbenposition erfasst und zur Reglerelektronik zurückgeführt. Diese erzeugt einen Sollwert $y_{\mathrm{V\,soll}}$ für die unterlagerte Lageregelung des Ventilschiebers. Die aktuelle Position y_{V} des Ventilschiebers wird daher ebenfalls gemessen und im Regler zur Generierung des Ansteuerstromsignals i für den Proportionalmagneten verwendet.

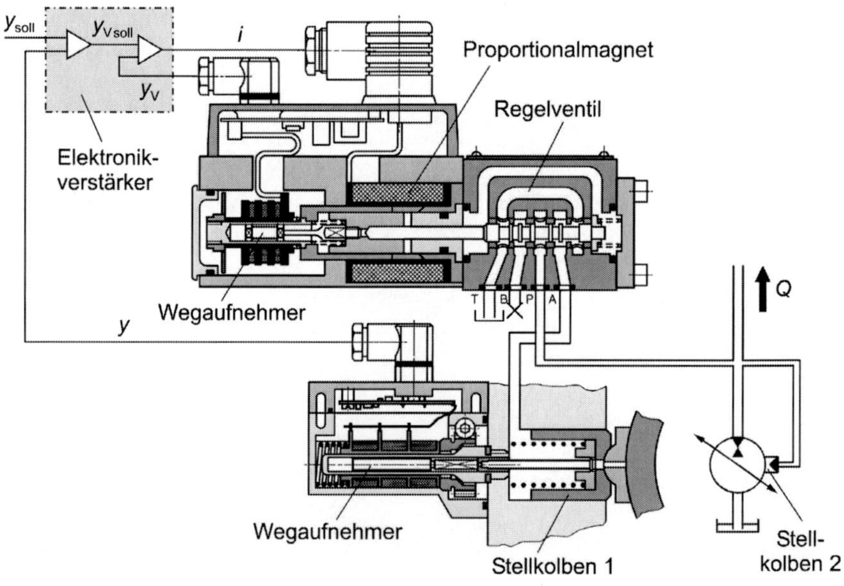

Bild 7.16: Servopumpenverstellung /Moo03/

Da ein Verdrängerstellsystem einen geschlossenen Lageregelkreis darstellt, ist es notwendig, einige regelungstechnische Begriffe einzuführen.

- Die Kreisverstärkung V_{K} ist die Größe der stationären Signalverstärkung von Regelstrecke und Regeleinrichtung

- Die Geschwindigkeitsverstärkung C_0 ist der Proportionalitätsfaktor zwischen dem Eingangssignal und der sich stationär einstellenden Geschwindigkeit bei geöffnetem Regelkreis

Ähnlich wie bei der Erstellung des Ventilmodells soll auch in diesem Kapitel vom exakten Modell ausgehend vorgegangen werden.

7.1.2.1 Nichtlineares Modell 5. Ordnung

In Bild 7.17 ist der nichtlineare Wirkungsplan des gesamten Stellsystems dargestellt. Die Verstelldynamik des Ansteuerventils wird dabei durch ein PT_2-Element mit Begrenzung der Verstellgeschwindigkeit und des Verstellweges repräsentiert. Das stationäre Kennlinienfeld des Ventils ist im Arbeitspunkt linearisiert und wird durch Volumenstrom-Signalverstärkung $V_{\mathrm{V}Qy}$ und Volumenstrom-Druckverstärkung $V_{\mathrm{V}Qp}$ beschrieben. Das Feder-Masse-System des Stellkolbens und der Druckaufbau werden als System dritter Ordnung mit nichtlinearer, geschwindigkeitsabhängiger Reibkennlinie dargestellt. Der Einfluss der Eigenverstellkraft F_{SL} wird als hysteresebehaftete nichtlineare Kennlinie berücksichtigt. Je nach Bau- bzw. Betriebsart des Verdrängers wird die Ausgangsgröße y über die entsprechende Signalverstärkung in den theoretischen Fördervolumenstrom $Q_{1\mathrm{th}}$ (s. Kapitel 7.1.3) oder das theoretische Abtriebsmoment $M_{2\mathrm{th}}$ (s. Kapitel 7.1.5) umgewandelt.

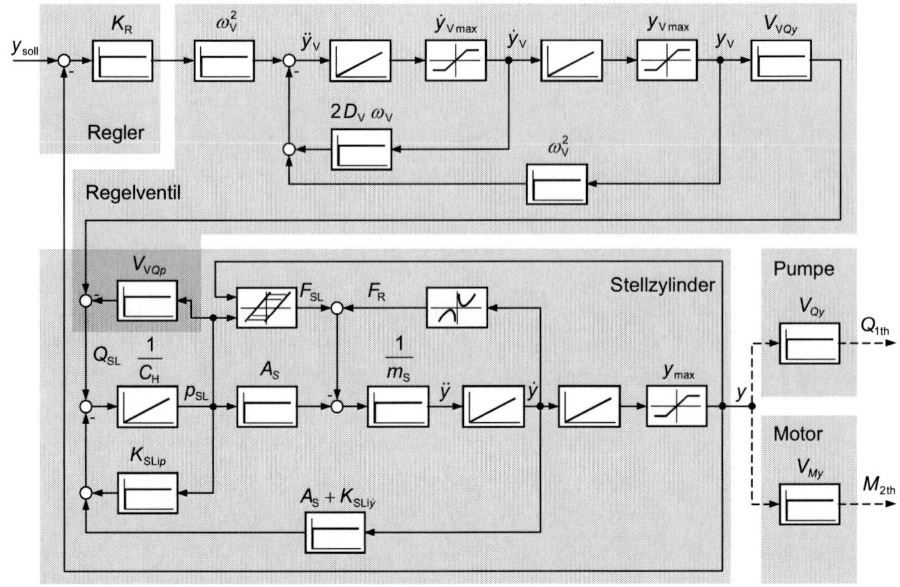

Bild 7.17: Nichtlinearer Wirkungsplan eines Verdrängerstellsystems

7.1.2.2 Linearisiertes Modell 2. Ordnung

Für viele Anwendungen sind einige vereinfachende Annahmen zulässig. Das entstehende linearisierte Modell beschreibt in guter Näherung das gemessene Zeitverhalten von Stellsystemen /Hah73/, /Dlu89/.

Die mathematische Beschreibung und das vereinfachte Blockschaltbild in Bild 7.18 gehen von folgenden Vereinfachungen aus:

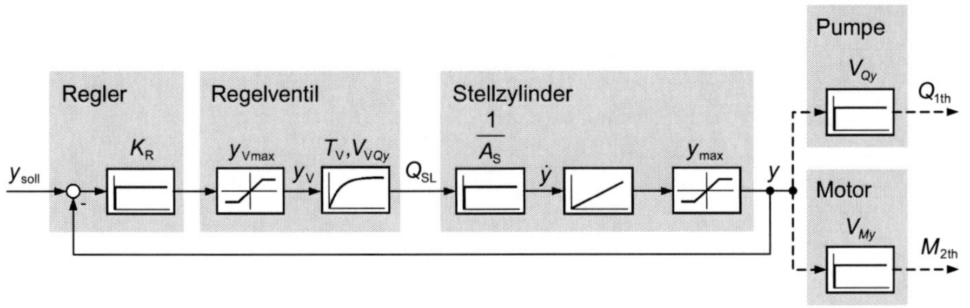

Bild 7.18: Vereinfachte mathematische Beschreibung eines Stellsystems

- Die Zeitkonstanten, die aus der Ölfedersteifigkeit, der Kolbenmasse sowie der auf die Kolbenachse reduzierten auszuschwenkenden Masse resultieren, werden gegenüber den Zeitkonstanten des Stetigventils vernachlässigt

- Das Stetigventil wird als Verzögerungsglied 1. Ordnung angenommen und kann durch den stationären Übertragungsbeiwert V_{VQy} und die Zeitkonstante T_V beschrieben werden

- Der Stellkolben ist reibungsfrei ($F_R = 0$) und wirkt als verzögerungsfreies integrierendes Element

- Leckagen sind vernachlässigbar gering ($K_{SLip} = 0, K_{SLi\dot{y}} = 0$)

- Rückwirkungen des Verdrängers auf das Stellsystem durch die Eigenverstellkräfte bleiben unberücksichtigt ($F_{SL} = 0$)

Lässt man die Durchflussbegrenzung im Regelventil unberücksichtigt, so kann das PT_1-Glied wie in Bild 7.19 geschrieben werden.

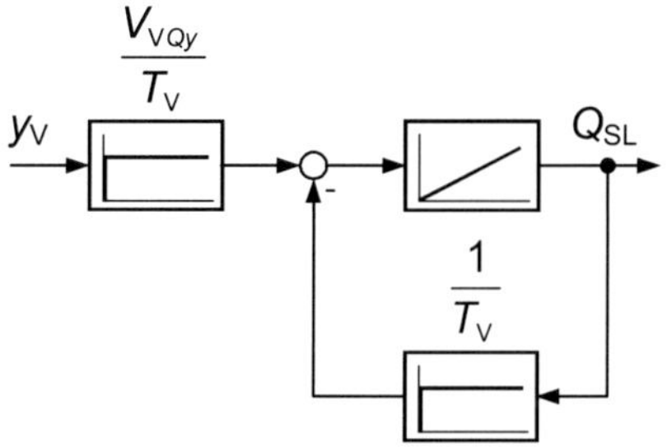

Bild 7.19: Regelventil als aufgelöstes PT_1-Glied

Werden des Weiteren die Stellwegbegrenzung vernachlässigt und die proportionalen Übertragungsfaktoren zusammengefasst, lässt sich das System im Wirkungsplan als schwingungsfähiges System zweiter Ordnung umzeichnen (siehe Bild 7.20).

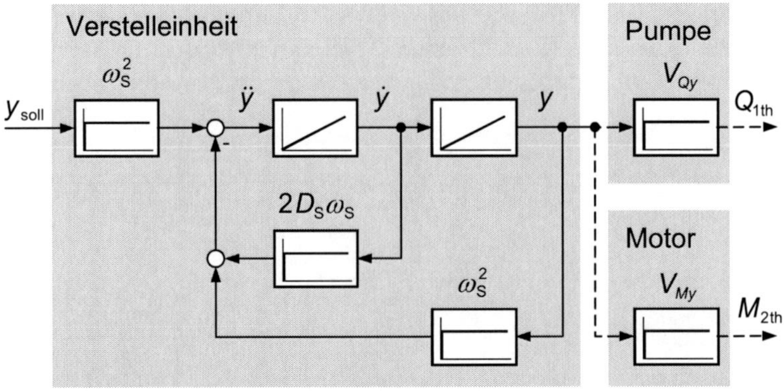

Bild 7.20: Modell der Verstelleinheit als PT_2-Glied

Die dynamischen Kenngrößen der Stelleinheit können dann durch den Dämpfungsgrad

$$D_S = \frac{1}{2}\sqrt{\frac{A_S}{T_V K_R V_{VQy}}} \tag{7.75}$$

und die Kennkreisfrequenz

$$\omega_S = \sqrt{\frac{K_R V_{VQy}}{T_V A_S}} \tag{7.76}$$

wiedergegeben werden.

Damit das dynamische Verhalten der Servopumpe das Verhalten des Gesamtsystems nicht nachteilig beeinflusst, wird bei der Auslegung des Pumpenstellsystems angestrebt, dass

- die Kennkreisfrequenz mindestens dreimal so hoch wie die des Gesamtsystems ist,
- der Dämpfungsgrad bei ca. 0,5-0,6 liegt.

Das Ziel, eine möglichst hohe Kennkreisfrequenz bei gleichzeitig gutem Dämpfungsgrad zu erreichen, ist nur über eine große Kreisverstärkung V_{KS} des Stellsystems realisierbar, die sich gemäß

$$V_{\mathrm{KS}} = \frac{K_{\mathrm{R}} V_{\mathrm{V}Qy}}{A_{\mathrm{S}}} = K_{\mathrm{R}} C_0 \tag{7.77}$$

aus dem Reglerübertragungsfaktor K_{R} und der Geschwindigkeitsverstärkung

$$C_0 = \frac{V_{\mathrm{V}Qy}}{A_{\mathrm{S}}} \tag{7.78}$$

berechnet. Gleichung (7.77) zeigt, dass dies mit einer möglichst kleinen Stellkolbenfläche A_{S} bei gleichzeitig großer Volumenstrom-Signalverstärkung $V_{\mathrm{V}Qy}$ des Stetigventils erreicht werden kann. Dämpfungsgrad und Kennkreisfrequenz lauten dann

$$D_{\mathrm{S}} = \frac{1}{2}\sqrt{\frac{1}{V_{\mathrm{KS}} T_{\mathrm{V}}}} \tag{7.79}$$

bzw.

$$\omega_{\mathrm{S}} = \sqrt{\frac{V_{\mathrm{KS}}}{T_{\mathrm{V}}}}\,. \tag{7.80}$$

7.1.2.3 Nichtlineares Modell 1. Ordnung

Untersuchungen haben gezeigt, dass das Zeitverhalten im Großsignalbereich des Stellsystems im Wesentlichen durch die Stellweg- und Stellgeschwindigkeitsbegrenzung des Ventils bestimmt wird /Ber88/. Unter der Voraussetzung, dass die hydraulischen Kennkreisfrequenzen des Stellzylinders und des verwendeten Ventils sehr hoch liegen, lässt sich das Modell wie folgt vereinfachen:

- Das Stetigventil wird als verzögerungsfreies Übertragungsglied betrachtet, das nur durch die Begrenzung des Stellweges beschrieben wird.
- Der Druckaufbau im Zylinder erfolgt verzögerungsfrei. Dadurch wird die Ventilauslenkung unmittelbar in eine stationäre Stellkolbengeschwindigkeit umgesetzt, die durch die Geschwindigkeitsverstärkung C_0 beschrieben werden kann.

Der durch Vereinfachung aus Bild 7.18 entwickelte zugehörige Wirkungsplan des Systems kann Bild 7.21 entnommen werden. Die Dynamik der Verstelleinheit wird in diesem Fall als nicht schwingungsfähiges PT_1-Glied dargestellt.

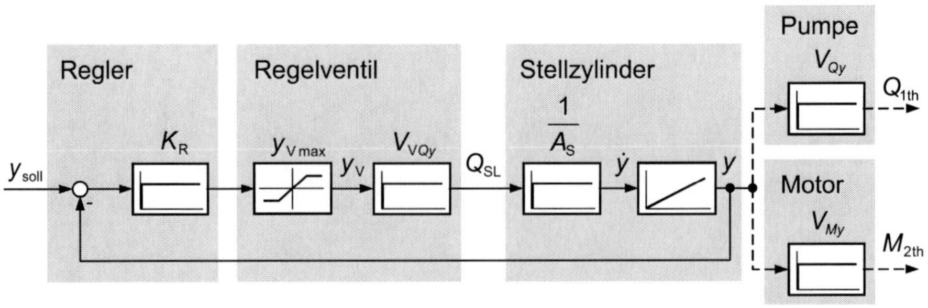

Bild 7.21: Darstellung des Stellsystems als nicht schwingungsfähiges System

7.1.3 Verstellpumpe

In einem pumpengesteuerten Antrieb mit Servopumpe als Stellelement wirkt im Gegensatz zu einem ventilgesteuerten Antrieb der Lastdruck nicht auf den Volumenstrom zurück, da die Pumpe nach dem Verdrängerprinzip arbeitet. Eine Erhöhung des Lastdruckes hat hier nur Auswirkungen auf die druckabhängige Leckage Q_{1Lip} (s. Kapitel 3.2.2.1). Mit Gleichung (3.11) erhält man analog zur Gleichung des Ventildurchflusses (7.52) den Lastvolumenstrom

$$Q_L = V_{Qy} y - K_{1Lip} p_L \tag{7.81}$$

mit den in Kapitel 3.2.2.1 eingeführten Kennwerten der Volumenstrom-Signalverstärkung V_{Qy} und des druckabhängigen Leckagebeiwerts K_{1Lip}. Eingangsgröße ist der Stellweg y des Pumpenverstellzylinders (s. Kapitel 7.1.2).

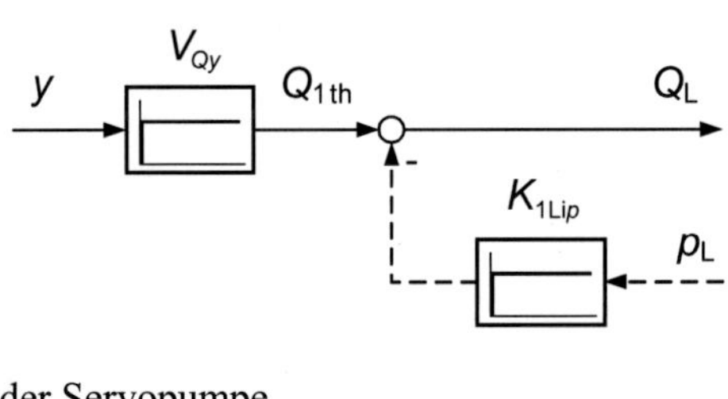

Bild 7.22: Modell der Servopumpe

Damit kann die Behandlung der Servopumpe im Modell des Regelkreises nach Bild 7.22 vollkommen analog zum Stetigventil erfolgen, wenn jeweils die entsprechenden Kenngrößen eingesetzt werden.

7.1.4 Drehzahlveränderliche Konstantpumpe

Das mathematische Modell einer drehzahlveränderlichen Konstantpumpe ist weitgehend durch die Dynamik des geregelten elektrischen Antriebsmotors gekennzeichnet. Den Wirkungsplan einer Pumpensteuerung mit einem Wechselspannungs-Servomotor mit Frequenzumrichter zeigt Bild 7.23.

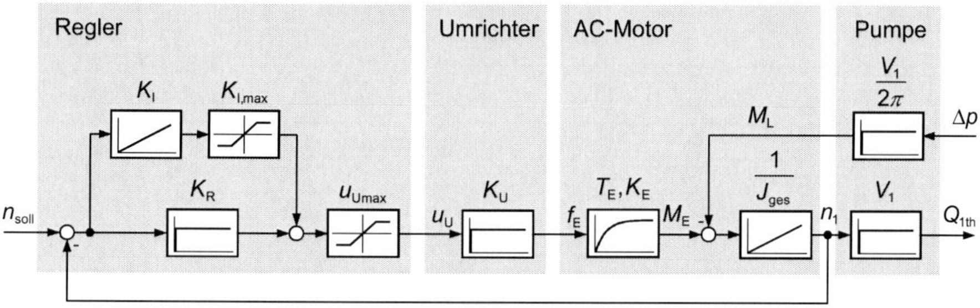

Bild 7.23: Nichtlineares Modell 3. Ordnung /Rüh97/

Der Umrichter wird als proportionales Übertragungsglied mit dem Beiwert K_U betrachtet, während für den AC-Servomotor PT_1-Verhalten mit den Kenngrößen T_E und K_E angenommen wird. Er wird immer im Drehzahlregelkreis mit einem integrierenden Regler betrieben, der aus dem Drehzahlsollsignal n_{soll} und der Ist-Drehzahl n_1 ein Spannungsstellsignal u_U für den Frequenzumrichter berechnet. Dieses wird vom Umrichter in eine Frequenz f_E des Drehstroms umgewandelt, wodurch sich am Elektromotor ein Moment M_E und in der Folge, verzögert durch das Massenträgheitsmoment J_{ges} des gesamten Abtriebs, eine der Frequenz entsprechende Drehzahl einstellt. Diese Drehzahl erzeugt in der Pumpe einen theoretischen Volumenstrom Q_{1th}. Als Störgröße wirkt das Lastmoment M_L an der Pumpe, das sich aus dem Schluckvolumen V_1 der Pumpe und der erzeugten Druckdifferenz Δp ergibt.

Durch die Begrenzung des Eingangssignals des Umrichters u_{Umax} wird das Ausgangsmoment des Elektromotors auf einen endlichen Wert beschränkt. Dadurch ergibt sich bei einem Drehzahlsprung, wie er in Bild 7.24 dargestellt ist, ein endlicher Anstieg der Drehzahl. Dem ebenfalls dargestellten, simulierten Drehzahlverlauf liegt das nichtlineare Modell aus Bild 7.23 zugrunde.

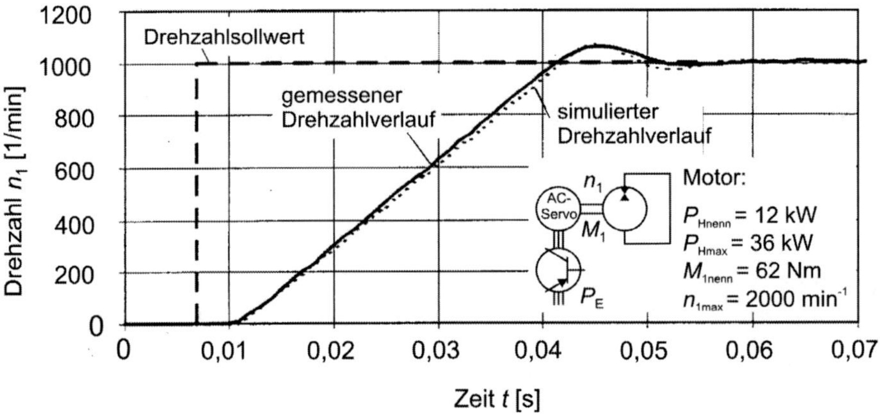

Bild 7.24: Gemessene und simulierte Sprungantwort /Rüh97/

Für Änderungen der Drehzahl im Kleinsignalbereich um einen Arbeitspunkt können die Begrenzungen vernachlässigt werden. Wird zusätzlich der AC-Servomotor als proportionales Element betrachtet, erhält man ein lineares System 2. Ordnung, das in Bild 7.25 dargestellt ist.

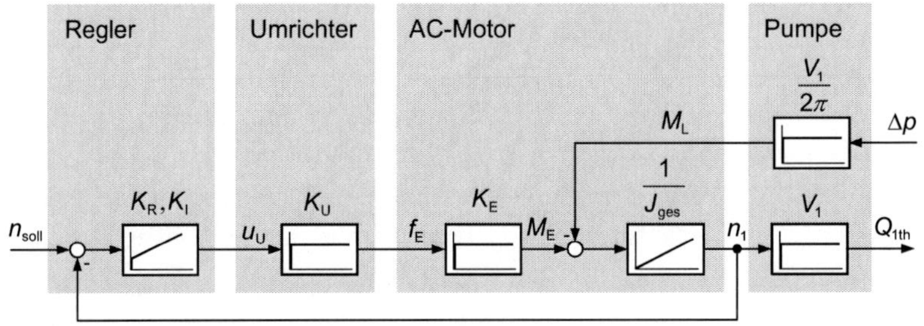

Bild 7.25: Linearisiertes Modell 2. Ordnung

Die Kennkreisfrequenz des PT_2-Systems berechnet sich damit zu

$$\omega_E = \sqrt{\frac{K_U K_I K_E}{J_{ges}}}, \tag{7.82}$$

der Dämpfungsgrad zu

$$D_E = \frac{1}{2}\sqrt{\frac{K_U K_E}{J_{ges}}} \frac{K_R}{\sqrt{K_I}} \tag{7.83}$$

und die Kreisverstärkung zu

$$V_{\mathrm{KE}} = K_{\mathrm{R}} K_{\mathrm{U}} K_{\mathrm{E}}\,. \tag{7.84}$$

7.1.5 Konstantmotor

Das Verhalten hydraulischer Motoren mit konstantem Verdrängungsvolumen wird im Folgenden für den Rotationsmotor hergeleitet und anschließend auf den Linearmotor übertragen.

7.1.5.1 Rotationsmotor

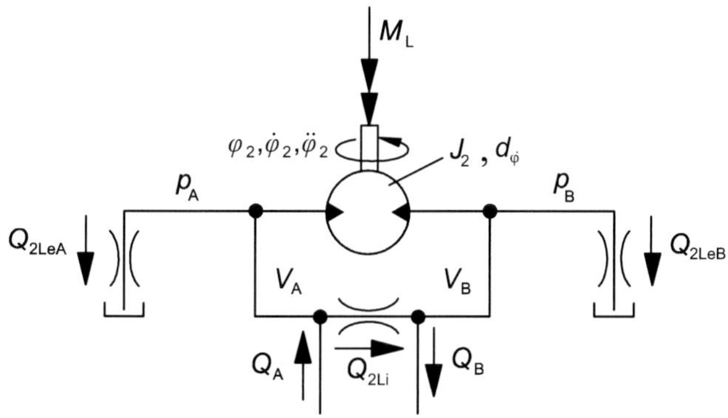

Bild 7.26: Größen am Rotationsmotor

Die Umsetzung eines Volumenstromes in die Drehgeschwindigkeit $\dot{\varphi}_2$ in einem Rotationsmotor unter Berücksichtigung der inneren und äußeren Leckagen zeigt Bild 7.26. Der Lastdruck am Motor ist definiert als

$$p_{\mathrm{L}} = p_{\mathrm{A}} - p_{\mathrm{B}}\,. \tag{7.85}$$

Der Lastvolumenstrom Q_{L} entspricht dem Mittelwert der aus dem Stellelement in die Motorseite A ein- bzw. aus der Motorseite B austretenden Volumenströme Q_{A} und Q_{B}:

$$Q_{\mathrm{L}} = \frac{Q_{\mathrm{A}} + Q_{\mathrm{B}}}{2} \tag{7.86}$$

Im System treten zum einen externe Leckölverluste Q_{2LeA} und Q_{2LeB} auf, zum anderen fließt, bedingt durch die Bauart des Motors, ein interner Leckagevolumenstrom $Q_{2\mathrm{Li}}$ von der Hochdruck- zur Niederdruckseite. Dieser setzt sich gemäß

$$Q_{2\mathrm{Li}} = Q_{2\mathrm{Li}p} + Q_{2\mathrm{Li}\dot{\varphi}} \tag{7.87}$$

aus einem druckabhängigen Anteil $Q_{2\mathrm{Li}p}$ und einem drehzahlabhängigen Anteil $Q_{2\mathrm{Li}\dot{\varphi}}$ zusammen. Der theoretische Schluckvolumenstrom $Q_{2\mathrm{th}}$ ist das Produkt aus geometrischem Motorschluckvolumen V_2 und Drehzahl $\dot{\varphi}_2/(2\pi)$, also

$$Q_{2\mathrm{th}} = \frac{V_2}{2\pi}\dot{\varphi}_2 . \tag{7.88}$$

Die Volumenstrombilanz für Seite A ergibt sich damit zu

$$\sum Q_1 = Q_\mathrm{A} - Q_{2\mathrm{LeA}} - Q_{2\mathrm{Li}} - Q_{2\mathrm{th}} \tag{7.89}$$

und analog die Volumenstrombilanz für Seite B zu

$$\sum Q_2 = -Q_\mathrm{B} - Q_{2\mathrm{LeB}} + Q_{2\mathrm{Li}} + Q_{2\mathrm{th}} . \tag{7.90}$$

Druckaufbau

Da ein Konstantmotor nicht über die Möglichkeit verfügt, den aufgenommenen Volumenstrom selbst einzustellen, ist er stets von einem antriebsseitigen Stellelement (Ventil oder Servopumpe) abhängig. Dies hat zur Folge, dass bei einer Stellgrößenveränderung des Stellelements im Motor zunächst ein Druck mit endlicher Geschwindigkeit auf- bzw. abgebaut werden muss, bevor dieser in ein Drehmoment gewandelt werden kann. Obwohl der Druckaufbau im Motor stattfindet, wird er maßgeblich von den Eigenschaften des vorgeschalteten Stellelements beeinflusst.

Die Druckänderung in den Verdrängerräumen eines Rotationsmotors wird durch die Druckaufbaugleichung beschrieben. Sie besagt, dass sich der Druck in einem Volumen ändert, wenn die Summe der ein- und austretenden Volumenströme ungleich Null ist. Die Druckänderungsgeschwindigkeit ist proportional der Summe aller Volumenströme und reziprok proportional der hydraulischen Kapazität. Für den Druckaufbau in den Verdrängerräumen A und B gilt daher mit Gleichung (7.89) und (7.90):

$$\dot{p}_\mathrm{A} = \frac{1}{C_\mathrm{HA}}\sum Q_1 = \frac{1}{C_\mathrm{HA}}\left[Q_\mathrm{A} - Q_{2\mathrm{LeA}} - Q_{2\mathrm{Li}} - \frac{V_2}{2\pi}\dot{\varphi}_2\right], \tag{7.91}$$

$$\dot{p}_{\mathrm{B}} = \frac{1}{C_{\mathrm{HB}}} \sum Q_2 = \frac{1}{C_{\mathrm{HB}}} \left[-Q_{\mathrm{B}} - Q_{2\mathrm{LeB}} + Q_{2\mathrm{Li}} + \frac{V_2}{2\pi} \dot{\varphi}_2 \right]. \tag{7.92}$$

Unter Voraussetzung einer symmetrischen Druckänderung und symmetrisch arbeitender hydraulischer Bauelemente folgt, dass die hydraulischen Kapazitäten beider Verdrängerräume gleich sind,

$$C_{\mathrm{HA}} = C_{\mathrm{HB}} = C_{\mathrm{H}}, \tag{7.93}$$

und dass die zu- und abfließenden Volumenströme gleich dem Lastvolumenstrom sind,

$$Q_{\mathrm{A}} = Q_{\mathrm{B}} = Q_{\mathrm{L}}. \tag{7.94}$$

Alle Nichtlinearitäten (siehe. Kapitel 7.3) werden für das lineare Modell vernachlässigt. Der drehzahlproportionale Reibkoeffizient $d_{\dot{\varphi}}$ wird ebenfalls als konstant angenommen.

Die externe Leckage wird nicht berücksichtigt, und die interne Leckage wird als linear abhängig vom Lastdruck und der Drehwinkelgeschwindigkeit angesetzt, so dass gilt:

$$Q_{2\mathrm{LeA}} = Q_{2\mathrm{LeB}} = 0, \tag{7.95}$$

$$Q_{2\mathrm{Li}} = K_{2\mathrm{Li}p} p_{\mathrm{L}} + K_{2\mathrm{Li}\varphi} \dot{\varphi}_2. \tag{7.96}$$

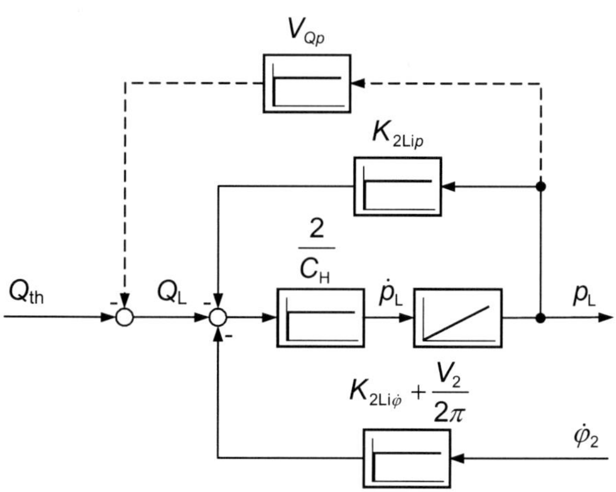

Bild 7.27: Lineares Modell des Druckaufbaus im Rotationsmotor

Aus diesen Vereinfachungen ergibt sich durch Einsetzen in Gleichung (7.85), (7.91) und (7.92) der in Bild 7.27 dargestellte Zusammenhang für die Lastdruckänderung:

$$\dot{p}_{\mathrm{L}} = \dot{p}_{\mathrm{A}} - \dot{p}_{\mathrm{B}} = \frac{2}{C_{\mathrm{H}}}\left(Q_{\mathrm{L}} - K_{2\mathrm{Li}p}\, p_{\mathrm{L}} - \left(K_{2\mathrm{Li}\varphi} + \frac{V_2}{2\pi} \right)\dot{\varphi}_2 \right) \tag{7.97}$$

Wie in Kapitel 7.1.1 anhand der linearisierten Kennfeldgleichung (7.52) des Servoventils gezeigt wurde, ist der Lastvolumenstrom bei der Widerstandssteuerung abhängig vom Lastdruck. Bei Verdrängersteuerung ist der Lastvolumenstrom nach Gleichung (7.81) lastunabhängig bis auf die Leckage. Aus dem Einsetzen der jeweiligen Beziehung in Gleichung (7.97) resultiert die Differentialgleichung für den Druckaufbau im Motor:

$$\frac{C_{\mathrm{H}}}{2\left(V_{Qp} + K_{2\mathrm{Li}p}\right)}\dot{p}_{\mathrm{L}} + p_{\mathrm{L}} = \frac{V_{Qy}\, y - \left(K_{2\mathrm{Li}\varphi} + \frac{V_2}{2\pi} \right)\dot{\varphi}_2}{V_{Qp} + K_{2\mathrm{Li}p}} \tag{7.98}$$

Es ist zu erkennen, dass sich der Lastdruck durch eine Ventilschieberbewegung oder eine Drehzahländerung des Motors mit einer Verzögerung 1. Ordnung ändert. Dieses in Bild 7.28 dargestellte PT_1-Verhalten wird durch die hydraulische Zeitkonstante

$$T_{\mathrm{H}} = \frac{C_{\mathrm{H}}}{2\left(V_{Qp} + K_{2\mathrm{Li}p}\right)} \tag{7.99}$$

und den hydraulischen Verstärkungsfaktor

$$V_{\mathrm{H}} = \frac{1}{V_{Qp} + K_{2\mathrm{Li}p}} \tag{7.100}$$

beschrieben.

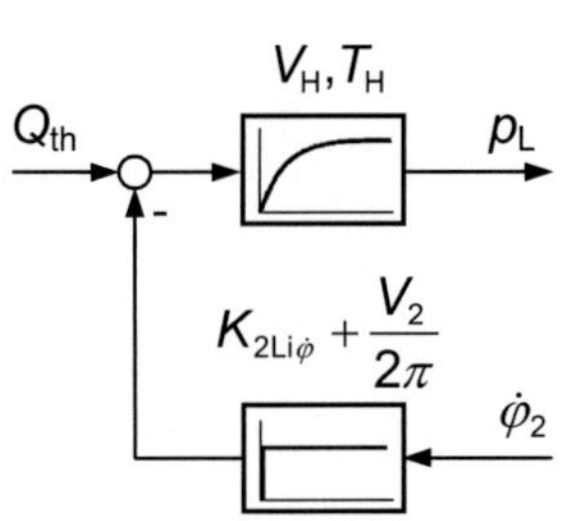

Bild 7.28: Reduzierte Darstellung des Druckaufbaus im Motor als PT_1-Glied

Es sei an dieser Stelle erwähnt, dass in vielen realen Systemen die genannte Voraussetzung für Gleichung (7.93) nicht erfüllt ist. Ist beispielsweise Seite B des Verdrängers mit dem Tank verbunden, so gilt für diese Seite wegen $C_{\mathrm{HB}} = \infty$ auch $\dot{p}_{\mathrm{B}} = 0$, so dass sich die hydraulische Zeitkonstante infolge der nur einseitigen Druckeinspannung gegenüber Gleichung (7.99) verdoppelt.

Mechanik

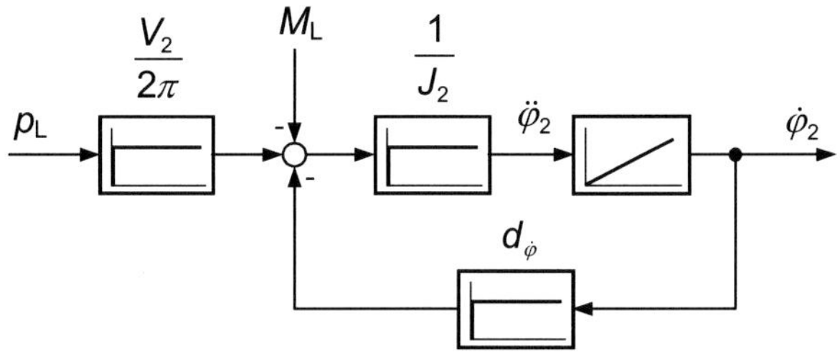

Bild 7.29: Linearisierte Newton'sche Bewegungsgleichung des Motors

Die Newton'sche Bewegungsgleichung

$$J_2\ddot{\varphi}_2 = \sum M = \frac{V_2}{2\pi} p_{\mathrm{L}} - d_{\dot{\varphi}}\dot{\varphi}_2 - M_{\mathrm{L}} \tag{7.101}$$

beschreibt die mechanische Umsetzung des aufgebauten Lastdrucks p_{L} und des äußeren Lastmomentes M_{L} in eine Motorwinkelgeschwindigkeit $\dot{\varphi}_2$ (siehe Bild 7.29). Zur Vereinfachung werden ein von der Winkelgeschwindigkeit über $d_{\dot{\varphi}}$ linear abhängiges Reibmoment und ein konstantes Trägheitsmoment J_2 angenommen.

Die Umformung der Newton'schen Bewegungsgleichung führt zu der Differentialgleichung der Bewegung am Motor, die durch ein PT_1-Verhalten charakterisiert ist:

$$\frac{J_2}{d_{\dot{\varphi}}}\ddot{\varphi}_2 + \dot{\varphi}_2 = \frac{1}{d_{\dot{\varphi}}}\left(\frac{V_2}{2\pi} p_{\mathrm{L}} - M_{\mathrm{L}}\right) \tag{7.102}$$

Die Umwandlung des Moments in eine Winkelgeschwindigkeit weist nach Bild 7.30 eine Verzögerung 1. Ordnung auf. Für dieses Ersatzsystem können die mechanische Zeitkonstante

$$T_{\mathrm{M}} = \frac{J_2}{d_{\dot{\varphi}}} \tag{7.103}$$

und die mechanische Verstärkung

$$V_M = \frac{1}{d_{\dot{\varphi}}} \tag{7.104}$$

definiert werden.

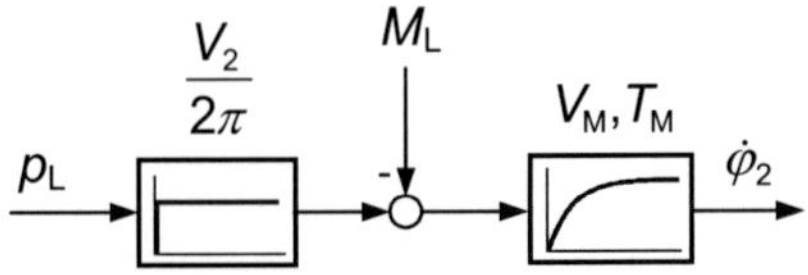

Bild 7.30: Reduzierte Darstellung der Motormechanik als PT_1-Glied

7.1.5.2 Linearmotor

Die in Kapitel 7.1.5.1 formulierten Symmetrievoraussetzungen bedeuten im Falle des Linearantriebes, dass es sich um einen gleichflächigen Zylinder handeln muss. Die Linearisierung gilt zudem nur in der Mittelstellung des Zylinders, damit gleiche Kapazitäten in beiden Verdrängerräumen vorliegen. In allen anderen Fällen sind die in Kapitel 7.3.1 behandelten Nichtlinearitäten des Druckaufbaus zu berücksichtigen.

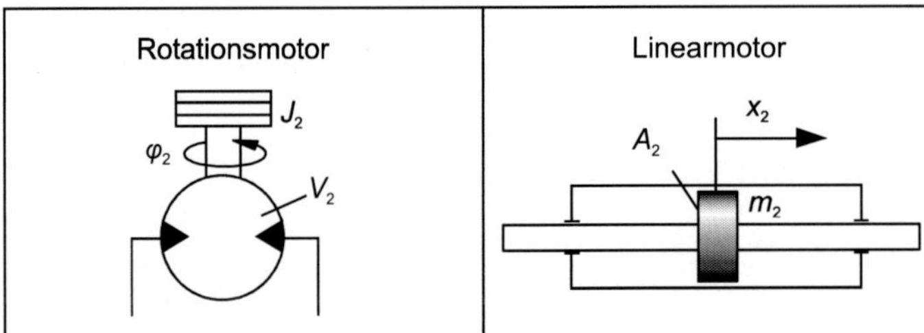

Trägheitsmoment	J_2	Masse	m_2
Schluckvolumen	$\frac{V_2}{2\pi}$	Fläche	A_2
Leckagekennwert	$K_{Li\dot{\varphi}}$	Leckagekennwert	$K_{Li\dot{x}}$
Reibkennwert	$d_{\dot{\varphi}}$	Reibkennwert	$d_{\dot{x}}$

Bild 7.31: Analogien zwischen Rotations- und Linearmotor

Die hydraulischen und mechanischen Kennwerte können aus Kapitel 7.1.5.1 übernommen werden, wenn die in Bild 7.31 aufgelisteten Analogien zwischen Rotations- und Linearmotor angewendet werden.

Trotz dieser Analogien unterscheiden sich Servozylinder und rotatorische Servomotoren in einem sehr wesentlichen Punkt: Bei Rotationsmotoren kann die Wirkung der Ölkompressibilität meist klein gehalten werden, weil das unter Druck stehende Ölvolumen nicht wesentlich größer sein muss als das Schluckvolumen des Motors. Dagegen steht das unter Druck stehende Ölvolumen eines Zylinders in unmittelbarem Zusammenhang mit der konstruktiven Auslegung von Hub und Kolbenfläche. Außerdem ist das Volumen jedes Verdrängerraumes von der Stellung des Kolbens abhängig.

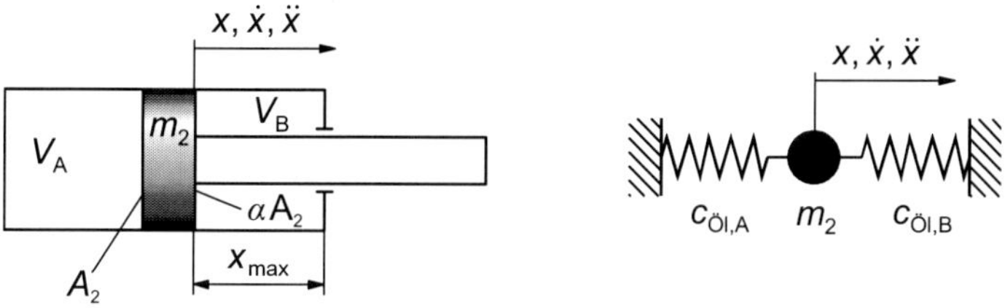

Bild 7.32: Modell des hydraulischen Linearmotors als Feder-Masse-System

Zur Erläuterung werde der allgemeine Fall eines Differentialzylinders mit ungleichen wirksamen Kolbenflächen betrachtet. Die Zylinderkammer A wird von der vollen Kreisfläche A_2 begrenzt, während der Druck in Kammer B nur auf die durch das Flächenverhältnis α bestimmte Ringfläche αA_2 wirkt (s. Bild 7.32 links).

Der Zylinderkolben stellt ein schwingungsfähiges System dar, da es sich um eine Masse handelt, die näherungsweise ungedämpft zwischen zwei Ölfedern eingespannt ist (s. Bild 7.32 rechts). Die Definition einer Steifigkeit $c_{\text{Öl}}$ für die Ölsäulen in den beiden Zylinderkammern veranschaulicht den Einfluss des Volumens auf die Eigenkreisfrequenz eines Zylinders. Die Federsteifigkeit der Ölsäulen ist abhängig vom jeweiligen Zylinderkammervolumen V_A bzw. V_B, der wirksamen Zylinderfläche A_2 bzw. αA_2 sowie dem Ersatzkompressionsmodul des Öls $E'_{\text{Öl}}$ und ist definiert als

$$c_{\text{Öl,A}} = \frac{A_2^2 E'_{\text{Öl}}}{V_A} = \frac{A_2 E'_{\text{Öl}}}{x_{max} + x} \tag{7.105}$$

bzw.

$$c_{\text{Öl,B}} = \frac{(\alpha A_2)^2 E'_{\text{Öl}}}{V_{\text{B}}} = \frac{\alpha A_2 E'_{\text{Öl}}}{x_{\max} - x}. \tag{7.106}$$

Die hydraulische Eigenkreisfrequenz ω_Z des Zylinders berechnet sich dann zu

$$\omega_Z = \sqrt{\frac{c_{\text{Öl,A}} + c_{\text{Öl,B}}}{m_2}} = \sqrt{\frac{A_2 E'_{\text{Öl}}}{m_2}\left(\frac{1}{x_{\max} + x} + \frac{\alpha}{x_{\max} - x}\right)}. \tag{7.107}$$

Als Bezugsgröße für die Eigenkreisfrequenz wird die Frequenz ω_{Z0} eingeführt, die sich bei einem gleichflächigen Zylinder in Mittelstellung ($\alpha = 1$, $x = 0$) gemäß

$$\omega_{Z0} = \sqrt{\frac{2 A_2 E'_{\text{Öl}}}{m_2 x_{\max}}} \tag{7.108}$$

ergibt. Die normierte Eigenkreisfrequenz lautet damit in Abhängigkeit des relativen Kolbenwegs

$$\frac{\omega_Z}{\omega_{Z0}} = \sqrt{\frac{1}{2}\left(\frac{1}{1 + \frac{x}{x_{\max}}} + \frac{\alpha}{1 - \frac{x}{x_{\max}}}\right)}. \tag{7.109}$$

Sie ist in Bild 7.33 in der sogenannten Becherkurve für verschiedene Flächenverhältnisse über der relativen Kolbenauslenkung aufgetragen.

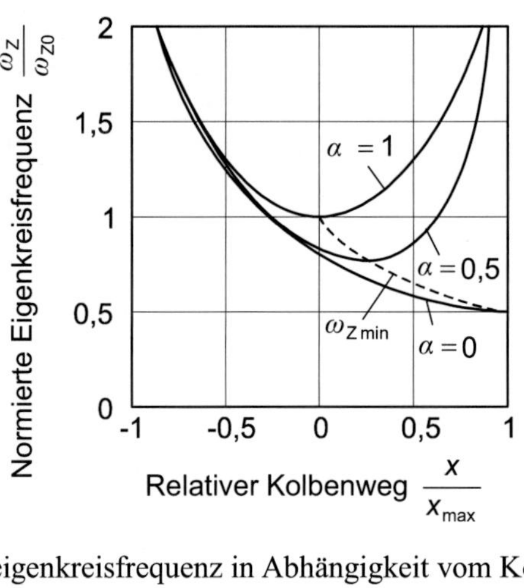

Bild 7.33: Zylindereigenkreisfrequenz in Abhängigkeit vom Kolbenweg

Es wird deutlich, dass sich die Eigenkreisfrequenz erheblich vergrößert, wenn ein Zylinderkammervolumen gegen Null geht. In diesem Punkt ist die Eigenkreisfrequenz im Wesentlichen vom (in der Regel kleinen) Totvolumen abhängig.

Die minimale Eigenkreisfrequenz $\omega_{Z\min}$ wird beim Kolbenweg

$$\left(\frac{x}{x_{\max}}\right)_{\min} = \frac{1-\sqrt{\alpha}}{1+\sqrt{\alpha}} \tag{7.110}$$

erreicht. Sie verschiebt sich mit abnehmendem Flächenverhältnis α entlang der gestrichelten Kurve in Richtung des maximalen Wegs.

Die Nachgiebigkeit des im Zylinder und in den Leitungen eingeschlossenen Ölvolumens begrenzt das dynamische Verhalten von hydraulischen Linearantrieben. Mit zunehmender Hublänge nimmt daher die erreichbare Dynamik aufgrund der sinkenden Eigenkreisfrequenz ab. Um eine zu hohe Phasenverschiebung zwischen Ansteuersignal und Zylinderbewegung zu vermeiden, sollte bei der Auslegung bzw. Auswahl von Servozylindern beachtet werden, dass die Zylindereigenkreisfrequenz deutlich höher liegt als die gewünschte Ansteuerfrequenz des Regelkreises.

7.1.6 Verstellmotor

Ein rotatorischer Verstellmotor (s. Bild 7.34) zeichnet sich durch ein veränderbares Schluckvolumen $V_2(y)$ aus, so dass der aufgenommene Volumenstrom und damit die Drehzahl des Motors variiert werden kann. Zur Variation des Schluckvolumens wird dabei ein ventilgesteuerter Gleichgangzylinder, der in das Triebwerk integriert ist, eingesetzt. Das Stellsystem lässt sich mit den in Kapitel 7.1.2 behandelten Modellen beschreiben.

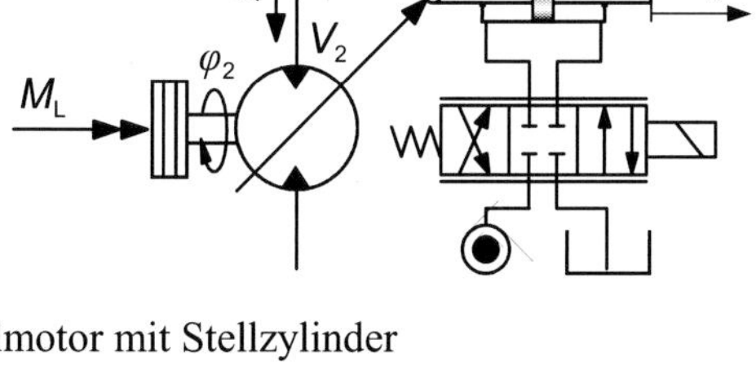

Bild 7.34: Verstellmotor mit Stellzylinder

Der mechanische Teil des Servomotors selbst wird ausschließlich durch die linearisierte Newton'sche Bewegungsgleichung beschrieben. Sie lautet analog zu Gleichung (7.101):

$$J_2\ddot{\varphi}_2 = \sum M = V_{My}y - d_{\varphi}\dot{\varphi}_2 - M_{\mathrm{L}}\,. \tag{7.111}$$

Die Position des Stellzylinders y ist nach Bild 7.35 die Eingangsgröße in den Motor, die über die Momenten-Signalverstärkung V_{My} das theoretische Abtriebsmoment erzeugt (vgl. Gleichung (3.9)). Als Störgröße wirkt das Lastmoment M_{L} des Motors. Außerdem wird die Reibung des Verstellmotors als drehgeschwindigkeits-proportional angenommen mit dem Reibkoeffizienten $d_{\dot{\varphi}}$.

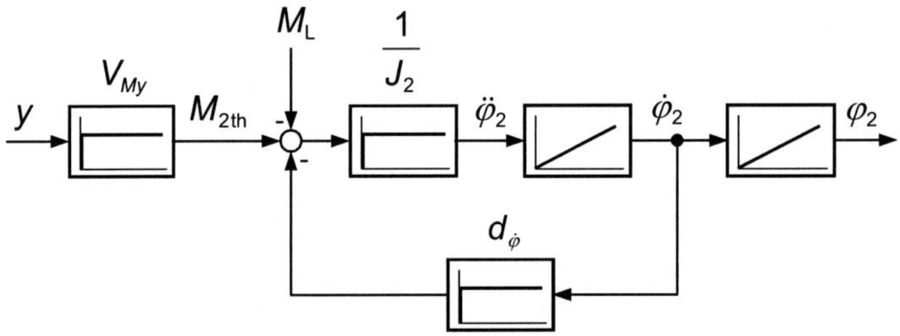

Bild 7.35: Linearisierter Wirkungsplan des Verstellmotors /Mur83/

Durch Umformen ergibt sich die Differentialgleichung der Drehbewegung:

$$\ddot{\varphi}_2 \frac{J_2}{d_{\dot{\varphi}}} + \dot{\varphi}_2 = \frac{1}{d_{\dot{\varphi}}}\left(V_{My}y - M_{\mathrm{L}}\right) \tag{7.112}$$

Anhand dieser Differentialgleichung ist zu erkennen, dass die Bewegung des Verstellmotors genau wie die des Konstantmotors durch ein PT_1-Verhalten mit nachgeschaltetem Integrierer charakterisiert ist wie in Bild 7.36 veranschaulicht. Die mechanische Zeitkonstante T_{M} und die mechanische Verstärkung V_{M} stimmen mit den in den Gleichungen (7.103) bzw. (7.104) angegebenen Kenngrößen des Konstantmotors überein.

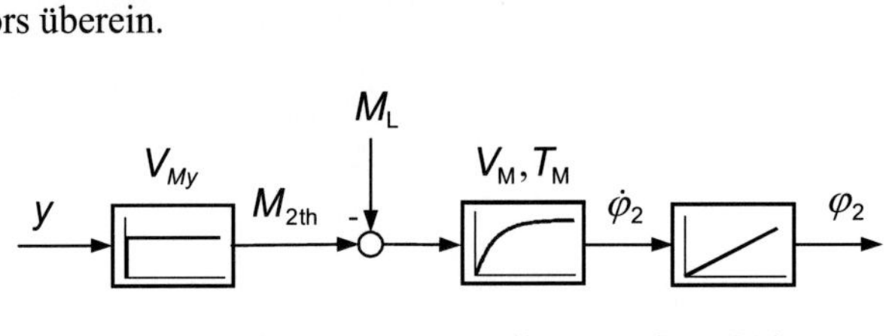

Bild 7.36: Reduzierte Darstellung des Verstellmotors /Mur83/

7.2 Frequenzgänge und dynamische Kennwerte

Basierend auf den in Kapitel 7.1 entwickelten Modellen werden unterschiedliche Kombinationen der vorgestellten Komponententeilmodelle zu Steuerketten zusammengefasst. Die Übertragungsfunktionen und die zugehörigen Kennwerte zur Beschreibung des dynamischen Verhaltens der vollständigen Steuerketten mittels Frequenzgängen werden dann hergeleitet. Es erfolgt dabei eine Aufteilung nach dem Typ der Steuerkette (vgl. Kapitel 2.1) und den jeweils in der Steuerkette kombinierten Komponenten.

7.2.1 Steuerkette Typ 1

Am Beispiel der Steuerkette Stetigventil – Rotationsmotor werden die dynamischen Zusammenhänge des Gesamtmodells ausführlich hergeleitet und erläutert. Die Ergebnisse werden anschließend auf die übrigen Steuerketten übertragen und in kompakter Form zusammengefasst. Abschließend wird der ventilgesteuerte Differentialzylinder aufgrund seiner Unsymmetrien gesondert behandelt.

7.2.1.1 Stetigventil – Rotationsmotor

Es sei ein ventilgesteuerter Rotationsantrieb betrachtet, der wie in Bild 7.37 gezeigt verschaltet ist. Er stellt im Wesentlichen eine Kombination aus den zwei Komponenten Ventil und Motor dar.

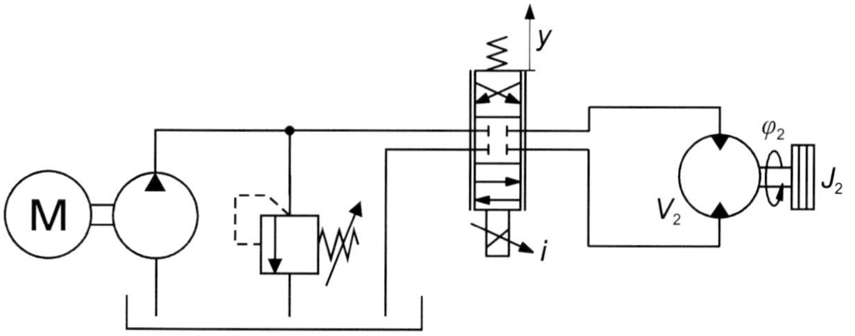

Bild 7.37: Hydraulischer Schaltplan der Steuerkette Stetigventil – Rotationsmotor

Das Gesamtsystem lässt sich in seiner unvereinfachten Ausgangsform in weitere Subsysteme aufspalten, wie der vollständige nichtlineare Wirkungsplan in Bild 7.38 zeigt.

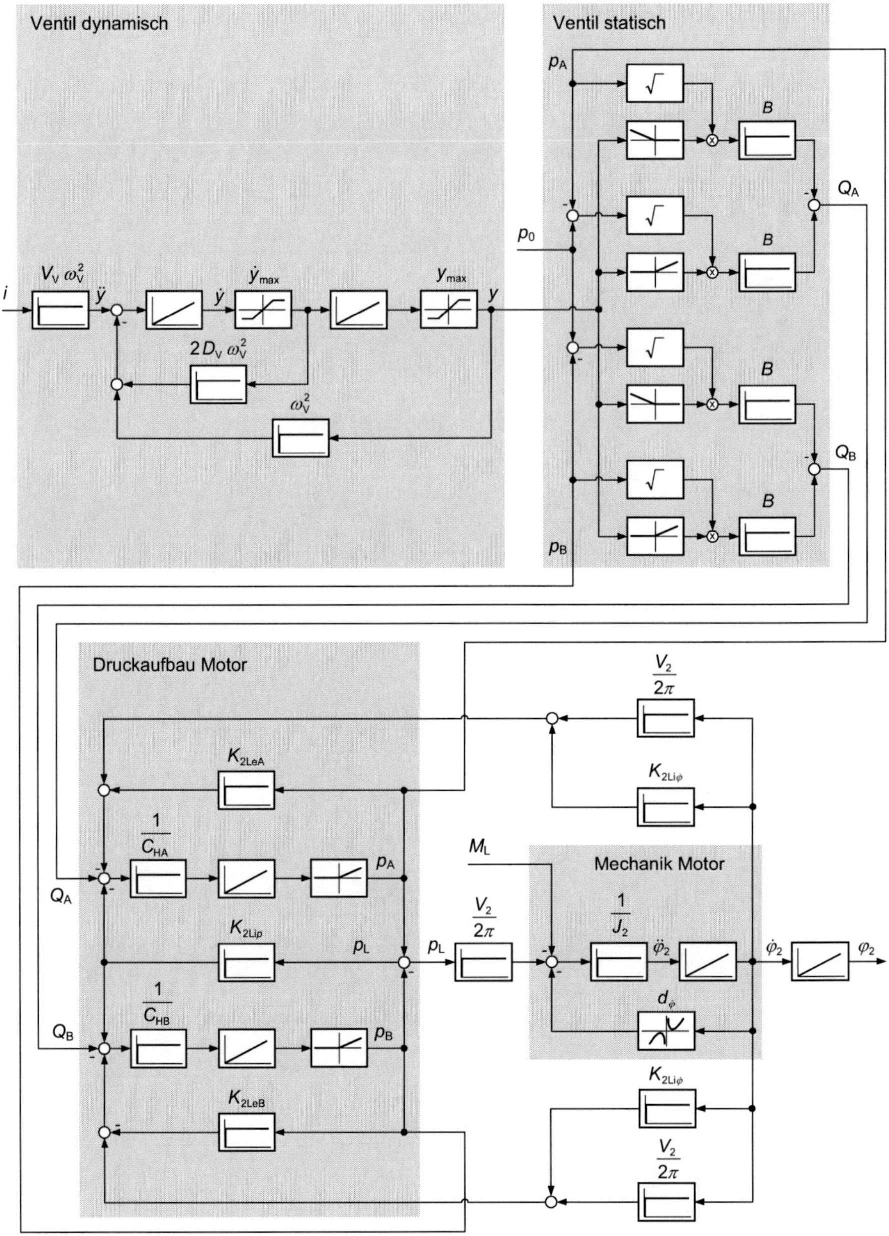

Bild 7.38: Nichtlineares Modell der Steuerkette Stetigventil – Rotationsmotor

So kann das Servoventil dynamisch durch ein nichtlineares Verzögerungselement 2. Ordnung und statisch durch das Durchflussgesetz für Blenden (s. Kapitel 6.1) in einer sehr guten Näherung beschrieben werden. Unabhängig von der Art der Ansteuerung (direkt oder vorgesteuert) kann der Ventilschieber aufgrund seiner Massenträgheit dem Eingangssignal nur verzögert folgen. Bei vorgesteuerten Ventilen wird die Dynamik des Systems nicht nur durch das Zeitverhalten des elektromechanischen Wandlers geprägt, sondern auch durch eine Begrenzung der Schiebergeschwindigkeit, die auf den begrenzten Volumenstrom in der Vorsteuerstufe zurückzuführen ist. Die Ventilschieberposition wird zusätzlich durch mechanische Anschläge begrenzt. Je nach Vorzeichen der Schieberposition und der Überdeckungsverhältnisse ergeben sich die Volumenströme Q_A und Q_B am Steuerschieber.

Diese Volumenströme führen entsprechend den Kapazitäten in den Verdrängerräumen des Rotationsmotors zu einer Druckänderung. Ihr zeitliches Integral bestimmt die stets positiven Kammerdrücke (siehe Gleichung (7.91) und (7.92)), die zum Ventil rückgeführt werden. Aus der Differenz der Kammerdrücke resultiert der Lastdruck. Gewichtet mit dem Schluckvolumen erzeugt er ein Moment, das abzüglich der Reib- und Lastmomente beschleunigend auf den Motor wirkt. Unter Berücksichtigung des Trägheitsmomentes erhält man die Beschleunigung, aus der nach zweifacher Integration die Winkellage des Motors resultiert.

Werden nun die in Kapitel 7.1 beschriebenen Vereinfachungen und Linearisierungen der Komponenten vorgenommen und das Ventil als Verzögerungsglied 2. Ordnung behandelt, so verkürzt sich der Wirkungsplan der Steuerkette auf die in Bild 7.39 gezeigte Form.

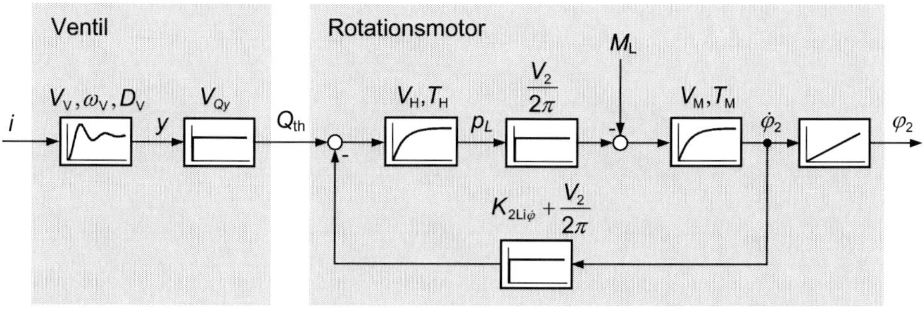

Bild 7.39: Linearisiertes Modell der Steuerkette Stetigventil – Rotationsmotor

Die Frequenzganggleichung des Servoventils bezogen auf die Ventilkennkreisfrequenz ergibt sich nach Kombination und Umformen der Gleichungen (7.53) und (7.73) durch Fourier-Transformation zu

$$Q_{\text{th}} = \frac{V_{Qy} V_{\text{V}}}{\left(j\frac{\omega}{\omega_{\text{V}}}\right)^2 + 2D_{\text{V}}\left(j\frac{\omega}{\omega_{\text{V}}}\right) + 1}\, i\,. \tag{7.113}$$

Ebenso erhält man aus den Gleichungen (7.98) und (7.102) die Übertragungsfunktion des Motors:

$$\varphi_2 = \frac{b_1 Q_{\text{th}} - \left(1 + T_{\text{H}}(j\omega)\right) b_0 M_{\text{L}}}{(j\omega)^2 + a_1(j\omega) + a_0} \cdot \frac{1}{j\omega} \tag{7.114}$$

mit den konstanten Koeffizienten

$$a_0 = \frac{1 + V_{\text{H}} V_{\text{M}} \frac{V_2}{2\pi}\left(K_{2\text{Li}\varphi} + \frac{V_2}{2\pi}\right)}{T_{\text{H}} T_{\text{M}}}, \tag{7.115}$$

$$a_1 = \frac{T_{\text{H}} + T_{\text{M}}}{T_{\text{H}} T_{\text{M}}}, \tag{7.116}$$

$$b_0 = \frac{1}{J_2 T_{\text{H}}}, \tag{7.117}$$

$$b_1 = \frac{V_{\text{H}} V_{\text{M}}}{T_{\text{H}} T_{\text{M}}} \frac{V_2}{2\pi}. \tag{7.118}$$

Der Frequenzgang der gesamten Steuerkette lässt sich nun durch Einsetzen des Ventilfrequenzgangs in den Motorfrequenzgang ermitteln:

$$\varphi_2 = \frac{V_{\text{V}} V_{Qy} b_1 i - \left(1 + T_{\text{H}}(j\omega)\right) \cdot \left(\left(j\frac{\omega}{\omega_{\text{v}}}\right)^2 + 2D_{\text{V}}\left(j\frac{\omega}{\omega_{\text{v}}}\right) + 1\right) b_0 M_{\text{L}}}{\left(\left(j\frac{\omega}{\omega_{\text{v}}}\right)^2 + 2D_{\text{V}}\left(j\frac{\omega}{\omega_{\text{v}}}\right) + 1\right) \cdot \left((j\omega)^2 + a_1(j\omega) + a_0\right)} \cdot \frac{1}{j\omega} \tag{7.119}$$

Das dynamische Verhalten der Steuerkette wird durch dieses Modell als ein IT_4-Glied beschrieben, d. h. es handelt sich um ein System 4. Ordnung mit anschließendem Integrierer. Dieses System reagiert auf ein sprungförmiges Eingangssignal mit einem rampenförmigen Ausgangssignal, dem eine Schwingung überlagert ist.

Bei der Auswahl der Reglerstruktur hat das Verhältnis von Stellglieddynamik ω_S zu Streckendynamik ω_H einen entscheidenden Einfluss. Die Polstellenkonfiguration ventilgesteuerter hydraulischer Antriebe für typische Verhältnisse von Ventil- zu Streckendynamik ist in Bild 7.40 dargestellt.

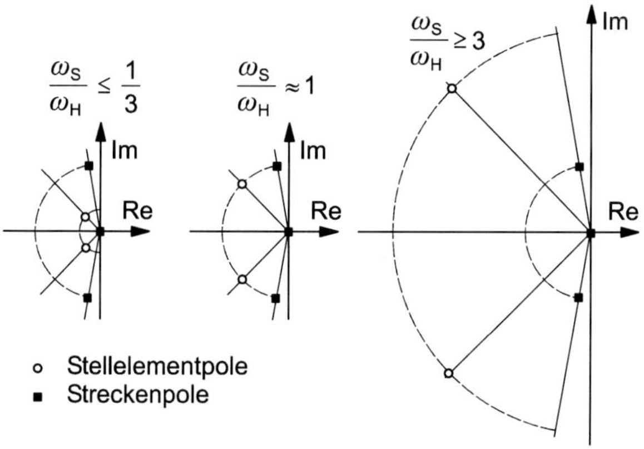

Bild 7.40: Polstellenkonfigurationen der Steuerkette Stellelement – Motor

Höherwertige Regelungskonzepte sind nur dann wirksam, wenn das Stellelement eine wesentlich höhere Eigendynamik besitzt als die zu regelnde Strecke. Das bedeutet, dass die Kennkreisfrequenz des Stellelements mindestens um den Faktor 3 größer sein muss als die Kennkreisfrequenz des hydraulischen Systems. Nur unter dieser Voraussetzung kann das Stellelement im Vergleich zur Strecke näherungsweise als verzögerungsfreies Übertragungsglied betrachtet werden.

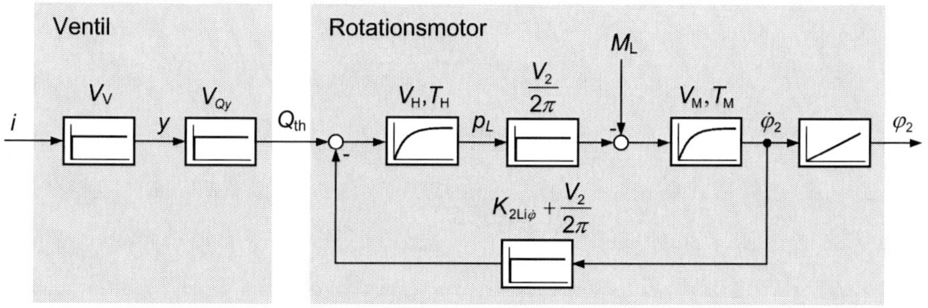

Bild 7.41: Steuerkette Stetigventil – Rotationsmotor als IT_2-System

Das in Bild 7.39 dargestellte Modell kann unter dieser Voraussetzung als ein PT_2-Element mit nachgeschaltetem, rückführungsfreiem Integrierer dargestellt werden, indem das Stetigventil als verzögerungsfreies Proportionalglied aufgefasst wird (s. Bild 7.41).

Die Frequenzganggleichung des IT_2-Systems reduziert sich damit auf

$$\varphi_2 = \frac{V_V V_{Qy} b_1 i - \left(1 + T_H (j\omega)\right) b_0 M_L}{(j\omega)^2 + a_1 (j\omega) + a_0} \cdot \frac{1}{j\omega} = \frac{C_0 V_V i - \dfrac{1 + T_H (j\omega)}{J_2 T_H \omega_H^2} M_L}{\left(j\dfrac{\omega}{\omega_H}\right)^2 + 2D_H \left(j\dfrac{\omega}{\omega_H}\right) + 1} \cdot \frac{1}{j\omega} \tag{7.120}$$

wenn für dieses System wiederum aus dem Frequenzgang die dynamischen Kennwerte Kennkreisfrequenz ω_H, Dämpfungsgrad D_H und die Geschwindigkeitsverstärkung C_0 entsprechend den in Tabelle 7.1 aufgelisteten Gleichungen unter Verwendung der Kennwerte der hydraulischen und mechanischen Verzögerungsglieder hergeleitet werden.

Steuerkette Stetigventil – Rotationsmotor	
$T_H = \dfrac{C_H}{2\left(V_{Qp} + K_{2Lip}\right)}$ $V_H = \dfrac{1}{V_{Qp} + K_{2Lip}}$	$T_M = \dfrac{J_2}{d_{\dot\varphi}}$ $V_M = \dfrac{1}{d_{\dot\varphi}}$
$\omega_H = \sqrt{a_0} = \sqrt{\dfrac{1}{T_H T_M}\left(1 + V_H V_M \dfrac{V_2}{2\pi}\left(K_{2Li\varphi} + \dfrac{V_2}{2\pi}\right)\right)} = \sqrt{\dfrac{2}{C_H J_2}\left(\left(\dfrac{V_2}{2\pi}\right)^2 + \dfrac{V_2}{2\pi} K_{2Li\varphi} + \left(V_{Qp} + K_{2Lip}\right) d_{\dot\varphi}\right)}$ $D_H = \dfrac{a_1}{2\sqrt{a_0}} = \dfrac{T_H + T_M}{2\omega_H T_H T_M} = \dfrac{d_{\dot\varphi}\sqrt{\dfrac{C_H}{2J_2}} + \left(V_{Qp} + K_{2Lip}\right)\sqrt{\dfrac{2J_2}{C_H}}}{2\sqrt{\left(\dfrac{V_2}{2\pi}\right)^2 + \dfrac{V_2}{2\pi} K_{2Li\varphi} + \left(V_{Qp} + K_{2Lip}\right) d_{\dot\varphi}}}$ $C_0 = \dfrac{V_{Qy} b_1}{\omega_H^2} = \dfrac{2V_{Qy}}{\omega_H^2 C_H J_2} = \dfrac{V_{Qy} V_H V_M}{\dfrac{2\pi}{V_2} + V_H V_M\left(K_{2Li\varphi} + \dfrac{V_2}{2\pi}\right)} = \dfrac{V_{Qy}}{\dfrac{2\pi}{V_2}\left(V_{Qp} + K_{2Lip}\right) d_{\dot\varphi} + K_{2Li\varphi} + \dfrac{V_2}{2\pi}}$	

Tabelle 7.1: Dynamische Kennwerte der Steuerkette Stetigventil – Rotationsmotor

Die Darstellung der linearisierten Systemdynamik nach Bild 7.42 in einem einzigen Übertragungsblock, der durch die Größen aus Tabelle 7.1 parametriert wird, ist die Grundlage aller Betrachtungen der Systemstabilität des geschlossenen Regelkreises in Kapitel 8. Es wird dabei der Führungsfrequenzgang betrachtet, d. h. am Motor liegt kein Lastmoment an ($M_L = 0$).

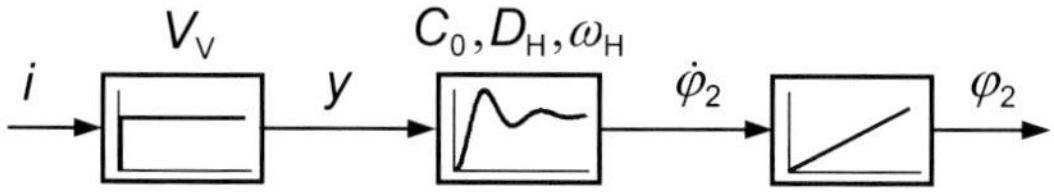

Bild 7.42: Ersatzdarstellung der Steuerkette Stetigventil - Rotationsmotor

Mit Hilfe der Geschwindigkeitsverstärkung C_0 lässt sich hier angeben, welche Drehzahl sich im stationären lastfreien Fall in Abhängigkeit vom Eingangssignal an der Motorwelle einstellt.

Wie die Gleichungen in Tabelle 7.1 zeigen, werden die Kennkreisfrequenz und der Dämpfungsgrad in erster Linie durch die hydraulische Kapazität C_H, das Trägheitsmoment J_2 und das Schluckvolumen V_2 des Motors bestimmt. Außerdem wird die Dynamik durch druck- und geschwindigkeitsabhängige Verluste beeinflusst, die im Stellelement und im Motor auftreten und durch Faktoren berücksichtigt werden:

- V_{Qp} drückt die Abhängigkeit der Volumenströme des Ventils (Q_A und Q_B) vom Lastdruck p_L aus
- K_{2Lip} berücksichtigt das druckabhängige Lecköl von Ventil und Motor, das z.B. über den Trennsteg des Steuerspiegels eines Motors von der Hochdruck- zur Niederdruckseite gelangt
- $K_{2Li\dot{x}} / K_{2Li\dot{\varphi}}$ gewichtet das geschwindigkeitsabhängige Lecköl im Motor, das z.B. in einem Linearmotor im Dichtspalt zwischen Kolben und Zylinderwand auftritt
- $d_{\dot{x}} / d_{\dot{\varphi}}$ erfasst die geschwindigkeitsabhängigen Anteile der Reibkraft, die unter anderem durch die Bauart des Motors bestimmt werden

Die Konstruktion zahlreicher Servomotoren, z.B. reibungsarm oder hydrostatisch gelagerter Zylinder, ist darauf ausgelegt, dass die geschwindigkeitsabhängigen Verluste im Vergleich zu den druckabhängigen klein sind ($K_{2Li\dot{\varphi}} \approx 0, d_{\dot{\varphi}} \approx 0$). Mit dieser Randbedingung ist es möglich, vereinfachte dynamische Kennwerte abzuschätzen:

$$\omega_{\mathrm{H}} = \frac{V_2}{2\pi}\sqrt{\frac{2}{C_{\mathrm{H}} J_2}} \tag{7.121}$$

$$D_{\mathrm{H}} = \frac{2\pi}{V_2}\frac{(V_{Qp} + K_{2\mathrm{L}ip})}{2}\sqrt{\frac{2J_2}{C_{\mathrm{H}}}} \tag{7.122}$$

$$C_0 = V_{Qv}\frac{2\pi}{V_2} \tag{7.123}$$

Die vereinfachte Berechnung des Dämpfungsgrades D_{H} ist auch dann zulässig, wenn d_{φ} nicht vernachlässigbar, aber das Massenträgheitsmoment J_2 groß ist gegenüber der hydraulischen Kapazität C_{H}. Denn bei Rotationsantrieben, für die dies zutrifft, wird der Ausdruck C_{H}/J_2 im Zähler von D_{H} (s. Tabelle 7.1) sehr klein gegenüber seinem Kehrwert.

Die Gleichungen (7.121) bis (7.123) zeigen die folgenden wesentlichen Zusammenhänge:

- Die Dämpfung hydraulischer Antriebe steigt mit größer werdender Massenbelastung, da die Dämpfung überwiegend durch druckabhängige Volumenstromverluste entsteht. Ein gegensätzliches Verhalten zeigen z.B. mechanische Feder-Masse-Systeme. Mit zunehmender bewegter Masse nimmt die Dämpfung ab, da bei diesem System die geschwindigkeitsabhängigen Dämpfungsanteile überwiegen.

- Die Dämpfung ist abhängig vom Betriebspunkt des Stetigventils, da sich die Volumenstrom-Druckverstärkung V_{Qp} verändert.

- Durch eine Drossel zwischen den beiden Verdrängerräumen wird der Wert $K_{2\mathrm{L}ip}$ erhöht. Die Vergrößerung des internen, druckabhängigen Lecköls verbessert die Dämpfung, verschlechtert aber die Laststeifigkeit L und den Wirkungsgrad. Derselbe Effekt wird durch Verschleiß im Motor hervorgerufen.

- Das Massenträgheitsmoment J_2 liegt in der Regel durch die Antriebsaufgabe fest. Zur Erzielung einer hohen Kennkreisfrequenz ω_{H} ist es deshalb notwendig, ein möglichst großes Motorschluckvolumen V_2 auszuwählen und

Stellelement und Motor so miteinander zu verbinden, dass die hydraulische Kapazität C_H klein bleibt. Das bedeutet, dass das Stellelement nahe am Motor angebracht wird und beide Bauteile mit starren Rohrleitungen verbunden werden. Die Totvolumina sind dadurch klein und der Ersatzkompressionsmodul $E'_{Öl}$ groß. Bei Linearmotoren lässt sich dies nicht so günstig gestalten, da das Volumen in den Zylinderkammern und in den Leitungen in unmittelbarem Zusammenhang mit dem Zylinderhub steht.

7.2.1.2 Stetigventil – Linearmotor (Gleichgangzylinder)

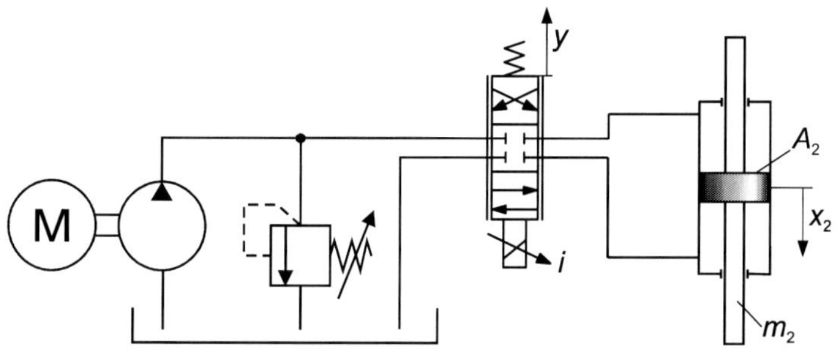

Bild 7.43: Hydraulischer Schaltplan der Steuerkette Stetigventil – Linearmotor

Die im vorigen Kapitel vorgestellte Beschreibung der Steuerkette lässt sich sehr einfach auf die in Bild 7.43 dargestellte Steuerkette Stetigventil – Linearmotor übertragen, indem die Analogien aus Bild 7.31 angewendet werden.

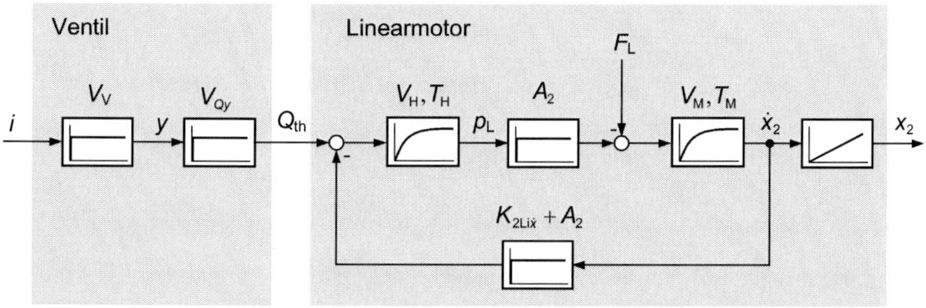

Bild 7.44: Linearisierter Wirkungsplan der Steuerkette Stetigventil – Linearmotor

Der auf die gleiche Weise linearisierte Wirkungsplan in Bild 7.44 unterscheidet sich folglich nur durch die entsprechend ersetzten Beiwerte der Übertragungsglieder. Die sich ergebenden dynamischen Kennwerte sind in Tabelle 7.2 zusammengefasst.

Steuerkette Stetigventil – Linearmotor	
$T_{\mathrm{H}} = \dfrac{C_{\mathrm{H}}}{2\left(V_{Qp} + K_{2\mathrm{L}ip}\right)}$ $V_{\mathrm{H}} = \dfrac{1}{V_{Qp} + K_{2\mathrm{L}ip}}$	$T_{\mathrm{M}} = \dfrac{m_2}{d_{\dot{x}}}$ $V_{\mathrm{M}} = \dfrac{1}{d_{\dot{x}}}$
$\omega_{\mathrm{H}} = \sqrt{\dfrac{1}{T_{\mathrm{H}}T_{\mathrm{M}}}\left(1 + V_{\mathrm{H}}V_{\mathrm{M}}A_2\left(K_{2\mathrm{L}i\dot{x}} + A_2\right)\right)} = \sqrt{\dfrac{2}{C_{\mathrm{H}}m_2}\left(A_2^2 + A_2K_{2\mathrm{L}i\dot{x}} + \left(V_{Qp} + K_{2\mathrm{L}ip}\right)d_{\dot{x}}\right)}$ $D_{\mathrm{H}} = \dfrac{T_{\mathrm{H}} + T_{\mathrm{M}}}{2\omega_{\mathrm{H}}T_{\mathrm{H}}T_{\mathrm{M}}} = \dfrac{d_{\dot{x}}\sqrt{\dfrac{C_{\mathrm{H}}}{2m_2}} + \left(V_{Qp} + K_{2\mathrm{L}ip}\right)\sqrt{\dfrac{2m_2}{C_{\mathrm{H}}}}}{2\sqrt{A_2^2 + A_2K_{2\mathrm{L}i\dot{x}} + \left(V_{Qp} + K_{2\mathrm{L}ip}\right)d_{\dot{x}}}}$ $C_0 = \dfrac{2V_{Qy}}{\omega_{\mathrm{H}}^2C_{\mathrm{H}}m_2} = \dfrac{V_{Qy}V_{\mathrm{H}}V_{\mathrm{M}}}{\dfrac{1}{A_2} + V_{\mathrm{H}}V_{\mathrm{M}}\left(K_{2\mathrm{L}i\dot{x}} + A_2\right)} = \dfrac{V_{Qy}}{\dfrac{1}{A_2}\left(V_{Qp} + K_{2\mathrm{L}ip}\right)d_{\dot{x}} + K_{2\mathrm{L}i\dot{x}} + A_2}$	

Tabelle 7.2: Dynamische Kennwerte der Steuerkette Stetigventil – Linearmotor

7.2.1.3 Servopumpe – Rotationsmotor

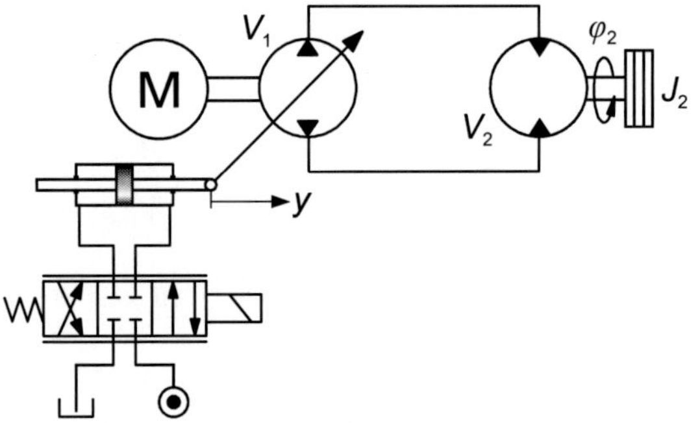

Bild 7.45: Hydraulischer Schaltplan der Steuerkette Servopumpe – Rotationsmotor

Der Einsatz einer Servopumpe als Stellelement nach Bild 7.45 wird als pumpengesteuerter Antrieb bezeichnet. Unter der Voraussetzung, dass die Pumpe ausreichend schnell ist, d h. mindestens dreimal so schnell wie die Strecke, ist auch im Fall der Servopumpe die Dynamik des Stellelements vernachlässigbar. Das Stellsystem kann daher als P-Glied mit der Kreisverstärkung V_{KS} als Übertragungsfaktor angesehen werden, siehe Bild 7.46.

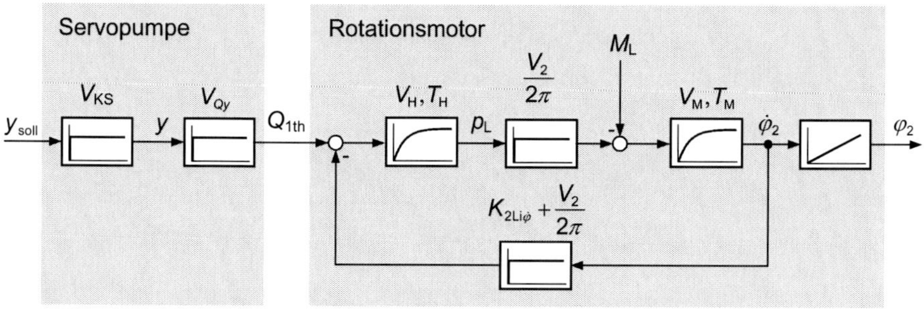

Bild 7.46: Linearisierter Wirkungsplan der Steuerkette Servopumpe – Rotationsmotor

Steuerkette Servopumpe – Rotationsmotor	
$T_H = \frac{C_H}{2(K_{1Lip} + K_{2Lip})}$ $V_H = \frac{1}{K_{1Lip} + K_{2Lip}}$	$T_M = \frac{J_2}{d_{\dot{\varphi}}}$ $V_M = \frac{1}{d_{\dot{\varphi}}}$
$\omega_H = \sqrt{\frac{1}{T_H T_M}\left(1 + V_H V_M \frac{V_2}{2\pi}\left(K_{2Li\dot{\varphi}} + \frac{V_2}{2\pi}\right)\right)} = \sqrt{\frac{2}{C_H J_2}\left(\left(\frac{V_2}{2\pi}\right)^2 + \frac{V_2}{2\pi} K_{2Li\dot{\varphi}} + (K_{1Lip} + K_{2Lip}) d_{\dot{\varphi}}\right)}$ $D_H = \frac{T_H + T_M}{2\omega_H T_H T_M} = \frac{d_{\dot{\varphi}}\sqrt{\frac{C_H}{2J_2}} + (K_{1Lip} + K_{2Lip})\sqrt{\frac{2J_2}{C_H}}}{2\sqrt{\left(\frac{V_2}{2\pi}\right)^2 + \frac{V_2}{2\pi} K_{2Li\dot{\varphi}} + (K_{1Lip} + K_{2Lip}) d_{\dot{\varphi}}}}$ $C_0 = \frac{2V_{Qy}}{\omega_H^2 C_H J_2} = \frac{V_{Qy} V_H V_M}{\frac{2\pi}{V_2} + V_H V_M\left(K_{2Li\dot{\varphi}} + \frac{V_2}{2\pi}\right)} = \frac{V_{Qy}}{\frac{2\pi}{V_2}(K_{1Lip} + K_{2Lip}) d_{\dot{\varphi}} + K_{2Li\dot{\varphi}} + \frac{V_2}{2\pi}}$	

Tabelle 7.3: Dynamische Kennwerte der Steuerkette Servopumpe – Rotationsmotor

In den Beiwerten des hydraulischen Verzögerungsglieds (s. Tabelle 7.3) wird gemäß Kapitel 7.1.3 die Volumenstrom-Druckverstärkung V_{Qp} durch den druckabhängigen Leckagekennwert $K_{1\mathrm{L}ip}$ der Pumpe ersetzt.

7.2.1.4 Servopumpe – Linearmotor (Gleichgangzylinder)

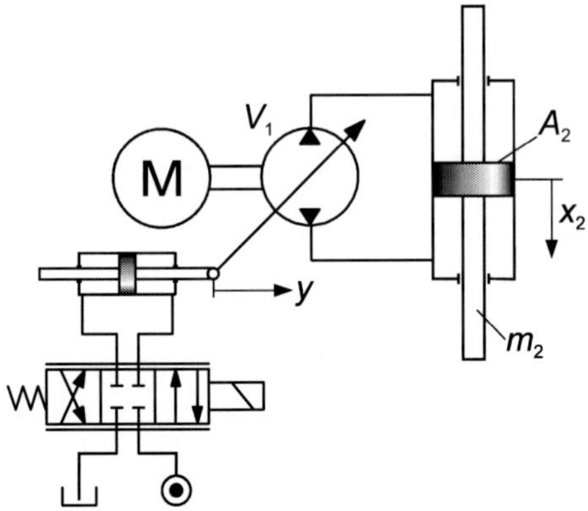

Bild 7.47: Hydraulischer Schaltplan der Steuerkette Servopumpe – Linearmotor

In Bild 7.47 ist die hydraulische Verschaltung der Kombination aus Servopumpe und Hydraulikzylinder dargestellt.

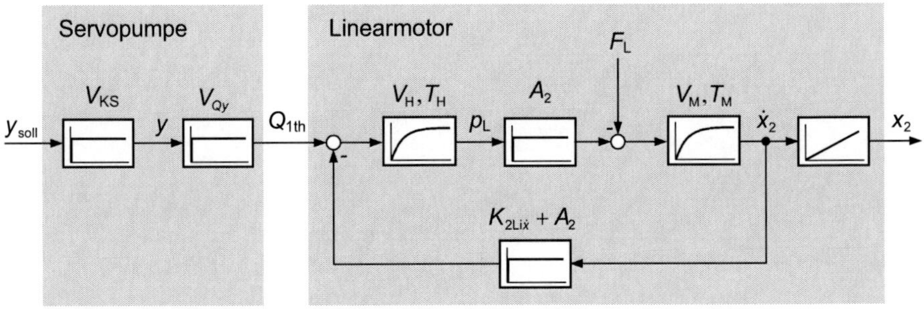

Bild 7.48: Linearisierter Wirkungsplan der Steuerkette Servopumpe – Linearmotor

Der in Bild 7.48 wiedergegebene Wirkungsplan ergibt sich durch kombinierte Anwendung der Analogien wie in den beiden vorangehenden Kapiteln. Die zugehörigen dynamischen Kennwerte finden sich wiederum in Tabelle 7.4.

Steuerkette Servopumpe – Linearmotor	
$T_H = \dfrac{C_H}{2\left(K_{1Lip} + K_{2Lip}\right)}$ $V_H = \dfrac{1}{K_{1Lip} + K_{2Lip}}$	$T_M = \dfrac{m_2}{d_{\dot{x}}}$ $V_M = \dfrac{1}{d_{\dot{x}}}$
$\omega_H = \sqrt{\dfrac{1}{T_H T_M}\left(1 + V_H V_M A_2\left(K_{2Li\dot{x}} + A_2\right)\right)} = \sqrt{\dfrac{2}{C_H m_2}\left(A_2^2 + A_2 K_{2Li\dot{x}} + \left(K_{1Lip} + K_{2Lip}\right)d_{\dot{x}}\right)}$ $D_H = \dfrac{T_H + T_M}{2\omega_H T_H T_M} = \dfrac{d_{\dot{x}}\sqrt{\dfrac{C_H}{2m_2}} + \left(K_{1Lip} + K_{2Lip}\right)\sqrt{\dfrac{2m_2}{C_H}}}{2\sqrt{A_2^2 + A_2 K_{2Li\dot{x}} + \left(K_{1Lip} + K_{2Lip}\right)d_{\dot{x}}}}$ $C_0 = \dfrac{2V_{Qy}}{\omega_H^2 C_H m_2} = \dfrac{V_{Qy} V_H V_M}{\dfrac{1}{A_2} + V_H V_M\left(K_{2Li\dot{x}} + A_2\right)} = \dfrac{V_{Qy}}{\dfrac{1}{A_2}\left(K_{1Lip} + K_{2Lip}\right)d_{\dot{x}} + K_{2Li\dot{x}} + A_2}$	

Tabelle 7.4: Dynamische Kennwerte der Steuerkette Servopumpe – Linearmotor

7.2.1.5 Stetigventil – Linearmotor (Differentialzylinder)

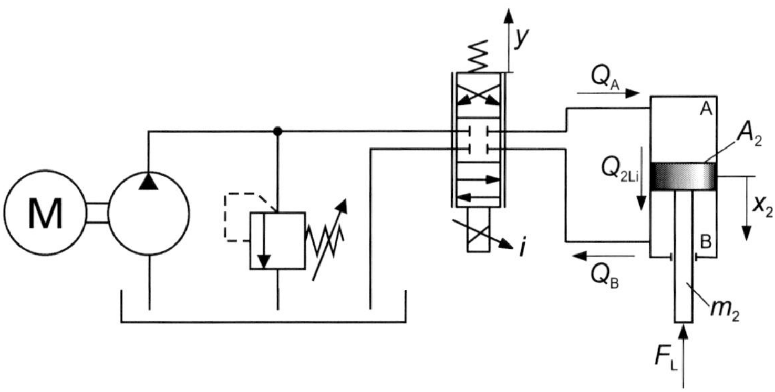

Bild 7.49: Hydraulischer Schaltplan der Steuerkette Stetigventil – Linearmotor (Differentialzylinder)

In Bild 7.49 ist die hydraulische Verschaltung der Kombination aus Stetigventil und Differentialzylinder dargestellt. Aufgrund unterschiedlicher Zylinderkammern gelten die Gleichheit der Kapazitäten nach Gleichung (7.93) und die der Volumenströme nach Gleichung (7.94) für den Differentialzylinder nicht mehr. Daher werden im Folgenden der Frequenzgang und die dynamischen Kennwerte des ventilgesteuerten Differentialzylinders gesondert hergeleitet.

Druckaufbau

Die externe Leckage wird nicht berücksichtigt, und die interne Leckage wird als linear abhängig von der Druckdifferenz und Geschwindigkeit angesetzt, so dass gilt

$$Q_{2LeA} = Q_{2LeB} = 0, \tag{7.124}$$

$$Q_{2Li} = K_{2Lip}\left(p_A - p_B\right) + K_{2Li\dot{x}}\dot{x}_2. \tag{7.125}$$

Der Unterschied zwischen den ein- und ausströmenden Ölvolumina verwehrt beim Differentialzylinder die Betrachtung eines Lastvolumenstroms nach Gleichung (7.94) und zwingt zur Analyse der Volumenstrom-Kennlinienfelder der einzelnen hydraulischen Halbbrücken.

In Abhängigkeit der Bewegungsrichtung des Differentialzylinders gelten für die Volumenströme Q_A und Q_B eines nullüberdeckten Ventils folgende Gleichungen:

$$y > 0, \dot{x}_2 > 0 : Q_A = \dot{x}_2 A_2 = By\sqrt{p_0 - p_A}, \tag{7.126}$$

$$Q_B = \alpha\, \dot{x}_2 A_2 = By\sqrt{p_B - p_T}, \tag{7.127}$$

$$y < 0, \dot{x}_2 < 0 : Q_A = \dot{x}_2 A_2 = By\sqrt{p_A - p_T}, \tag{7.128}$$

$$Q_B = \alpha\, \dot{x}_2 A_2 = By\sqrt{p_0 - p_B}. \tag{7.129}$$

Aufgelöst nach der Zylindergeschwindigkeit und unter Berücksichtigung des Lastdrucks

$$p_L = p_A - \alpha\, p_B \tag{7.130}$$

gilt für die statischen Drücke in den Zylinderkammern A und B

$$y > 0, \dot{x}_2 > 0 : p_A = \frac{\alpha^3 p_0 + p_L}{1+\alpha^3}, \tag{7.131}$$

$$p_B = \frac{\alpha^2 p_0 - \alpha^2 p_L}{1+\alpha^3}, \tag{7.132}$$

$$y < 0, \dot{x}_2 < 0 : p_A = \frac{\alpha\, p_0 + p_L}{1 + \alpha^3}, \tag{7.133}$$

$$p_B = \frac{p_0 - \alpha^2 p_L}{1 + \alpha^3}. \tag{7.134}$$

Des Weiteren werden die linearisierten Ventilvolumenströme Q_A und Q_B hergeleitet. Zur Vereinfachung der Herleitung werden im Folgenden Differenzgrößen, gekennzeichnet durch Δ, betrachtet. Dadurch vereinfachen sich die Gleichungen (7.131) bis (7.134) zu bewegungsrichtungsunabhängigen Druckänderungen /Fei87a/

$$\Delta p_A = \frac{\Delta p_L}{1 + \alpha^3}, \tag{7.135}$$

$$\Delta p_B = -\frac{\alpha^2 \Delta p_L}{1 + \alpha^3}. \tag{7.136}$$

Die Linearisierung der Ventilvolumenströme Q_A und Q_B ergibt /Fei87b/

$$\Delta Q_A = V_{QyA} \Delta y - V_{QpA} \Delta p_A, \tag{7.137}$$

$$\Delta Q_B = V_{QyB} \Delta y - V_{QpB} \Delta p_B. \tag{7.138}$$

Die Gleichungen (7.137) und (7.138) sagen aus, dass einem einzigen Ventilarbeitspunkt unterschiedliche Werte für Volumenstromsignalverstärkung und Volumenstromdruckverstärkung je nach der betrachteten Zylinderseite entsprechen. Daher werden diese Größen durch die zusätzlichen Indizes A und B unterschieden. Darüber hinaus besitzen die Werte von V_{QpA} und V_{QpB} entgegen gesetzte Vorzeichen aufgrund der ausgewählten Konvention für die Richtung der Volumenströme Q_A und Q_B.

Die Differenzen der Druckänderungsgeschwindigkeiten in den Zylinderkammern A und B werden aus der Volumenstrombilanz hergeleitet:

$$\Delta \dot{p}_A = \frac{1}{C_{HA}} \sum \Delta Q_1 = \frac{1}{C_{HA}} \left[\Delta Q_A - \Delta Q_{2Li} - A_2 \Delta \dot{x}_2 \right], \tag{7.139}$$

$$\Delta \dot{p}_B = \frac{1}{C_{HB}} \sum \Delta Q_2 = \frac{1}{C_{HB}} \left[-\Delta Q_B + \Delta Q_{2Li} + \alpha A_2 \Delta \dot{x}_2 \right]. \tag{7.140}$$

Nach dem Einsetzen der Gleichungen (7.135) bis (7.138) in die Gleichungen (7.139) und (7.140) gilt für die Differenzen der Druckänderungsgeschwindigkeiten $\Delta \dot{p}_A$, $\Delta \dot{p}_B$

$$\Delta\dot{p}_{\mathrm{A}} = \frac{1}{C_{\mathrm{HA}}}\left[V_{Qy\mathrm{A}}\Delta y + \left(\frac{-V_{Qp\mathrm{A}} - K_{2\mathrm{L}ip}\left(1+\alpha^2\right)}{1+\alpha^3} \right)\Delta p_{\mathrm{L}} - \left(K_{2\mathrm{L}i\dot{x}} + A_2\right)\Delta\dot{x}_2 \right], \tag{7.141}$$

$$\Delta\dot{p}_{\mathrm{B}} = \frac{1}{C_{\mathrm{HB}}}\left[-V_{Qy\mathrm{B}}\Delta y + \left(\frac{-V_{Qp\mathrm{B}}\alpha^2 + K_{2\mathrm{L}ip}\left(1+\alpha^2\right)}{1+\alpha^3} \right)\Delta p_{\mathrm{L}} + \left(K_{2\mathrm{L}i\dot{x}} + \alpha A_2\right)\Delta\dot{x}_2 \right]. \tag{7.142}$$

Die Differenz der Lastdruckänderungsgeschwindigkeit ist definiert durch

$$\Delta\dot{p}_{\mathrm{L}} = \Delta\dot{p}_{\mathrm{A}} - \alpha\Delta\dot{p}_{\mathrm{B}}. \tag{7.143}$$

Aus dem Einsetzen der Gleichungen (7.141) und (7.142) in die Gleichung (7.143) folgt die Differentialgleichung für den Lastdruckaufbau im ungleichflächigen Zylinder:

$$T_{\mathrm{H}}\Delta\dot{p}_{\mathrm{L}} + \Delta p_{\mathrm{L}} = V_{\mathrm{H}}\left(K_y\Delta y + K_{\dot{x}}\Delta\dot{x}_2\right) \tag{7.144}$$

mit der hydraulischen Zeitkonstante

$$T_{\mathrm{H}} = \frac{1}{\alpha\frac{1}{C_{\mathrm{HB}}}\left(\frac{-V_{Qp\mathrm{B}}\alpha^2 + K_{2\mathrm{L}ip}\left(1+\alpha^2\right)}{1+\alpha^3}\right) - \frac{1}{C_{\mathrm{HA}}}\left(\frac{-V_{Qp\mathrm{A}} - K_{2\mathrm{L}ip}\left(1+\alpha^2\right)}{1+\alpha^3}\right)} \tag{7.145}$$

und dem hydraulischen Verstärkungsfaktor

$$V_{\mathrm{H}} = T_{\mathrm{H}} \tag{7.146}$$

sowie den Beiwerten

$$K_y = \frac{1}{C_{\mathrm{HA}}}V_{Qy\mathrm{A}} + \alpha\frac{1}{C_{\mathrm{HB}}}V_{Qy\mathrm{B}}, \tag{7.147}$$

$$K_{\dot{x}} = \frac{1}{C_{\mathrm{HA}}}\left(-K_{2\mathrm{L}i\dot{x}} - A_2\right) + \alpha\frac{1}{C_{\mathrm{HB}}}\left(-K_{2\mathrm{L}i\dot{x}} - \alpha A_2\right). \tag{7.148}$$

Die Differentialgleichung für den Lastdruckaufbau kann durch ein PT_1-Glied beschrieben werden. <u>Bild 7.50</u> stellt den entsprechenden Wirkungsplan dar.

Die Differenzen der Druckänderungsgeschwindigkeit aufgrund Ventilauslenkung und Zylinderbewegung sind den entsprechenden Volumenströmen proportional (vgl. Bild 7.28).

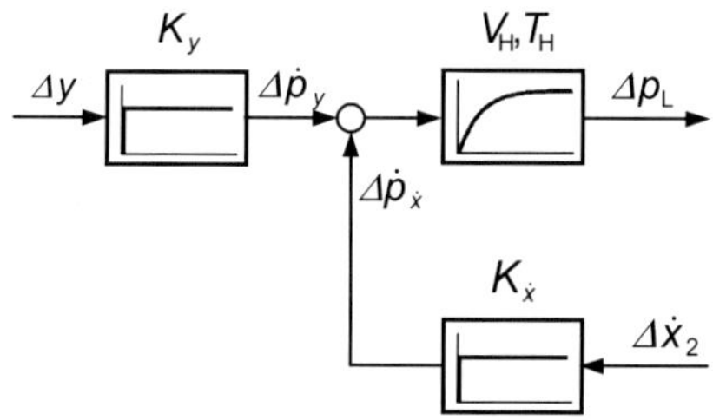

Bild 7.50: Reduzierte Darstellung des Druckaufbaus im Differentialzylinder als PT_1-Glied

Mechanik

Die Newton'sche Gleichung

$$m_2 \Delta\ddot{x}_2 = \sum F = A_2 \Delta p_L - d_{\dot{x}} \Delta\dot{x}_2 - \Delta F_L \tag{7.149}$$

beschreibt die Bewegung des Zylinderkolbens. Die Umformung der Newton'schen Gleichung führt zur Differentialgleichung der Kolbenbewegung

$$T_M \Delta\ddot{x}_2 + \Delta\dot{x}_2 = V_M \left(A_2 \Delta p_L - \Delta F_L \right) \tag{7.150}$$

mit der mechanischen Zeitkonstante

$$T_M = \frac{m_2}{d_{\dot{x}}} \tag{7.151}$$

und dem mechanischen Verstärkungsfaktor

$$V_M = \frac{1}{d_{\dot{x}}}. \tag{7.152}$$

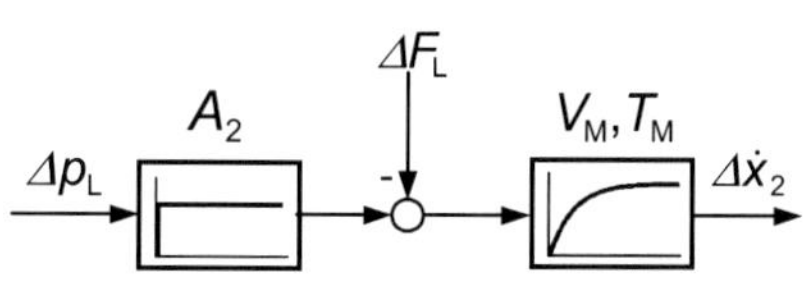

Bild 7.51: Reduzierte Darstellung der Mechanik im Differentialzylinder als PT_1-Glied

Die Differentialgleichung der Kolbenbewegung kann damit durch ein PT_1-Glied beschrieben werden. Der entsprechende reduzierte Wirkungsplan im Bild 7.51 ist der

Darstellung der Motorbewegung im Bild 7.30 unter Berücksichtigung der Analogien zwischen einem Rotations- und Linearmotor identisch.

Frequenzgang und dynamische Kennwerte

Fourier-Transformation der Differentialgleichungen (7.144) und (7.150) ergibt:

$$\Delta p_{\mathrm{L}}\left(T_{\mathrm{H}}(j\omega)+1\right)=T_{\mathrm{H}}\left(K_{y}\Delta y+K_{\dot{x}}\Delta x_{2}(j\omega)\right) \tag{7.153}$$

$$\Delta x_{2}(j\omega)\left(T_{\mathrm{M}}(j\omega)+1\right)=V_{\mathrm{M}}\left(A_{2}\Delta p_{\mathrm{L}}-\Delta F_{\mathrm{L}}\right) \tag{7.154}$$

Das Auflösen der Gleichung (7.154) nach Δp_{L} und das Einsetzen in die Gleichung (7.153) liefert den Frequenzgang der gesamten Steuerkette:

$$\Delta x_{2}=\frac{\frac{A_{2}}{m_{2}}K_{y}\Delta y-\left(1+T_{\mathrm{H}}(j\omega)\right)b_{0\mathrm{Diff}}\Delta F_{\mathrm{L}}}{(j\omega)^{2}+a_{1\mathrm{Diff}}(j\omega)+a_{0\mathrm{Diff}}}\cdot\frac{1}{j\omega} \tag{7.155}$$

mit den konstanten Koeffizienten

$$a_{0\mathrm{Diff}}=\frac{1-V_{\mathrm{M}}T_{\mathrm{H}}K_{\dot{x}}}{T_{\mathrm{H}}T_{\mathrm{M}}}, \tag{7.156}$$

$$a_{1\mathrm{Diff}}=\frac{T_{\mathrm{H}}+T_{\mathrm{M}}}{T_{\mathrm{H}}T_{\mathrm{M}}}, \tag{7.157}$$

$$b_{0\mathrm{Diff}}=\frac{1}{m_{2}T_{\mathrm{H}}}. \tag{7.158}$$

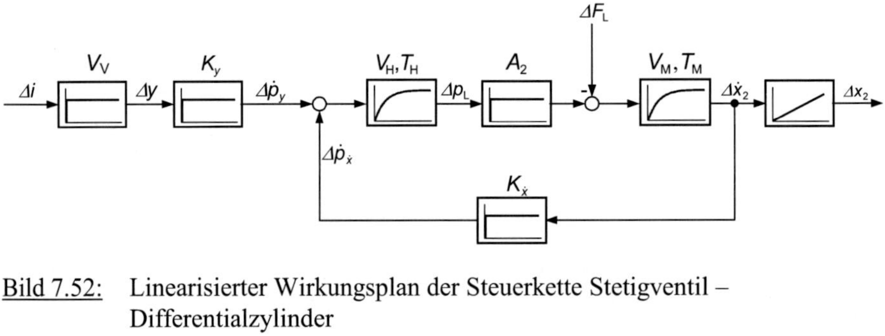

Bild 7.52: Linearisierter Wirkungsplan der Steuerkette Stetigventil – Differentialzylinder

In Bild 7.52 wird der Wirkungsplan der gesamten Steuerkette bestehend aus Stetigventil und Differentialzylinder dargestellt.

Ähnlich der Gleichung (7.120) kann der Frequenzgang umgeformt werden:

$$\Delta x_2 = \frac{C_0 V_V \Delta i - \dfrac{\left(1 + T_H (j\omega)\right)}{m_2 T_H \omega_H^2} \Delta F_L}{\left(j \dfrac{\omega}{\omega_H}\right)^2 + 2 D_H \left(j \dfrac{\omega}{\omega_H}\right) + 1} \cdot \frac{1}{j\omega} \tag{7.159}$$

Die dynamischen Kennwerte Kennkreisfrequenz ω_H, Dämpfungsgrad D_H und die Geschwindigkeitsverstärkung C_0 für den Differentialzylinder sind aus dem Frequenzgang abgeleitet und in Tabelle 7.5 aufgeführt.

<table>
<tr><th colspan="2">Steuerkette Stetigventil - Linearmotor (Differentialzylinder)</th></tr>
<tr><td>$T_H = \dfrac{1}{\alpha \dfrac{1}{C_{HB}} \left(\dfrac{-V_{QpB}\alpha^2 + K_{2Lip}\left(1+\alpha^2\right)}{1+\alpha^3} \right) - \dfrac{1}{C_{HA}} \left(\dfrac{-V_{QpA} - K_{2Lip}\left(1+\alpha^2\right)}{1+\alpha^3} \right)}$

$V_H = T_H$</td><td>$T_M = \dfrac{m_2}{d_{\dot{x}}}$

$V_M = \dfrac{1}{d_{\dot{x}}}$</td></tr>
<tr><td colspan="2">$\omega_H = \sqrt{a_{0\mathrm{Diff}}} = \sqrt{\dfrac{1 - V_M T_H K_{\dot{x}}}{T_H T_M}} = \sqrt{\dfrac{d_{\dot{x}}}{m_2 T_H} - \dfrac{A_2}{m_2} K_{\dot{x}}}$

$D_H = \dfrac{a_{1\mathrm{Diff}}}{2\sqrt{a_{0\mathrm{Diff}}}} = \dfrac{T_H + T_M}{2\omega_H T_H T_M}$

$C_0 = \dfrac{\dfrac{A_2}{m_2} K_y}{\omega_H^2} = \dfrac{\dfrac{A_2}{m_2} K_y}{\dfrac{d_{\dot{x}}}{m_2 T_H} - \dfrac{A_2}{m_2} K_{\dot{x}}}$</td></tr>
</table>

Tabelle 7.5: Dynamische Kennwerte der Steuerkette Stetigventil – Linearmotor (Differentialzylinder)

Das Einsetzen der Bedingungen für einen Gleichgangzylinder ($\alpha = 1$, $C_{HA} = C_{HB} = C_H$, $V_{QyA} = V_{QyB} = V_{Qy}$ und $V_{QpA} = -V_{QpB} = 2\,V_{Qp}$) in die Kennwerte des Differentialzylinders ergibt die Kennwerte des ventilgesteuerten Gleichgangzylinders nach Tabelle 7.2.

7.2.2 Steuerkette Typ 2

Die in Kapitel 2.1 als Typ 2 bezeichnete Steuerkette umfasst solche Systeme, bei denen die Regelung der Abtriebsleistung nicht auf der Seite der Leistungsversorgung (Primärseite; Pumpe oder Ventil) durch eine Regelung der zugeführten Leistung erfolgt, sondern am Abtrieb selbst (Sekundärseite; Motor) durch die Regelung der umgesetzten Leistung.

In der Praxis wird unter einer solchen Sekundär- bzw. Motorregelung ein Antriebskonzept verstanden, bei dem über die Beeinflussung des Verdrängervolumens V_2 eines rotatorischen Verstellmotors mit dem Massenträgheitsmoment J_2, der von einem zentralen Drucknetz mit dem konstanten Druck p_0 versorgt wird, nur die für die Antriebsaufgabe erforderliche Energie entnommen wird. Kann der Motor auch im Pumpenbetrieb arbeiten, so kann bei Bremsvorgängen sogar Energie vom Motor in das Netz zurückgespeist werden. Der Schaltplan eines solchen Systems ist in Bild 7.53 gezeigt.

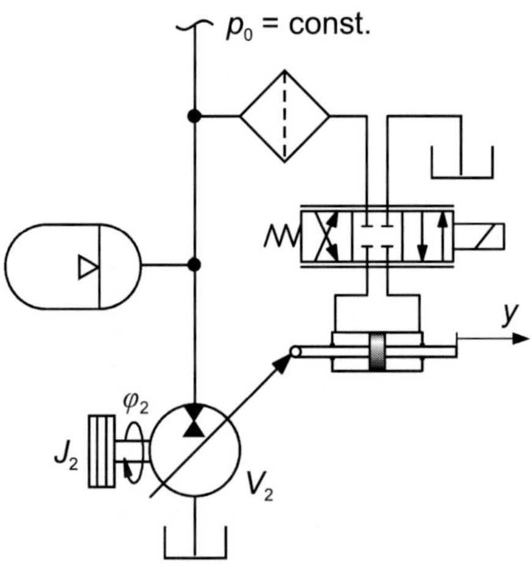

Bild 7.53: Hydraulischer Schaltplan der Steuerkette Sekundärregelung

Zentrale Drucknetze finden ihre Anwendung vorwiegend in Großanlagen, wo eine Vielzahl hydraulischer Antriebe mit unterschiedlicher Auslastung betrieben werden müssen. Exemplarisch können hier Transferstraßen, Anlagen des Schwermaschinenbaus oder Schiffshydraulikanlagen genannt werden.

Die Steuerkette des Typs 2 ist dadurch gekennzeichnet, dass ihre Dynamik nicht durch hydraulische Vorgänge innerhalb der Strecke beeinflusst wird. Aufgrund des permanent anliegenden, konstanten Versorgungsdrucks muss im System kein Druck mehr aufgebaut werden, so dass das in Steuerketten vom Typ 1 enthaltene Verzögerungsglied 1. Ordnung des Druckaufbaus entfällt. Das dynamische Systemverhalten wird daher ausschließlich vom Stellsystem und der Mechanik des Motors bestimmt. Den linearisierten Wirkungsplan eines sekundärgeregelten Motors mit Ventilschieberweg als Eingangsgröße zeigt Bild 7.54.

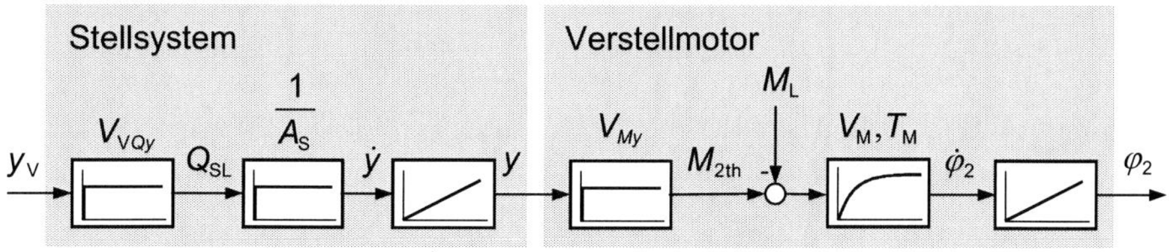

Bild 7.54: Wirkungsplan der Steuerkette Sekundärregelung

Die Kennwerte der Motormechanik sind den Gleichungen (7.103) und (7.104) zu entnehmen. Da es sich um eine nicht schwingungsfähige Steuerkette handelt, können keine weiteren Kennwerte der ungeregelten Strecke angegeben werden. Die Kennwerte des geregelten Systems werden in den Kapiteln 8.1.2, 8.2.2 und 8.3.2 ermittelt.

7.3 Nichtlinearitäten in realen servohydraulischen Antrieben

Die bisherige Beschreibung des dynamischen Verhaltens erfolgte auf der Grundlage eines linearisierten mathematischen Modells. Vergleichsmessungen an ausgeführten Systemen zeigen, dass das dynamische Verhalten in vielen Fällen von Nichtlinearitäten, dem vernachlässigten Zeitverhalten einzelner Bauteile oder durch Besonderheiten der eingesetzten Stellelemente bestimmt wird. In den nachfolgenden Kapiteln werden deshalb die prinzipbedingten Nichtlinearitäten von pumpen- und ventilgesteuerten Servoantrieben behandelt.

Genauere Aussagen über das Betriebsverhalten liefert ein nichtlineares Modell. Mit Hilfe von Simulationsrechnungen lassen sich diese Modelle untersuchen. In den folgenden Kapiteln sind die Ergebnisse derartiger Untersuchungen exemplarisch dargestellt.

7.3.1 Nichtlinearitäten des Druckaufbaus

In der Differentialgleichung des Druckaufbaus im Motor (7.98) wurde bisher angenommen, dass die hydraulische Kapazität C_H konstant ist und sich nach der Gleichung

$$C_H = \frac{V}{E'_{Öl}} = \frac{V_{tot} + V_0}{E'_{Öl}} \tag{7.160}$$

berechnet. Bei der Analyse der einzelnen Größen sind jedoch folgende Nichtlinearitäten zu berücksichtigen:

- Das Kompressionsvolumen V_0 ist nur für den Konstantrotationsmotor annähernd konstant. Bei einem Verstellmotor ändert sich dieses Volumen proportional zum eingestellten Schluckvolumen. In beiden Fällen beträgt es

  $$V_0 = \tfrac{1}{2} V_2 ,$$

  da jeweils nur die Hälfte des Gesamtverdrängerraums mit dem Hochdruck verbunden wird. Bei einem Zylinder hängt das Kompressionsvolumen von der Kolbenstellung ab, wobei es signifikanten Einfluss auf die Eigenkreisfrequenz des Zylinders hat (s. Kapitel 7.1.5.2).

- Das Totvolumen V_{tot} berücksichtigt die Verbindungsleitungen zwischen Stellelement und Motor sowie alle Restvolumina innerhalb der Bauteile, z.B. Anschlussstutzen und Gehäusekanäle. Abgesehen von Bauteilelastizitäten ist dieses Volumen konstant. Bei ausgeführten Servoantrieben wird jedoch versucht, das Totvolumen möglichst klein zu halten, um die Kapazität zu verringern.

- Der Ersatzkompressionsmodul $E'_{Öl}$, der vom Druck und von der Temperatur abhängt, berücksichtigt neben der Kompressibilität des Öls auch die Elastizität der Bauteilwandungen sowie der Verbindungsleitungen zwischen Stellelement und Motor. Messergebnisse für einen Hydraulikzylinder zeigen, dass der Ersatzkompressionsmodul $E'_{Öl}$ des Zylinders in der Mittelstellung des Kolbens im Bereich niedriger Drücke von dem üblicherweise für Hydrauliköl angenommenen Wert von 20.000 bar deutlich abweicht (siehe Bild 7.55). Diese Abweichung ist auf zwei Ursachen zurückzuführen: Zum einen ist im Öl vielfach ungelöste Luft in kleinen Bläschen verteilt, die bei hohen Drücken in

Lösung gehen, zum anderen werden Dichtelemente bei ansteigenden Drücken in Leerräume der Dichtungsnuten gepresst.

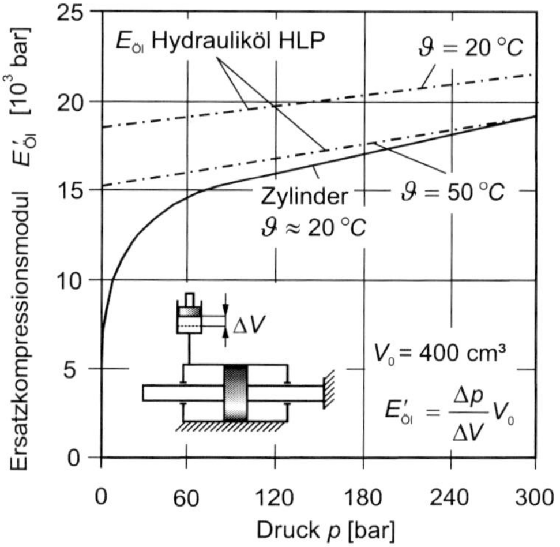

Bild 7.55: Ersatzkompressionsmodul eines Hydraulikzylinders

7.3.2 Nichtlinearitäten ventilgesteuerter Servoantriebe

Die in Kapitel 7.1.1 betrachteten linearen Modelle gehen von einem idealen Servoventil mit Nullüberdeckung aus und erfassen das Kennfeld nur durch Linearisierung in einem Arbeitspunkt. Diese beiden Einschränkungen können jedoch nicht immer gemacht werden. Die folgenden Unterkapitel beschäftigen sich deshalb mit den Nichtlinearitäten des Stetigventils.

7.3.2.1 Einfluss des nichtlinearen Kennlinienfeldes des Stetigventils

Das Kennlinienfeld eines Stetigventils ist laut Gleichung (6.57) durch die Abhängigkeit des Volumenstromes von dem anliegenden Lastdruck und der Größe des Ansteuersignals gekennzeichnet. Die Volumenstrom-Druckverstärkung V_{Qp} ändert sich daher mit dem Arbeitspunkt. Sie nimmt mit größerem Eingangssignal und steigendem Lastdruck zu, siehe Gleichung (6.82). Wie in Gleichung (7.122) erkennbar, beeinflusst der Kennwert V_{Qp} wesentlich den Dämpfungsgrad des hydraulischen Antriebes.

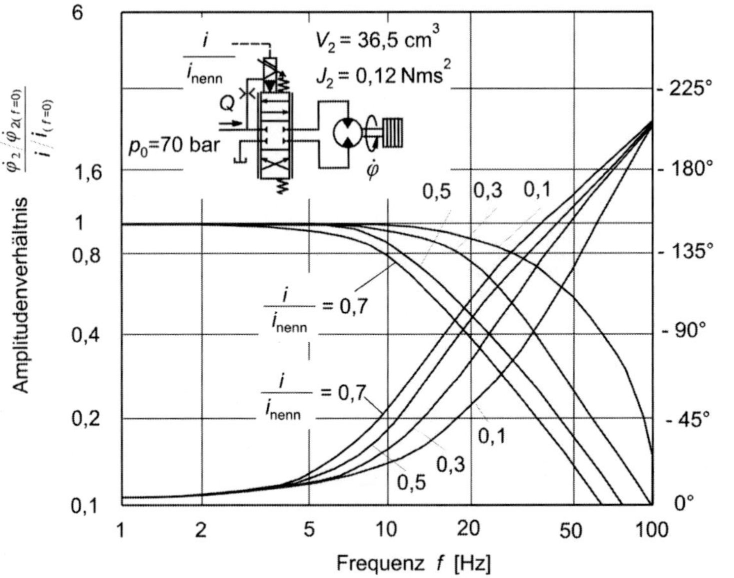

Bild 7.56: Frequenzgang der Steuerkette Servoventil – Rotationsmotor

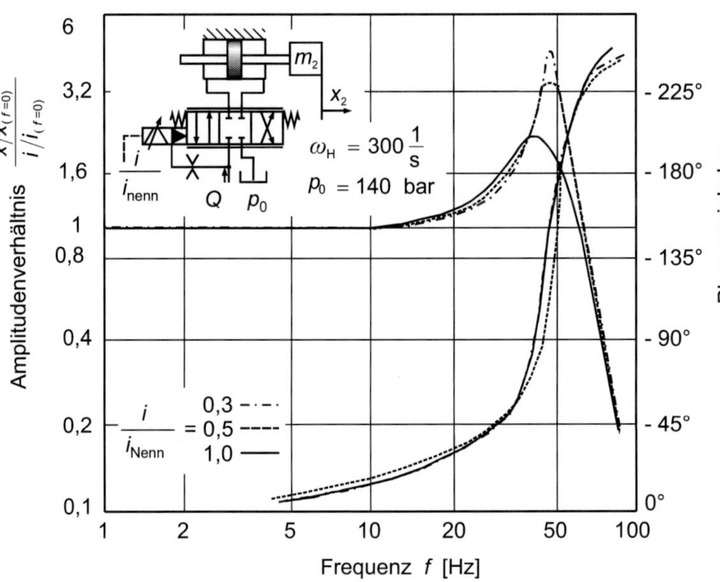

Bild 7.57: Frequenzgang der Steuerkette Servoventil – Linearmotor /Hel77/

Dies führt dazu, dass das dynamische Verhalten der Steuerkette Stetigventil - Motor außer von der Erregerfrequenz auch von der Amplitude des Eingangssignals des Stetigventils abhängt /Lee77/. Dieser Zusammenhang ist in den Frequenzgängen am Beispiel eines Rotations- und eines Zylinderantriebes dargestellt, siehe Bild 7.56 und Bild 7.57.

Mit steigendem Eingangssignal wächst gleichzeitig der Lastdruck p_{L} aufgrund der größeren dynamischen Kräfte im System. Deshalb steigen bei beiden Antrieben die druckabhängigen Verluste, charakterisiert durch V_{Qp}, und damit die Dämpfung.

Die wesentlich größere Dämpfung des Rotationsantriebes gegenüber dem Zylinderantrieb hat mehrere Ursachen. Ein Vergleich der Gleichungen (7.161) und (7.162) der Dämpfungsgrade verdeutlicht die Zusammenhänge:

$$D_{\mathrm{H,rot}} = \frac{V_{Qp} + K_{2\mathrm{L}ip}}{2\left(\frac{V_2}{2\pi}\right)}\sqrt{\frac{2J_2}{C_{\mathrm{H}}}} \tag{7.161}$$

$$D_{\mathrm{H,lin}} = \frac{V_{Qp} + K_{2\mathrm{L}ip}}{2A_2}\sqrt{\frac{2m_2}{C_{\mathrm{H}}}} \tag{7.162}$$

- Rotationsantriebe haben größere druckabhängige interne Leckölströme. Damit wächst der Leckölbeiwert $K_{2\mathrm{L}ip}$ und der Dämpfungsgrad steigt linear an.
- Bei Rotationsantrieben ist der Faktor $\frac{\pi}{V_2}\sqrt{\frac{2J_2}{C_{\mathrm{H}}}}$ in der Gleichung für den Dämpfungsgrad wesentlich größer als der Faktor $\frac{1}{2A_2}\sqrt{\frac{2m_2}{C_{\mathrm{H}}}}$ für vergleichbare Linearantriebe.

Die Abhängigkeit der Eigenfrequenz vom Eingangssignal bei Zylinderantrieben ist auf die Druckabhängigkeit der Kapazitäten und das veränderliche dynamische Verhalten des Stetigventils zurückzuführen. Bei den Rotationsantrieben macht sich zusätzlich der Einfluss der hohen Dämpfungsgrade auf die Eigenfrequenz erheblich bemerkbar (siehe Kapitel 9.2.2).

7.3.2.2 Einfluss der Überdeckungsverhältnisse des Steuerschiebers

Geringe negative Überdeckungen am Stetigventil beeinflussen den Leckölstrom des Antriebssystems. Dabei kann das Stetigventil mit negativer Überdeckung an den

Einlaufsteuerkanten oder an den Auslaufsteuerkanten (s. Bild 7.58) ausgeführt werden.

Eine negative Überdeckung an den Einlaufsteuerkanten wirkt im Bereich der Schiebermittelstellung wie eine Bypassdrossel, während eine negative Überdeckung an den Auslaufsteuerkanten einer Vergrößerung des externen Leckölvolumenstroms entspricht.

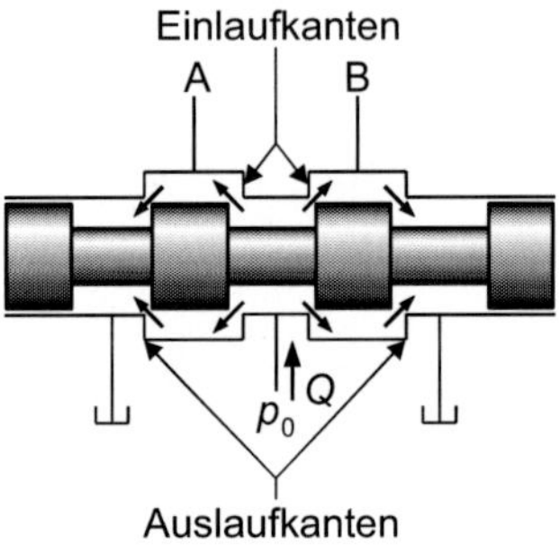

Bild 7.58: Ein- und Auslaufkanten im Stetigventil

Während die Eigenfrequenz des Systems durch die Änderung der Überdeckung kaum beeinflusst wird, wird der Dämpfungsgrad durch eine negative Überdeckung und den damit verbundenen internen Leckölstrom im Ventil vergrößert. Eine negative Überdeckung kann auch durch Verschleiß der Steuerkanten zunehmen bzw. entstehen und so das dynamische Verhalten im Laufe der Ventilstandzeit verändern.

Eine positive Überdeckung an Ein- und Auslaufkanten setzt dagegen den Dämpfungsgrad herab, da die Energieabfuhr durch Druckflüssigkeit vermindert wird. Die durch eine positive Überdeckung an den Einlaufsteuerkanten bedingte Umkehrspanne in der Ventilkennlinie macht die positive Überdeckung jedoch ungeeignet für stabile Regelungen, da das Ansteuersignal in diesem Bereich nicht oder nur schwach übertragen wird.

7.3.3 Nichtlinearitäten pumpengesteuerter Servoantriebe

In Kapitel 2.3.1 wurde die Kombination von Servopumpe und Motor in einem geschlossenen hydrostatischen Getriebe vorgestellt. Den prinzipiellen Aufbau einer solchen Schaltung zeigt nochmals Bild 7.59. Das linearisierte Modell aus Kapitel 7.2.1 berücksichtigt allerdings nicht den Einfluss der Nebenaggregate, die in hydrostatischen Getrieben üblicherweise eingesetzt werden. In den folgenden

Unterkapiteln wird deshalb ihre Funktion im Getriebe und ihr Einfluss auf das dynamische Verhalten des Systems beschrieben.

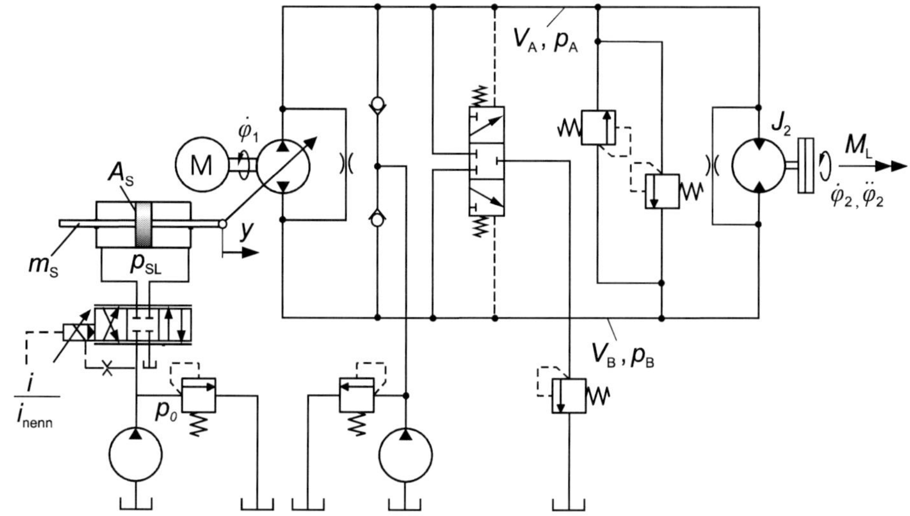

Bild 7.59: Hydraulischer Schaltplan des geschlossenen hydrostatischen Getriebes

Das stationäre Verhalten des Getriebes zeigt die Druck-Signalfunktion in Bild 7.60. Da die Pumpe nur einen Volumenstrom aufprägt, werden die Drücke durch die Einstellungen der Druckbegrenzungsventile bestimmt (210 bar).

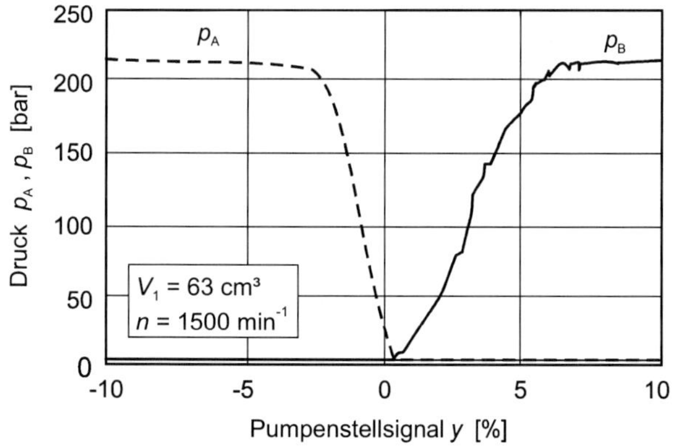

Bild 7.60: Druck-Signalfunktion eines hydrostatischen Getriebes

Der geringfügige lineare Anstieg des Druckes nach Öffnen dieser Ventile ist auf die Kennlinie des Druckbegrenzungsventils zurückzuführen. Das Spülventil sorgt für eine immer definierte Hochdruck- und Niederdruckseite. Das Druckhalteventil ist auf 5 bar eingestellt und bestimmt den Druck auf der Niederdruckseite.

7.3.3.1 Einfluss der Speise- und Spüleinheit

Die Spüleinheit eines hydrostatischen Getriebes nach Bild 7.59 besteht aus einem federzentrierten hydraulisch betätigten 3/3-Wegeventil und einem nachgeschalteten Druckhalteventil. Der konstruktive Aufbau und der Hydraulikschaltplan eines Spülventils sind in Bild 7.61 dargestellt.

Es treten zwei Volumenströme auf. Neben dem eigentlichen Spülvolumenstrom $Q_{\text{spül}}$, der durch das Ventil zum Tank fließt, wird ein Schaltvolumenstrom Q_{sch} zum Verändern der Schaltstellung des Ventils benötigt. Entsprechend der Ventilkolbengeschwindigkeit wird der Hochdruckseite ein Schaltstrom entnommen und ein gleich großer Schaltstrom der Niederdruckseite zugeführt. Das zu füllende Volumen ist zwar gering, durch eine kurze Schaltzeit kann jedoch ein hoher Schaltvolumenstrom Q_{sch} entstehen. Dadurch werden schnelle Lastwechsel, wie sie beim Positioniervorgang lagegeregelter Antriebe stattfinden, durch den Schaltvorgang erheblich gestört.

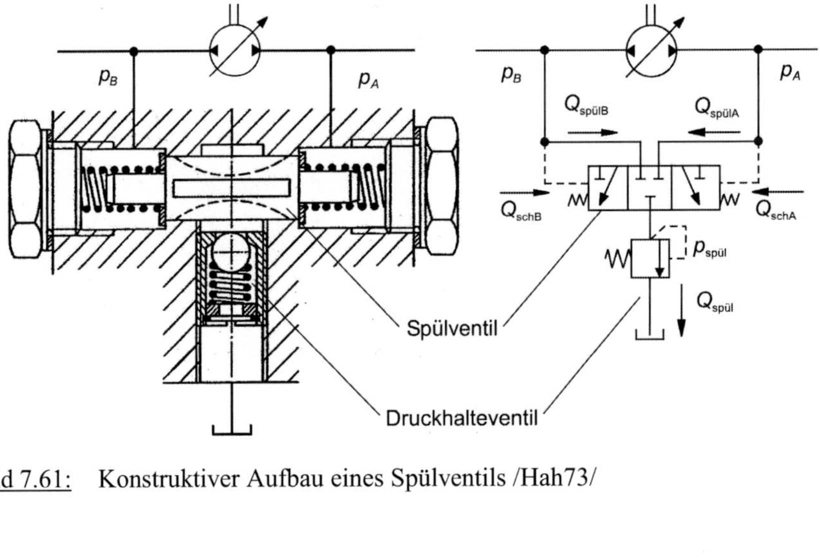

Bild 7.61: Konstruktiver Aufbau eines Spülventils /Hah73/

Aus dem konstruktiven Aufbau des Spülventils lassen sich auch die Voraussetzungen für das Auftreten von Spülvolumenstrom $Q_{\text{spül}}$ und Schaltvolumenstrom Q_{sch} ableiten. Der Weg des Kolbens ist durch das Kräftegleichgewicht am Kolben bestimmt, das aus den Drücken p_A und p_B auf den Stirnflächen des Ventils resultiert. Die Federzentrierung des Kolbens führt zu einer Ansprechschwelle und die Hubbegrenzung zu einer Sättigung des Kolbenweges.

Ein Schaltvolumenstrom Q_{sch} entsteht daher nur, wenn der Absolutwert der Druckdifferenz $(p_A - p_B)$ am Kolben die Ansprechschwelle überschritten hat, aber unterhalb des Wertes bleibt, der den Kolben an seine Hubbegrenzung drückt. Ein Spülvolumenstrom $Q_{\text{spü}}$ fließt nur dann, wenn das 3/3-Wegeventil ausgelenkt und der Druck der Niederdruckseite größer als der Einstelldruck des Druckhalteventils ist.

Der Einfluss des Spülventils auf das dynamische Verhalten des Antriebes zeigt sich besonders deutlich, wenn das Getriebe mit kleinen Amplituden sinusförmig erregt wird. Diesen Fall zeigt Bild 7.62, in dem Stellkolbenweg, Drücke, Druckdifferenz und Ausgangsdrehzahl eines Getriebes mit und ohne Spüleinheit für kleine Stellkolbenamplituden y aufgetragen sind.

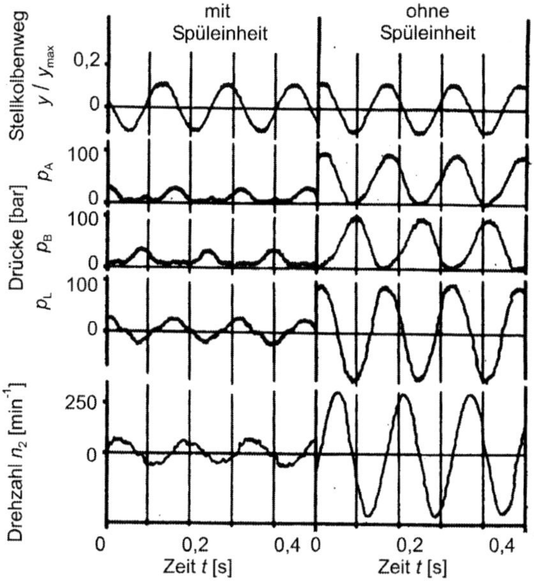

Bild 7.62: Dynamisches Verhalten mit und ohne Spüleinheit /Hah73/

Während ohne Spülventil die beiden Drücke in Gegenphase mit großer Amplitude schwingen, bewirken der Schaltstrom und die Druckbegrenzung auf der Niederdruckseite einen wesentlich niedrigeren Differenzdruckverlauf. Dies führt zu einer entsprechend kleineren Drehzahlamplitude.

Schaltstellung des Spülventils	Eigenkreisfrequenz des Getriebes
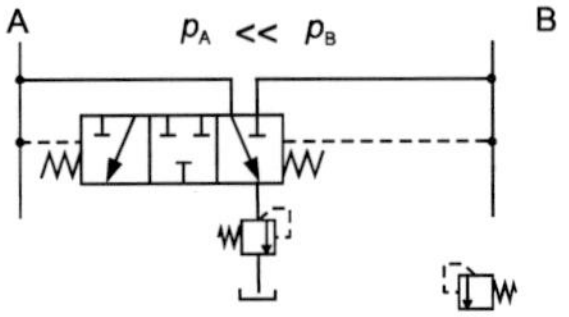	$$\omega_{H1} = \frac{V_2}{2\pi}\sqrt{\frac{E'_{Öl}}{J_2 V_B}}$$
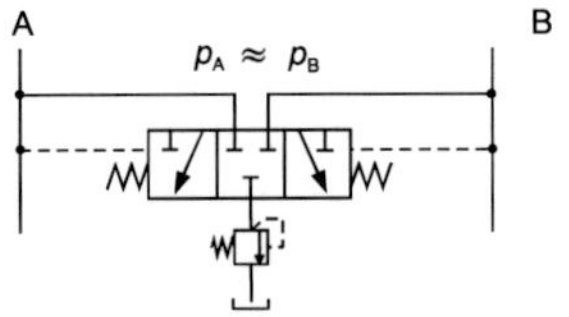	$$\omega_{H2} = \frac{V_2}{2\pi}\sqrt{\frac{E'_{Öl}}{J_2}\left(\frac{1}{V_A}+\frac{1}{V_B}\right)}$$
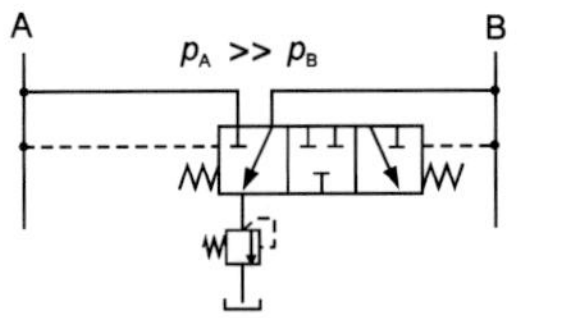	$$\omega_{H3} = \frac{V_2}{2\pi}\sqrt{\frac{E'_{Öl}}{J_2 V_A}}$$

Bild 7.63: Einfluss des Spülventils auf die Eigenkreisfrequenz des hydrostatischen Getriebes

Die Eigenkreisfrequenz des Getriebes ist abhängig von der Stellung des Spülventils, da das Ventil bei ausreichend großer Druckdifferenz den Druck einer Arbeitsleitung auf einen eingestellten niedrigen Wert absenkt. Das bedeutet, dass die Ölsäule der Niederdruckseite nicht als Feder wirksam sein kann und damit nicht mehr in die Berechnung der Eigenkreisfrequenz eingeht.

Für kleine Druckdifferenzen bleibt das Spülventil geschlossen, und das Getriebe erreicht die gleiche Eigenfrequenz wie ohne Ventil. Wenn die Kapazitäten der beiden Arbeitsleitungen stark voneinander abweichen, so hat das Getriebe drei unterschiedliche Eigenfrequenzen wie in Bild 7.63 beschrieben.

Die Auswirkungen der Spüleinheit auf den Führungsfrequenzgang eines Getriebes sind in Bild 7.64 zu ersehen. Hier ist die relative Amplitude der an der Motorwelle gemessenen Drehzahl im Verhältnis zur elektrischen Führungsgröße des Lageregelkreises für die Pumpenverstellung aufgetragen. Es ist zu erkennen, dass bei kleinen Trägheitsmomenten die $-90°$-Frequenz um den Faktor $\sqrt{2}$ differiert, wie bereits in Bild 7.63 für ω_{H2} für den Fall $V_A = V_B = V$ berechnet werden kann. Bei großen Trägheitsmomenten ist der Faktor etwas kleiner, da in diesen Fällen größere Druckdifferenzen auftreten und der Niederdruck sich nur bis auf atmosphärischen Druck entspannen kann.

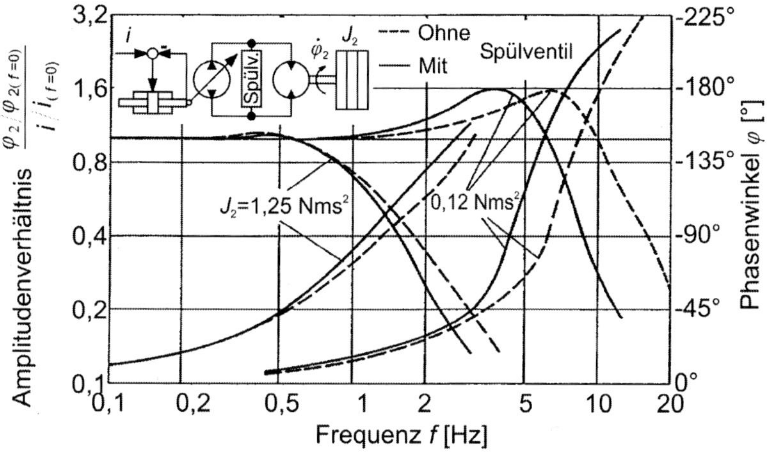

Bild 7.64: Beeinflussung des Frequenzverhaltens durch ein Spülventil /Hah73/

7.3.3.2 Einfluss der Druckbegrenzungsventile

Die auf beiden Seiten des hydrostatischen Getriebes angebrachten Druckbegrenzungsventile (vgl. Bild 7.59) verhindern einen übermäßigen Druckanstieg im System und begrenzen damit auch die Leistung, die umgesetzt werden kann. In Bild 7.65 werden die damit verbundenen Effekte für das dynamische Verhalten eines hydrostatischen Getriebes verdeutlicht.

Bei kleinen Trägheitsmomenten sprechen die Druckbegrenzungsventile noch nicht an, so dass die Frequenzgänge auch für unterschiedliche Erregeramplituden sehr dicht beieinander verlaufen. Bei hohen Trägheitsmomenten entstehen entsprechend große Druckdifferenzen, was zu einer deutlichen Abweichung der Frequenzkennlinien für unterschiedliche Erregeramplituden führt, da das Öffnen der Druckbegrenzungsventile zu einer Abnahme des dem Motor zugeführten Volumenstroms führt.

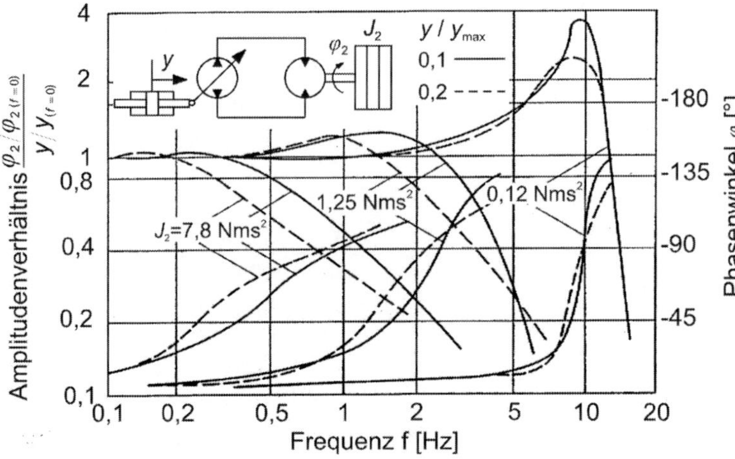

Bild 7.65: Führungsfrequenzgang bei unterschiedlichen Erregeramplituden und Trägheitsmomenten /Hah73/

Der Vergleich zwischen dem in Bild 7.65 für $J = 0{,}12$ Nms² dargestellten Frequenzgang und dem Frequenzgang des ventilgesteuerten Motors in Bild 7.56 macht die Unterschiede zwischen einer Verdrängersteuerung und einer Ventilsteuerung im dynamischen Verhalten deutlich. Obwohl der Rotationsmotor in beiden Systemen ein ähnlich großes Schluckvolumen besitzt, ist die Pumpensteuerung schlechter gedämpft und weist eine geringere Eigenkreisfrequenz auf.

Nach Betrachtung der Gleichungen (7.121) und (7.122) ergeben sich folgende Erklärungen:

- Das Schluckvolumen der Servopumpe und die Verbindungsleitungen zwischen Pumpe und Motor ergeben eine größere Kapazität als die Verbindungskanäle zwischen Ventil und Motor. In wurzelförmiger Abhängigkeit von dem Verhältnis dieser Kapazitäten ($1/\sqrt{C_H}$) verringert sich die Dämpfung und die Eigenkreisfrequenz des pumpengesteuerten Antriebes.

- In der Berechnungsgleichung für den Dämpfungsgrad wird die Volumenstrom-Druckverstärkung des Ventils V_{Qp} durch den Kennwert der Pumpe $K_{1\mathrm{L}ip}$ ersetzt. Da die Volumenstrom-Druckverstärkung schon bei kleinen Ventilauslenkungen schnell ansteigt, ist dieser Verluststrom im Mittel größer als die nahezu konstante Steigung $K_{1\mathrm{Lip}}$. Diese Tatsache trägt dazu bei, dass das hydrostatische Getriebe schlechter gedämpft ist als eine vergleichbare Ventilsteuerung.

Gleichzeitig verdeutlicht Bild 7.65 noch einmal die starke Abhängigkeit der Systemdämpfung von der Massenlast. Bei großen Trägheitsmomenten ist keine nennenswerte Amplitudenerhöhung festzustellen, während kleine Trägheitsmomente zu einem hochfrequenten und wenig gedämpften System führen.

7.3.3.3 Einfluss der Leitungslänge zwischen Pumpe und Motor

Nicht zu vernachlässigende Bauteile im hydrostatischen Getriebekreislauf (vgl. Bild 7.59) sind die Verbindungsleitungen mit dem darin enthaltenen Druckmedium, die die Energieübertragung zwischen Pumpe und Motor ermöglichen. Die hydraulische Zeitkonstante des Antriebs ist abhängig von der hydraulischen Kapazität C_H, die durch die Kompressibilität des Druckmediums und die Elastizität der Wandungen der unter Druck stehenden Leitungen und Gehäuse bedingt ist.

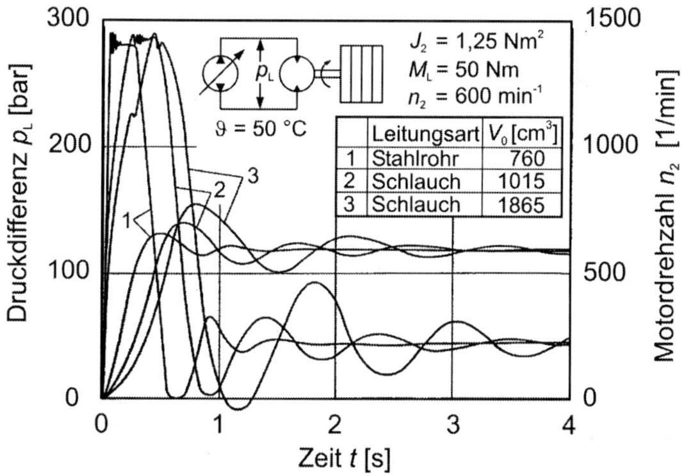

	Leitungsart	V_0 [cm³]
1	Stahlrohr	760
2	Schlauch	1015
3	Schlauch	1865

Bild 7.66: Übergangsfunktionen von Druckdifferenzen und Abtriebsdrehzahl für verschiedene Leitungen /Hah73/

Die Verbindungsleitungen haben damit über ihre hydraulische Kapazität einen wesentlichen Einfluss auf das dynamische Verhalten. Dies geht aus den Sprungantworten in Bild 7.66 hervor, in denen die Druckdifferenz p_L und die Motordrehzahl n_2 für eine sprungförmige Pumpenverstellung aufgetragen sind. Bei geringer Leitungskapazität (Fall 1) steigt der Druck steil an, bis das Druckbegrenzungsventil anspricht. Der Maximaldruck bleibt während der Beschleunigungsphase erhalten und schwingt bei Erreichen der gewünschten Drehzahl in den stationären Wert ein. Je größer die Leitungskapazität ist, umso geringer ist die Druckanstiegsgeschwindigkeit (Fall 2 und 3).

Da eine größere Kapazität bei gleichem Druckanstieg mehr potentielle Energie speichert, ergibt sich beim Einschwingen in den stationären Zustand eine höhere Druck- und Drehzahlamplitude. Daraus folgt, dass der Dämpfungsgrad D_H bei sonst unveränderten Bedingungen durch eine höhere Leitungskapazität reduziert wird. Außerdem sinkt die Eigenfrequenz mit ansteigender Leitungskapazität ab (siehe Tabelle 7.3).

Für Fall 3 wird p_L kurzzeitig negativ, d.h. Pumpe und Motor vertauschen dort ihre Funktion. Das kann zu Systemschäden führen, wenn dabei in einer Leitung ein Unterdruck aufgrund schlechter Füllverhältnisse entsteht.

Die Untersuchungen zeigen, dass ein Vorteil der Hydrostatik, nämlich die getrennte Aufstellung von Pumpe und Motor bzw. Zylinder, zu Lasten des Zeitverhaltens gehen kann. Hier ist entsprechend dem Einsatzfall eine Abstimmung zwischen gefordertem Zeitverhalten und eingesetzter Übertragungsleitung vorzunehmen.

7.3.3.4 Eingespanntes hydrostatisches Getriebe

Der Einsatz hydrostatischer Getriebe für anspruchsvolle Regelungen ist nur bedingt möglich. Wie in Kapitel 7.3.3.1 erläutert, führt der Einsatz eines schaltenden Spülventils zu einer Verringerung der erreichbaren Eigenfrequenz und damit auch der Kreisverstärkung. Bei einem Verzicht auf das Spülventil lässt sich die Dynamik und die Laststeifigkeit durch die Einspannung des Getriebes, d. h. eine Anhebung des statischen Druckniveaus, erheblich verbessern.

Das statische Druckniveau p_N stellt sich bei konstanter Pumpenausschwenkung ein, wenn der zugeführte Volumenstrom der Speiseeinheit gerade die Summe aller externer Leckagen deckt. Bei einem hydrostatischen Getriebe mit Spülventil, siehe Bild 7.59, liegt das Druckniveau nur wenig höher als der eingestellte Niederdruck, um große Druckänderungen zum Schalten des Ventils zu verhindern. Ohne das Spülventil lässt sich jedoch ein sehr viel höheres Druckniveau vorgeben.

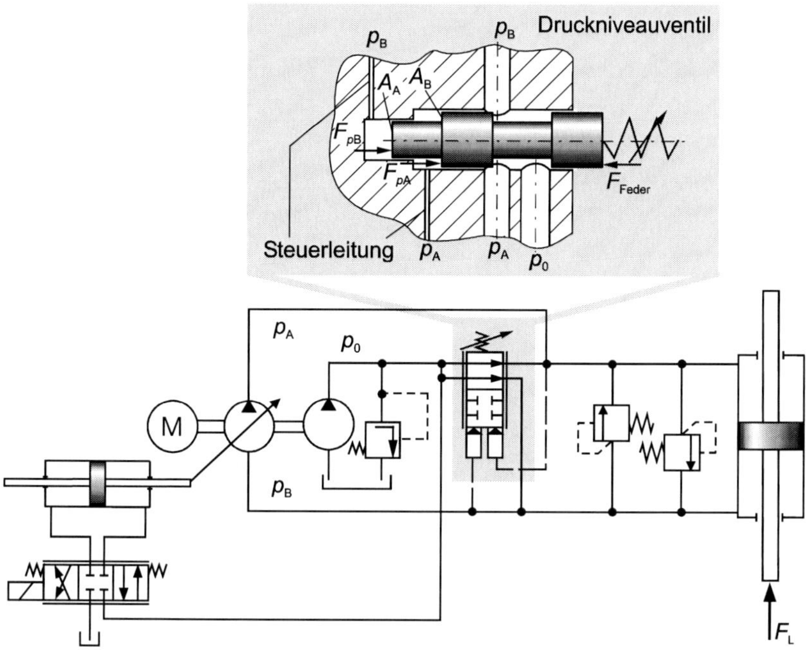

Bild 7.67: Hydrostatisches Getriebe mit angehobenem Druckniveau /Ber88/

Eine Möglichkeit, ein statisches Druckniveau zu erzeugen, ist in Bild 7.67 dargestellt. Zur selbständigen Regulierung des statischen Mitteldruckes wird ein Ventil eingesetzt. Dieses stellt prinzipiell ein Druckminderventil mit zwei gleichsinnig verstellbaren Steuerkanten und zwei dem Flächenverhältnis am Arbeitszylinder entsprechenden, gleichsinnig beaufschlagten Fühlflächen dar. Im Ventil wird das Kräftegleichgewicht zwischen der einstellbaren Federkraft F_{Feder} und der Summe der Druckkräfte gebildet. Für den Gleichgangzylinder gilt

$$A_{\text{A}} = A_{\text{B}} = A \tag{7.163}$$

und damit

$$F_{\text{Feder}} = A\left(p_{\text{A}} + p_{\text{B}}\right). \tag{7.164}$$

Wird der vorgegebene Summendruck überschritten, so werden die Zulaufquerschnitte verringert. Analog werden beim Unterschreiten des Summendruckes die Zulaufquerschnitte vergrößert, so dass sich eine selbsttätige Regelung des Summendruckes ergibt. Das statische Druckniveau liegt dann bei

$$p_N = \frac{p_A + p_B}{2} \tag{7.165}$$

Durch die Einspannung des Zylinders in zwei unter Druck stehende Ölsäulen erhöht sich die Eigenkreisfrequenz um den Faktor $\sqrt{2}$ und die Laststeifigkeit verdoppelt sich gegenüber der in Kapitel 7.3.3 beschriebenen Schaltung. In Bild 7.68 ist zu erkennen, wie ein solches System auf eine sprungförmig aufgebrachte Last reagiert. Der notwendige Differenzdruck baut sich sehr schnell auf, da durch die Reaktion der Servopumpe der Druck gleichzeitig in der Arbeitsleitung B sinkt, während er in Leitung A aufgebaut wird. Zudem werden sowohl das Überschwingen als auch die Einschwingzeit des Drucks auf Seite A verringert.

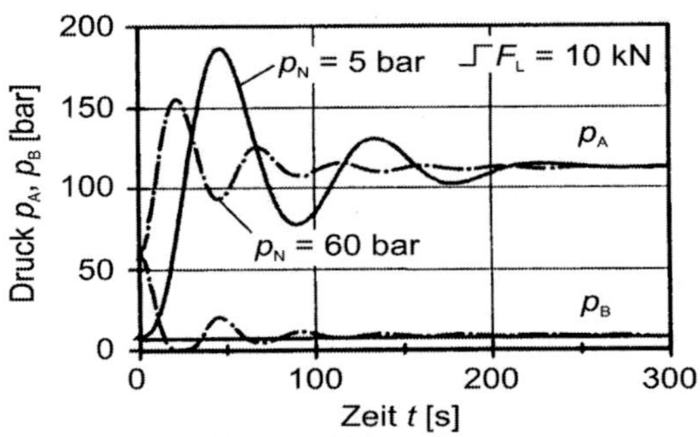

Bild 7.68: Lastsprung im eingespannten hydrostatischen Getriebe /Lod95/

Die Vorteile der Einspannung des hydrostatischen Getriebes werden durch einen erhöhten Komponentenaufwand erkauft. Da die Niederdruck-Speisepumpe durch eine Hochdruckpumpe ersetzt werden muss, steigt auch die Verlustleistung des Systems infolge höherer Drossel- und Leckölverluste. Darüber hinaus werden Kühlung und Ölaustausch im Vergleich zum Betrieb mit Spülventil erschwert. Aufgrund dieser Nachteile hat sich das eingespannte hydrostatische Getriebe in der Praxis nicht durchsetzen können.

8 REGELUNG HYDRAULISCHER ANTRIEBE

neu bearbeitet von Dipl.-Ing. Sebastian Sgro

Im Mittelpunkt dieses Kapitels steht die Betrachtung hydraulischer Antriebe im geschlossenen Regelkreis. Die regelungstechnische Beschreibung der zu regelnden Strecke ist abhängig von der interessierenden Ausgangsgröße, die geregelt werden soll. Deshalb ist dieses Kapitel in drei Hauptabschnitte unterteilt:

- Kraft-, Momenten- und Druckregelung: Kapitel 8.1
- Geschwindigkeitsregelung: Kapitel 8.2
- Lageregelung: Kapitel 8.3

Eine weitere Differenzierung der Regelkreise erfolgt nach der regelungstechnischen Systembeschreibung nach Typ 1 und Typ 2 (siehe Bild 2.1).

Die Reglerauslegung eines hydraulischen Antriebes kann nach folgenden Zielen erfolgen:

- hohe Systemdynamik
- hohe Systemdämpfung
- gutes Führungsverhalten
- gutes Störverhalten

Diese Ziele sind im Sinne der Regelung widersprechend und erfordern häufig eine Kompromissfindung im Verhalten des Antriebes. Das Verhalten des Antriebes in einem Regelkreis kann anhand eines Gütekriteriums z.B. ITSE, ITAE (siehe Kapitel 9.8) quantifiziert und bewertet werden.

In Bild 8.1 links werden die zeitlichen Verläufe der Sprungantworten eines ventilgesteuerten Rotationsmotors in einem Lageregelkreis bei unterschiedlichen Kreisverstärkungen $C_0 \cdot K_P$ dargestellt. Rechts im Bild werden die ITSE-Werte in Abhängigkeit der Kreisverstärkung aufgetragen. Die ITSE-Werte sind auf den Sollwertsprung w normiert und mit der Kennkreisfrequenz ω_H dimensionslos gemacht. Der Antrieb wird als ein lineares System 3. Ordnung abgebildet (siehe Bild 7.42). Die Regelstrecke besteht aus einem PT_2-Element mit einem nachgeschalteten Integrierer. Das PT_2-Element wird durch die Geschwindigkeitsverstärkung C_0, den Dämpfungsgrad D_H und die Kennkreisfrequenz ω_H beschrieben. Als Regler wird hier eine einfache proportionale Gewichtung der Regeldifferenz eingesetzt.

Aus Bild 8.1 kann folgende Bewertung der Systeme A, B und C abgeleitet werden: Bei einer großen Kreisverstärkung (C) ist der Regelkreis schwach gedämpft. Das Antriebsverhalten zeichnet sich durch große Überschwinger aus. Bei einer kleinen Kreisverstärkung (A) schwingt das System nicht über, jedoch wird der Sollwert später erreicht. System B zeigt ein gutes Einschwingverhalten auf und ist durch ein Minimum des ITSE-Kriteriums gekennzeichnet.

Grundsätzlich ergibt sich durch eine hohe Kreisverstärkung eine kleine stationäre Regelabweichung bei Regelstrecken mit Ausgleich (im Allgemeinen Geschwindigkeitsregelung) bzw. ein kleiner Schleppfehler bei Regelstrecken ohne Ausgleich (im Allgemeinen Druck- und Lageregelung) (siehe Kapitel 9.7.4).

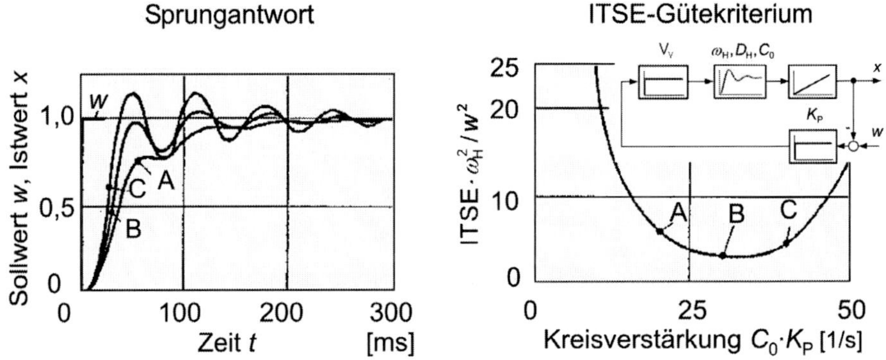

Bild 8.1: Regelfläche und ITSE-Gütefunktional

Die in Kapitel 7 dargestellten linearen Modelle hydraulischer Antriebe ermöglichen einen qualitativen Vergleich verschiedener Regelungskonzepte. Die Nichtlinearitäten hydraulischer Komponenten werden jedoch von diesen Modellen nicht berücksichtigt. Darüber hinaus wird das Verhalten eines realen Regelkreises durch die Qualität und Dynamik der Messsignale beeinflusst. Bild 8.2 stellt eine Übersicht der Einflussfaktoren auf einen hydraulischen Regelkreis dar.

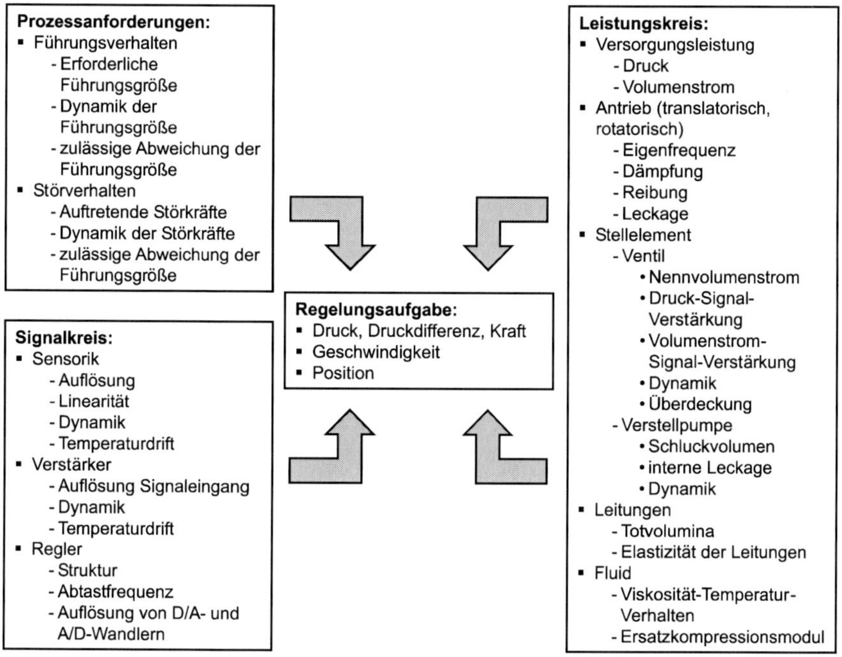

Bild 8.2: Einflussfaktoren auf die Regelung hydraulischer Antriebe

8.1 Kraft-, Momenten- und Druckregelung

Bei zahlreichen Aufgaben in der Technik kommen elektro-hydraulische Kraft-, Druck- oder Momentenregelungen zur Anwendung. So wird die Versorgung des hydraulischen Netzes in einem Flugzeug auf einem konstanten Druck gehalten. In hydraulischen Prüfmaschinen (auch als Hydropulsanlagen bekannt) werden definierte statische und dynamische Lasten zur Untersuchung der Bauteilfestigkeit aufgebracht. In Druckgussmaschinen, Kunststoffspritzgießmaschinen und Pressen sind verfahrensbedingt unterschiedliche zeitliche Schließkraftverläufe der Gussform bzw. des Stößels erforderlich. Drehmomentengeregelte Antriebe werden häufig in der Prüfstandstechnik eingesetzt. Regelungstechnisch unterscheiden sich Kraft-, Druck- und Momentenregelung unwesentlich voneinander. Der Unterschied liegt hauptsächlich in den Messgrößen, wie im Folgenden näher erläutert wird.

Die Aufgabe der *Kraftregelung* ist die Erzeugung und Einhaltung eines vorgegebenen Kraftverlaufs an einem Antrieb. Bei der Kraftregelung wird mit einer Kraftmessdose am Kolbenstangenende eines Zylinders unmittelbar die Kraft gemessen, die der Antrieb auf das zu belastende Bauteil ausübt.

Die Aufgabe der *Druckregelung* ist die Erzeugung und Einhaltung eines vorgegebenen Drucks in einem Ölraum. Hydraulische Druckregelung lässt sich in zwei Hauptanwendungsgebiete aufteilen /Ulr93/:

- Versorgung eines Konstantdrucknetzes
- Indirekte Kraft- und Momentenregelung

Im Konstantdrucknetz besteht die Aufgabe der Druckregelung in der Einhaltung eines konstanten Drucks unabhängig von dem entnommenen Volumenstrom der Verbraucher. Beispiele hierfür sind die zentralen Druckversorgungen in Flugzeugen, Schiffen und Industrieanlagen.

Bei der indirekten Kraft- und Momentenregelung werden diese Größen durch den Lastdruck bzw. Lastdruckdifferenz geregelt. Auf solche Art werden erforderliche Kraftverläufe beispielweise in Pressen erzeugt. Die Lastdruckdifferenz lässt sich durch Drucksensoren einfach messen. Es ist jedoch zu beachten, dass sich das gemessene Lastdruckdifferenzsignal von der eigentlichen Prozessregelgröße wie Kraft oder Moment um einen Reibungskraftanteil und Trägheitskraftanteil des Antriebes unterscheidet.

Die Aufgabe der *Momentenregelung* ist die Erzeugung und Einhaltung eines vorgegebenen Momentenverlaufs an einem Antrieb. Alle Rotationsantriebe, insbesondere aber ein sekundärgeregelter Antrieb (Quadrant IV, Typ 2) können in einem Momentenregelkreis betrieben werden. Zur Erfassung der Regelgröße muss eine Momentenmesswelle eingesetzt werden. Da Momentenmesswellen teuer sind, wird in der Praxis oft die indirekte Momentenregelung implementiert, indem das Drehmoment aus der Lastdruckdifferenz und dem Schwenkwinkel des Antriebes berechnet wird.

8.1.1 Kraft-, Momenten- und Druckregelung für Typ 1

Die Kraftregelung kann mit einer Widerstandsteuerung über ein Ventil (Quadrant I und II) oder mit einer Verdrängersteuerung über eine Verstellpumpe bzw. eine Konstantpumpe mit drehzahlgeregeltem Elektromotor (Quadrant III) realisiert werden. Die Vorteile der Kraftregelung mit der Widerstandssteuerung sind hohe Dynamik und kostengünstiger Aufbau. Da diese Vorteile durch einen schlechten

Wirkungsgrad erkauft werden, wird die ventilgesteuerte Kraftregelung bei geringeren Leistungen verwendet.

8.1.1.1 Linearisiertes Modell der Kraftregelung

Betrachtet wird das Kraftregelungsprinzip mit einem Wege-Servoventil. Um zu allgemeingültigen Aussagen zu gelangen, findet der Einfluss der Last (Werkstückprobe, Tiefziehblech, Plastifiziermasse etc.) keine Berücksichtigung.

In Bild 8.3 werden der Schaltplan und der linearisierte Wirkungsplan einer Kraftregelung dargestellt. Der Antrieb wird mit einer Feder belastet. Der zwischen der Feder und der Zylinderkolbenstange eingebaute Kraftsensor gibt die Kraft-Istgröße der Regelung an.

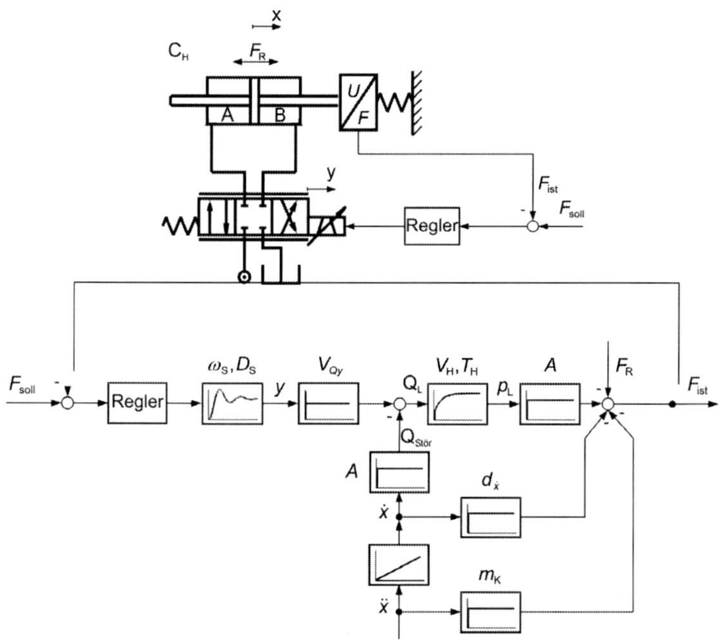

Bild 8.3: Schaltplan und linearisierter Wirkungsplan einer Kraftregelung

Für das Führungsverhalten mit einem P-Regler mit dem Übertragungsfaktor K_P gilt

$$\frac{F_{ist}}{F_{soll}} = \frac{K_P\, A V_{Qy} V_H\, \omega_S^2}{T_H\,(j\omega)^3 + (1 + 2 D_S\, \omega_S\, T_H)(j\omega)^2 + (\omega_S^2\, T_H + 2 D_S\, \omega_S)(j\omega) + \omega_S^2\,(1 + K_P\, V_{Qy}\, A V_H)} \tag{8.1}$$

Aus dem Wirkungsplan geht anschaulich hervor, dass der Newton'sche und der Coulomb'sche Reibkraftanteil des Zylinders sowie die durch die Kolbenmasse hervorgerufene Trägheitskraft unmittelbar die Regelgröße beeinflussen. Diese Störeinflüsse am Ausgang der Regelstrecke sind im Allgemeinen jedoch gegenüber den zu erzeugenden Kräften vernachlässigbar und können durch Einsatz eines hochwertigen reibungsarmen Servozylinders klein gehalten werden.

Für das Störverhalten folgt somit $d_{\dot{x}} = 0, m_{\text{K}}\,\ddot{x} = 0, F_{\text{R}} << F_{\text{ist}}$

$$\frac{F_{\text{ist}}}{\dot{x}} = \frac{-A^2\,V_{\text{H}}\left[(j\omega)^2 + 2\,D_{\text{S}}\,\omega_{\text{S}}\,(j\omega) + \omega_{\text{S}}^2\right]}{T_{\text{H}}\,(j\omega)^3 + (1+2\,D_{\text{S}}\,\omega_{\text{S}}\,T_{\text{H}})\,(j\omega)^2 + (2\,D_{\text{S}}\,\omega_{\text{S}} + T_{\text{H}}\,\omega_{\text{S}}^2)\,(j\omega) + (1+K_{\text{P}}\,V_{Qy}\,V_{\text{H}}\,A)\,\omega_{\text{S}}^2} \tag{8.2}$$

Bei der proportionalen Regelung kann die Kreisverstärkung durch den Verstärkungsfaktor K_{P} verändert werden. Aus der charakteristischen Gleichung berechnet sich mit Hilfe des Stabilitätskriteriums nach Hurwitz die zulässige Reglerverstärkung zu

$$K_{\text{P}} < \frac{D_{\text{S}}}{A\,V_{Qy}}\left[C_{\text{H}}\,\omega_{\text{S}} + \frac{4(V_{Qp} + K_{\text{2Lip}})^2}{C_{\text{H}}\,\omega_{\text{S}}} + 4\,D_{\text{S}}(V_{Qp} + K_{\text{2Lip}})\right] \tag{8.3}$$

Bei stillstehendem Zylinderantrieb arbeitet das Ventil in der Nähe des hydraulischen Nullpunktes. Die Volumenstromdruckverstärkung V_{Qp} des Servoventils nimmt hier den niedrigsten Wert an ($V_{Qp} = 0$ (l/min)/bar). Wird der Leckölstrom des Zylinders vernachlässigt ($K_{\text{2Lip}} = 0$ (l/min)/bar), so vereinfacht sich die Gleichung (8.3) zu

$$K_{\text{P}} < \frac{D_{\text{S}}\,C_{\text{H}}\,\omega_{\text{S}}}{A\,V_{Qy}} \tag{8.4}$$

Die Gleichung (8.4) enthält im Zähler die hydraulische Kapazität C_{H}, die sich mit der Kolbenstellung x ändert. In der Kolbenendlage ist C_{H} am kleinsten. Dies ist hinsichtlich der Stabilität der ungünstigste Fall. Mit Gleichung (8.4) kann näherungsweise die zulässige Kreisverstärkung V_{K}

$$V_{\text{K}} = K_{\text{P}}\,V_{Qy}\,V_{\text{H}}\,A < D_S\,C_H\,\omega_S\,V_H \tag{8.5}$$

und somit die mögliche Regelgenauigkeit

$$F_{\text{soll}} - F_{\text{ist}} = \frac{F_{\text{ist}}}{V_{\text{K}}} \tag{8.6}$$

berechnet werden. Aus Gleichung (8.6) ist zu entnehmen, dass die dynamischen Kennwerte des Servoventils – Kennkreisfrequenz ω_S und Dämpfung D_S – die Kreisverstärkung V_K und somit die Regelgenauigkeit entscheidend beeinflussen.

8.1.1.2 Konzepte für die Kraftregelung

Aufgrund der Vielfalt möglicher Lasten, die stets eine individuelle Reglereinstellung erfordern, können an dieser Stelle nur einige grundsätzliche Aussagen getroffen und durch Messungen belegt werden /For88/.

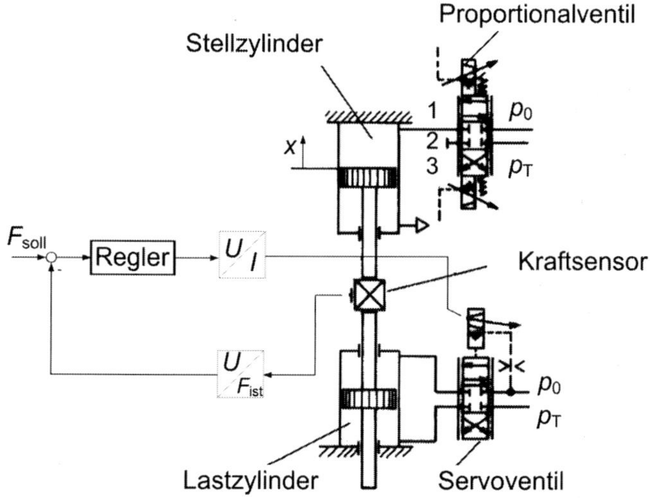

Bild 8.4: Lastsimulationsanlage zur Untersuchung kraftgeregelter Antriebe

Die Messergebnisse werden an einer Lastsimulationsanlage gewonnen, dessen prinzipieller Aufbau in Bild 8.4 dargestellt ist. Die Anlage besteht aus einem Gleichgangzylinder als Lastantrieb, angesteuert durch ein Servoventil, und einem Differentialzylinder als Stellantrieb, angesteuert durch ein Proportionalventil. Die beiden Zylinder sind über einen Kraftsensor miteinander in einem Formschluss verbunden.

Der Stellzylinder dient zum Aufbringen einer Störgröße in Form eines Geschwindigkeitsprofils. Die erzeugte Kraft F_{ist} wird mit dem Kraftsensor erfasst und zum Schließen des Regelkreises zurückgeführt. Mit diesem Aufbau kann das Führungs- und Störverhalten des elektro-hydraulischen Kraftregelkreises untersucht werden.

Zur Untersuchung des Führungsverhaltens wird bei blockiertem Verbraucheranschluss des Stellzylinders (Proportionalventil in Stellung 2) der Kraftsollwert für den Lastzylinder sprungförmig verändert.

Zur Untersuchung des Störverhaltens (Einfluss der Kolbengeschwindigkeit) wird als Kraftsollwert ein konstanter Wert vorgegeben und durch Aussteuern des Proportionalventils von Stellung 2 in Stellung 1 bzw. 3 dem Stellzylinder und folglich dem Lastzylinder ein Volumenstrom zu- bzw. abgeführt.

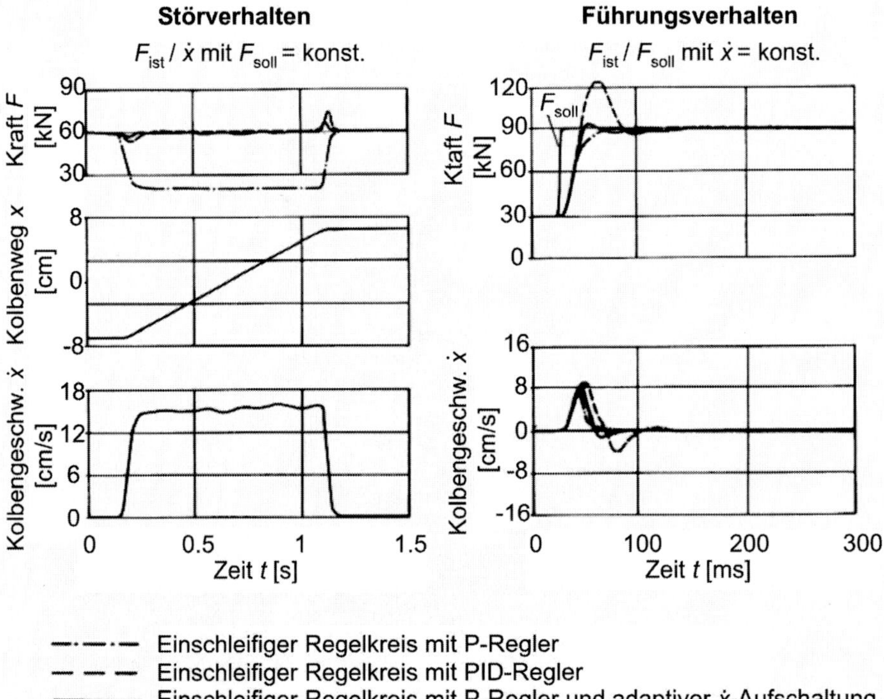

Bild 8.5: Führungs- und Störverhalten für verschiedene Regelungskonzepte /For88/

In Bild 8.5 links wird das *Störverhalten* für verschiedene Regelungskonzepte des Kraftregelkreises dargestellt. Das Störverhalten des einschleifigen Kraftregelkreises mit P-Regler ist nicht befriedigend. In der Phase konstanter Geschwindigkeit sinkt die zu regelnde Kraft deutlich ab. Ursache ist eine größere erforderliche Ventilschieberauslenkung bei bewegtem Zylinderkolben, die bei Einsatz eines P-

Reglers nur mit größerer Regelabweichung erreicht wird. Die stationäre Regelabweichung ist abhängig von Größe und Richtung der Geschwindigkeit $\dot{x}$, der Kreisverstärkung V_K und der zu erzeugenden Kraft F_{soll}.

Ein deutlich besseres Störverhalten wird mit einem PID-Regler erreicht. Nur in der Beschleunigungs- und Verzögerungsphase ist eine vorübergehende Regelabweichung (Folgefehler) vorhanden. Die stationäre Regelabweichung wird durch den I-Anteil im Regler vollständig eliminiert. Ein noch besseres Störverhalten wird mit P-Regler und einer adaptiven Geschwindigkeitsaufschaltung erzielt.

In Bild 8.5 rechts wird das *Führungsverhalten* für verschiedene Regelungskonzepte des Kraftregelkreises dargestellt. Beim einschleifigen Regelkreis mit P-Regler läuft die Regelgröße nahezu aperiodisch in den stationären Endwert ein. Die Sprungantwort mit PID-Regler reagiert mit starkem Überschwingen. Beim Einsatz des P-Reglers mit adaptiver Geschwindigkeitsaufschaltung wird der stationäre Endwert schnell erreicht.

Im Folgenden wird auf das Regelungskonzept mit *adaptiver Geschwindigkeitsaufschaltung* näher eingegangen. Zunächst wird das Konzept mit konstanter Geschwindigkeitsaufschaltung behandelt. Der linearisierte Wirkungsplan einer konstanten Geschwindigkeitsaufschaltung wird in Bild 8.6 dargestellt.

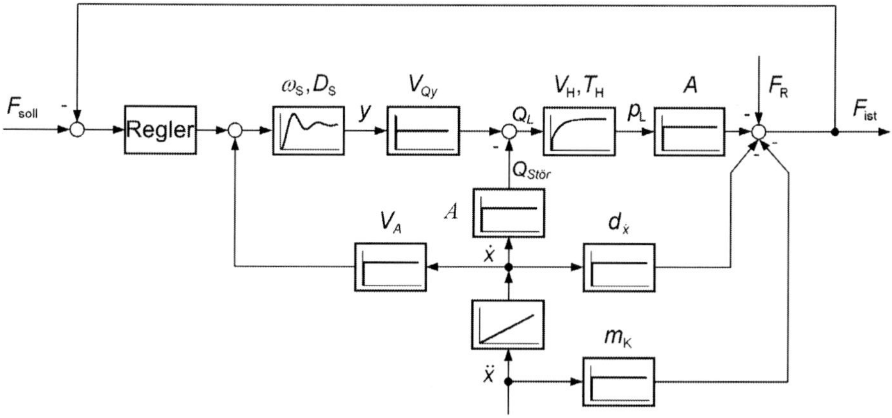

Bild 8.6: Einschleifiger Regelkreis mit konstanter Geschwindigkeitsaufschaltung

Die Geschwindigkeitsaufschaltung hat die Aufgabe, die Störgröße $A \cdot \dot{x}$ zu kompensieren. Aus Bild 8.6 wird deutlich, dass zur vollständigen Eliminierung der Störgröße der gesamte Kompensationszweig proportionales Übertragungsverhalten mit einem Verstärkungsfaktor $V_{Komp} = V_A \cdot V_{Qy} = A$ aufweisen müsste. Da jedoch die

Volumenstromverstärkung des Servoventils V_{Qy} im Kompensationszweig betriebspunktabhängig ist, lässt sich mit einem Übertragungselement konstanter Verstärkung V_A der stationäre Regelfehler nur für einen Arbeitspunkt und eine Bewegungsrichtung vollständig eliminieren. Um die optimale Wirkung der Geschwindigkeitsaufschaltung im gesamten Arbeitsbereich sicherzustellen, ist es notwendig, die Verstärkung V_A an das nichtlineare Ventilkennlinienfeld zu adaptieren.

Bild 8.7 zeigt den schematischen Aufbau der Kraftregelung mit adaptiver Geschwindigkeitsaufschaltung.

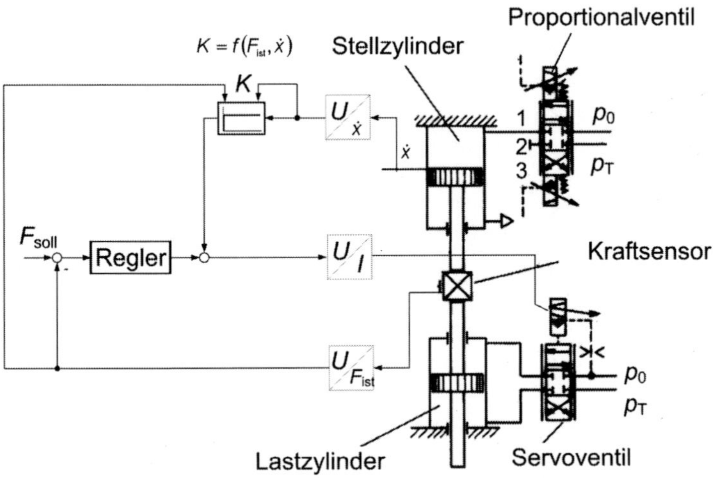

Bild 8.7: Einschleifiger Regelkreis mit adaptiver Geschwindigkeitsaufschaltung

Dabei gilt für die Verstärkung K der Geschwindigkeitsaufschaltung /For88/

$$K = \frac{c}{\sqrt{1 - \frac{F_{ist}}{p_0 A} \operatorname{sign}(\dot{x})}} \quad ; \; c = \frac{\sqrt{2A}}{B\, p_0} = \text{konst.} \tag{8.7}$$

mit B als Durchflussbeiwert des Servoventils (siehe Gleichung (6.12)).

Durch die adaptive Geschwindigkeitsaufschaltung wird dem Servozylinder der Verschiebevolumenstrom $A \cdot \dot{x}$ wieder zugeführt und die Störung durch die Bewegung der Last wird weitgehend kompensiert. Diese Führungssprungantwort entspricht somit näherungsweise dem Verlauf, den man bei dem einschleifigen Konzept mit P-Regler und festgehaltener Kolbenstange erhält.

Die in Bild 8.5 gezeigten Messungen machen deutlich, dass ein gutes Stör- und Führungsverhalten mit einfachen einschleifigen Regelungskonzepten erreicht werden kann. Für dynamische Kraftverläufe bei großen Kolbengeschwindigkeiten können aufwendigere Regelungskonzepte, beispielsweise mit einer zusätzlichen Geschwindigkeitsaufschaltung, erforderlich werden.

Anwendungsbeispiel

Ein Beispiel der Kraftregelung wird anhand einer *Schweißmaschine* aufgeführt (siehe Bild 8.8). In der Maschine werden über die Schweißbacken die beiden zu verbindenden Teile aneinander gepresst. Nach dem Einschalten des Schweißstromes erhitzen sich die Teile im Bereich der Schweißnaht und das Material beginnt zu fließen. Beim Einsatz einer reinen Druckregelung würden sich die Schweißbacken weiter aufeinander zu bewegen bis der Drucksollwert erreicht ist. Die Folge wäre eine Wulst an der Schweißnaht. Mit Hilfe der Differenzdruckregelung kann an der Schweißstelle annähernd eine Kraft von 0 N geregelt werden.

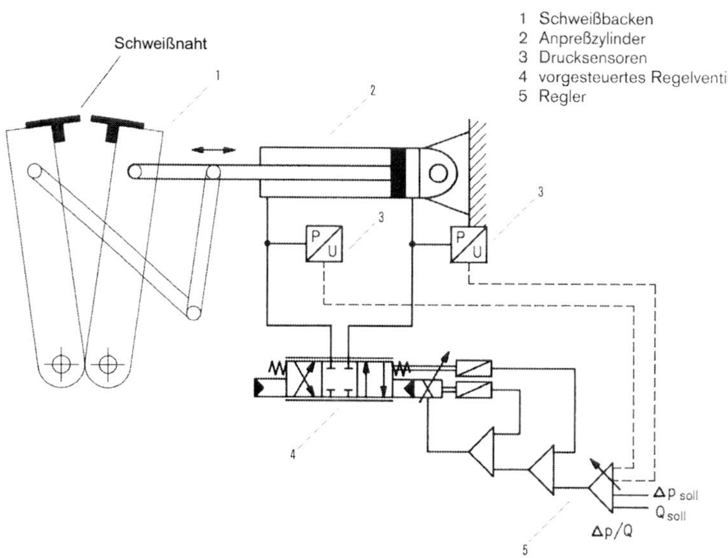

Bild 8.8: Prinzip der Differenzdruckregelung bzw. Kraftregelung der Schweißmaschine /Göt99/

8.1.1.3 Druckregelung mit Widerstandssteuerung

Für die Druckregelung mit Widerstandssteuerung kann entweder ein Druck- oder Wege-Servoventil eingesetzt werden.

Das System mit dem *Druck-Servoventil* (siehe Kapitel 3.1.3.3) ist einfach und preiswert, aber wenig anpassungsfähig. Bei gewählter Gerätekonfiguration ist aufgrund der ventilinternen Lastdruckrückführung eine optimale Auslegung der Anlage bezüglich Dynamik und Regelungsgenauigkeit schwer möglich. In Bild 8.9 wird die Druckregelung von der unteren Zylinderkammer durch ein Druckminderventil und ein Druckbegrenzungsventil (DBV) dargestellt.

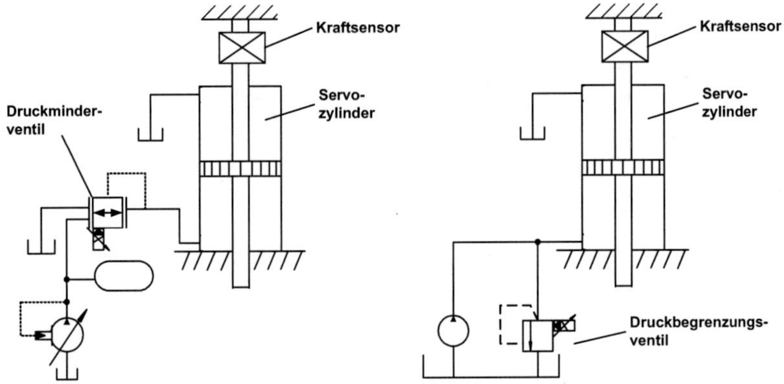

Bild 8.9: Druckregelung mit einem Druck-Servoventil /For88/

Die Druckregelung durch ein DBV ist regelungstechnisch wesentlich gutmütiger, da durch die hohe Leckage des DBV eine hohe Systemdämpfung erreicht wird. Dagegen regelt das Druckminderventil den Druck in einer nach außen geschlossenen Kammer. Die Systemdämpfung wird hierbei geringer. Es muss jedoch beachtet werden, dass die DBV-Druckregelung energetisch ungünstig ist, weil das Ventil ständig geöffnet ist.

Die Druckregelung mit einem elektro-hydraulischen *Wege-Servoventil* und Messwerterfassung bietet den Vorteil größerer Flexibilität. Für viele Prozess-regelungen ist der Einsatz eines Wege-Servoventils kostengünstiger, da lediglich mit einem einzigen Ventil unterschiedliche Regelungen (Druck- bzw. Kraft- und Momentenregelung sowie Geschwindigkeits- und Lageregelung) durch einfache Messstellen- und Reglerumschaltung realisiert werden können. Wird ein Wege-

Servoventil verwendet, muss beachtet werden, dass mit positiv überdeckten Steuerkanten keine guten Ergebnisse der Druckregelung erzielt werden können.

Ein typisches Beispiel für die Druckregelung mit einem Wege-Servoventil ist die Lastdruckdifferenzregelung am Zylinder (siehe Bild 8.10).

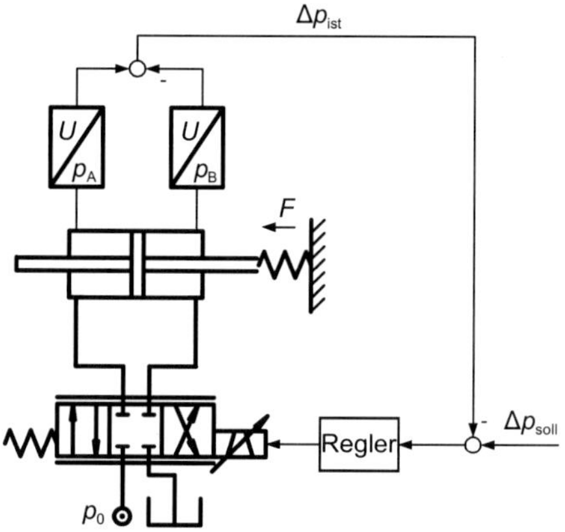

Bild 8.10: Lastdruckdifferenzregelung am Zylinder

In /Boe03/, /Boe04/ wird ein Verfahren zur Einstellung eines Reglers für die Druckregelung mit einem Wege-Servoventil vorgestellt. Das Verfahren zeichnet sich durch eine einfache Einstellung eines PID-basierten Reglers aus.

Das für die Reglerauslegung verwendete Modell besteht aus einem PT_2-Element zur Nachbildung der Ventildynamik und einem Integrierer, der den Zusammenhang zwischen Volumenstrom und Druckaufbau beschreibt (siehe Bild 8.11). Das vereinfachte Modell enthält keine Rückwirkung des lastdruckabhängigen Volumenstroms V_{Qp} auf das Ventil, da man zeigen kann, dass dieser Einfluss klein gegenüber dem signalabhängigen Volumenstrom V_{Qy} ist. Der PID-Regler wurde so aufgeteilt, dass der differenzierende Anteil die Sollwertänderung nicht erfasst.

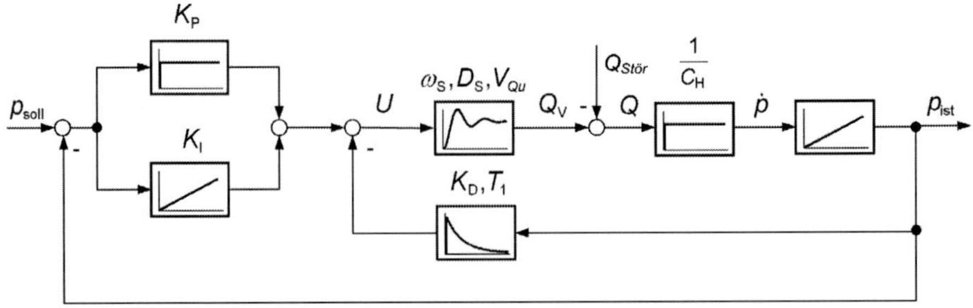

Bild 8.11: Linearisierter Wirkungsplan der Druckregelung mit einem Wege-Servoventil /Boe03/

Für das Führungsverhalten der Druckregelung gilt

$$\frac{p_{ist}}{p_{soll}} = \frac{\omega_S^2 V_{Qu} \left[K_P (j\omega) + K_I\right]}{C_H (j\omega)^4 + 2 D_S \omega_S C_H (j\omega)^3 + (C_H + V_{Qu} K_D) \omega_S^2 (j\omega)^2 + \omega_S^2 V_{Qu} \left[K_P (j\omega) + K_I\right]} \tag{8.8}$$

Das Störverhalten der Druckregelung wird beschrieben durch

$$\frac{p_{ist}}{z} = \frac{(j\omega)^3 + 2 D_S \omega_S (j\omega)^2 + \omega_S^2 (j\omega)}{C_H (j\omega)^4 + 2 D_S \omega_S C_H (j\omega)^3 + (C_H + V_{Qu} K_D) \omega_S^2 (j\omega)^2 + \omega_S^2 V_{Qu} \left[K_P (j\omega) + K_I\right]} \tag{8.9}$$

Basierend auf dem Polvorgabeverfahren und durch in Tests gewonnener Erfahrungen werden drei einfache Gleichungen aufgestellt, mit denen sich die drei Reglerparameter K_P, K_I und K_D berechnen lassen. Der Anwender muss lediglich den Parameter T_1 einstellen. Die Zeitkonstante T_1 ist dadurch bedingt, dass sich ein unendlich schnelles D-Glied technisch nicht realisieren lässt.

$$K_P = \frac{C_H D_S \omega_S (\sqrt{2} - 1)}{V_{Qu}} \tag{8.10}$$

$$K_I = -\frac{C_H \omega_S^2 (2\sqrt{2} - 3)}{4 V_{Qu}} \tag{8.11}$$

$$K_D = \frac{C_H (2 + \sqrt{2}(2 D_S^2 - 1) - 2 D_S^2)}{V_{Qu}} \tag{8.12}$$

Die in diesen Gleichungen verwendeten Größen können dem Ventildatenblatt entnommen oder gemessen werden. Die hydraulische Kapazität lässt sich aus dem eingeschlossenen Volumen und dem Kompressionsmodul des Hydrauliköls berechnen. Dabei können Arbeitspunktabhängigkeiten des Ölkompressionsmoduls im üblichen Temperatur- und Druckbereich vernachlässigt werden. Die Reglerparameter sind linear von der hydraulischen Kapazität abhängig und steigen mit Erhöhung der Kapazität an.

Anwendungsbeispiel

Druckregelungen werden häufig in *Kunststoffspritzmaschinen* verwendet. Das Beispiel zeigt die Regelung des Einspritzzylinders der Plastifizierschnecke (siehe Bild 8.12). Nach dem Start des Prozesses fährt der Zylinder zunächst geschwindigkeitsgesteuert nach vorn bis die Spritzform gefüllt ist. Dabei steigt der Forminnendruck und wird durch den Druckregelkreis ausgeregelt. Nach Erreichen eines technologisch erforderlichen Druckes erfolgt die Umschaltung in die Nachdruckphase, welche eine Absenkung des Drucksollwertes erfordert. Zum Abschluss findet die Dekompression des Systems durch gesteuertes Zurückfahren des Einspritzzylinders statt. Zur Richtungssteuerung des Zylinders wird ein 4/3-Wege-Ventil genutzt.

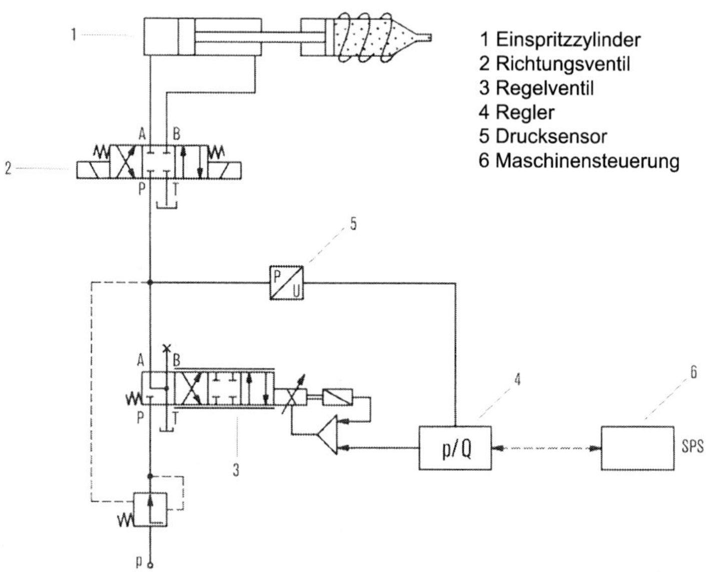

Bild 8.12: Prinzip der Druckregelung in einer Kunststoffspritzmaschine /Göt99/

Die Kombination aus einer Druckregelung und Geschwindigkeitssteuerung (bzw. Geschwindigkeitsregelung) wird oft als p/Q-Regelung bezeichnet. Solange der Istdruck in einer Zylinderkammer kleiner als der Solldruck ist, verfährt der Zylinder in einer Geschwindigkeitssteuerung oder -regelung. Wird der Solldruck erreicht, wird eine überlagerte Druckregelung (siehe Bild 8.11) aktiv, die den Stellweg des Ventils so einstellt, dass der geforderte Druck eingehalten wird.

8.1.1.4 Druckregelung mit Verstellpumpe

Die Aufgabe einer druckgeregelten Verstellpumpe besteht darin, den Druck in einem System unabhängig von der Größe des Verbrauchervolumenstromes konstant zu halten. Der Stellkolbenweg der Verstellpumpe wird dazu durch die Regelung so beeinflusst, dass nur der vom Verbraucher tatsächlich benötigte Volumenstrom von der Pumpe bereitgestellt wird. Hochdynamische Volumenstromschwankungen werden von einem parallel geschalteten Speicher kompensiert. Derartige Regelungen werden überall dort eingesetzt, wo die installierte Leistung so hoch ist, dass die Energieverluste bei einer Druckversorgung mit Konstantpumpe und Druckbegrenzungsventil nicht mehr tragbar sind und so der höhere Aufwand für die Verstellpumpe gerechtfertigt ist.

Einfache Druckregelungen werden hydraulisch-mechanisch /Lan86/ ausgeführt, wobei die Druckmessung üblicherweise über die Kraftdifferenz an einem Differentialkolben erfolgt. Nachteilig bei hydraulisch-mechanischen Druckregelungen ist die geringe Flexibilität gegenüber dem dynamischen Verhalten der Verbraucher. Insbesondere beeinflusst die angeschlossene Kapazität die Einstellung der Reglerparameter und das Stabilitätsverhalten des Druckregelkreises. Aufgrund dieser Nachteile wird bei hohen Anforderungen an den Druckregelkreis die elektrohydraulische Druckregelung eingesetzt /Ulr93/.

Direktgesteuerte hydraulisch-mechanische Druckregelung

Eine besonders einfache Form der Druckregelung ist die in Bild 8.13 dargestellte direktgesteuerte hydraulisch-mechanische Druckregelung (auch als Nullhubregelung bekannt). Der auf den Stellkolben in rückschwenkende Richtung einwirkende Systemdruck wird mit der ausschwenkend wirkenden Federkraft verglichen. Solange die Druckkraft kleiner ist als die Vorspannkraft der Feder, bleibt die Pumpe vollständig ausgeschwenkt. Überschreitet die Druckkraft die Federvorspannung, so wird die Pumpe entsprechend der Federkennlinie zurückgeschwenkt. Die Blende dient ausschließlich zur Erhöhung der Dämpfung. Die Regelung entspricht somit einer verzögernd eingreifenden proportionalen Rückführung (PT_1).

Um ein stabiles Regelverhalten der Nullhubpumpe zu gewährleisten, muss das Verhältnis von Federsteifigkeit zur Kolbenfläche relativ groß gewählt werden. Daraus folgt jedoch, wie Bild 8.13 zeigt, eine starke Zunahme des Systemdruckes während des Abregelvorganges von Q_{max} auf Q_{min}. Wegen dieser ungünstigen stationären Kennlinie wird die Nullhubregelung vorwiegend dann eingesetzt, wenn ein Verbraucher bei niedrigem Druck bewegt wird und anschließend ein hoher Enddruck ohne Förderstrom aufrecht erhalten wird, wie es z.B. für Spann- und Haltefunktionen erforderlich ist.

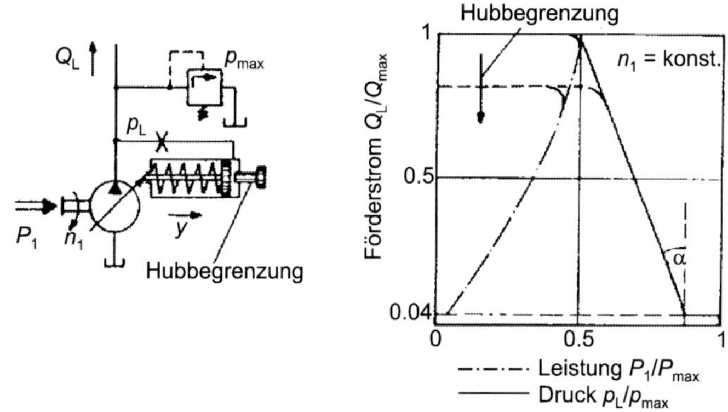

Bild 8.13: Direktgesteuerte hydraulisch-mechanische Druckregelung

Zur Gewährleistung eines stabilen Arbeitspunktes sowie zur Schmierung und Kühlung der Pumpe wird bei dieser Druckregelung der Stellkolben häufig mit einem Minimalanschlag (ca. 4% des maximalen Stellkolbenweges) versehen. Der Restvolumenstrom wird über ein zusätzliches Druckbegrenzungsventil abgeführt. Darüber hinaus begrenzt dieses Ventil die bei dynamischen Vorgängen auftretenden Druckspitzen.

Vorgesteuerte hydraulisch-mechanische Druckregelung

Ein zufriedenstellendes stationäres und dynamisches Verhalten der Druckregelung ist durch ein vorgesteuertes System erreichbar. Der prinzipielle Aufbau und das Kennlinienfeld einer vorgesteuerten Druckregelung sind in Bild 8.14 dargestellt.

Der Drucksollwert p_{soll} wird durch ein elektrisch ansteuerbares DBV vorgegeben. Solange der Lastdruck p_L kleiner als der mit dem DBV eingestellte Solldruck ist, fließt kein Volumenstrom über das DBV, so dass an der Blende D1 und damit auch an den Stirnseiten des Regelventils keine Druckdifferenz auftritt. Demzufolge befindet sich der Regelkolben aufgrund der Federvorspannung in seiner linken Endlage und die Pumpe ist vollständig ausgeschwenkt. Steigt p_L über den Öffnungsdruck des DBV, so entsteht durch den über das DBV abfließenden Ölstrom an der

Blende D1 ein Druckabfall und folglich eine Druckdifferenz an den Stirnseiten des Regelventilschiebers.

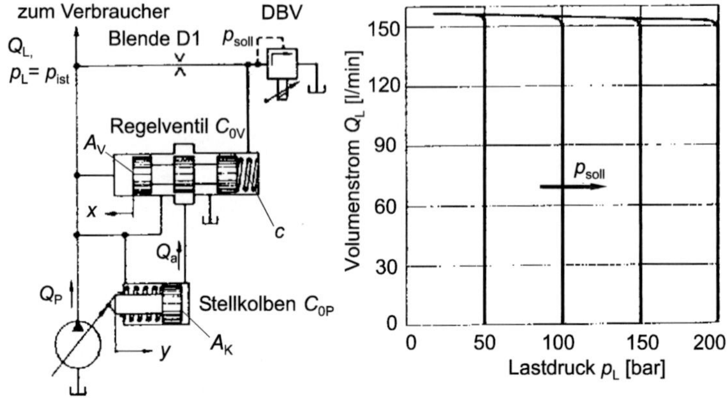

Bild 8.14: Vorgesteuerte hydraulisch-mechanische Druckregelung

Überschreitet die Druckdifferenz den mit der Federvorspannkraft eingestellten Wert (ca. 10 bis 20 bar), so wird die druckseitige Steuerkante geöffnet. Die Pumpe wird dadurch zurückgeschwenkt und der geförderte Lastvolumenstrom Q_L sinkt, bis sich wieder ein Gleichgewichtszustand zwischen der Druck- und Federkraft am Ventil einstellt.

Wegen des Stellkolbens besitzt der mechanische Regler ein integrales Verhalten. Die Regelabweichung müsste daher im stationären Zustand verschwinden. Da auf den Stellkolben der Pumpe jedoch Störkräfte wie Eigenverstell-, Feder- und Reibkräfte wirken, stellt sich eine bleibende Regelabweichung ein. Die Druckerhöhung während eines Abregelvorganges von Q_{max} auf Q_{min} ist abhängig von der Pumpenbauart, der Pumpengröße sowie von der Druckverstärkung des Regelventils und liegt im Allgemeinen zwischen 0,5 und 10 bar.

Häufig werden Druckregelungen nur bei einem einmal eingestellten Drucksollwert betrieben. Für solche Anwendungen lässt sich die Schaltung aus Bild 8.14 vereinfachen, indem die Blende D1 und das Druckbegrenzungsventil entfallen. Auf die rechte Stirnseite des Ventilkolbens wirkt dann nur noch die Federkraft. Der Drucksollwert wird dabei über die Vorspannlänge der Ventilfeder eingestellt.

Bedingt durch die Struktur des Regelkreises ist die Druckregelung sehr kritisch bzgl. des dynamischen Verhaltens. In Bild 8.15 ist ein stark vereinfachte Wirkungsplan der mit einer Drossel (Leitwert G) belasteten Druckregelung aus Bild 8.14 dargestellt.

Wie zu erkennen ist, wirken das Ventil und das Stellsystem der Pumpe als ein PI-Regler.

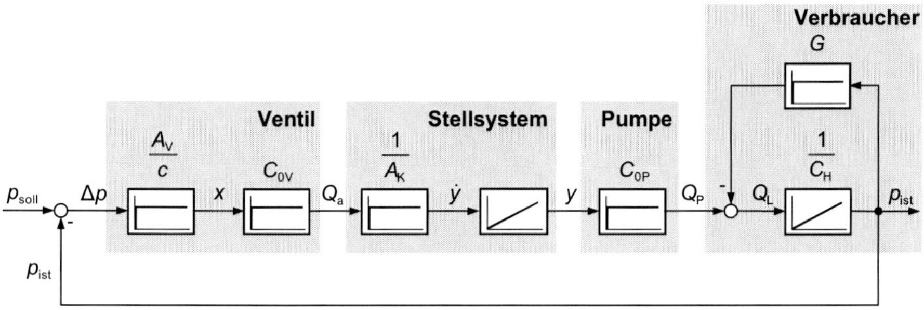

Bild 8.15: Vereinfachter Wirkungsplan der Druckregelung

Für das Führungsverhalten gilt

$$F(j\omega) = \frac{p_{\text{ist}}}{p_{\text{soll}}} = \frac{\frac{A_{\text{V}}}{c} C_{0\text{V}} \frac{1}{A_{\text{K}}} C_{0\text{P}} \frac{1}{C_{\text{H}}}}{(j\omega)^2 + (j\omega)\frac{G}{C_{\text{H}}} + \frac{A_{\text{V}}}{c} C_{0\text{V}} \frac{1}{A_{\text{K}}} C_{0\text{P}} \frac{1}{C_{\text{H}}}} \tag{8.13}$$

Daraus lassen sich die Kennfrequenz f_0

$$f_0 = \frac{1}{2\pi}\sqrt{\frac{\frac{A_{\text{V}}}{c} \cdot C_{0\text{V}} \cdot C_{0\text{P}}}{A_{\text{K}} \cdot C_{\text{H}}}} \tag{8.14}$$

und der Dämpfungsgrad D

$$D = \frac{G}{2}\sqrt{\frac{A_{\text{K}}}{\frac{A_{\text{V}}}{c} C_{0\text{V}}\, C_{0\text{P}}\, C_{\text{H}}}} \tag{8.15}$$

des vereinfachten Systems 2. Ordnung ableiten. Die Eigenfrequenz f_{E} berechnet sich aus der Kennfrequenz nach

$$f_{\text{E}} = f_0\sqrt{1 - D^2} \tag{8.16}$$

Die auf diese Weise abgeschätzte Kennfrequenz stimmt in etwa mit der gemessenen überein. Der Dämpfungsgrad wird durch die oben aufgeführte Gleichung nur unvollständig beschrieben, da wesentliche Einflüsse wie z.B. Verluste im

Regelventil, Eigenverstellkräfte und interne Leckage der Pumpe bei dem vereinfachten Modell nicht berücksichtigt werden. Diese Einflüsse erhöhen die Dämpfung des Systems. Die Gleichung für den Dämpfungsgrad zeigt jedoch, wodurch die Dämpfung qualitativ beeinflusst wird. Je größer die Öffnungsempfindlichkeit A_V/c, sowie die Durchflussverstärkung des Ventils C_{0V} und der Pumpe C_{0P} sind, und je kleiner die Kolbenfläche A_K ist, um so höher ist die Kennfrequenz, und um so kleiner ist die Dämpfung.

Weiterhin zeigt sich, dass eine Vergrößerung der Leitungskapazität C_H zwischen Pumpe und Verbraucher sowohl die Kennfrequenz als auch den Dämpfungsgrad verringert. Das führt dazu, dass Druckregelungen bei sehr großen Leitungskapazitäten mit einem reinen Proportionalregler kaum zu beherrschen sind. Eine Verbesserung kann durch differenzierende Anteile im Regler erzielt werden, die bei mechanisch-hydraulischen Reglern allerdings recht aufwendig im Aufbau und nicht unproblematisch in der Auslegung sind.

Zur Erhöhung der Dämpfung werden häufig Regelventile mit nichtlinearer Durchflusskennlinie eingesetzt. Durch gestufte oder angeschrägte Steuerkanten erhält das Ventil im Bereich seines hydraulischen Nullpunktes eine geringe Durchflussverstärkung C_{0V}, die außerhalb dieses Bereiches stark zunimmt. Diese Maßnahme bewirkt, dass die Pumpe bei kleinen Regelabweichungen gut gedämpft ist und gleichzeitig bei großen Regelabweichungen mit hoher Geschwindigkeit verstellbar ist.

Elektro-hydraulische Druckregelung

Wesentliches Merkmal einer elektro-hydraulischen Druckregelung ist der elektrische Signalzweig. Dieser Zweig beinhaltet:

- Sensoren mit elektrischem Ausgangssignal zur Erfassung der Regelgrößen und eventueller Hilfsregelgrößen
- elektronisch (analog oder digital) aufgebaute Regler
- elektrische Sollwertvorgabe (analog oder digital)
- elektrisch ansteuerbare Stellglieder (Proportional- oder Servoventile).

Der elektrische Signalzweig bringt einige Vorteile für die elektro-hydraulisch druckgeregelte Verstellpumpe im Vergleich zur mechanisch-hydraulischen. Während bei mechanisch-hydraulischen Regelungen die Regler normalerweise nur ein P- oder PI-Übertragungsverhalten aufweisen, lassen sich mit einem elektronischen Regler ohne nennenswerten Mehraufwand auch differenzierende und wesentlich flexiblere integrierende Anteile verwirklichen. Des Weiteren können mehrschleifige Regelkreise aufgebaut werden. Durch die elektro-hydraulische Regelung kann das dynamische und stationäre Regelverhalten verbessert werden. Aber auch die Flexibilität der Regelung bezüglich der Anpassung an unterschiedliche Verbraucher wird wesentlich erhöht, da zur optimalen Einstellung der Regelung lediglich Verstärkungsfaktoren (über analoge Potentiometer oder digitale Vorgabe) zu verändern sind. Eingriffe auf der mechanischen Seite, wie sie bei mechanisch-hydraulischen Regelungen z.B. durch Ändern der Steuerkantengeometrie oder durch Austauschen von Ventilfedern erforderlich sind, entfallen damit.

Ein weiterer nennenswerter Vorteil besteht darin, dass zum Aufbau der unterschiedlichen Pumpenregelungen, wie z.B. für Stellweg, Volumenstrom, Druck und Leistung lediglich entsprechende Sensoren vorzusehen sind. An Pumpe und Ventil müssen keine Änderungen vorgenommen werden. Der Regler kann durch Schalter und Potentiometer an die geforderte Regelaufgabe angepasst werden. Mit einem solchen Aufbau lassen sich auch verschiedene Regelungen miteinander kombinieren. Der prinzipielle Aufbau einer elektro-hydraulischen Druckregelung mit 2- und 4-Kanten-Steuerung ist in Bild 8.16 dargestellt.

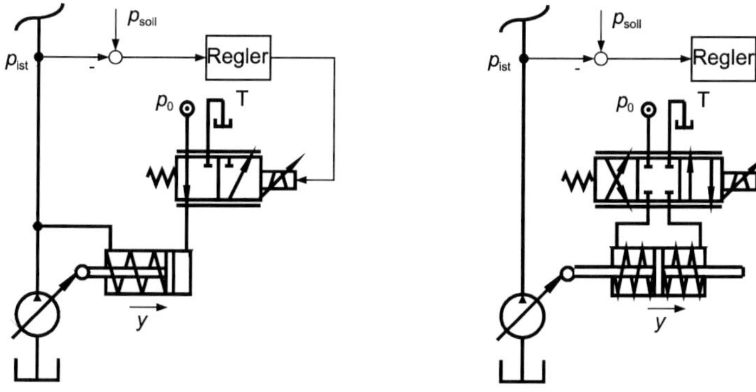

Bild 8.16: Beispiele elektro-hydraulischer Druckregelung /Ulr93/

8.1.1.5 Druckregelung mit Konstantpumpe und drehzahlveränderbarem Elektromotor

Durch die rasante Entwicklung der Leistungshalbleitertechnik stehen seit einigen Jahren durch Frequenzumrichter drehzahlgeregelte elektrische Servomotoren zur Verfügung, die in Kombination mit einer Konstantpumpe eine dynamische

Volumenstromsteuerung ermöglichen. Diese Antriebe lassen sich auch zur Druck- und Kraftregelung einsetzen. In Bild 8.17 ist eine Versuchsanordnung für die Druckregelung mit drehzahlgeregeltem Konstantmotor zu sehen. Die Druckregelung erfolgt mit einem modifizierten PID-Regler und mit einem unterlagerten Drehzahlregler für den elektrischen Servomotor /Rüh97/.

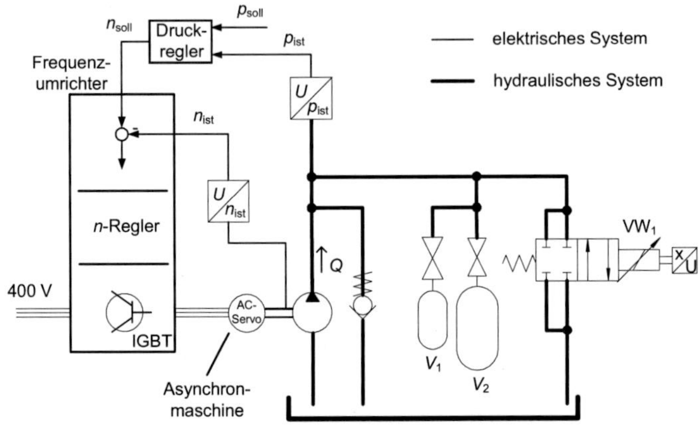

Bild 8.17: Versuchsstand für die Druckregelung

Durch zwei verschieden großen Speicher V_1 und V_2 kann zu Versuchszwecken die hydraulische Kapazität verändert werden. Das Drosselventil VW_1 wird zur Bestimmung des Störverhaltens des Druckregelkreises eingesetzt. Der zugehörige linearisierte Wirkungsplan ist in Bild 8.18 dargestellt.

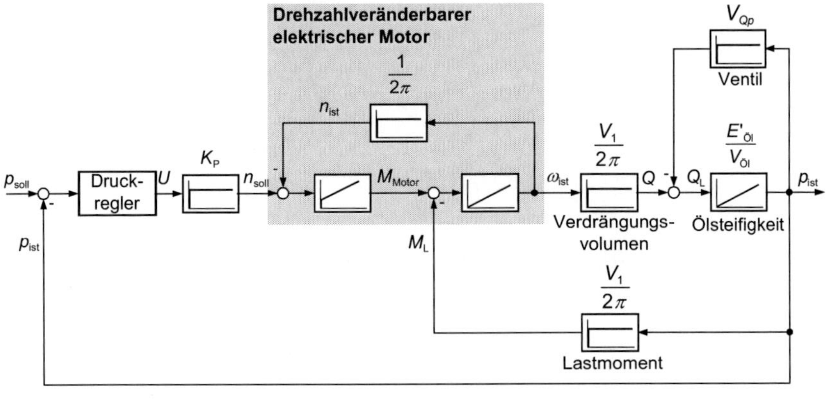

Bild 8.18: Linearisierter Wirkungsplan der drehzahlveränderlichen Pumpe mit hydraulischer Strecke und Ventil

Beispielhaft wird in Bild 8.19 das Führungsverhalten der drehzahlveränderlichen Pumpe im Druckregelkreis gezeigt. Im Diagramm sind die Drehzahl und der Druckverlauf bei zwei verschiedenen Ölvolumina V_1 und V_2 dargestellt. Gut zu erkennen ist die begrenzte Druckanstiegsgeschwindigkeit gegenüber einer Druckregelung mit einem Servoventil am Konstantdrucknetz. Diese Begrenzung resultiert vor allem aus einem eingeschränkten Beschleunigungsvermögen des elektrischen Antriebes. Positiv zu bewerten sind jedoch der einfache Aufbau und der hohe Wirkungsgrad des Pumpenantriebes.

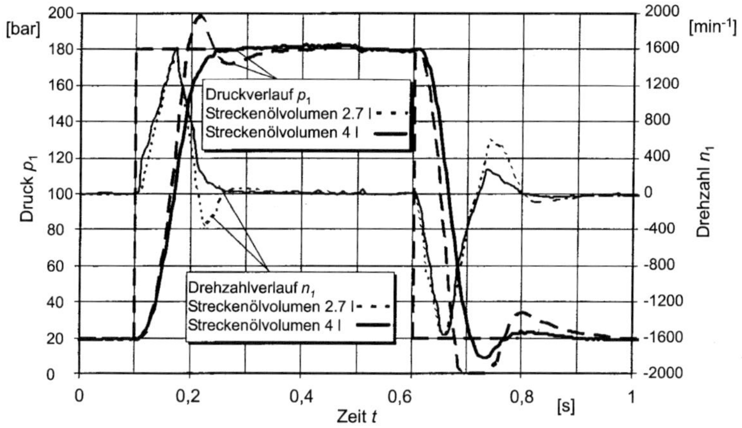

Bild 8.19: Führungsverhalten im Druckregelkreis /Rüh97/

8.1.2 Kraft-, Druck- und Momentenregelung für Typ 2

8.1.2.1 Linearisiertes Modell der Momentenregelung

Der Aufbau und der Wirkungsplan eines Antriebes nach Typ 2 ist in Bild 8.20 dargestellt. Ein häufig verwendeter Begriff für einen Antrieb nach Typ 2 ist ein sekundärgeregelter Antrieb.

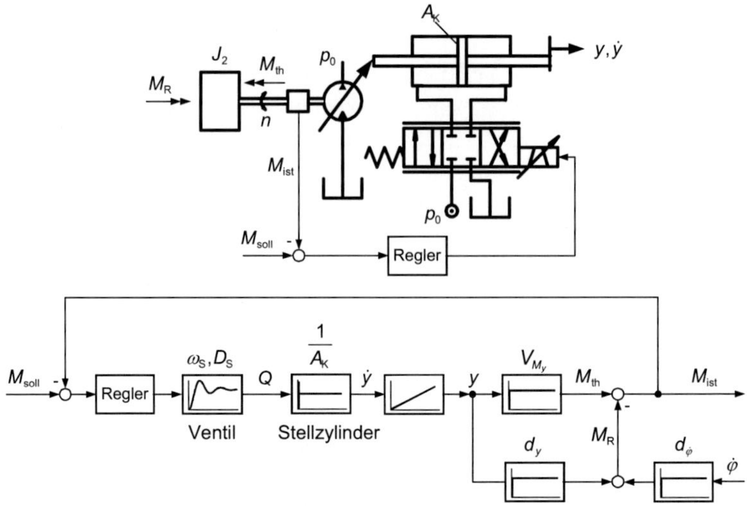

Bild 8.20: Aufbau und Wirkungsplan der Momentenregelung

Das Ventil zur Ansteuerung des Stellsystems wird als System 2. Ordnung angenommen. Der vom Ventil abgegebene Volumenstrom resultiert in einer Geschwindigkeit, die, integriert, den Stellweg des Stellzylinders ergibt. Das abgegebene Drehmoment M_{th} wird proportional zum Stellweg angenommen, da die Pulsation des Drehmomentes als vernachlässigbar angesehen wird. Das effektive Drehmoment M_{ist} entspricht dem theoretischen Moment M_{th} abzüglich des drehgeschwindigkeits- und stellwegproportionalen Reibmomentes.

8.1.2.2 Konzepte für die Momentenregelung

Werden an die Genauigkeit des Antriebsmomentes nicht so hohe Anforderungen gestellt, wird in der Praxis oft auf die Rückführung eines gemessenen Momentes verzichtet und stattdessen das Moment aus dem Stellweg y des Stellsystems und dem Versorgungsdruck $\Delta p = p_0 - p_T$ nach Gleichung (8.17) berechnet

$$M_{th} = \frac{V_{max}\,\Delta p}{2\pi\, y_{max}}\, y = V_{My}\; y \tag{8.17}$$

Darüber hinaus kann zur Berücksichtigung des internen Reibmomentes eine Korrektur des berechneten Motormomentes durch einen stellwegproportionalen Anteil durchgeführt werden, so dass die Regelgröße nach Gleichung (8.18) beschrieben wird.

$$M_{ist} = \left(V_{My} - d_y\right) y \tag{8.18}$$

Bei Einsatz eines P-Reglers für eine Drehmomentenregelung wird aus Bild 8.21 deutlich, dass dieser Regler für die Stabilität des Systems ausreichend ist, da die Wurzelortskurve zunächst in der negativen *s*-Halbebene verläuft (siehe Kapitel 9.7.3.3). Erst bei sehr hohen Reglerverstärkungen wandert die Wurzelortskurve in die positive *s*-Halbebene. Bei der Einstellung der Reglerverstärkung muss deshalb beachtet werden, dass die maximal zulässige Verstärkung nicht überschritten wird.

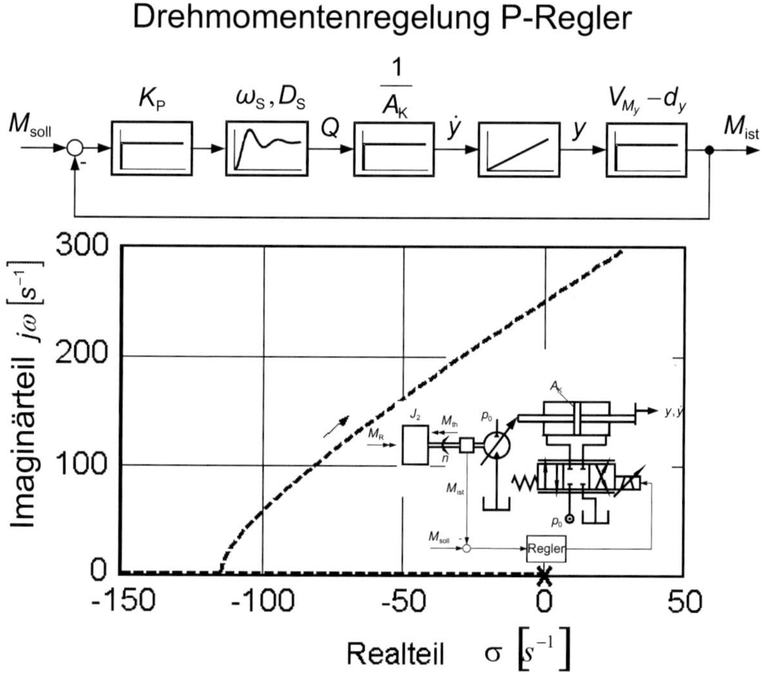

Bild 8.21: Wurzelortskurve für einen sekundärgeregelten Antrieb im Momentenregelkreis mit P-Regler /Kög95/

Da das System durch Störeinflüsse, wie z.B. ein Ventilauslenkungsoffset, mit einer Regelabweichung behaftet ist, wird der Regler durch einen integrierenden Anteil erweitert. Der PI-Regler wird hierbei durch den Verstärkungsfaktor *K* und die Nachstellzeit T_N beschrieben. Die Wurzelortskurven für drei verschiedene Nachstellzeiten werden in Bild 8.22 dargestellt.

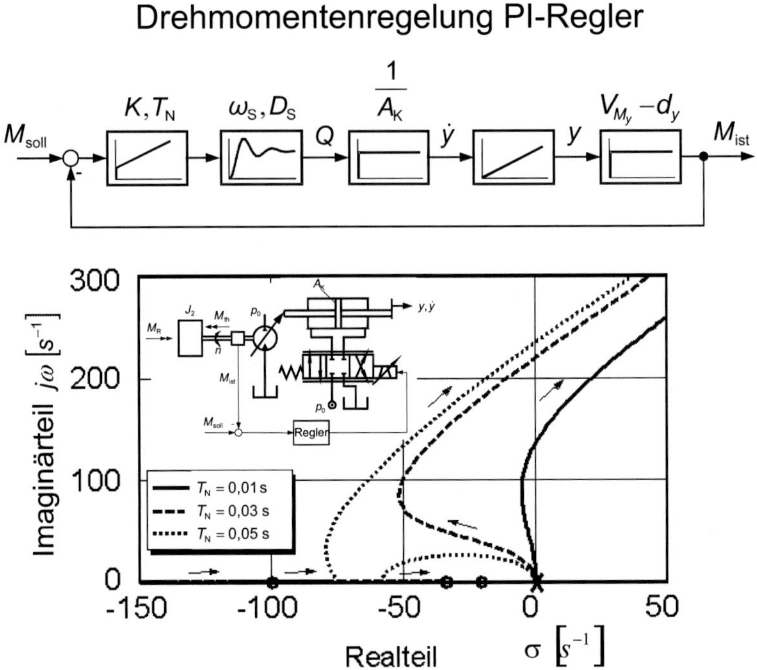

Bild 8.22: Wurzelortskurven für einen sekundärgeregelten Antrieb im Momentenregelkreis mit PI-Regler /Kög95/

Durch den Einsatz eines integralen Anteils ergibt sich für den offenen Regelkreis eine zusätzliche Polstelle im Ursprung und eine Nullstelle $-1/T_N$. Die Wahl der Nullstelle beeinflusst deutlich das Systemverhalten. Wird diese zu weit vom Ursprung gelegt, d.h. ein Regler mit hohem integralen Anteil verwendet, so wandern die Wurzelortskurven bereits beim geringen Verstärkungsfaktor K in die positive s-Halbebene. Bei größeren T_N, d.h. bei einem Regler mit geringerem integralen Anteil, vergrößert sich die Anziehung der Nullstelle deutlich.

In Bild 8.23 links ist das gemessene Führungsverhalten eines sekundärgeregelten Antriebes im Momentenregelkreis dargestellt. Im Bild rechts ist die Änderung des Schluckvolumens bei den geforderten Drehmomenten des Antriebes dargestellt.

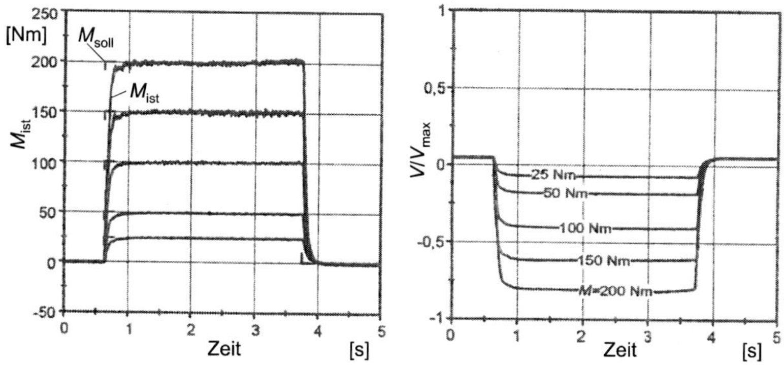

Bild 8.23: Führungsverhalten des Drehmomentenregelkreises beim Einsatz eines PI-Reglers /Kög95/

Anwendungsbeispiel

In Bild 8.24 ist beispielhaft für einen ausgeführten Antrieb ein *Prüfstand für den Test von Allradantriebssträngen* dargestellt. An allen vier Rädern befindet sich ein sekundärgeregelter Motor, der sowohl im Drehzahl- als auch im Momentenregelkreis betrieben werden kann. An den Motoren, die in Tandembauweise ausgeführt sind, befinden sich Drehzahl- und Momentengeber, sowie ein Fliehkraftschalter zur Begrenzung der Maximaldrehzahl. An diesem Prüfstand können die Untersuchungen erheblich günstiger als im Feld durchgeführt werden.

Neben der Tatsache, dass die Ergebnisse nicht wetterabhängig und somit reproduzierbar sind und das Belastungsprofil sehr flexibel auswählbar ist, können Lebensdaueruntersuchungen schnell und automatisiert durchgeführt werden. Darüber hinaus wird kein komplettes Fahrzeug benötigt sondern nur der Antriebsstrang.

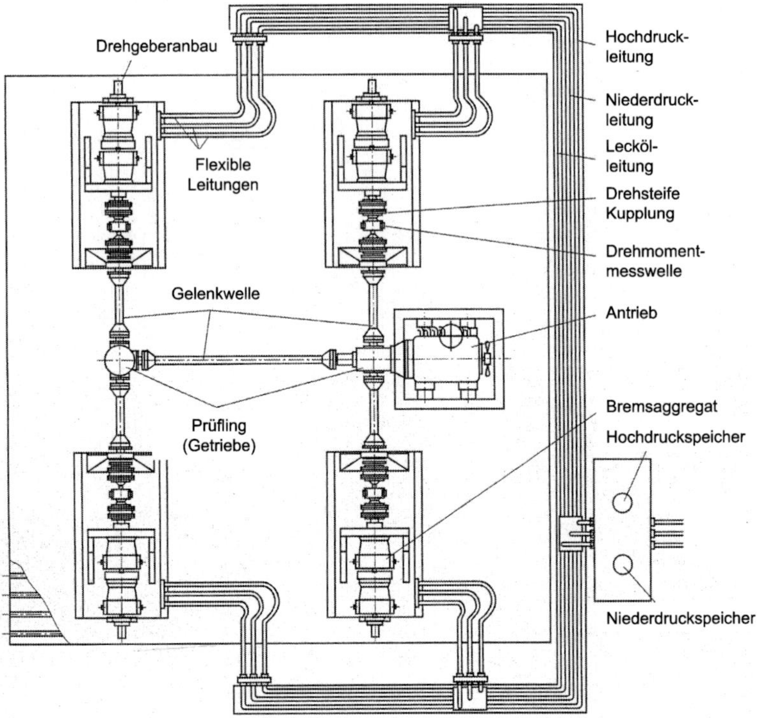

Bild 8.24: Aufbau eines Allradgetriebeprüfstandes (Quelle: Bosch Rexroth AG)

8.2 Geschwindigkeitsregelung

Die Geschwindigkeitsregelung dient dazu, die Geschwindigkeit von Zylinderantrieben oder die Drehgeschwindigkeit bzw. die Drehzahl von Rotationsantrieben zu regeln. Da zwischen der Drehgeschwindigkeit $\dot{\varphi}$ und Drehzahl n ein direkter proportionaler Zusammenhang nach Gleichung (8.19) besteht, werden sie im Folgenden nicht mehr differenziert.

$$\dot{\varphi} = 2\pi n \tag{8.19}$$

Eine Vielzahl von Antriebsaufgaben macht die Regelung der Geschwindigkeit oder der Drehgeschwindigkeit erforderlich. Als Beispiele hierfür lassen sich Extruderschnecken, Wickel-, Papier- und Werkzeugmaschinen anführen.

In diesem Kapitel werden sowohl ventil- als auch pumpen- bzw. motorgesteuerte servohydraulische Antriebe in Geschwindigkeitsregelkreisen untersucht. Analog zu Kapitel 8.1 wird zwischen Geschwindigkeitsregelungen für Systeme nach Typ 1 (Quadrant I-III) und für Typ 2 (Quadrant IV) unterschieden.

8.2.1 Geschwindigkeitsregelung für Typ 1

Prinzipiell kann die Geschwindigkeitsregelung für Antriebe nach Typ 1 mit Widerstands- oder Verdrängersteuerung realisiert werden. Bild 8.25 veranschaulicht diese Systeme.

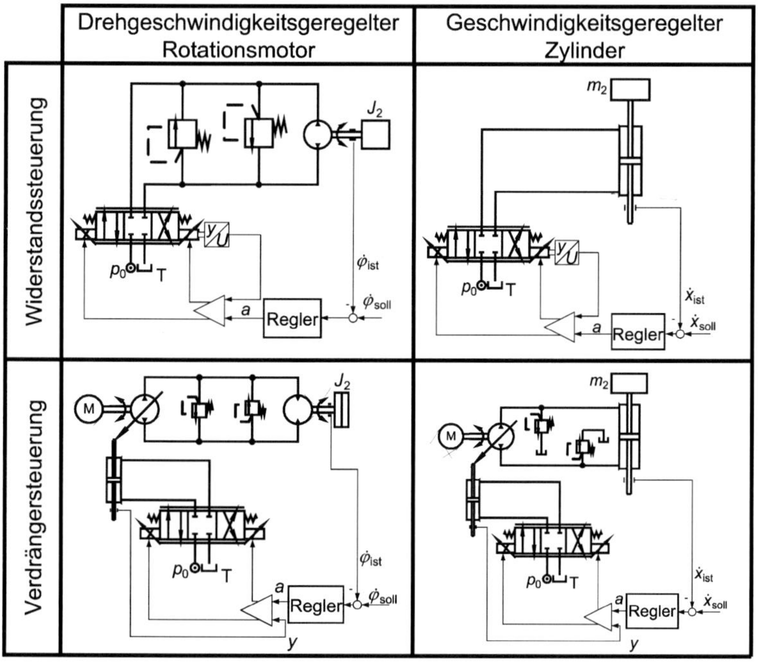

Bild 8.25: Antriebe nach Typ 1 im Geschwindigkeits- bzw. Drehgeschwindigkeitsregelkreis

Bei den hier beschriebenen geschwindigkeitsgeregelten Antrieben handelt es sich um Regelstrecken mit Ausgleich, da das Ausgangssignal der Regelstrecke (Geschwindigkeit, Drehgeschwindigkeit) proportional zum Eingangssignal der Regelstrecke (Ventilschieberauslenkung, Pumpenschwenkwinkel) ist.

Die Geschwindigkeitsregelung wird exemplarisch anhand eines ventilgesteuerten drehzahlgeregelten Rotationsmotors behandelt. Prinzipiell können die Ergebnisse auf alle Antriebe des Typ 1 übertragen werden.

Kombiniert man den Wirkungsplan der Regelstrecke von Typ 1 (siehe Kapitel 7.2.1) mit einem Regler, erhält man den Wirkungsplan eines drehzahlgeregelten hydraulischen Antriebes (siehe Bild 8.26). Im stationären Zustand besteht zwischen der Stellgröße a und der Drehgeschwindigkeit $\dot{\varphi}_{ist}$ ein proportionaler Zusammenhang.

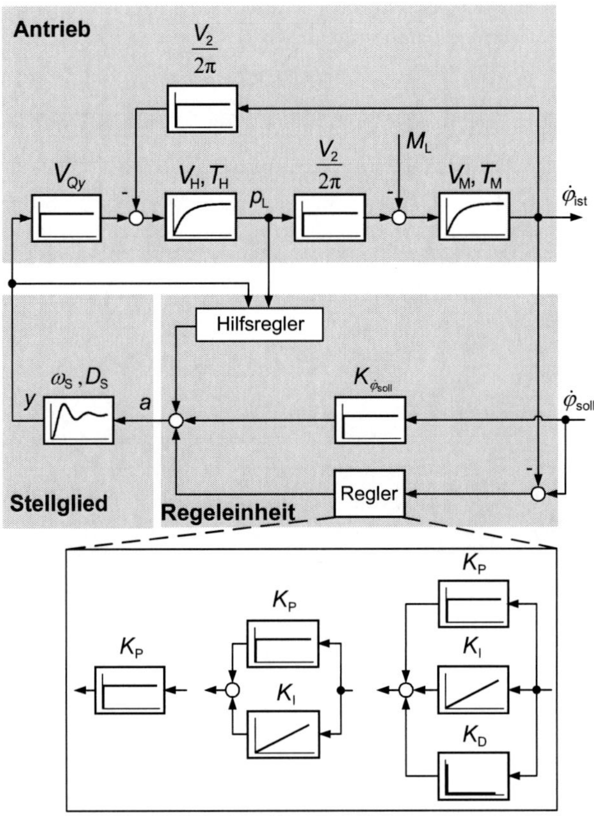

Bild 8.26: Wirkungsplan eines hydraulischen Antriebes in einer Drehgeschwindigkeitsregelung

Um eine bestimmte Drehgeschwindigkeit $\dot{\varphi}_{\text{ist}}$ stationär zu erreichen, ist ein Ansteuersignal des Stellgliedes $a \neq 0$ erforderlich. Wird als Geschwindigkeitsregler ein P-Regler eingesetzt, so gilt

$$a = K_{\text{P}}(\dot{\varphi}_{\text{soll}} - \dot{\varphi}_{\text{ist}}) \tag{8.20}$$

Das statische Übertragungsverhalten des aufgeschnittenen Regelkreises aus Bild 8.26 beim Einsatz eines P-Reglers ist

$$\frac{\dot{\varphi}_{\text{ist}}}{\dot{\varphi}_{\text{soll}}} = \frac{C_0 K_{\text{P}}}{1 + C_0 K_{\text{P}}} \tag{8.21}$$

Somit verursacht ein P-Regler stationär eine Regelabweichung

$$\dot{\varphi}_{\text{soll}} - \dot{\varphi}_{\text{ist}} = (1 - \frac{1}{1 + \frac{1}{C_0 K_{\text{P}}}})\ \dot{\varphi}_{\text{soll}} \tag{8.22}$$

Gleichung (8.22) besagt, dass die Regelabweichung proportional zur Solldrehzahl steigt, dagegen mit zunehmender Geschwindigkeitsverstärkung C_0 und größerem Proportionalbeiwert K_{P} abnimmt.

Um die erforderliche Drehgeschwindigkeit tatsächlich zu erreichen, bieten sich prinzipiell zwei Möglichkeiten an:

- Einsatz eines Reglers mit integrierendem Anteil
- Voröffnung des Stellgliedes durch zusätzliche gewichtete Aufschaltung des Sollwertes – die sogenannte Sollwertaufschaltung (Signalzweig mit $K_{\dot{\varphi}\text{soll}}$ in Bild 8.26). Mit anderen Worten handelt es sich um eine Korrektur des Sollwertes um den Betrag, welcher der Regelabweichung entspricht.

Im Folgenden werden einige Regelungskonzepte mit Sollwertaufschaltung und mit einem integrierenden Regleranteil vorgestellt. Es wird unterschieden zwischen einschleifigen Regelungen und Regelungen mit unterlagerten Hilfsregelgrößen.

8.2.1.1 Einschleifige Regelung

Regler, die sich aus proportionalen und differenzierenden Anteilen zusammensetzen, erfordern zum vollständigen Erreichen der Regelgröße eine Sollwertaufschaltung.

Diese bewirkt, dass das Servoventil den Arbeitspunkt einnimmt, welcher die geforderte Geschwindigkeit bzw. Drehgeschwindigkeit ergibt.

Im Gegensatz zu einem integrierenden Regleranteil setzt die Sollwertaufschaltung einen streng proportionalen Zusammenhang zwischen elektrischem Eingangssignal a und dem Volumenstrom für eine ideale Kompensation des Geschwindigkeitsfehlers voraus. Mit dieser Voraussetzung ergibt sich der Aufschaltungsfaktor für drehzahlgeregelte Rotationsantriebe

$$K_{\dot{\varphi}\,\mathrm{soll}} = \frac{1}{V_{Qy}} \cdot \frac{V_2}{2\pi} \tag{8.23}$$

bzw. für geschwindigkeitsgeregelte Zylinderantriebe

$$K_{\dot{\varphi}\,\mathrm{soll}} = \frac{A}{V_{Qy}} \tag{8.24}$$

Der Einfluss der Reglerstruktur auf das erzielbare Regelverhalten ist in Bild 8.27 dargestellt.

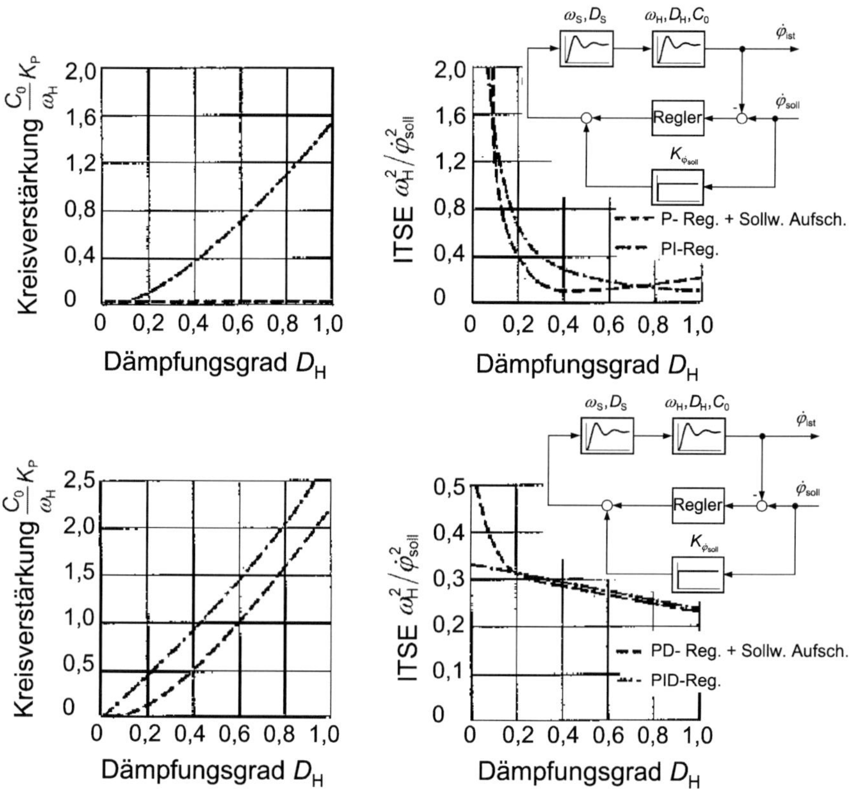

Bild 8.27: Regelgüte des drehzahlgeregelten Antriebes mit einschleifiger Regelung /Roth84/

Die errechneten Ergebnisse beziehen sich auf ein lineares Antriebsmodell 4. Ordnung, in dem das Stellglied als Übertragungsglied 2. Ordnung berücksichtigt wird (siehe Bild 8.26). Die Systemdämpfung des Stellelementes wird zu $D_S = 0.7$, das Verhältnis der Kennkreisfrequenzen des Stellglieds zum Antrieb zu $\omega_S/\omega_H = 3$ angenommen. Das Antriebsverhalten wird anhand des Minimums des ITSE-Kriteriums

$$\mathrm{ITSE} = \int_{t=0}^{\infty} (\dot{\varphi}_{soll} - \dot{\varphi}_{ist})^2 \, t \, dt \tag{8.25}$$

und der zum Arbeitspunkt gehörenden Kreisverstärkung

$$V_K = C_0 \, K_P \tag{8.26}$$

beurteilt. Um allgemeingültige Aussagen zu erzielen, sind die Kennwerte auf die Kennkreisfrequenz des Motors ω_H und die Sprunghöhe $\dot{\varphi}_{soll}$ normiert. ITSE-Kriterium und Kreisverstärkung sind in Abhängigkeit vom Dämpfungsgrad D_H für vier verschiedene Regelungskonzepte in Bild 8.27 aufgetragen. Die Ergebnisse lassen sich wie folgt zusammenfassen:

- P-Regler mit Sollwertaufschaltung $K_{\dot{\varphi}soll}$ wie auch PI-Regler ermöglichen bei Antrieben mit niedrigem Dämpfungsgrad D_H kein zufriedenstellendes Regelverhalten. Der optimale Wert der normierten Kreisverstärkung des Regelkreises mit P-Regler und Sollwertaufschaltung ist über dem untersuchten Dämpfungsgradbereich gleich Null, d.h. das System soll für den optimalen Betriebspunkt gesteuert und nicht geregelt werden.

- Der PD-Regler mit Sollwertaufschaltung und der PID-Regler ermöglichen grundsätzlich ein besseres Regelverhalten als die vorab diskutierten Regler. Das ist erkennbar an deutlich kleineren Werten für das ITSE-Kriterium und gleichzeitig etwas höheren Werten für die Kreisverstärkung. Bei schlecht gedämpften Antrieben zeigt der PID-Regler im ITSE-Wert Vorteile gegenüber dem PD-Regler mit Sollwertaufschaltung. Die optimale Kreisverstärkung liegt über dem gesamten Untersuchungsbereich $0 < D_H < 1$ für den PID-Regler höher als für den PD-Regler mit Sollwertaufschaltung.

Die am linearen Modell gewonnenen theoretischen Ergebnisse finden sich in der Praxis bestätigt. Das zeigen beispielsweise die Sprungantworten in Bild 8.28, die sich aus einer sprungförmigen Änderung der Führungsgröße $\dot{\varphi}_{soll}$ bzw. der Störgröße M_L ergeben. In Bild 8.28 wird jeweils links das Führungsverhalten und rechts das Störverhalten des Regelkreises gezeigt. Die Ergebnisse beziehen sich auf einen verdrängergesteuerten Rotationsantrieb mit einem Dämpfungsgrad $D_H = 0{,}3$ und einem Verhältnis der Kennkreisfrequenzen von Stellglied zu Motor von $\omega_S/\omega_H = 3$.

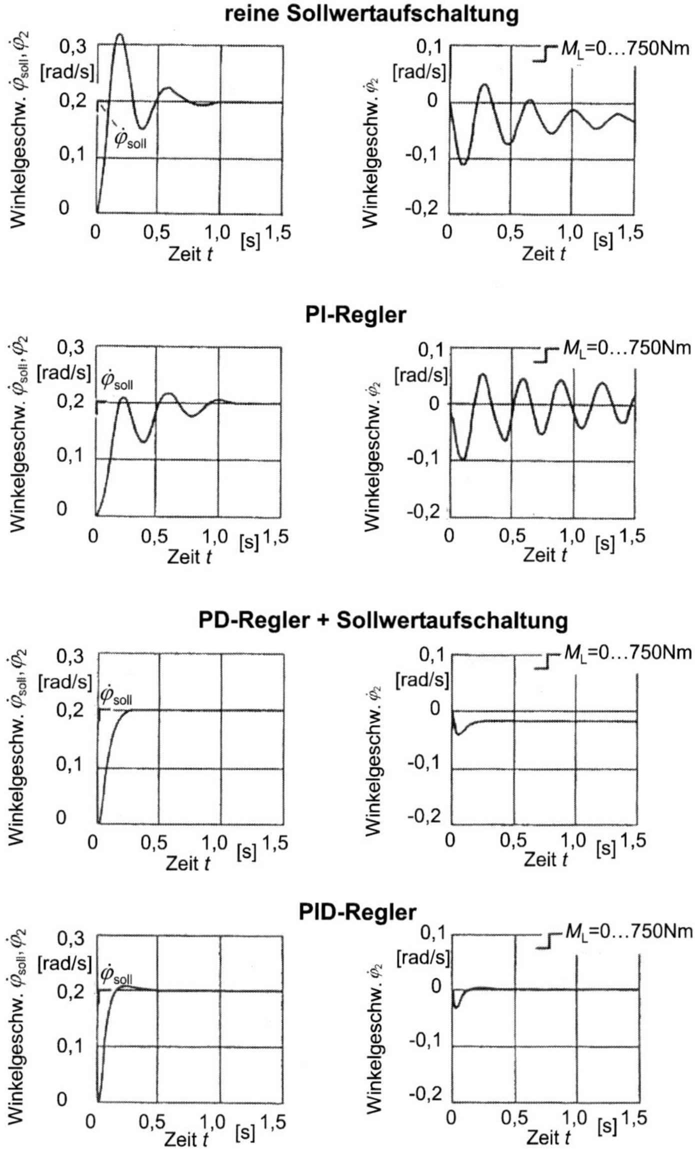

Bild 8.28: Führungs- und Störverhalten eines drehzahlgeregelten Antriebes

Das System mit P-Regler und Sollwertaufschaltung sowie der Antrieb mit einem PI-Regler zeigen erwartungsgemäß ein schlechtes Regelverhalten. Insbesondere bei Anregung durch eine Störgröße kommt es zu großen Abweichungen der Regelgröße, die sich nur langsam abbauen.

Das System mit PD-Regler mit Sollwertaufschaltung sowie der Antrieb mit einem PID-Regler zeigen ein besseres dynamisches Verhalten. Infolge des I-Anteiles schwingt das System mit PID-Regler kurzzeitig über den stationären Sollwert, erreicht jedoch gegenüber dem System mit PD-Regler mit Sollwertaufschaltung den Endwert nur geringfügig später. Der I-Anteil macht dafür den Antrieb ideal steif gegenüber äußeren Störgrößen, während das System mit PD-Regler mit Sollwertaufschaltung stationär eine Regelabweichung beibehält.

8.2.1.2 Mehrschleifige Regelung

Als Hilfsregelgrößen bieten sich bei Geschwindigkeitsregelkreisen die Beschleunigung oder der Lastdruck und gegebenenfalls die Position des Stellgliedes y an.

Unter der Voraussetzung einer hinreichend großen Stellglieddynamik ($\omega_S/\omega_H \geq 3$) kann eine Bedämpfung des Antriebes mit zusätzlicher Rückführung des Lastdruckes oder der Beschleunigung erreicht werden. Der Einfluss der Lastdruck- oder Beschleunigungsrückführung auf das Übertragungsverhalten des Regelkreises lässt sich anschaulich anhand der Polstellenbewegungen der Übertragungsfunktion (Wurzelortskurven) des geschlossenen Regelkreises darstellen (siehe Kapitel 9.7.3.3). Bild 8.29 und Bild 8.30 stellen die Polstellenbewegungen eines geschlossenen Regelkreises mit reinem P-Regler und eines Regelkreises mit zusätzlicher Beschleunigungsrückführung einander gegenüber.

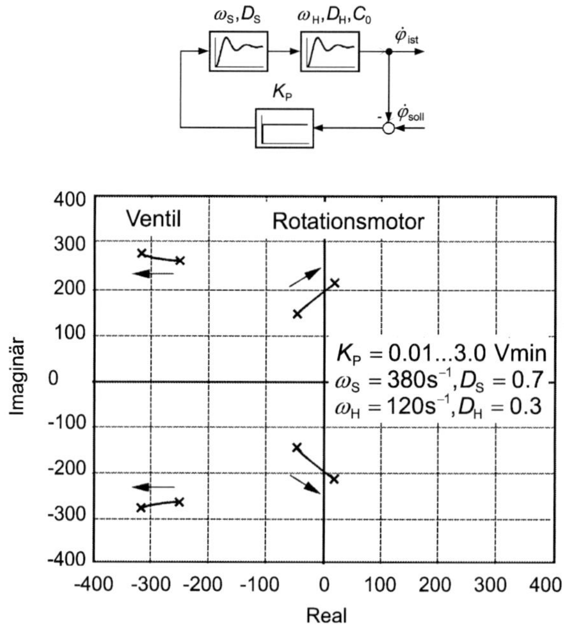

Bild 8.29: Polstellenverlauf eines ventilgesteuerten Rotationsmotors mit P-Regler als Funktion von K_P

Die geregelte Strecke ist durch zwei konjugiert komplexe Polpaare – des Ventils und des Rotationsmotors – gekennzeichnet. Der Darstellung in Bild 8.29 ist zu entnehmen, dass das dominante langsamere Polpaar (rechts) bei der Erhöhung der Verstärkung K_P entdämpft wird (Vergrößerung des Winkels zwischen der Polstelle, Koordinatenursprung und negativer Realachse), und gleichzeitig dessen zugehörige Kennkreisfrequenz erhöht wird (Vergrößerung des Abstandes zwischen der Polstelle und Koordinatenursprung).

Den Einfluss einer zusätzlichen Beschleunigungsrückführung zeigt Bild 8.30.

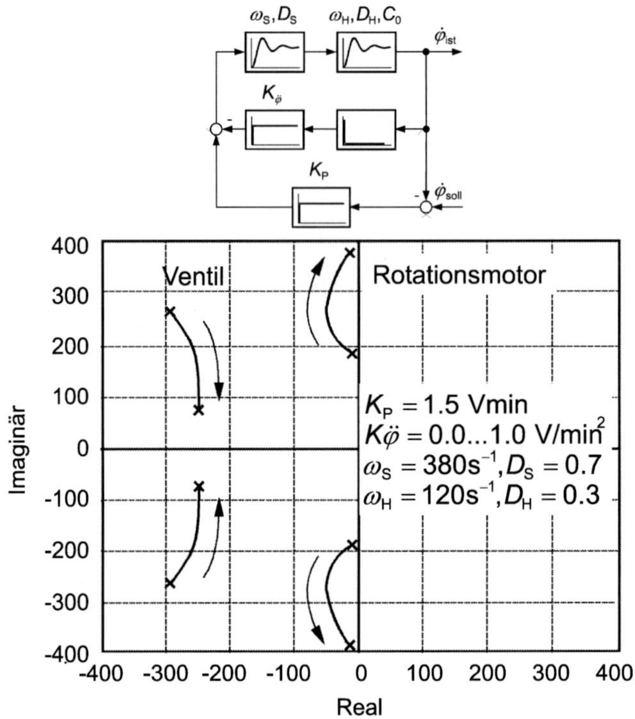

Bild 8.30: Polstellenverlauf eines ventilgesteuerten Rotationsmotors mit P-Regler und Beschleunigungsrückführung als Funktion von $K_{\ddot{\varphi}}$

Ausgehend von einem fest eingestellten Übertragungsbeiwert des P-Reglers K_P wird der Übertragungsbeiwert der Beschleunigungsrückführung $K_{\ddot{\varphi}}$ erhöht. Dabei werden im Bereich kleiner Beschleunigungsverstärkungen die Wurzelorte des dominanten Polpaares weiter in die negative Realteilebene verschoben, was gleichbedeutend mit einer Bedämpfung des Systems ist. Bei weiterer Erhöhung der Beschleunigungsverstärkung knicken die Wurzelortskurven ab und streben in die Richtung der positiven Realteilebene. Am Schnittpunkt mit der imaginären Achse ist der Stabilitätsrand erreicht.

Die Verbesserung des Systemverhaltens durch die Rückführung der Beschleunigung ist in Bild 8.31 anhand des ITSE-Kriteriums und der erreichbaren Kreisverstärkung aufgezeigt. Im Vergleich zum PID-Regler (siehe Bild 8.27 unten) liegen die vorgestellten zweischleifigen Regelungskonzepte ungünstiger bzgl. des ITSE-Kriteriums, haben jedoch höhere Werte für die Kreisverstärkung.

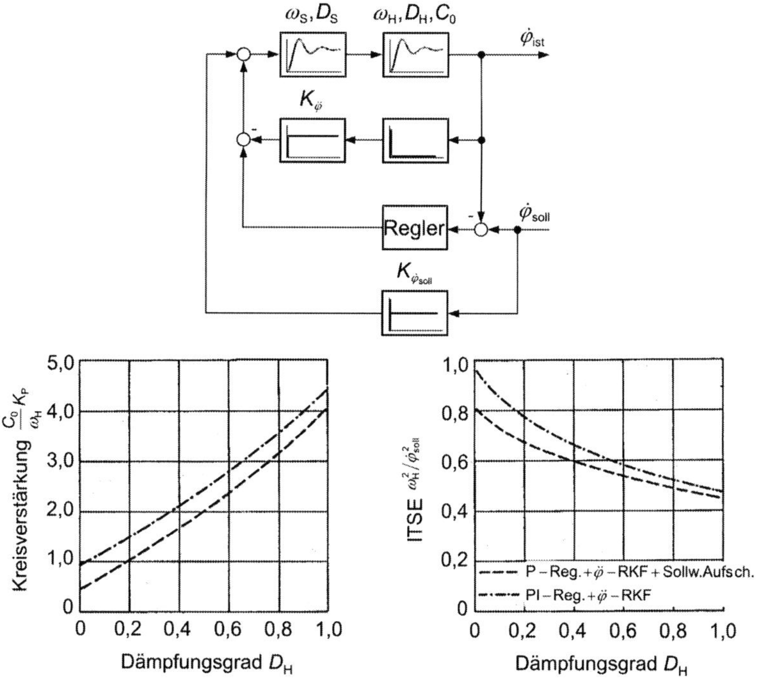

Bild 8.31: Regelgüte eines drehzahlgeregelten Antriebes mit unterlagerter Beschleunigungsrückführung

Ein Grund für die guten Systemeigenschaften bei Verwendung eines PID-Reglers ist, dass nicht nur über den D-Anteil des Reglers die Beschleunigung rückgeführt wird, sondern mit gleicher Gewichtung auch die Änderungen im Führungssignal aufgeschaltet werden. Der Einsatz eines Reglers mit D-Anteil in der Praxis ist aber nicht ganz unproblematisch, weil weder analog noch digital ein ideal differenzierendes Übertragungsverhalten realisiert werden kann. Ausgeführte differenzierende Elemente weisen in der Regel DT_1-Verhalten auf. Bei der Einstellung der Zeitkonstanten T_1 des D-Reglers muss ein Kompromiss zwischen möglichst geringem Rauschanteil im differenzierten Signal und möglichst geringer Phasenverschiebung gefunden werden. Die gleiche Problematik ergibt sich, wenn das Beschleunigungssignal durch die Differentiation des Geschwindigkeitssignals gewonnen wird.

In Bild 8.32 ist das Führungs- und Störverhalten eines drehzahlgeregelten Antriebes mit P-Regler mit Sollwertaufschaltung und Beschleunigungsrückführung dem mit PI-Regler und Beschleunigungsrückführung gegenübergestellt.

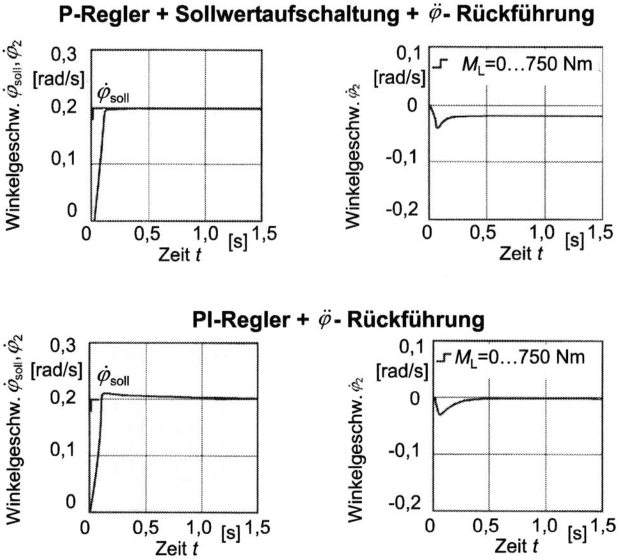

Bild 8.32: Führungs- und Störverhalten eines drehzahlgeregelten Antriebes mit unterschiedlichen Regelungskonzepten

Das System mit PI-Regler schwingt naturgemäß kurzzeitig über den Führungssollwert und erreicht den stationären Endwert etwas später als das System mit P-Regler. Dafür ist das System mit PI-Regler statisch betrachtet ideal steif gegenüber äußeren Störmomenten. Im Vergleich zu den Sprungantworten in Bild 8.28 erreichen die mehrschleifigen Regler den stationären Endwert ähnlich schnell. Das steht im Widerspruch zu den theoretischen Ergebnissen, die Vorteile für die einschleifigen Regelungskonzepte ausweisen (vergleiche kleinere ITSE-Werte vom einschleifigen PID-Regler in Bild 8.27 mit größeren ITSE-Werten vom mehrschleifigen PI-Regler mit Beschleunigungsrückführung in Bild 8.31). Die theoretischen Vorteile der einschleifigen PID-Regelung werden durch die Unvollkommenheit des D-Anteils in der Praxis aufgehoben.

Anwendungsbeispiel

Hydraulische Geschwindigkeitsregelung kommt bei sogenannten „*fliegenden Sägen*" in der Holzindustrie zum Einsatz. Der Baumstamm durchläuft zunächst die Kreissägeeinheit, bevor die geschnittenen Bretter seitlich des so entstehenden Kantholzes in der Länge gekappt werden. Um während des laufenden Prozesses ein Absägen der Bretter zu ermöglichen, ist eine Synchronisation der Baustammgeschwindigkeit und der Geschwindigkeit der Kappsägevorrichtung notwendig. Dazu wird die Transportgeschwindigkeit des Baumstammes von einer Messwalze erfasst und dem Geschwindigkeitsregler als Sollwert zur Verfügung gestellt. Der Hydraulikzylinder ist mit einem integrierten magnetostriktiven Wegmesssystem ausgerüstet. Bevor der eigentliche Sägevorgang beginnt, erfolgt während einer bestimmten Vorhaltezeit über eine einstellbare Rampe die Aufsynchronisierung der Zylindergeschwindigkeit auf die Geschwindigkeit des Baumstammes.

Beim Erreichen der gleichen Geschwindigkeit wird von der Reglerbaugruppe ein Freigabesignal zum Kappen der Bretter gegeben. Der Sägeprozess ist nach ca. 1 s abgeschlossen, der Zylinder wird über eine Rampe abgebremst und gesteuert in die Ausgangslage zurückgefahren.

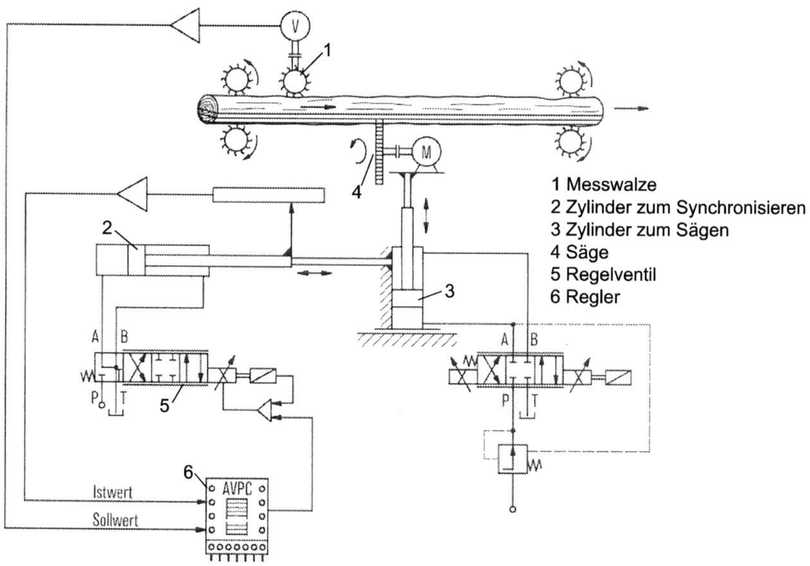

Bild 8.33: Funktionsprinzip „fliegende Säge“ /Göt99/

8.2.2 Geschwindigkeitsregelung für Typ 2

Der Aufbau eines drehzahlgeregelten Verstellmotors am Konstantdrucknetz kann mit mechanisch-hydraulischen oder elektro-hydraulischen Mitteln erfolgen. In Bild 8.34 sind die beiden Möglichkeiten der Drehzahlregelung dargestellt /Mur83/.

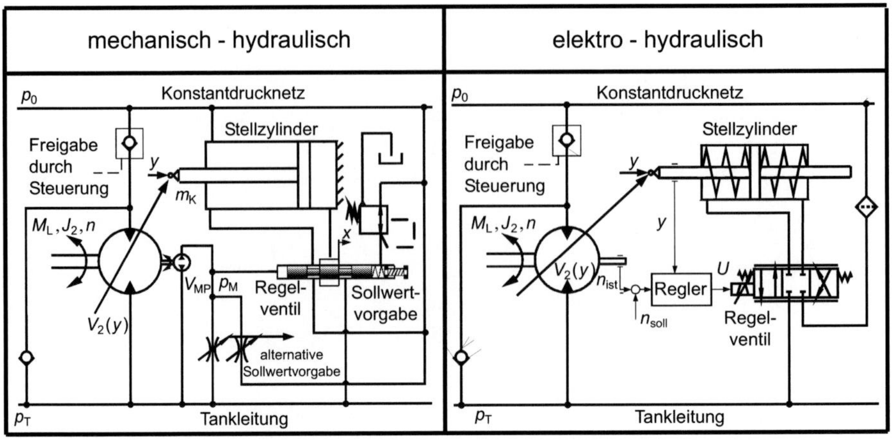

Bild 8.34: Aufbau einer Drehzahlregelung eines Verstellmotors am Konstantdrucknetz

Bei dem *mechanisch-hydraulischen* System wird das Schluckvolumen des Motors über den ungleichflächigen Stellzylinder verstellt. Die Ansteuerung des Zylinders erfolgt über eine Schaltung A+E mit Hilfe des Regelventils. Die Istdrehzahl wird mit der an die Motorwelle angeschlossenen Messpumpe V_{MP} erfasst, während die Sollwertvorgabe über die Federvorspannkraft des Ventils erfolgt.

Im stationären Zustand – die Istdrehzahl ist gleich der Solldrehzahl – ist der Motor so weit ausgeschwenkt, dass das Motormoment gleich dem Lastmoment ist. Der Stellzylinder bleibt in dieser Position, wenn das Regelventil in Mittelstellung ist. Dann hält die durch den Messdruck p_M gegebene Druckkraft der Federkraft am Ventil das Gleichgewicht.

Steigt das Lastmoment M_L an, fällt die Istdrehzahl n ab. Der von der Messpumpe geförderte Volumenstrom sinkt, so dass der Messdruck ebenfalls abnimmt. Dies führt zu einer Auslenkung des Ventilschiebers nach links, was ein Ausschwenken des Stellzylinders zu höheren Motormomenten bewirkt. Der Motor schwenkt zunächst so weit aus, dass wieder auf die Solldrehzahl beschleunigt wird. Nach Erreichen der Solldrehzahl wird das Motormoment reduziert, bis es im stationären Zustand dem Lastmoment entspricht.

Bei dem *elektro-hydraulischen* System wird der gleichflächige Zylinder über das elektrisch angesteuerte Regelventil mit einer Schaltung A+A verstellt. Das Ansteuersignal des Ventils wird vom Regler vorgegeben, der die Regelabweichung und als Hilfsregelgröße den Stellweg verarbeitet.

Die Prinzipien der elektro-hydraulischen und der mechanisch-hydraulischen Drehzahlregelung sind im regelungstechnischen Sinne identisch. Der Vorteil des elektrohydraulischen Prinzips liegt in der flexibleren Anpassung des Reglers an die Regelstrecke. Bei der mechanisch-hydraulischen Regelung ist das Übertragungsverhalten durch die Konstruktion der Komponenten vorgegeben. Eine Veränderung des Regelverhaltens ist schwer vorzunehmen. Bei dem elektrohydraulischen System kann die Anpassung des Reglers in einfacher Weise im elektrischen Signalkreis erfolgen. Das ist der Grund, warum sich in der Praxis gerade bei sekundärgeregelten Antrieben, die systembedingt eine schwache Dämpfung aufweisen, elektro-hydraulische Antriebe schnell durchgesetzt haben.

Beim Einsatz sekundärgeregelter Motoren an einem Konstantdrucknetz ist zu beachten, dass der Motor durch den Systemdruck zwar in seinem maximalen Moment begrenzt wird, aber nicht in seiner maximalen Drehzahl. Damit in einem Störfall die zulässige Drehzahl des Motors nicht überschritten wird, kann der Motor z.B. durch ein entsperrbares Rückschlagventil vom Drucknetz getrennt werden. Das Nachsaugventil zur Tankseite sorgt dann für ein druckloses Auslaufen des Motors.

Die der Drehzahlregelung zugrunde liegenden regelungstechnischen Zusammenhänge sind anhand des vereinfachten Wirkungsplanes in Bild 8.35 dargestellt.

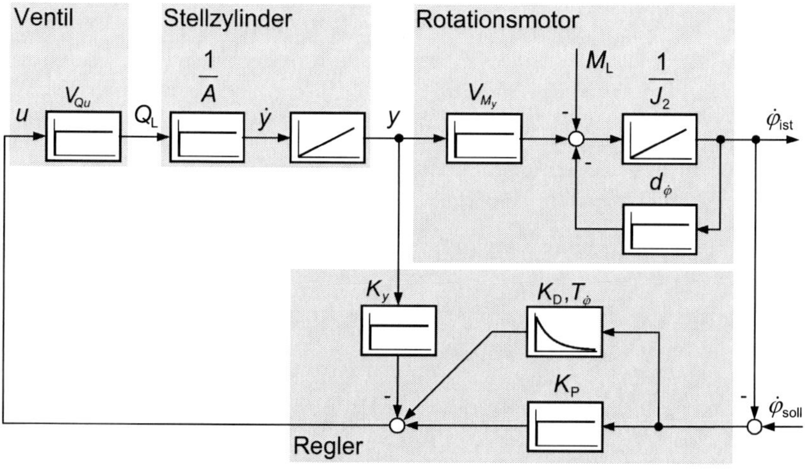

Bild 8.35: Wirkungsplan des drehzahlgeregelten Verstellmotors

Die Eigenkreisfrequenzen des Regelventils und des Stellzylinders liegen in der Regel deutlich über der des gesamten Antriebes, so dass sie in einer vereinfachten Betrachtungsweise vernachlässigt werden können. Weiterhin bleiben Nichtlinearitäten wie Reibungen und Begrenzungen (z.B. Geschwindigkeitsbegrenzung des Stellzylinders) unberücksichtigt.

Die zu regelnde Strecke kann als Reihenschaltung von zwei Integrierern betrachtet werden, da die drehzahlproportionale Reibung $d_{\dot{\varphi}}$ meist sehr niedrig ist. Die Regelstrecke ist ohne Ausgleich, denn eine interne Rückführung der Regelgröße ist nicht vorhanden. Deshalb ist es nicht möglich, den Antrieb in einer Steuerkette zu betreiben. Eine Regelung ist zwingend notwendig, und es müssen entsprechende Sicherheitsvorkehrungen für einen Ausfall der Regelung getroffen werden.

Zur Drehzahlregelung muss einerseits die Drehzahl n_{ist} bzw. die Drehwinkelgeschwindigkeit $\dot{\varphi}_{\text{ist}}$ zurückgeführt werden, andererseits kann als Hilfsregelgröße der Stellkolbenweg y verwendet werden. Die Regler dieses ein- oder zweischleifigen Regelungskonzepts können ein P-, I- oder DT_1-Übertragungsverhalten besitzen. Die prinzipiellen Möglichkeiten zum Schließen des Regelkreises sind in Bild 8.35 gezeigt.

Die Regelstrecke hat unter den oben gemachten Vereinfachungen das folgende Übertragungsverhalten

$$\dot{\varphi}_{\text{ist}} = \frac{\dfrac{1}{d_{\dot{\varphi}}}\left(V_{My}\dfrac{V_{Qu}\,u}{A} - M_{\text{L}}(j\omega)\right)}{j\omega\left(1+\dfrac{J_2}{d_{\dot{\varphi}}}(j\omega)\right)} \tag{8.27}$$

Zum Schließen des Regelkreises kann im einfachsten Fall eine proportionale Drehzahlrückführung gewählt werden. Die Schließbedingung lautet

$$u = K_{\text{P}}(\dot{\varphi}_{\text{soll}} - \dot{\varphi}_{\text{ist}}) \tag{8.28}$$

Nach Einsetzen der Schließbedingung in Gleichung (8.27) ergibt sich für den Frequenzgang des Drehzahlregelkreises mit P-Regler folgende Gleichung

$$\dot{\varphi}_{\text{ist}} = \frac{V_{My}\dfrac{V_{Qu}}{AJ_2}K_{\text{P}}\,\dot{\varphi}_{\text{soll}} - \dfrac{M_{\text{L}}}{J_2}(j\omega)}{(j\omega)^2 + \dfrac{d_{\dot{\varphi}}}{J_2}(j\omega) + V_{My}\dfrac{V_{Qu}}{AJ_2}K_{\text{P}}} \tag{8.29}$$

Da das Gesamtsystem von 2. Ordnung ist, können die Kenngrößen Kennkreisfrequenz ω_0 und Dämpfung D aus diesem berechnet werden. Die Kennwerte können zur Abschätzung des dynamischen Verhaltens der Regelung und zur Vorauslegung des Antriebes herangezogen werden.

$$\omega_0 = \sqrt{V_{My}\,\frac{V_{Qu}}{A\,J_2}\,K_{\mathrm{P}}} \tag{8.30}$$

$$D = \frac{d_{\dot{\varphi}}}{2\,\omega_0\,J_2} = \frac{d_{\dot{\varphi}}}{2}\sqrt{\frac{1}{V_{My}}\,\frac{A}{J_2\,V_{Qu}\,K_{\mathrm{P}}}} \tag{8.31}$$

Die Kennkreisfrequenz hängt neben den konstruktiven Größen des Verstellmotors vor allem von dem Trägheitsmoment J_2 und dem Verstärkungsfaktor K_{P} ab. Die Beziehung für den Dämpfungsgrad D zeigt, dass für kleine Werte von $d_{\dot{\varphi}}$ der Antrieb kaum Dämpfung besitzt. Bei praktisch ausgelegten Systemen sind daher zusätzliche Dämpfungsmaßnahmen auf der Signalseite erforderlich. Diese können mit Hilfe einer einschleifigen Regelung mit differenzierendem Verhalten oder einer zweischleifigen Regelung mit Rückführung des Stellweges y als Hilfsregelgröße realisiert werden.

Der Frequenzgang und die Kennwerte dieser Regelungskonzepte sind in Bild 8.36 wiedergegeben.

Frequenzgang		
		$\dot{\varphi}_{\text{ist}} = \dfrac{V_{My}\dfrac{V_{Qu}}{AJ_2}(K_P + K_D j\omega)\dot{\varphi}_{\text{soll}} - \dfrac{M_L}{J_2}\left(j\omega + K_y \dfrac{V_{Qu}}{AJ_2}\right)}{\omega_0^2 + 2D\,j\omega + (j\omega)^2}$
Einschleifige Regelung	P-Regler	$\omega_0^{(1)} = \sqrt{V_{My}\dfrac{V_{Qu}}{AJ_2}K_P}$ $D^{(1)} = \dfrac{d_{\dot{\varphi}}}{J_2\, 2\omega_0^{(1)}}$
Einschleifige Regelung	PD-Regler	$\omega_0^{(2)} = \omega_0^{(1)}$ $D^{(2)} = D^{(1)} + \dfrac{1}{2\omega_0^{(2)}} V_{My}\dfrac{V_{Qu}K_D}{AJ_2}$
Zweischleifige Regelung	P-Regler mit Stellweg-rückführung	$\omega_0^{(3)} = \sqrt{V_{My}\dfrac{V_{Qu}}{AJ_2}K_{P\dot{\varphi}} + \dfrac{d_{\dot{\varphi}}V_{Qu}}{AJ_2}K_y}$ $D^{(3)} = \dfrac{1}{2\omega_0^{(3)}}\left(\dfrac{d_{\dot{\varphi}}}{J_2} + \dfrac{V_{Qu}K_y}{A}\right)$
Zweischleifige Regelung	PD-Regler mit Stellweg-rückführung	$\omega_0^{(4)} = \omega_0^{(3)}$ $D^{(4)} = D^{(3)} + \dfrac{1}{2\omega_0^{(4)}} V_{My}\dfrac{V_{Qu}K_D}{AJ_2}$

Bild 8.36: Dynamische Kenngrößen der Drehzahlregelung

Die Gleichungen zeigen, dass mit Hilfe der Stellwegrückführung y und/oder der Differentiation der Drehzahl das Dämpfungsverhalten beliebig angepasst werden kann. Die Kennkreisfrequenz wird durch den D-Anteil nicht beeinflusst, während der

K_y-Faktor bei der Stellwegrückführung zu einer Erhöhung der Kennkreisfrequenz führt.

Das ideal differenzierende Verhalten des Reglers lässt sich praktisch kaum realisieren, sondern es wird sich immer das Verhalten eines differenzierenden Elementes mit einer Verzögerung 1. Ordnung, also ein DT_1-Verhalten, einstellen. Dabei ist darauf zu achten, dass die entsprechende Abklingkonstante $T_{\dot{\varphi}}$ möglichst klein ist.

Die proportionale Stellwegrückführung K_y hat den Nachteil einer bei Last auftretenden bleibenden Regelabweichung. Nachfolgend dargestellte Überlegungen verdeutlichen dieses Verhalten.

Im stationären Zustand ist der Motor so weit ausgeschwenkt, dass der Last das Gleichgewicht gehalten wird. Es gilt

$$V_{My}\, y = M_{\mathrm{L}} + d_{\dot{\varphi}}\, \dot{\varphi}_{\mathrm{ist}} \tag{8.32}$$

Die Ansteuerspannung des Ventils u muss im stationären Zustand gleich Null sein. Da aber der Stellweg y in diesem Zustand ungleich Null ist, muss eine stationäre Regelabweichung nach folgender Gleichung vorliegen (siehe Bild 8.35)

$$K_{\mathrm{P}}\,(\dot{\varphi}_{\mathrm{soll}} - \dot{\varphi}_{\mathrm{ist}}) - K_y\, y = 0 \tag{8.33}$$

Für das stationäre Übertragungsverhalten der Drehzahlregelung ergibt sich nach Auflösen der Gleichung (8.32) nach y und Einsetzen in Gleichung (8.33) folgende Beziehung

$$\dot{\varphi}_{\mathrm{ist}} = \frac{V_{My}\, K_{\mathrm{P}}\, \dot{\varphi}_{\mathrm{soll}} - K_y\, M_{\mathrm{L}}}{V_{My}\, K_{\mathrm{P}} + d_{\dot{\varphi}}\, K_y} \tag{8.34}$$

Daraus folgt die Regelabweichung

$$\dot{\varphi}_{\mathrm{soll}} - \dot{\varphi}_{\mathrm{ist}} = \frac{K_y\,(d_{\dot{\varphi}}\, \dot{\varphi}_{\mathrm{soll}} + M_{\mathrm{L}})}{V_{My}\, K_{\mathrm{P}} + d_{\dot{\varphi}}\, K_y} \tag{8.35}$$

Wenn K_y gleich Null ist, hat die Regelstrecke durch das Stellsystem integrierendes Verhalten, und es tritt kein bleibender Regelfehler auf. Wird der Stellweg zurückgeführt, so ergibt sich unter Last eine Drehzahldifferenz, die mit größeren Werten für K_y und kleineren Werten von K_{P} anwächst.

Wenn die Stellwegrückführung verwendet wird, ergibt sich die Regelstrecke als Reihenschaltung zweier PT_1-Elemenete und damit als Strecke mit Ausgleich. Dies verdeutlicht ebenfalls, dass ein Regelfehler auftritt, da bei Strecken mit Ausgleich und einem P- oder PD-Regler ein stationärer Regelfehler bleibt.

Neben der stationären Regelabweichung ist die Laststeifigkeit ein weiterer Kennwert zur Charakterisierung des stationären Übertragungsverhaltens. Die Laststeifigkeit L des Antriebes nach Typ 2 im Geschwindigkeitsregelkreis beschreibt, welche Änderung des Lastmoments M_L erforderlich ist, um eine Störänderung der Regelgröße – der Drehgeschwindigkeit $\dot{\varphi}$ – zu erzeugen.

Die Laststeifigkeit des sekundärgeregelten Verstellmotors berechnet sich aus der Ableitung der Gleichung (8.32) zu

$$L = -\frac{dM_L}{d\dot{\varphi}} = V_{My}\frac{K_P}{K_y} + d_{\dot{\varphi}} \tag{8.36}$$

Es wird deutlich, dass die Laststeifigkeit mit zunehmender proportionaler Stellwegrückführung sinkt.

Es gibt zwei Möglichkeiten, die Nachteile der Stellwegrückführung zu vermeiden:

- Nachgebende (d.h. über ein DT_1-Glied) Stellwegrückführung
- Integrierender Anteil bei der Drehzahlrückführung

Bild 8.37 verdeutlicht diese Maßnahmen.

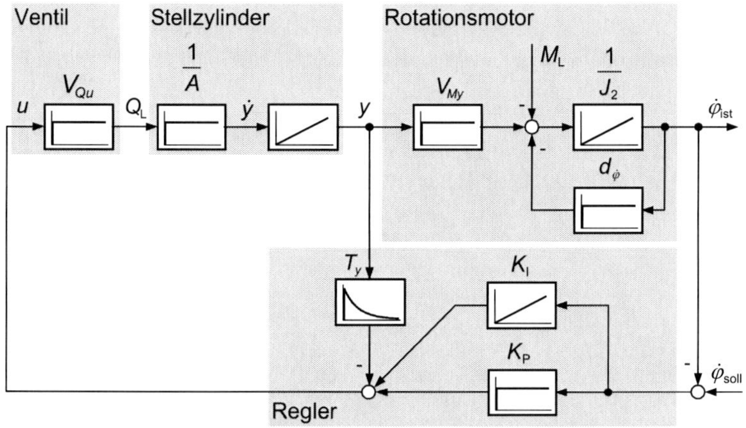

Bild 8.37: Kompensation des Regelfehlers der Stellwegrückführung beim drehzahlgeregelten Verstellmotor

Damit durch diese Maßnahmen keine wesentliche Beeinflussung des dynamischen Verhaltens der Drehzahlregelung auftritt, sollte die Zeitkonstante der nachgebenden Stellwegrückführung T_y in der Größenordnung

$$T_y \approx \frac{2\pi}{\omega_0} \tag{8.37}$$

gewählt werden.

Zusammenfassend lassen sich aus den abgeleiteten linearisierten Beziehungen folgende Schlüsse ziehen:

- Zur Auslegung eines Antriebes sollte die Kennkreisfrequenz des Stellgliedes um den Faktor 3 bis 4 über der des Antriebes liegen.
- Bei einschleifiger Regelung benötigt der Regler ein differenzierendes Verhalten zur Erhöhung der Systemdämpfung.
- Zur Vermeidung eines Drehzahlabfalls unter Last ist bei zweischleifiger Regelung die Rückführung des Stellweges y nachgebend zu gestalten. Alternativ kann ein integrierender Regelanteil in der Drehzahlrückführung ergänzt werden.

- Mit zunehmendem Massenträgheitsmoment J_2 nehmen die Kennkreisfrequenz und die Dämpfung in allen hier vorgestellten Geschwindigkeitsregelungskonzepten ab.
- Bei einschleifiger Regelung mit P-Regler wird der Antrieb mit zunehmender Schnelligkeit V_{Qu}/A des Stellelementes entdämpft.
- Dieses Verhalten kehrt sich bei einschleifiger Regelung mit PD-Regler und bei zweischleifiger Regelung um ($d_{\varphi} \approx 0$). Mit größerem V_{Qu}/A wird in diesem Fall der Antrieb schneller und besser gedämpft.

Die prinzipiellen Zusammenhänge der unterschiedlichen Regelungskonzepte werden an einigen Sprungantworten diskutiert. Sprungantworten auf verschiedene Führungsgrößen zeigt Bild 8.38 für die einschleifige Regelung bei Variation des Massenträgheitsmomentes J_2.

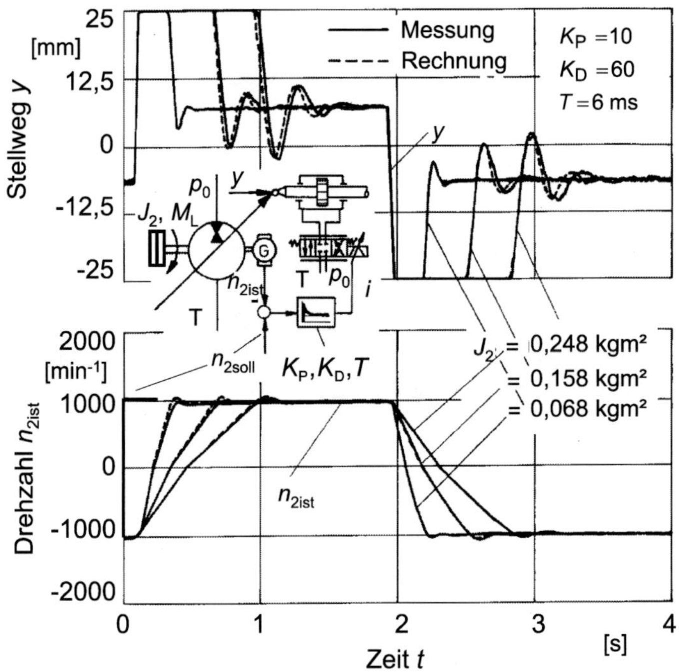

Bild 8.38: Sprungantworten der einschleifigen Regelung bei Variation des Trägheitsmomentes J_2 /Mur83/

Der Antrieb wird zwischen -1000 min^{-1} und +1000 min^{-1} reversiert. Aufgrund der großen Sprunghöhe erreicht der Stellkolbenweg y den Anschlag bei -25 bzw. +25 mm, bevor die Solldrehzahl erreicht ist. Anschließend schwenkt der Stellkolben auf seinen stationären Endwert zurück. Die auftretenden Reibungskräfte verzögern das Erreichen der Solldrehzahl beim Abbremsen des Motors, was insbesondere bei größeren Massenlasten am Knick im Drehzahlanstieg sichtbar wird. Die geringere Eigenkreisfrequenz und Dämpfung bei zunehmendem Trägheitsmoment werden durch das Einschwingverhalten vom Stellweg y deutlich.

Der Einfluss des D-Anteils K_D des Reglers ist anhand von Frequenzgängen in Bild 8.39 gezeigt. Bei kleineren Werten von K_D tritt eine starke Amplitudenüberhöhung im Drehzahlverlauf auf, bei der die Eigenkreisfrequenz des Gesamtsystems absinkt (siehe Verschiebung der Überhöhung zu kleineren Frequenzen bei kleineren K_D). Ein großer Wert von K_D erhöht die Eigenkreisfrequenz und die Dämpfung des Motors.

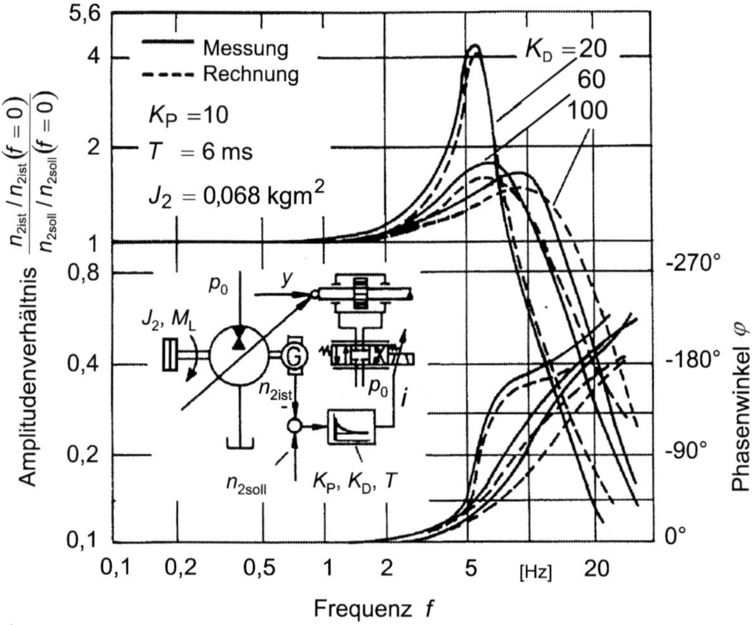

Bild 8.39: Frequenzgänge bei Variation von K_D

In Bild 8.40 sind Frequenzkennlinien bei zweischleifiger Regelung für verschiedene Proportionalbeiwerte K_y der Stellwegrückführung dargestellt. Der stark dämpfende

Einfluss der Rückführung wird an der abnehmenden Amplitudenüberhöhung bei größer werdendem K_y deutlich. Die Eigenkreisfrequenz bleibt praktisch unverändert.

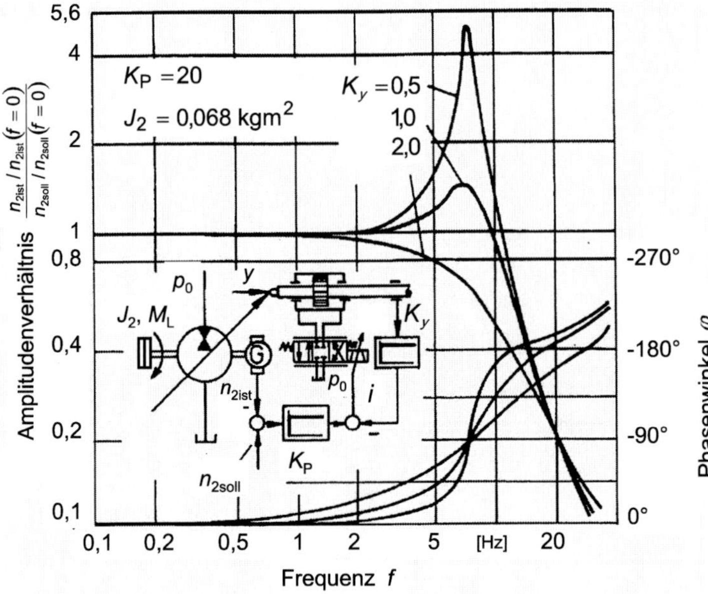

Bild 8.40: Frequenzgänge bei Variation von K_y

Wie bereits erwähnt, ist ein Nachteil der proportionalen Stellwegrückführung der mit Gleichung (8.35) angegebene Drehzahlabfall unter Last. In Bild 8.41 sind simulierte Störsprungantworten dargestellt. Bei Zu- bzw. Abschaltung eines Lastmomentes $M_L = 25$ Nm nimmt der Stellweg y die dem geänderten Moment entsprechende Position ein, wobei sich am Drehzahlverlauf der Drehzahlfehler zeigt.

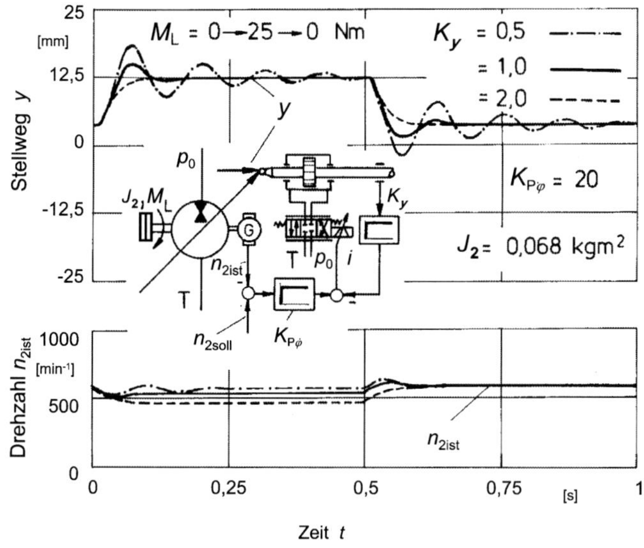

Bild 8.41: Störsprungantworten bei Variation von K_y

Zur Verdeutlichung des Führungsverhaltens bei nachgebender Stellwegrückführung dienen die nachfolgenden Bilder. In Bild 8.42 sind Frequenzkennlinien bei Variation der Reglerparameter K_y und T_y gezeigt.

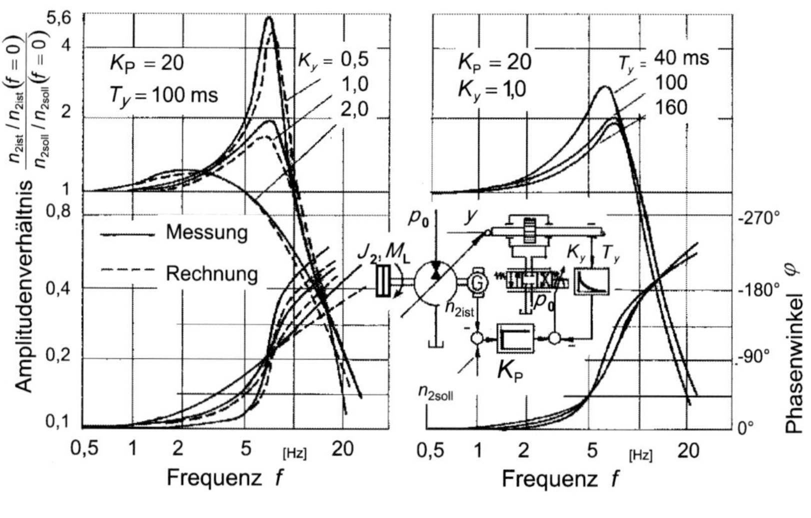

Bild 8.42: Frequenzgänge bei Variation von K_y und T_y

Ein Anheben von K_y bei konstantem T_y bewirkt, ähnlich den Frequenzgängen in Bild 8.40, ein starkes Abflachen der Amplitudenüberhöhung. Im Bereich niedriger Frequenzen verläuft der Amplitudengang auch bei großen Werten von K_y oberhalb von 1, was für das Verhalten im Zeitbereich auf ein Überschwingen mit langsamem Einfahren in die Sollposition schließen lässt. Die Frequenz, bei der die -90°-Phasenverschiebung erreicht wird, bleibt gegenüber der proportionalen Stellwegrückführung praktisch unverändert.

Ein Absenken der Zeitkonstante T_y bei konstantem K_y verschiebt den Bereich der Amplitudenerhöhung zu niedrigeren Frequenzen, wobei die Systemdämpfung sich verringert.

Anhand der Störsprungantworten in Bild 8.43 wird der Einfluss der Zeitkonstanten T_y im Zeitbereich verdeutlicht. Bedingt durch die nachgebende Rückführung treten stationär keine Regelfehler auf. In Richtung steigender Zeitkonstante T_y wird die Dämpfung besser, während die Zeit zur Ausregelung nur noch unwesentlich beeinflusst wird.

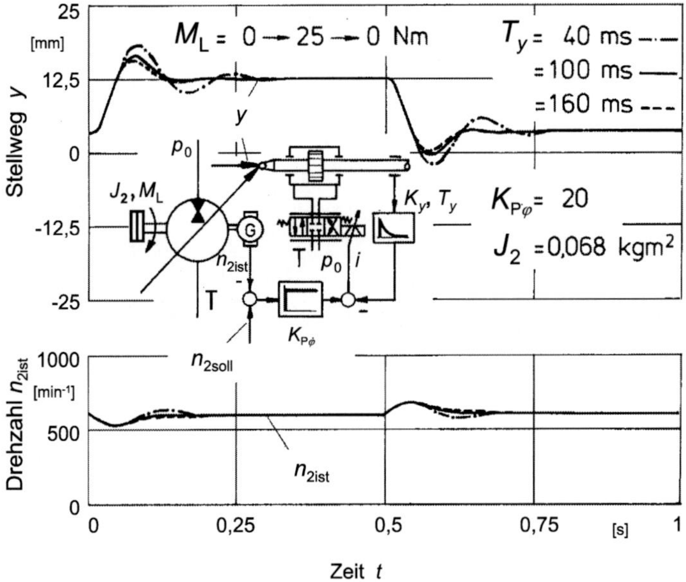

Bild 8.43: Störsprungantworten bei Variation der Zeitkonstante T_y

Anwendungsbeispiel

Als beispielhafte Anwendung für einen drehzahlgeregelten Antrieb nach Typ 2 sei hier das Schaufelrad eines *Schaufelradbaggers* genannt (siehe Bild 8.44).

Bild 8.44: Schaufelradbagger

Der Bagger hat bei einer Antriebsleistung von 2 x 3000 kW eine Förderleistung von 1390 m^3/h und verfügt über ein Dienstgewicht von ca. 4500 Tonnen.

In diesem Anwendungsbereich kommen meist elektrische Gleichstrommotoren als Antriebe zum Einsatz. Der Nachteil dieses Antriebskonzepts ist jedoch ein großes Eigengewicht des Gleichstrommotors mit dem dazugehörigen Übersetzungsgetriebe. Hierbei ist insbesondere zu berücksichtigen, dass ein zusätzliches Gewicht am Schaufelradkopf in der Gesamtkonstruktion die 3-4-fache Gewichtserhöhung und somit auch höhere Kosten bewirkt.

Um diese Nachteile zu vermeiden wurde ein hydrostatischer Schaufelradantrieb ausgelegt, der vier Hydraulikverstellmotoren mit jeweils einem Untersetzungsgetriebe vorsieht. Durch diese Antriebslösung konnte das Schaufelradkopfgewicht um 4,6 Tonnen reduziert werden. Durch die stufenlos verstellbare Drehzahl kann der Prozess dem Abbaumedium angepasst werden.

Das prinzipielle Hydraulikschaltbild der Antriebslösung ist in Bild 8.45 dargestellt, wobei der Schaufelradantrieb mit den vier drehzahlgeregelten Verstellmotoren links zu erkennen ist.

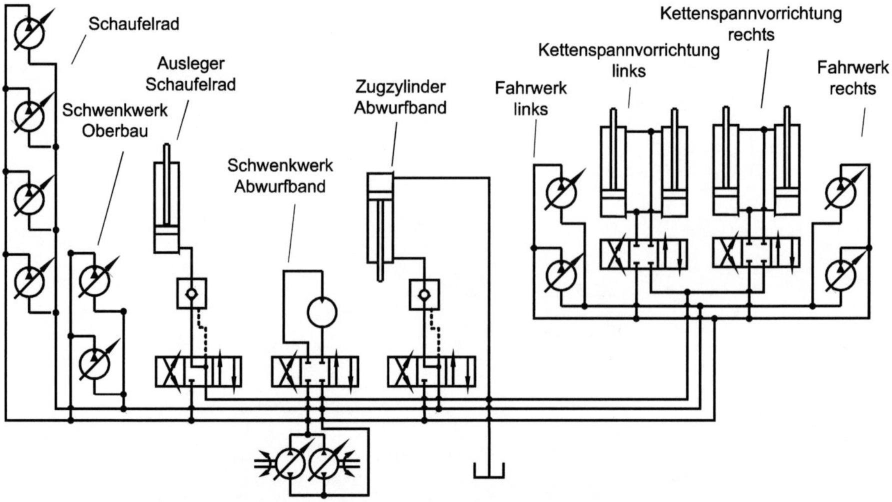

Bild 8.45: Schematisches Hydraulikschaltbild des Schaufelradbaggers

8.3 Lageregelung

In der Lageregelung wird die Position von Zylinderantrieben oder der Drehwinkel von Rotationsantrieben geregelt. Die Lageregelung hydraulischer Antriebe stellt aus Sicht des industriellen Bedarfs das Hauptanwendungsgebiet dar. So wird in Um- bzw. Urformmaschinen die Werkzeugposition neben der Kraft zur Regelgröße. Ein weiteres Anwendungsgebiet für positionsgeregelte Achsen stellt der Werkzeug- und Kunststoffmaschinenbau dar. In Walzwerkmaschinen wird die Spaltweite lagegeregelt. In Prüfmaschinen, Simulatoren und Hebebühnen findet die Lageregelung ebenfalls Verwendung.

In diesem Kapitel werden die hydraulischen Antriebe nach Typ 1 und Typ 2 im Lageregelkreis untersucht. Die Beziehungen für Antriebe nach Typ 1 im geschlossenen Regelkreis werden in Kapitel 8.3.1 zusammengefasst, während die Antriebe nach Typ 2 in Kapitel 8.3.2 behandelt werden.

8.3.1 Lageregelung für Typ 1

In diesem Kapitel werden hydraulische Antriebe gemäß Bild 2.1 in Quadrant II und III betrachtet. Werden diese Antriebe im Lageregelkreis betrieben, so handelt es sich um Regelstrecken ohne Ausgleich, denn zwischen der Ein- und Ausgangsgröße der Regelstrecke liegt integrierendes Verhalten vor.

Im Folgenden werden verschiedene Regelungskonzepte für die Lageregelung behandelt. Das Verhalten des Stellsystems (i.e. Ventil für Quadrant II oder Verstellpumpe für Quadrant III) wird als PT_2-System durch Kennkreisfrequenz ω_S und Dämpfungsgrad D_S beschrieben. Die Lageregelungen werden getrennt nach einschleifigen und mehrschleifigen Konzepten betrachtet.

8.3.1.1 Einschleifige Regelung

In der industriellen Praxis werden bevorzugt einschleifige Regelungen eingesetzt. Diese erfordern nur einen Sensor, mit dem die Regelgröße erfasst wird. Die Kosten für die Sensorik als auch die dadurch bedingte Störanfälligkeit werden damit auf ein Minimum reduziert. Einige Beispiele von für hydraulische Antriebe geeigneten einschleifigen Lagereglern sind P-Regler, PPT_1-Regler, PDT_1-Regler und P-Regler mit einem schaltenden I-Regler (PI_{SCHALT}-Regler). Der Wirkungsplan eines hydraulischen Antriebes mit diesen Reglertypen ist in Bild 8.46 abgebildet.

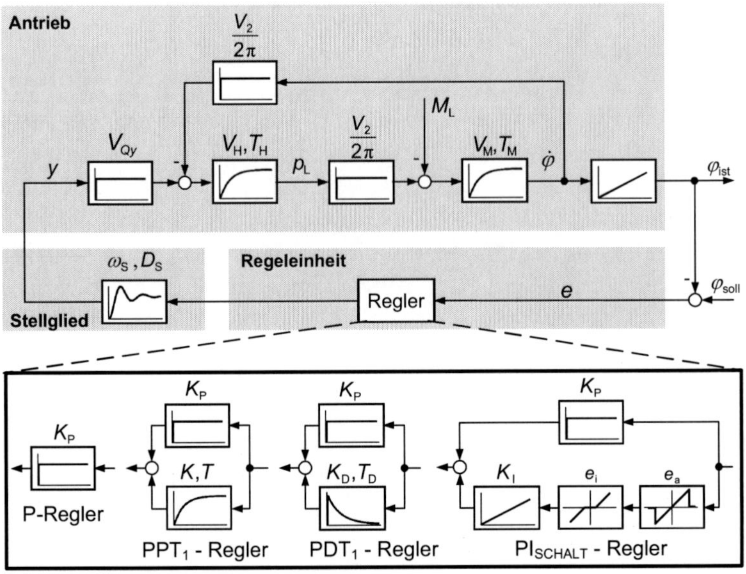

Bild 8.46: Wirkungsplan des einschleifigen Lageregelkreises

Der klassische PID-Regler, der häufig in der Lageregelung elektrischer Antriebe eingesetzt wird, ist für die Lagereglung hydraulischer Antriebe bedingt geeignet. Der Grund hierfür liegt im I-Anteil, der eine zusätzliche Phasenverschiebung um 90° zwischen dem Stellsignals und der Regelabweichung hervorruft und dadurch den Antrieb zur Instabilität führt.

Zur Beseitigung einer bleibenden Regelabweichung bei der Einwirkung einer Störgröße (z.B. M_L) ist jedoch ein I-Anteil im Lageregler stets erforderlich. Abhilfe schafft ein schaltender I-Regler, der nur innerhalb einer Bandbreite der Regelabweichung (z.B. $e_i \leq |e| \leq e_a$) wirksam wird. Der schaltende I-Regler wirkt also nur, wenn sich der Antrieb nahe der Sollposition befindet (der Betrag der Regelabweichung ist kleiner als e_a), aber noch nicht die erlaubte Toleranz e_i erreicht hat (der Betrag der Regelabweichung ist größer als e_i).

In den folgenden Abschnitten werden anhand des Wirkungsplans die Begriffe *Kreisverstärkung* und *statische Laststeifigkeit* erläutert. Danach werden die verschiedenen einschleifigen Regler vorgestellt, verglichen und bewertet.

Kreisverstärkung

Während bei einer Strecke mit Ausgleich – z.B. im Geschwindigkeitsregelkreis – die Kreisverstärkung V_K den stationären proportionalen Zusammenhang zwischen der Regelabweichung und Regelgröße beschreibt, drückt sie bei einer Strecke ohne Ausgleich – z.B. Lageregelung – den stationären proportionalen Zusammenhang zwischen der Regelabweichung und der Ableitung der Regelgröße aus. Die Kreisverstärkung soll möglichst hoch sein, um eine hohe Laststeifigkeit zu erreichen. Für den Lageregelkreis nach Bild 8.46 mit einem P-Regler kann die Kreisverstärkung berechnet werden

$$V_K = C_0\, K_P = \frac{\dot{\varphi}}{\varphi_{soll} - \varphi} = \frac{K_P\, V_{Qy}\, V_H\, V_M\, \dfrac{V_2}{2\pi}}{1 + V_H\, V_M \left(\dfrac{V_2}{2\pi}\right)^2} \tag{8.38}$$

Statische Laststeifigkeit

Die statische Laststeifigkeit L beschreibt das stationäre Verhalten des Regelkreises bei Einwirken einer äußeren Kraft bzw. eines äußeren Moments. Anhand von Bild 8.46 kann die statische Laststeifigkeit eines lagegeregelten *Rotationsmotors* hergeleitet werden. Da die Drehzahl $\dot{\varphi}$ des Antriebes im Stillstand Null ist, muss gelten

$$p_L = M_L \frac{2\pi}{V_2} \tag{8.39}$$

Für den stationären Lastdruck wiederum gilt, wenn $\dot{\varphi}=0$ ist

$$p_L = K_P\, V_{Qy}\, V_H\, (\varphi_{soll} - \varphi) \tag{8.40}$$

Aus den Gleichungen (8.39) und (8.40) ergibt sich

$$M_L = \frac{V_2}{2\pi} K_P\, V_{Qy}\, V_H (\varphi_{soll} - \varphi) \tag{8.41}$$

Die Laststeifigkeit eines Rotationsmotors im Lageregelkreis ist definiert als die Änderung des Lastmoments dM_L in Abhängigkeit von der Regelabweichung $d\varphi$

$$L = -\frac{dM_L}{d\varphi} \tag{8.42}$$

Mit Gleichung (8.41) ergibt sich

$$L = \frac{V_2}{2\pi} K_{\mathrm{P}} V_{Qy} V_{\mathrm{H}} \tag{8.43}$$

Mit Gleichung (8.38) für die Kreisverstärkung gilt für die Laststeifigkeit

$$L = \frac{V_{\mathrm{K}}}{V_{\mathrm{M}}} \left(1 + V_{\mathrm{M}} V_{\mathrm{H}} \left(\frac{V_2}{2\pi} \right)^2 \right) \tag{8.44}$$

Die statische Laststeifigkeit L verhält sich proportional zur Kreisverstärkung V_{K}. Daher wird die bei vielen Anwendungen geforderte hohe Steifigkeit gegenüber äußeren Kräften und Momenten über eine möglichst hohe Kreisverstärkung erzielt.

Die statische Laststeifigkeit eines lagegeregelten *Zylinderantriebes* ergibt sich aus Gleichung (8.44), indem das Schluckvolumen des Motors pro Drehwinkel $V_2/2\pi$ durch die Kolbenfläche A_2 ersetzt wird.

$$L = \frac{V_{\mathrm{K}}}{V_{\mathrm{M}}} \left(1 + V_{\mathrm{M}} V_{\mathrm{H}} A_2^2 \right) \tag{8.45}$$

Mit $V_{Qp} = V_{Qy} / V_{py}$ erhält man für einen ventilgesteuerten Zylinderantrieb

$$L = \frac{V_{\mathrm{K}}}{V_{\mathrm{M}}} \left(1 + \frac{V_{\mathrm{M}} A_2^2}{\frac{V_{Qy}}{V_{py}} + K_{2\mathrm{L}ip}} \right) \tag{8.46}$$

Diese Beziehung zeigt, dass für eine hohe statische Steifigkeit der Lageregelung folgende Bedingungen erfüllt sein müssen:

- hohe Kreisverstärkung V_{K}
- große Kolbenfläche A
- hohe Drucksignalverstärkung V_{py} des Ventils
- geringe Leckverluste $K_{2\mathrm{L}ip}$ im Antrieb

Vorstellung und Beschreibung der Regler im einschleifigen Lageregelkreis

Bei einschleifigen Lageregelkreisen wird das Regelverhalten des Antriebs maßgeblich durch die Charakteristik des Reglers bestimmt /Sch12/. Aus diesem Grund werden im Folgenden einzelne Reglertypen vorgestellt und analysiert. Grundlegende Informationen zu den Reglern (Differentialgleichungen, Sprungantworten, Pol-/Nullstellen, etc.) finden sich im Anhang „Regelungstechnische Grundlagen“ (Kapitel 9.1) dieses Umdruckes. Den nachfolgenden Überlegungen wird der in Bild 8.46 dargestellte Wirkungsplan des einschleifigen Lageregelkreises zugrunde gelegt.

P-Regler

Ein rein proportionaler Regler besitzt als Einstellparameter allein den Proportionalbeiwert K_P. Dies ist aus praktischen Gesichtspunkten ein wesentlicher Vorteil, der die Bevorzugung dieses Reglers in einem Großteil aller Fälle begründet. Andererseits muss aufgrund der mangelnden Freiheitsgrade ein Kompromiss zwischen gutem Regelverhalten (schnelle Positionserreichung, geringe stationäre Regelabweichung) und hoher Stabilität in Kauf genommen werden.

Wie Bild 8.47 (links) veranschaulicht /Sch12/, sinkt die kritische Kreisverstärkung $V_{K,krit}$ aufgrund der gewählten Streckenverstärkung proportional zu D_H mit wachsendem ω_V/ω_Z ab. Bei Antrieben mit schnellem Ventil ($\omega_V/\omega_Z > 1$) kann V_K im hydrauliktypischen Dämpfungsgradbereich ($D < 0{,}3$) nur einen Bruchteil von ω_H[1)] erreichen. Folglich ist der P-Regler für solche Antriebe kaum geeignet. Bei verhältnismäßig niederfrequenten Ventilen ($\omega_V/\omega_Z < 0{,}5$) ist das relative Ergebnis infolge der dämpfenden Tiefpasswirkung des Ventils deutlich besser, jedoch sinkt hier der Bezugswert ω_H. Eine Normierung auf die Zylinderkennkreisfrequenz ω_Z (Bild 8.47 rechts) ist daher aussagekräftiger für eine absolute Leistungsbewertung und erleichtert es darüber hinaus, die Ventildynamik als Auslegungsparameter mit einzubeziehen.

1): Hierbei ist zu beachten, dass in /Sch12/ (Seite 50, Bild 4.21) ω_H anders definiert ist, was aber auf die folgenden Betrachtungen keinen großen Einfluss nimmt.

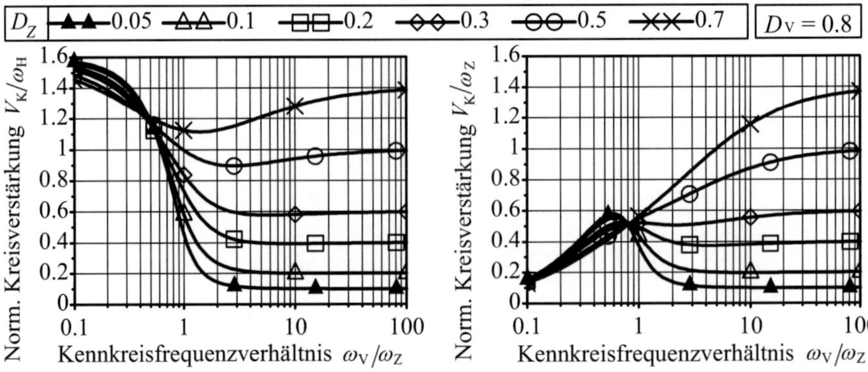

Bild 8.47: Kritische Kreisverstärkung mit P-Regler bei unterschiedlichen Dämpfungsgraden, normiert auf ω_H (links) bzw. ω_Z (rechts) /Sch12/

Bild 8.47 lässt erkennen, dass im Bereich üblicher, niedriger Dämpfungsgrade die höchste Leistung bei Verwendung relativ träger Ventile mit $\omega_V/\omega_Z \approx 0{,}5\ldots0{,}6$ erzielt wird. Hohe Dämpfungsgrade erlauben hingegen eine deutlich höhere Kreisverstärkung in Kombination mit sehr dynamischen Ventilen. Damit deutet sich an, dass die Leistungsfähigkeit eines servohydraulischen Systems mit der Dynamik des Ventils nicht immer zunimmt, wie oft angenommen wird. Weiterhin wird klar, dass eine Erhöhung der Systemdämpfung in den meisten Fällen erstrebenswert ist.

PT_1-Regler

Die bei rein proportionaler Regelung im Bereich $\omega_V/\omega_Z > 1$ fehlende gerätetechnische Tiefpasswirkung eines trägen Ventils kann signaltechnisch kompensiert werden, um so die Zylinderresonanz zu bedämpfen. Dazu wird ein in 1. Ordnung verzögerndes PT_1-Regelglied mit der Verzögerungszeitkonstanten T_1 und der Übertragungsfunktion

$$G_R(s) = \frac{K_P}{1 + T_1 s} \tag{8.47}$$

eingesetzt (Vgl. Bild 8.46: PPT_1 mit $K_P = 0$).

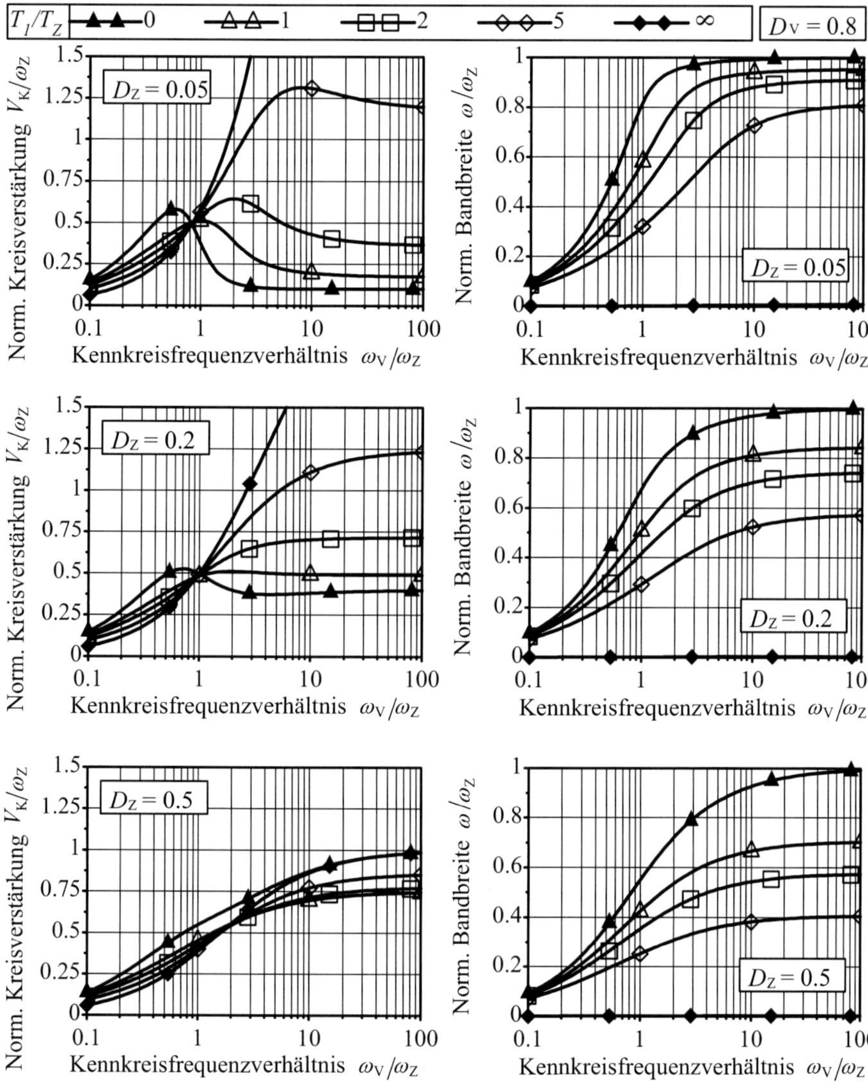

Bild 8.48: Normierte kritische Kreisverstärkung und kritische Bandbreite mit PT_1-Regler bei unterschiedlichen Zeitkonstanten T_1 und Dämpfungsgraden D_Z /Sch12/

Bild 8.48 (oben) zeigt zunächst für einen Antrieb mit $D_Z = 0{,}05$, wie die Vergrößerung der auf die Zylinderzeitkonstante T_Z normierten Zeitkonstanten T_1

(0 = P-Regler) die kritische Kreisverstärkung mit zunehmendem Kennkreisfrequenzverhältnis anhebt. Dagegen sinkt $V_{\text{K,krit}}$ im Bereich $\omega_\text{V}/\omega_\text{Z} < 0{,}8$ unter die Werte des P-Reglers ab. Für eine effektive Tiefpasswirkung auf die Zylinderresonanz muss die PT_1-Eckfrequenz unterhalb der Zylinderkennfrequenz liegen, d. h. $T_1/T_\text{Z} > 1$. Als Richtwert kann $T_1/T_\text{Z} = 2$ angesetzt werden [Die98]. Mit $T_1/T_\text{Z} \to \infty$ läuft $V_{\text{K,krit}}$ gegen eine Grenzkurve, außerdem ist die erhöhte Kreisverstärkung gegen eine zunehmende Verringerung der Bandbreite ω_krit jenseits der ohnehin geringen Zylinderkennkreisfrequenz abzuwägen. Die Komponenten werden in diesem Fall signaltechnisch zu einem Betrieb unterhalb ihrer möglichen Dynamik gezwungen. Dies deutet auf eine nicht optimale Auslegung hin, für die es jedoch praktische Gründe (z. B. mangelnde Komponentenverfügbarkeit) geben kann.

Dem Vergleich unterschiedlicher Zylinderdämpfungsgrade in Bild 8.48 (Mitte und unten) ist zu entnehmen, dass die PT_1-Regelung umso mehr Wirkung zeigt, je schwächer der Antrieb gedämpft ist. T_1/T_Z ist dabei an die Systemdämpfung anzupassen und kann bei sehr hohem D_H vollständig verschwinden ($T_1/T_\text{Z} = 0$) – hier ist der reine P-Regler die bessere Wahl, da er keine Nachteile in der Bandbreite ω_krit nach sich zieht.

PPT_1-Regler

Bei gleichen Größenordnungen der Kennkreisfrequenzen von Ventil und Zylinder ($\omega_\text{V}/\omega_\text{Z} \approx 1$) erlauben weder P-Regler noch PT_1-Regler eine deutliche Erhöhung der Kreisverstärkung. Abhilfe schafft hier die Kombination in Form eines PPT_1-Regelglieds, welches parallele P- und PT_1-Anteile in der Übertragungsfunktion

$$G_\text{R}(s) = K_\text{P}\,\frac{1 + T_2 s}{1 + T_1 s} \tag{8.48}$$

vereinigt.

Eine Gewichtung der Anteile kann über das Verhältnis der Vorhaltzeit T_2 zur Zeitkonstanten T_1 vorgenommen werden: Mit $T_2/T_1 \to 0$ verschiebt sich die Charakteristik von P ($T_2/T_1 = 1$) zu PT_1 ($T_2/T_1 = 0$) unter Wanderung des lokalen Maximums über den Zwischenbereich, Bild 8.49 (oben). So können im Bereich $\omega_\text{V}/\omega_\text{Z} \approx 1$ erhöhte Kreisverstärkungen erzielt werden.

Wie Bild 8.49 (Mitte und unten) zeigt, sind durch geeignete Wahl der Zeitkonstanten bei sämtlichen, auch relativ hohen Dämpfungsgraden gute Ergebnisse möglich. Im Bereich niedriger Dämpfung und $\omega_\text{V}/\omega_\text{Z} >> 1$ liefert die reine PT_1-Einstellung die höchste Kreisverstärkung (Bild 8.49 oben links), jedoch auch die größte Bandbreitenverringerung (Bild 8.49 oben rechts).

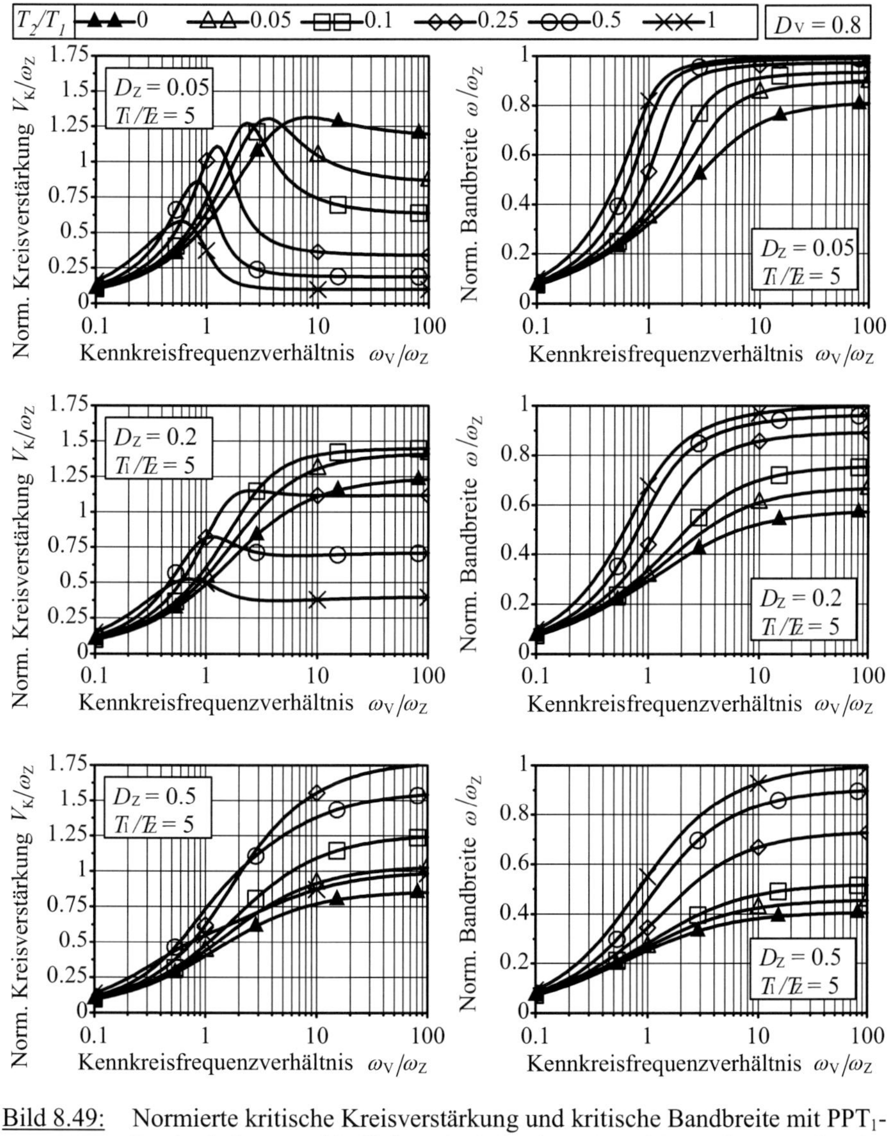

Bild 8.49: Normierte kritische Kreisverstärkung und kritische Bandbreite mit PPT_1-Regler bei unterschiedlichen Vorhaltzeiten T_2 und Dämpfungsgraden D_Z /Sch12/

Die Ausprägung der charakteristischen Maxima in $V_{K,krit}$ kann zudem durch Variation von T_1/T_Z bei gleichem T_2/T_1 weiter beeinflusst werden, Bild 8.50. Mit der hohen

Anpassungsfähigkeit durch die zusätzlichen Freiheitsgrade in Gestalt der Parameter T_1 und T_2 geht jedoch ein erhöhter Aufwand für die Feinabstimmung einher, die gerade im Bereich ausgeprägter Maxima sensibel gegenüber Unsicherheiten ist.

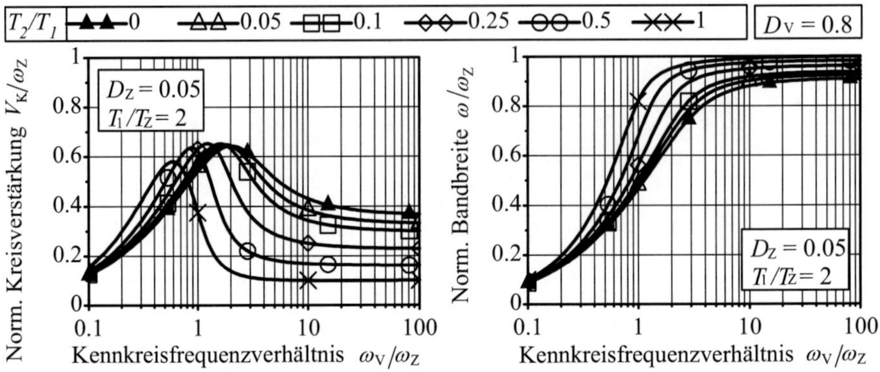

Bild 8.50: Normierte kritische Kreisverstärkung und kritische Bandbreite mit PPT_1-Regler bei unterschiedlicher Zeitkonstante T_1 /Sch12/

PDT$_1$-Regler

Wird in Gleichung (8.48) das Größenverhältnis der Zeitkonstanten umgekehrt zu $T_1/T_2 < 1$, so nimmt das Regelglied ein qualitativ anderes, nämlich ein differenzierend-verzögerndes, Verhalten an – aus dem PPT_1- wird ein PDT_1-Regler. Der differenzierende Anteil verstärkt auch die Regelabweichungsänderungen und wirkt somit beschleunigend bzw. phasenanhebend, was bei Antrieben mit trägen Ventilen, d. h. $\omega_V/\omega_Z < 1$, vorteilhaft ist. Damit das Ventil in diesem Bereich von der Phasenanhebung profitieren kann, ohne die Zylinderresonanz und höherfrequente Störungen unnötig zu verstärken, muss in Anbetracht der Frequenzkennlinien von Regler und Antrieb gelten:

$$\frac{1}{T_2} < \frac{1}{T_V} < \frac{1}{T_1} < \frac{1}{T_Z} \Rightarrow T_2 > T_V > T_1 > T_Z$$
$$\Rightarrow \frac{T_2}{T_V} > 1 > \frac{T_1}{T_V} > \frac{\omega_V}{\omega_Z} > 0{,}01\,, \qquad (8.49)$$

da in aller Regel $\omega_Z < 100\ \omega_V$ ist.

Aus Berechnungen unter Variation von T_2/T_V ergibt sich für das betrachtete Intervall in Übereinstimmung mit [Die98], dass $V_{K,krit}$ näherungsweise bei $T_2/T_V \approx 1$ maximal wird.

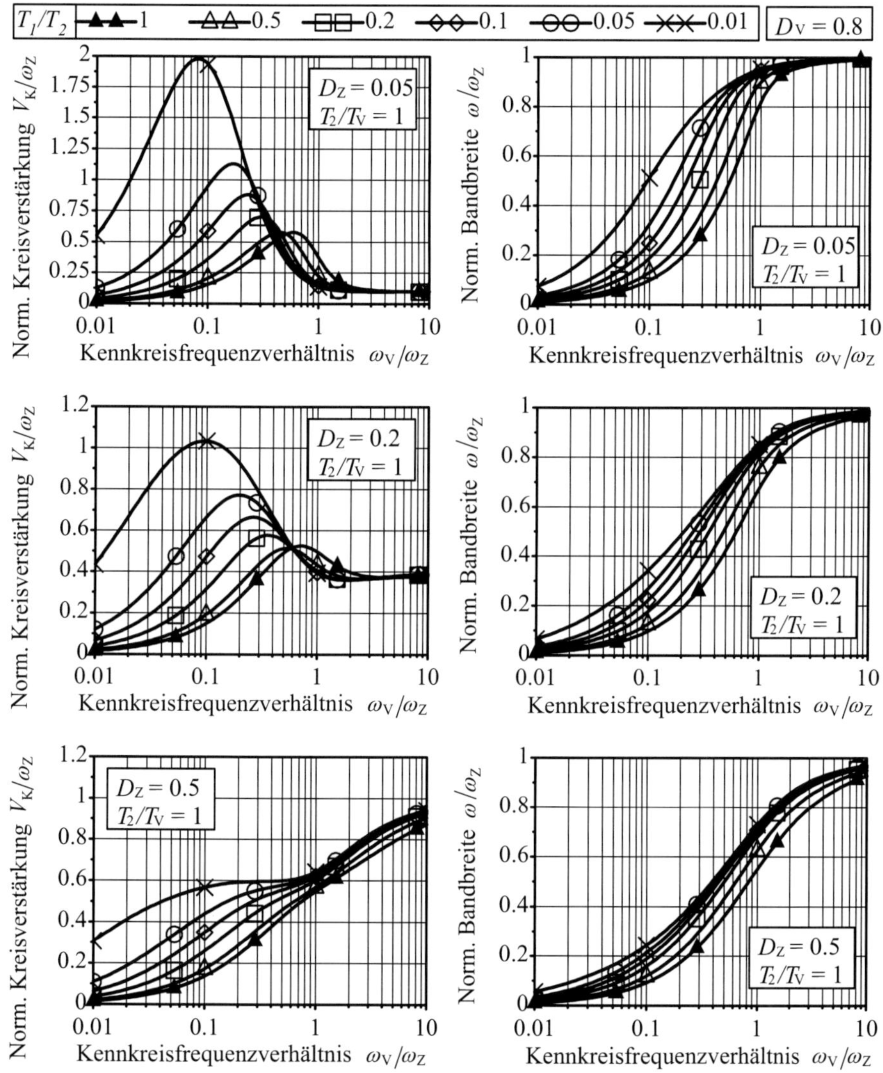

Bild 8.51: Normierte kritische Kreisverstärkung und kritische Bandbreite mit PDT_1-Regler bei unterschiedlichen Zeitkonstanten T_1 und Dämpfungsgraden D_Z /Sch12/

Bild 8.51 (oben) zeigt für den genannten Fall und $D_Z = 0{,}05$, dass $V_{K,krit}$ und ω_{krit} im Bereich $\omega_V/\omega_Z < 0{,}5$ signifikante Verbesserungen gegenüber dem P-Regler erfahren, die mit sinkendem T_1/T_V ($\approx T_1/T_2$) zunehmen. Bild 8.51 (Mitte und unten) zeigt außerdem, dass die Wirkung in diesem Bereich bei sämtlichen Dämpfungsgraden signifikant ist. Bei $\omega_V/\omega_Z << 1$ wird der Effekt umso ausgeprägter, je schwächer der Antrieb gedämpft ist, da sich dann die Anregung des verzögernden Ventils stärker bemerkbar macht. Der PDT_1-Regler ist somit bestens für jegliche Antriebe mit relativ trägem Ventil geeignet.

I-Regler-Anteil

Sämtliche bisher betrachteten Regelglieder haben gemeinsam, dass sie durch Erhöhung der Kreisverstärkung die bleibende statische Regelabweichung unter Störeinfluss sowie den Schleppfehler zwar minimieren, aber prinzipbedingt nicht eliminieren können. Dies ist nur mit einem integralen Regleranteil möglich, denn dieser integriert den Regelfehler solange auf, bis ein Stellsignal erreicht ist, das die Störung gerade ausgleicht. Ein statischer Zustand ist dann genau in dem Fall erreicht, wenn der Regelfehler als Eingangsgröße null wird und auch null bleibt.

Da Zylinder integrierendes Verhalten aufweisen, beinhaltet die Regelstrecke eines servohydraulischen Linearantriebs jedoch schon einen Integrierer mit einer konstanten Phasenverschiebung von –90°. Daher führt ein I-Anteil im Regler dazu, die Phase um weitere –90° abzusenken und so die Stabilitätsgrenze nach dem Nyquist-Kriterium (s. Kapitel 9.7.3.1) schnell zu überschreiten. Im Zeitbereich betrachtet lädt sich der Integrierer bis zum Erreichen des Sollwertes aufgrund der Phasenverzögerung übervoll und kann sich dann nur entleeren, indem der Regelfehler negativ wird, womit eine Schwingung um den Sollwert eingeleitet wird. In diesem Zusammenhang sind zwei Problembereiche zu identifizieren:

- Überladen des Integrierers (*Wind-up*-Effekt) bei großen dynamischen Regelabweichungen, obwohl der Regler aufgrund der Stellgrößenbegrenzung nicht stärker reagieren kann und der I-Anteil keinen Vorteil bringt

- Aufintegrieren minimaler Abweichungen oder Störungen (z. B. Inkrementflackern bei digitalen Sensoren) innerhalb der Positionstoleranz, die zu ungewolltem Losbrechen aus dem Stillstand und zu Grenzzyklen führen können

Diese unerwünschten Effekte lassen sich ausblenden und der Integrierer sinnvoll und effektiv einsetzen, indem ihm ein Bandpassglied vorgeschaltet wird, s. Bild 8.46. Dieses lässt nur diejenigen Signale unverändert an den Reglereingang durch, die betragsmäßig zwischen den inneren und äußeren Grenzen u_i und u_a liegen. Ein solcher schaltender Integrierer ist in vielen modernen Regeleinheiten für

Hydraulikantriebe standardmäßig verfügbar, s. z. B. [Par08b]. Weitere Varianten sind die Ausführung mit Dreipunktgliedcharakteristik – d. h. innerhalb des Durchlassbands wird ein konstanter Wert weitergegeben, wodurch das Verhalten robuster, aber ungenauer wird [Trs07] – oder die Definition des Durchlassbands anhand der Geschwindigkeit bzw. des Wegsignalgradienten [Brx06].

Der schaltende Integrierer ermöglicht in der Regel deutliche Verbesserungen der Positioniergenauigkeit auf Kosten einer um bis zu einem Drittel längeren Einregelzeit [Joh00]. Bei verhältnismäßig schwacher Einstellung kann er auch gut zur Driftkompensation eingesetzt werden. Eine zuverlässige quantitative Beurteilung der Reglerleistung anhand von Faustformeln, die auf dem linearen Modell basieren, ist aber aufgrund des nichtlinearen Verhaltens kaum möglich.

Reglervergleich

Ein Vergleich der Regelgüte von Lageregelkreisen mit P-, PPT_1- und PDT_1-Reglern ist Bild 8.52 zu entnehmen. Die Regelgüte wird dabei nach dem ITSE-Kriterium bewertet (siehe Anfang Kapitel 8 sowie Kapitel 9.8).

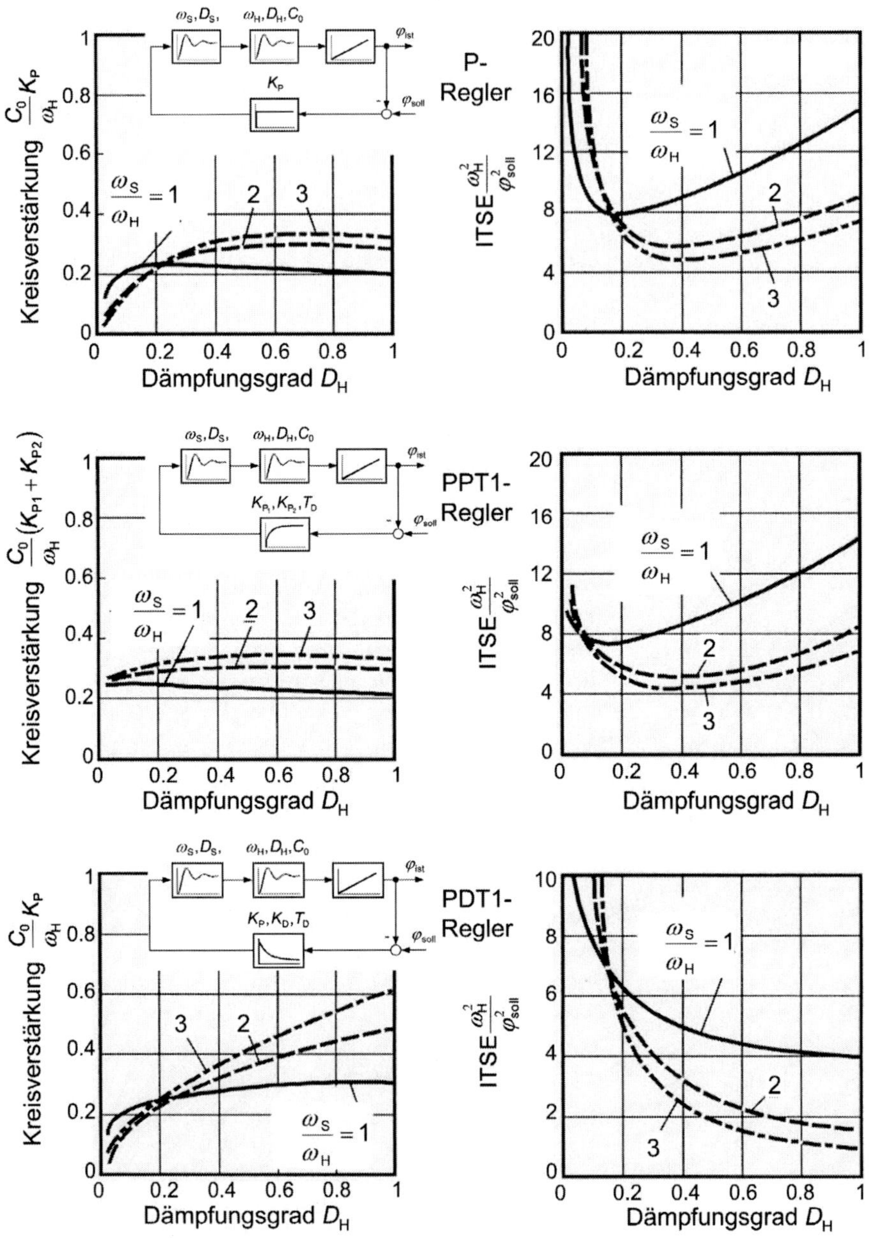

Bild 8.52: Einfluss des Reglertyps (P-, PT_1-, PDT_1-Regler) auf das Regelverhalten bei $1 < \omega_S/\omega_H < 3$ /Roth84/

Die rechnerischen Ergebnisse beziehen sich auf einen pumpengesteuerten Rotationsantrieb (Quadrant III), der vereinfacht durch eine lineare Regelstrecke 5. Ordnung (siehe Bild 8.46) abgebildet wird. Das Stellelement (Stellzylinder der Pumpe, der durch ein Proportionalventil angesteuert wird) wird durch ein PT_2-Element mit $\omega_S = 120$ 1/s und $D_S = 0.7$ modelliert. Die stationäre Geschwindigkeitsverstärkung des untersuchten Rotationsmotors beträgt $C_0 = 11{,}17$ (rad/s)/cm. Das dynamische Verhalten des Motors wird ebenfalls durch ein PT_2-Element mit Kenngrößen ω_H, D_H beschrieben. Die Kenngrößen des Motors werden als Parameter variiert.

Als Bewertungsgröße der Regelgüte werden die Werte des ITSE-Kriteriums in Abhängigkeit von der Dämpfung D_H bei optimalen Reglereinstellungen aufgetragen. Die Werte werden auf φ_{soll}^2 bezogen, womit die relative Regelabweichung beschrieben wird, und mit ω_H^2 dimensionslos gemacht.

Die Kreisverstärkung $C_0\,K_P$ wird ebenfalls in Abhängigkeit von der Dämpfung D_H dargestellt. Die Kreisverstärkung hat bei einer Strecke ohne Ausgleich die Einheit 1/s. Sie wird durch die Normierung auf die Kennkreisfrequenz des Antriebes ω_H dimensionslos gemacht.

Anhand der Kenngrößen ITSE-Kriterium und Kreisverstärkung lässt sich der Einfluss der Regelstrecke und des Reglertyps auf das Verhalten des Lageregelkreises für den Fall $1 < \omega_S/\omega_H < 3$ wie folgt beschreiben (vergleiche Bild 8.52):

Bei schlecht gedämpften Antrieben ($D_H < 0{,}2$), wie es bei vielen hydraulischen Systemen (vor allem bei Zylinderantrieben aufgrund der geringen internen Leckage) gegeben ist, ermöglicht der P-Regler kein gutes Regelverhalten. Das zeigen die niedrigen Werte für die Kreisverstärkung V_K und die hohen Werte für ITSE. Durch einen zusätzlichen D-Anteil kann in diesem Dämpfungsgradbereich das Systemverhalten nicht verbessert werden. Demgegenüber ermöglicht der Einsatz verzögernd eingreifender Regler (PPT_1-Regler) höhere Kreisverstärkungen bei gleichzeitig niedrigeren ITSE-Werten. Das gilt um so mehr, je niedriger die Systemdämpfung D_H ist.

In einem Wertebereich $0{,}2 < D_H < 0{,}3$ unterscheiden sich die Regelverhalten mit P-, PPT_1- und PDT_1-Reglern nur unwesentlich voneinander.

Bei besser gedämpften Antrieben ($D_H > 0{,}3$) sollte ein PDT_1-Regler eingesetzt werden. Er verbessert das Systemverhalten zunehmend mit steigendem Dämpfungsgrad. In diesem Dämpfungsbereich ist er den P- und PPT_1-Reglern deutlich überlegen.

Ein gutes Regelverhalten setzt ein möglichst schnelles Stellelement voraus, d.h. ω_S/ω_H sollte groß sein. Eine Ausnahme bildet der Einsatz von P- und PDT_1-Reglern bei schlecht gedämpften Antrieben. Hier ergibt sich ein besseres Verhalten bei niedrigen Werten von ω_S/ω_H.

In Bild 8.53 werden die Reglertypen für den Fall $\omega_S/\omega_H < 1$ dargestellt. Wenn das Stellglied langsamer als die Regelstrecke ist, verschlechtert sich erwartungsgemäß das Regelverhalten. Insgesamt werden deutlich höhere (schlechtere) ITSE-Werte bei einer geringeren Kreisverstärkung erreicht. Das Verhalten bei einem P- und einem PPT_1-Regler ist fast identisch. Ein besseres Regelverhalten kann nur mit einem PDT_1-Regler erzielt werden.

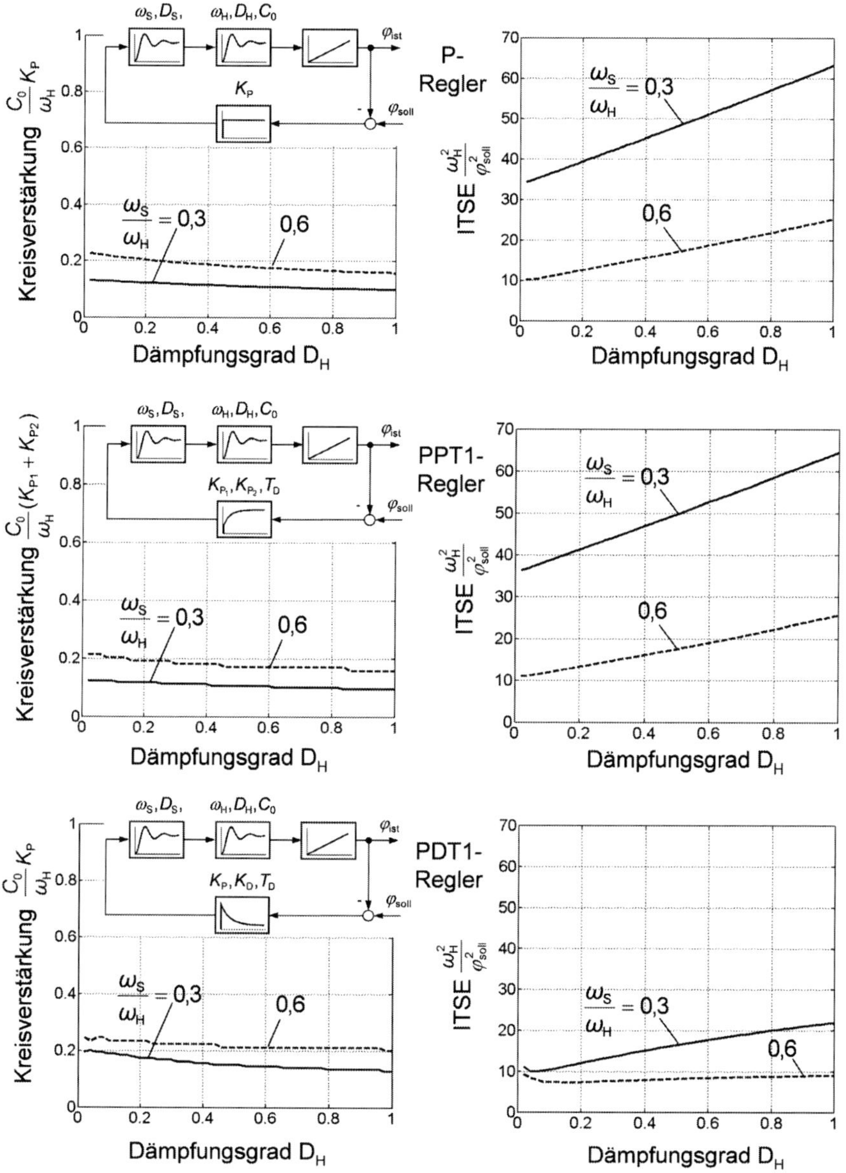

Bild 8.53: Einfluss des Reglertyps (P-, PPT_1-, PDT_1-Regler) auf das Regelverhalten bei $\omega_S/\omega_H < 1$

Der Vollständigkeit halber soll an dieser Stelle der Fall $\omega_S/\omega_H > 3$ erwähnt werden. Sollte das Stellelement deutlich schneller als die Regelstrecke sein, werden die besten Regelergebnisse durch den Einsatz der Zustandsregelung erzielt /Boe95/. Sie zählt zu mehrschleifigen Regelungskonzepten und wird in Kapitel 8.3.1.2 bzw. 8.3.2.2 betrachtet.

Die vorgestellten Berechnungen für den Fall $1 < \omega_S/\omega_H < 3$ werden im Folgenden durch Messungen bestätigt. In Bild 8.54 ist ein Vergleich der Frequenzgänge eines hydraulischen Antriebes bei Einsatz von drei unterschiedlichen Reglern aufgeführt. Die Messergebnisse wurden an einem pumpengesteuerten Rotationsantrieb mit einer Systemdämpfung $D_H = 0{,}11$ ermittelt.

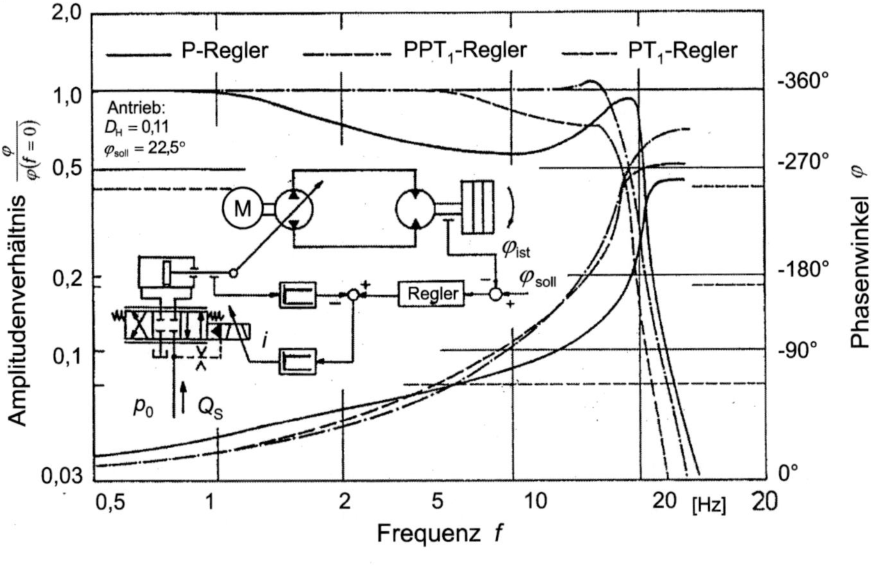

Bild 8.54: Frequenzgänge eines lagegeregelten Antriebes (Vergleich: P-, PT1-, PPT1-Regler) /Roth84/

Der lagegeregelte Antrieb mit P-Regler erfährt bereits bei vergleichsweise niedrigen Erregerfrequenzen einen deutlichen Amplitudenabfall. Dieser wird im Bereich der Resonanzfrequenz der Regelstrecke von einer deutlich ausgeprägten Resonanzüberhöhung abgefangen.

Besser verhält sich das System mit PT_1-Regler. Der Scheitelwert des Sollwertsignals wird hier noch bei höheren Erregerfrequenzen erreicht.

Die besten Ergebnisse liefert der Antrieb mit PPT_1-Regler. Er ermöglicht ein nahezu ideales Folgeverhalten bis zu Frequenzen, die um den Faktor zwei höher liegen als beim PT_1-Regler und damit nahe an die Resonanzfrequenz der Regelstrecke gelangen.

Das Bild 8.55 zeigt für den einschleifigen Lageregelkreis mit P-Regler experimentell ermittelte Führungsfrequenzgänge eines ventilgesteuerten Zylinderantriebes mit unterschiedlicher Reglerverstärkung K_R und somit Kreisverstärkung V_K. Der Störfrequenzgang des gleichen Antriebes ist in Bild 8.56 ersichtlich.

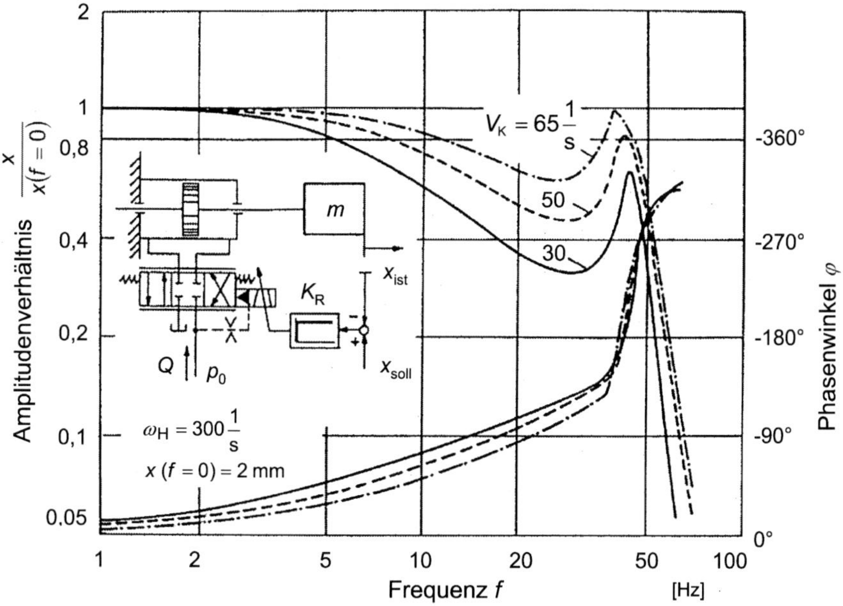

Bild 8.55: Führungsfrequenzgang eines lagegeregelten Zylinderantriebes mit P-Regler /Roth84/

Aus dem Führungsfrequenzgang wird deutlich, dass mit höherer Regler- bzw. Kreisverstärkung V_K der Amplitudengang erst bei höheren Frequenzen abfällt. Andererseits weist aber die Resonanzstelle eine größere Überhöhung auf, was auf eine stärkere Anfälligkeit des Systems gegenüber Schwingungen hindeutet.

Eine besondere Schwingungsneigung ergibt sich bei Einwirkung von äußeren Wechselkräften, was anhand des Störfrequenzganges in Bild 8.56 zu erkennen ist. Die Nachgiebigkeit des untersuchten Zylinderantriebes gegenüber dynamischen

Kräften ist im Bereich der Resonanzfrequenz ca. 10 mal größer als gegenüber statischen Kräften.

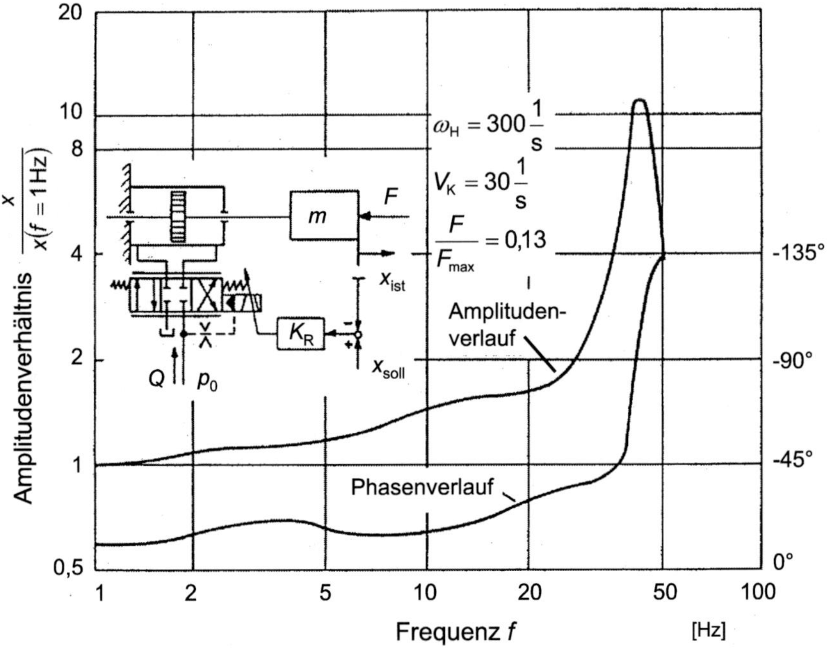

Bild 8.56: Störfrequenzgang eines lagegeregelten Zylinderantriebes mit P-Regler /Roth84/

Konstruktive Maßnahmen zur Verbesserung des Regelverhaltens

Die Dämpfung von pumpen- oder ventilgesteuerten Zylinderantrieben ist im Allgemeinen gering. Dadurch können keine hohen Güteanforderungen mit einschleifigen Lageregelkreisen, insbesondere bei Verwendung eines P-Reglers, realisiert werden. Bereits bei verhältnismäßig niedriger Kreisverstärkung V_K treten ausgeprägte Resonanzerscheinungen auf.

In der Praxis wird durch folgende konstruktive Maßnahmen die Dämpfung des Antriebes zur Verbesserung des statischen und dynamischen Verhaltens erhöht:

- eine Drossel in einem Bypass zwischen den Verdrängerräumen des Zylinders bzw. des Motors. Sie erhöht die druckabhängigen Verluste des Antriebes und hebt die Dämpfung an.

- eine Drossel in den Leitungen zwischen Ventil und Verbraucher. Sie erhöht die geschwindigkeitsabhängigen Verluste und damit ebenfalls die Dämpfung der Regelstrecke.

- negative Überdeckung an den Steuerkanten des Ventils

Diese Methoden werden in der Praxis verhältnismäßig häufig angewendet, da sie einfach und preisgünstig zu realisieren sind. Sie führen allerdings zu einer Verschlechterung des Wirkungsgrades.

Anwendungsbeispiele

Ein typisches Anwendungsbeispiel eines ventilgesteuerten lagegeregelten Systems (Quadrant II) ist ein *Linearverstärker*. Der Linearverstärker wird z.B. als ein Vorschubantrieb in Werkzeugmaschinen eingesetzt. Hier wird eine leistungsschwache rotatorische Eingangsgröße in eine lineare Ausgangsbewegung umgewandelt und verstärkt. Den prinzipiellen Aufbau eines Linearverstärkers zeigt Bild 8.57.

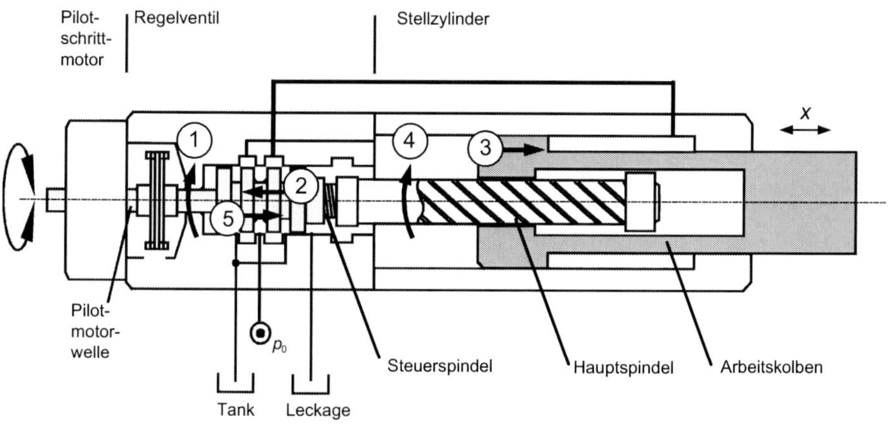

Bild 8.57: Linearverstärker mit elektrischer Schrittmotoransteuerung

Der Linearverstärker bildet einen geschlossenen Lageregelkreis, in dem Regelventil, mechanische Positionsrückführung und Stellzylinder eine Einheit darstellen. Die Vorgabe des Sollwertes erfolgt über einen elektrischen Pilotschrittmotor. Daraus resultiert eine Drehung der Pilotmotorwelle (1), die das Ein- oder Ausschrauben (2) der Steuerspindel in der Gewindebuchse und damit eine Verstimmung des Vier-Kanten-Steuerkolbens bewirkt. Dadurch wird der Arbeitskolben mit Druck beaufschlagt und verfahren (3). Bei der Bewegung des Arbeitskolbens wird die Hauptspindel durch das steilgängige Gewinde so in Drehung versetzt (4), dass die spindelstirnseitig befestigte Gewindebüchse die Steuerspindel wieder in die ursprüngliche Position schraubt und den Steuerkolben in Schließposition bringt (5). Ist das Ventil wieder verschlossen, kommt der Arbeitskolben zum Stillstand und die Regelabweichung wird zu Null. Bei fortgesetzter Bewegung der Pilotmotorwelle folgt der Arbeitskolben der vorgegebenen Eingangsbewegung stetig, jedoch schleppfehlerbehaftet.

Lagegeregelte Systeme mit mechanischem Wegabgleich bilden auch das Funktionsprinzip von einigen *Servolenkungen.* Ein Schaltprinzip hierfür ist in Bild 8.58 und eine ausgeführte hydraulische Lenkunterstützung in Bild 8.59 dargestellt.

Bei der Versorgung einer Servolenkung handelt es sich um ein System mit aufgeprägten Volumenstrom (Quadrant I). Die Pumpe wird durch den Verbrennungsmotor angetrieben. Ein Druckbegrenzungsventil an der Pumpe sichert das System gegen Überlast. Ein Stromregelventil mit vorgeschalteter Druckwaage regelt den Volumenstrom im System. Weitere Komponenten der Servolenkung sind ein Drehschieberventil, ein Zylinder zur Lenkunterstützung der Räder sowie eine mechanische Verbindung zwischen der Zylinderkolbenstange und Lenksäule über ein Ritzel.

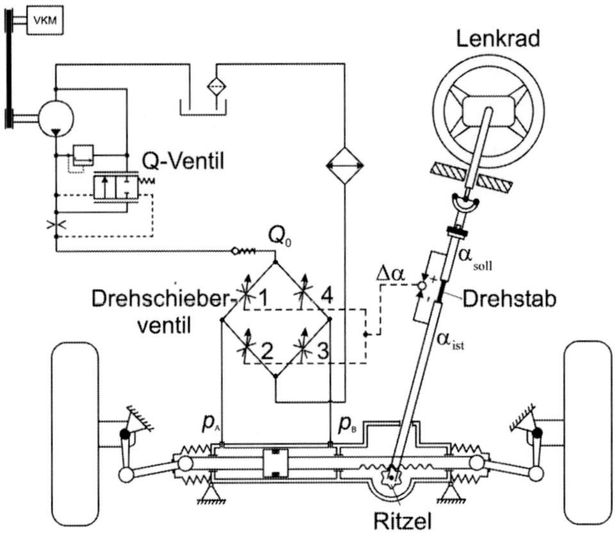

Bild 8.58: Schaltprinzip einer Servolenkung

Das Lenkventil ist die zentrale Komponente der hydraulischen Servolenkung. Hierbei handelt es sich um ein Drehschieberventil mit negativ überdeckten Steuerkanten in A+A-Verschaltung. Der Ventilschieber ist über den oberen Teil der Lenksäule mit dem Lenkrad verbunden. Die Ventilhülse ist über den unteren Teil der Lenksäule mit dem Ritzel verbunden. Gleichzeitig sind Ventilschieber und -hülse über einen elastischen Drehstab gekoppelt, so dass eine relative Verdrehung zwischen diesen beiden Teilen möglich ist.

Der Lenkwinkel am Lenkrad stellt die Sollgröße α_{soll} dar. Die Position des mit dem Ritzel verbundenen Stabes ist die Istgröße α_{ist}. Die relative Verdrehung zwischen Ventilschieber und –hülse aufgrund des Drehstabes ergibt eine Regelabweichung $\Delta\alpha$. Durch die Verdrehung werden die Steuerkanten im Ventil so geöffnet, dass die Zylinderkammern mit der Druckversorgung bzw. mit dem Tank entsprechend der gewünschten Lenkrichtung verbunden werden. Die Lenkunterstützung wird wirksam.

Durch das Verstellen der Räder wird die Istgröße der Sollgröße mechanisch nachgeführt, so dass die Verdrehung zwischen Ventilschieber und -hülse kleiner wird. Erreicht die Istgröße die Sollgröße wird das Ventil wieder in seine Mittelstellung gebracht. Durch die negative Überdeckung des Drehschieberventils stellen sich gleiche Drücke p_A und p_B im Zylinder ein. Die Lenkunterstützung wird nicht wirksam.

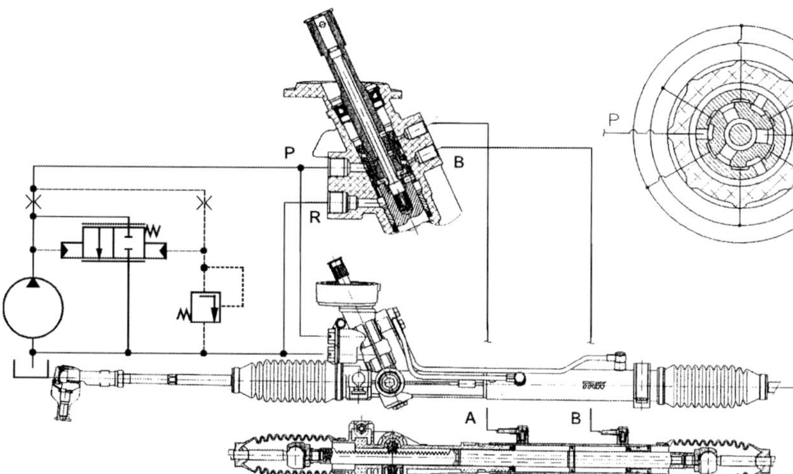

Bild 8.59: Ausgeführte Servolenkung Modell VW Polo (TRW)

In Bild 8.60 wird ein elektro-hydraulischer Antrieb einer sekundären *Flugsteuerung* dargestellt. Der Antrieb dient zur Betätigung der Spoiler auf den Tragflächen des A380.

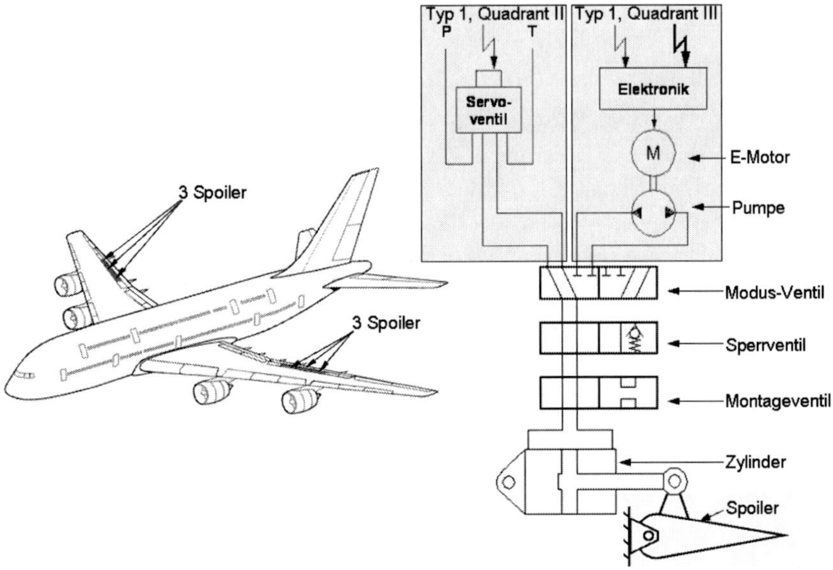

Bild 8.60: Elektro-hydraulischer Antrieb aus einem Flugkontrollsystem (A380 / Liebherr-Aerospace)

Der Antrieb kann aus Sicherheitsgründen in zwei verschiedenen Modi angesteuert werden. Zum einen kann er über ein Servoventil aus einem Konstantdrucksystem (Quadrant II) angesteuert werden, zum anderen ist eine autonome Betätigung über eine Konstantpumpe mit einem drehzahlgeregelten Elektromotor (Quadrant III) möglich. Die Umschaltung der Modi erfolgt über ein Modus-Ventil. Der Zylinder verfügt über ein integriertes Wegmesssystem (LVDT). Die Positionsregelabweichung des Zylinders wird je nach dem Betriebsmodus entweder als Stellsignal an das Servoventil oder an den Elektromotor weitergeleitet.

Darüber hinaus ist in der Antriebseinheit ein hydraulischer wartungsfreier Speicher integriert. Der Speicher gleicht Leckage- und Kompressionsvolumenströme, sowie Volumenänderungen aufgrund des Temperatureinflusses aus.

Bei einer Gesamtmasse von 65 kg ist der Antrieb in der Lage, 210 kN Kraft aufzubringen. Die maximale elektrische Leistungsaufnahme beträgt 11 kW, der Hub beträgt 110 mm.

8.3.1.2 Mehrschleifige Regelung

Eine elegante Möglichkeit, das statische und dynamische Verhalten von elektrohydraulischen Antrieben zu verbessern, ohne den Wirkungsgrad zu verschlechtern, bieten regelungstechnische Maßnahmen auf der Signalseite des Antriebes. Dazu müssen die Zustandsgrößen des Antriebes erfasst, die Signale verarbeitet und an einer Eingriffsstelle dem Antrieb wieder zugeführt werden.

Wie im Wirkungsplan eines reibungsfreien pumpengesteuerten Rotationsantriebes in Bild 8.61 ersichtlich ist, bieten sich bei hydraulischen Antrieben neben der Position bzw. Winkel die Geschwindigkeit, die Beschleunigung, der Lastdruck und ggf. auch die Betriebsgrößen y und $\dot{y}$ des Stellelementes als Hilfsregelgrößen an. Der Einfluss zusätzlicher Hilfsregelgrößen wird in den nachstehenden Kapiteln erläutert.

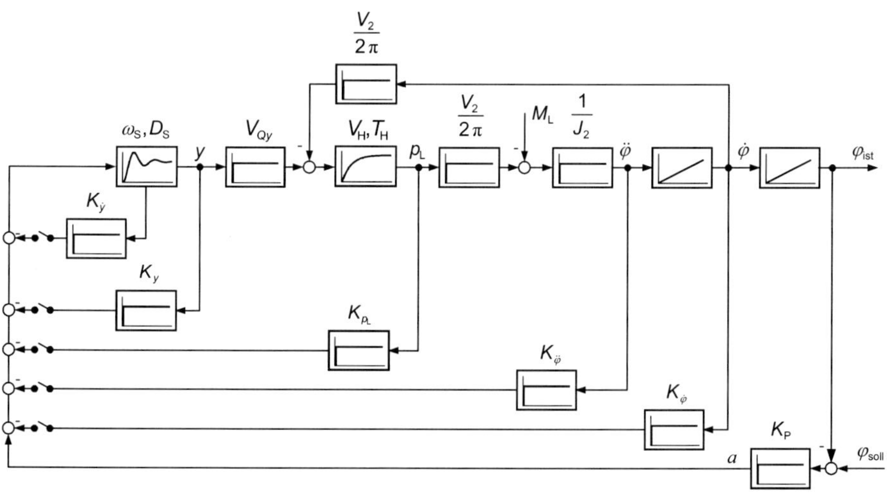

Bild 8.61: Wirkungsplan des lagegeregelten reibungsfreien Antriebes mit Hilfsregelgrößen

Geschwindigkeitsrückführung

Das Führungsverhalten des ungeregelten Antriebes als ein lineares System 3. Ordnung (d.h. unter der Voraussetzung eines schnellen Stellelementes mit $\omega_S/\omega_H \geq 3$) ist beschrieben durch

$$\frac{\varphi_{ist}}{a} = \frac{C_0\,\omega_H^2}{(j\omega)^2 + 2\,D_H\,\omega_H(j\omega) + \omega_H^2}\frac{1}{(j\omega)} \tag{8.50}$$

Wird die Winkelgeschwindigkeit $\dot{\varphi}_{ist}$ über einen Proportionalblock mit der Verstärkung $K_{\dot{\varphi}}$ im Sinne eines Hilfsregelkreises zurückgeführt, so gilt

$$\frac{\varphi_{ist}}{a} = \frac{C_0\,\omega_H^2}{(j\omega)^2 + 2\,D_H\,\omega_H\,(j\omega) + \omega_H^2 + \omega_H^2\,K_{\dot{\varphi}}\,C_0}\frac{1}{(j\omega)} \tag{8.51}$$

Für Gleichung (8.51) lässt sich auch schreiben

$$\frac{\varphi_{ist}}{a} = \frac{C_0^*\,(\omega_H^*)^2}{(j\omega)^2 + 2\,D_H^*\,\omega_H^*\,(j\omega) + (\omega_H^*)^2}\frac{1}{(j\omega)} \tag{8.52}$$

mit

$$C_0^* = \frac{C_0}{1 + C_0\,K_{\dot{\varphi}}}, \qquad \omega_H^* = \omega_H\sqrt{1 + C_0\,K_{\dot{\varphi}}}\,, \qquad D_H^* = \frac{D_H}{\sqrt{1 + C_0\,K_{\dot{\varphi}}}}. \tag{8.53}$$

In Bild 8.62 ist der Verlauf der neu definierten Kenngrößen in Abhängigkeit von der normierten Geschwindigkeitsrückführung $C_0\,K_{\dot{\varphi}}$ dargestellt.

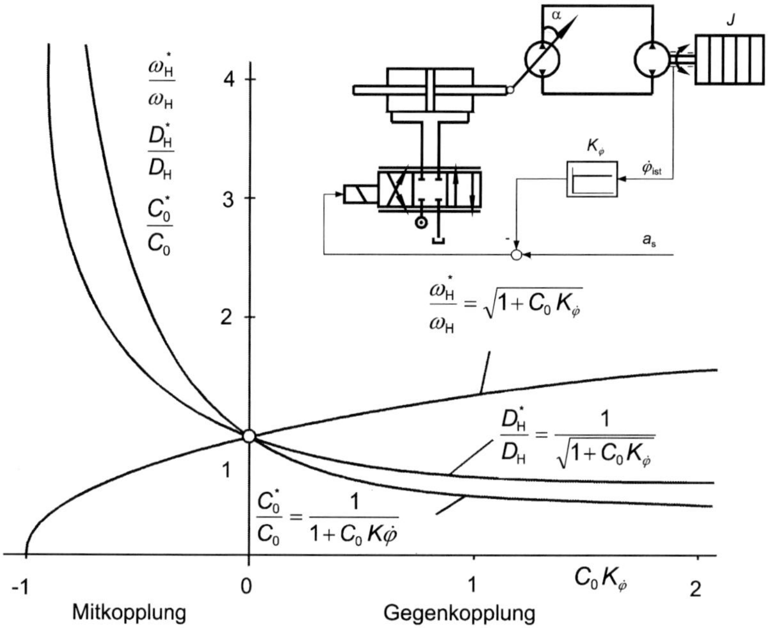

Bild 8.62: Einfluss der Geschwindigkeitsrückführung auf die Dämpfung und Eigenkreisfrequenz der Regelstrecke

Eine gegengekoppelte Geschwindigkeitsrückführung ($K_{\dot\varphi}$ hat positives Vorzeichen) verringert die Systemdämpfung und erhöht gleichzeitig die Kennkreisfrequenz. Bei besonders stark gedämpften Antrieben, wie z.B. E-Motoren, sind beide Effekte erwünscht. Liegt die Eigendämpfung D_H oberhalb eines optimalen Bereiches von $0{,}5 < D_H < 0{,}6$ (vergleiche ITSE-Funktionen in Bild 8.52 oben), so ist durch Verringerung der Dämpfung eine Verbesserung im Systemverhalten möglich.

Eine Mitkopplung der Geschwindigkeitsrückführung ($K_{\dot\varphi}$ hat negatives Vorzeichen) verringert die Kennkreisfrequenz und erhöht den Dämpfungsgrad und die Geschwindigkeitsverstärkung. Bei schlecht gedämpften Antrieben, wie z.B. bei hydraulischen Antrieben, würde eine Dämpfungsgraderhöhung ein besseres Systemverhalten ermöglichen. Da eine Geschwindigkeitsmitkopplung aber gleichzeitig die Kennkreisfrequenz absenkt, ist insgesamt die Auswirkung einer Geschwindigkeitsrückführung auf das Systemverhalten mit dieser Betrachtungsweise nicht erkennbar.

Der Einfluss der Geschwindigkeitsrückführung auf die dynamischen Kennwerte ω_H und D_H wird zusätzlich anhand des Polstellenverlaufes in Bild 8.63 als Funktion von $K_{\dot\varphi}$ deutlich. Den berechneten Polstellen liegt ein Modell des pumpengeregelten Motors 5. Ordnung mit $\omega_S/\omega_H > 3$ zugrunde. Eine Gegenkopplung der Geschwindigkeitsrückführung verschiebt das dominante Polpaar des Motors zur positiven s-Halbebene hin. Die Verringerung der Dämpfung kann anhand eines zunehmenden Winkels zwischen der Polstelle, Koordinatenursprung und negativer Realachse erkannt werden, während die Erhöhung der Kennkreisfrequenz durch einen zunehmenden Abstand zwischen der Polstelle und Koordinatenursprung ersichtlich wird.

Der vorher hergeleitete Zusammenhang bei einer Mitkopplung kann ebenfalls im Polstellenverlauf gefunden werden.

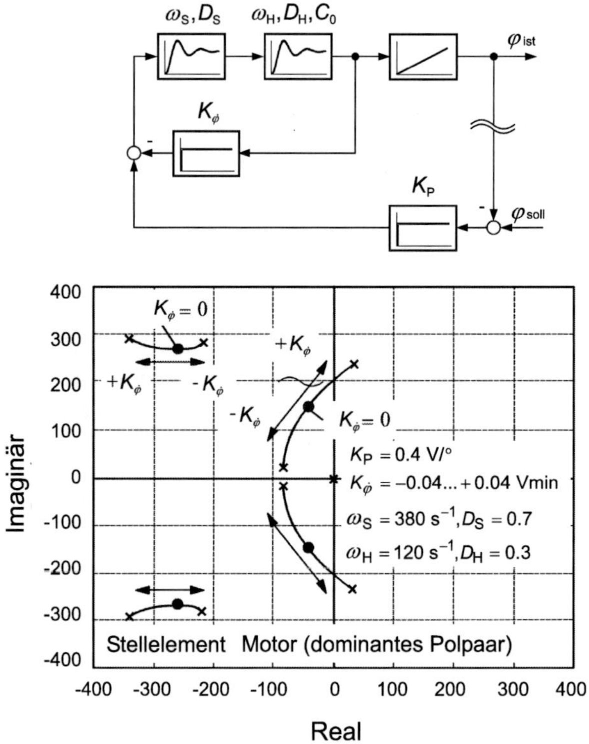

Bild 8.63: Polwanderung eines Motors mit unterlagerter Geschwindigkeitsrückführung

Nachdem der Einfluss der unterlagerten Geschwindigkeitsrückführung auf die Dynamik von lagegeregelten Regelstrecke (Motor) dargestellt wurde, kann nun die Kombination aus Lage- und Geschwindigkeitsrückführung betrachtet und mit den Ergebnissen der reinen Lagerückführung (siehe Bild 8.52) verglichen werden.

In Bild 8.64 sind der Verlauf der minimal erzielbaren ITSE-Werte und der Verlauf der normierten Kreisverstärkung

$$\frac{V_K}{\omega_H} = \frac{C_0\,K_P}{\omega_H(1 + C_0\,K_{\dot{\varphi}})} \qquad (8.54)$$

als Funktion des Dämpfungsgrades D_H aufgezeichnet. Die Kreisverstärkung V_K ist hier ein Maß für das Verhalten des laufenden Antriebes auf eine Änderung der Führungsgröße φ_{soll} hin.

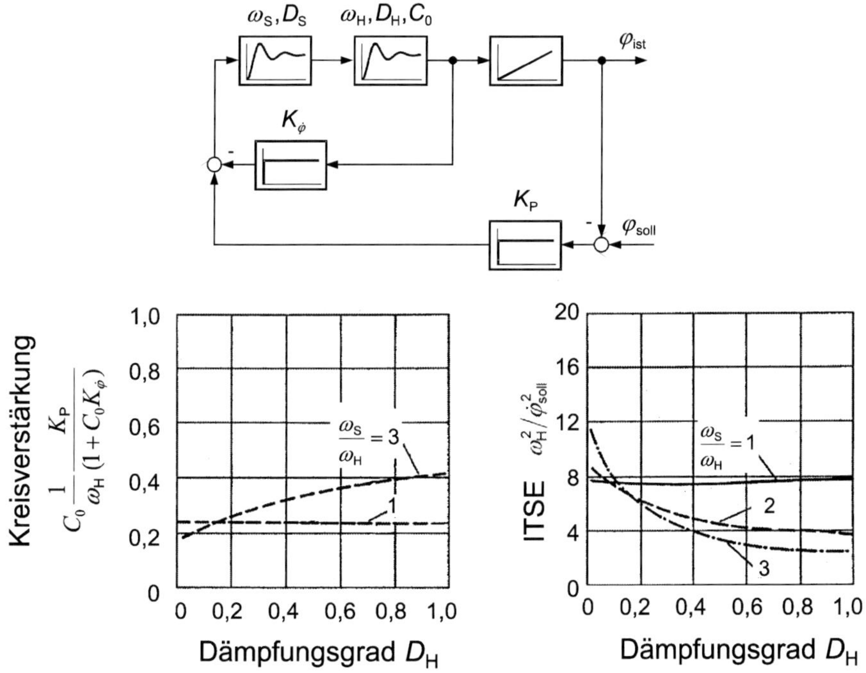

Bild 8.64: Regelgüte eines lagegeregelten Rotationsmotors mit unterlagerter Geschwindigkeitsrückführung /Roth84/

Im Vergleich zu einem einschleifigen Lageregelkreis mit P-Regler verbessert eine zusätzlich eingeführte Geschwindigkeitsrückführung das Verhalten des Regelkreises (vergleiche Bild 8.64 mit Bild 8.52). Bei kleinem Dämpfungsgrad ist für ein optimales Systemverhalten eine Mitkopplung der Geschwindigkeitsrückführung erforderlich, für Systeme mit größerem Dämpfungsgrad dagegen eine Gegenkopplung.

Im Vergleich zu Antrieben mit verzögernd eingreifendem Regler (PPT_1-Regler) in einem einschleifigen Regelkreis ist der zweischleifige Regelkreis mit Geschwindigkeitsrückführung im Bereich gut gedämpfter Antriebe überlegen. Im Bereich schwacher Dämpfung bietet die Geschwindigkeitsrückführung gegenüber verzögernd eingreifenden Reglern keine Vorteile.

Im Vergleich zu einem PDT_1-Regler erzielt die Geschwindigkeitsrückführung im Bereich gut gedämpfter Antriebe vergleichbare Ergebnisse. Für die in der Regel schwach gedämpften hydraulischen Antriebe verspricht die Geschwindigkeitsrückführung also nur geringfügige Vorteile. Auf eine weitere Untersuchung wird deshalb hier verzichtet.

Beschleunigungsrückführung

Das Führungsverhalten des ungeregelten Antriebes als ein lineares Modell 3. Ordnung wird durch Gleichung (8.50) beschrieben.

Wird die Winkelbeschleunigung $\ddot{\varphi}_{ist}$ über einen Proportionalblock mit der Verstärkung $K_{\ddot{\varphi}}$ im Sinne eines Hilfsregelkreises zurückgeführt (siehe Bild 8.61), so gilt

$$\frac{\varphi_{\text{ist}}}{a} = \frac{C_0\,\omega_{\text{H}}^2}{(j\omega)^2 + (2\,D_{\text{H}}\,\omega_{\text{H}} + C_0\,\omega_{\text{H}}^2\,K_{\ddot{\varphi}})(j\omega) + \omega_{\text{H}}^2}\,\frac{1}{j\omega} \tag{8.55}$$

Für Gleichung (8.55) lässt sich auch schreiben

$$\frac{\varphi_{\text{ist}}}{a} = \frac{C_0\,\omega_{\text{H}}^2}{(j\omega)^2 + 2\,D_{\text{H}}^{**}\,\omega_{\text{H}}(j\omega) + \omega_{\text{H}}^2}\,\frac{1}{j\omega} \tag{8.56}$$

mit Dämpfung

$$D_{\text{H}}^{**} = D_{\text{H}} + \frac{1}{2}\,\omega_{\text{H}}\,C_0\,K_{\ddot{\varphi}} \tag{8.57}$$

Unter der Voraussetzung eines ideal schnellen Stellelementes (das ist die Voraussetzung zur Abbildung des Antriebes als ein Modell 3. Ordnung) kann die Systemdämpfung D_{H}^{**} mittels Beschleunigungsrückführung auf einen optimalen Wert von 0,5 bis 0,6 eingestellt werden. Das Regelverhalten wird dadurch unabhängig von der Systemdämpfung D_H. Die Geschwindigkeitsverstärkung des Antriebes C_0 und dadurch die Kreisverstärkung V_K sowie die Kennkreisfrequenz ω_H werden durch die Beschleunigungsrückführung nicht beeinflusst.

Ein derart allgemeingültiger Zusammenhang ist bei der Modellierung des Stellsystems als ein PT_1- oder PT_2-Element nicht mehr herstellbar. Dies wird anhand der Polstellenwanderung des Führungsfrequenzganges in Bild 8.65, die sich durch Variation der Rückführverstärkung $K_{\ddot{\varphi}}$ ergibt, für ein System 5. Ordnung deutlich.

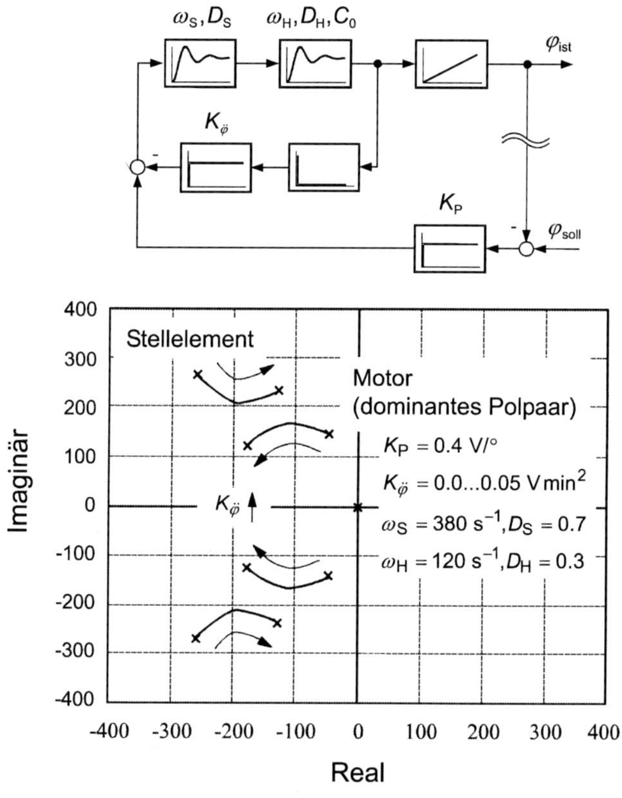

Bild 8.65: Polstellenwanderungen eines Motors mit unterlagerter Beschleunigungsrückführung

In einem gewissen Bereich wird das dominante komplexe Polpaar durch eine gegengekoppelte Beschleunigungsrückführung in Richtung negativer Realteile (d.h. Zunahme der Kennkreisfrequenz) und größerer Imaginärteile (d.h. Zunahme der

Dämpfung) verschoben. Dieser wünschenswerte Einfluss ist um so größer, je schneller das Stellglied ist. Gleichzeitig wandern die Pole des Stellelements nach rechts. Dadurch verschlechtert sich das dynamische Verhalten dieser Teilbewegung, die zunehmend das Gesamtverhalten des Antriebes prägt.

Der gegenläufige Einfluss der Beschleunigungsrückführung auf die Teilbewegungen des Systems erschwert die Beurteilung dieser signaltechnischen Korrekturmaßnahme anhand der Betrachtungen von Polstellenwanderungen.

Nachdem der Einfluss der unterlagerten Beschleunigungsrückführung auf die Dynamik von lagegeregelten Regelstrecke (Motor) dargestellt wurde, wird die Kombination aus Lage- und Beschleunigungsrückführung betrachtet und mit den Ergebnissen der reinen Lagerückführung (siehe Bild 8.52) verglichen.

Quantitative Aussagen über das Systemverhalten mit Beschleunigungsrückführung liefert eine Optimierung nach dem ITSE-Kriterium. Der Einfluss der Beschleunigungsrückführung auf eine Regelstrecke 5. Ordnung zeigt sich in Bild 8.66.

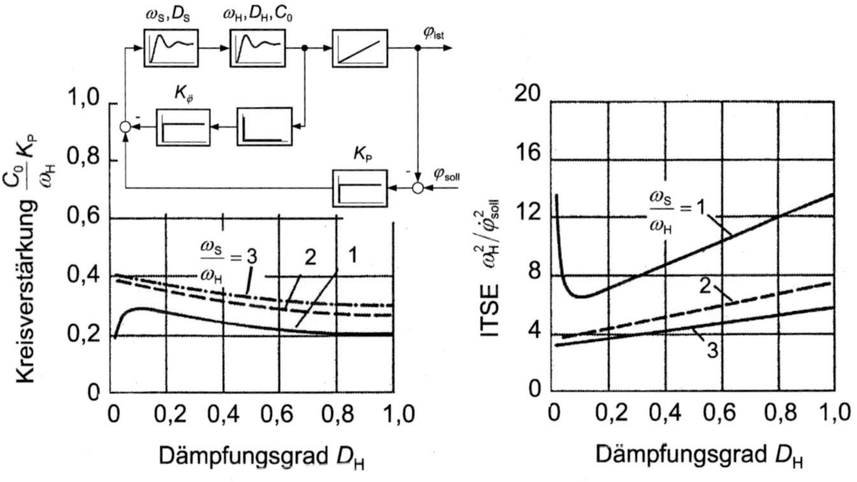

Bild 8.66: Regelgüte eines lagegeregelten Rotationsmotors mit unterlagerter Beschleunigungsrückführung /Roth84/

Auch hier sind der minimal erzielbare ITSE-Wert und die zugehörige normierte Kreisverstärkung V_K/ω_H abhängig von der Systemdämpfung D_H aufgetragen.

Um die möglichen Systemverbesserungen durch die Beschleunigungsrückführung voll ausschöpfen zu können, sollte das Stellelement möglichst schnell sein (d.h.

ω_S/ω_H möglichst groß). Die Vorteile dieses zweischleifigen Regelungskonzeptes gegenüber einem einschleifigen Lageregelkreis sind um so größer, je schlechter die Systemdämpfung D_H ist.

Bei schlecht gedämpften Antrieben ist zur Erhöhung des Dämpfungsgrades eine Gegenkopplung des Beschleunigungssignals ($K_{\ddot{\varphi}}$ hat positives Vorzeichen) erforderlich. Bei gut gedämpften Antrieben bringt dagegen eine Mitkopplung ($K_{\ddot{\varphi}}$ hat negatives Vorzeichen) eine Verringerung des Dämpfungsgrades. Die Beschleunigungsrückführung ist bei schlecht gedämpften Antrieben einer Geschwindigkeitsrückführung vorzuziehen, bei gut gedämpften Antrieben gilt das Gegenteil.

In Bild 8.67 ist das Führungsverhalten von zwei ventilgesteuerten Antrieben mit und ohne unterlagerter Beschleunigungsrückführung gegenübergestellt. Das Sprungantwortverhalten des Systems mit unterlagerter Hilfsregelgröße ist deutlich besser, bei gleichzeitig wesentlich höherer Kreisverstärkung V_K.

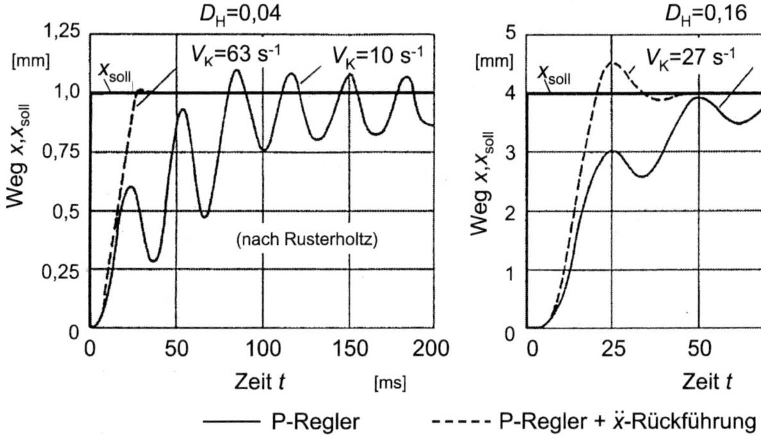

Bild 8.67: Sprungantwort eines positionsgeregelten Motors mit und ohne unterlagerter Beschleunigungsrückführung /Roth 84/

Lastdruckrückführung

Die zurückgeführte Hilfsregelgröße Beschleunigung wird in der Regel aus dem Positionssignal durch zweifache Differentiation gewonnen. Aufgrund von Quantisierungsfehlern bzw. von verrauschten Positionssignalen weist das differenzierte Beschleunigungssignal oftmals nicht die zur Regelung erforderliche

Qualität auf, so dass sich der alternative Einsatz des dynamisch verwandten und leicht zu bestimmenden Lastdrucksignals anbietet.

Lastdruck und Beschleunigung sind Zwischengrößen in einem hydraulischen System, die nur durch den Lastangriffspunkt und einen Proportionalblock voneinander getrennt sind. Das Beschleunigungssignal liegt hinter, das Lastdrucksignal vor der Lasteingriffstelle (siehe Bild 8.61). Soweit Reibeinflüsse und äußere Lasten vernachlässigbar klein sind, sind beide Regelgrößen im Hinblick auf das Regelverhalten austauschbar. Dies bedeutet, dass sich bei der Verwendung des Lastdrucksignals als Hilfsregelgröße anstelle des Beschleunigungssignals ein gleichwertiges Führungsverhalten für den Positionsregelkreis einstellen lässt (siehe Bild 8.68).

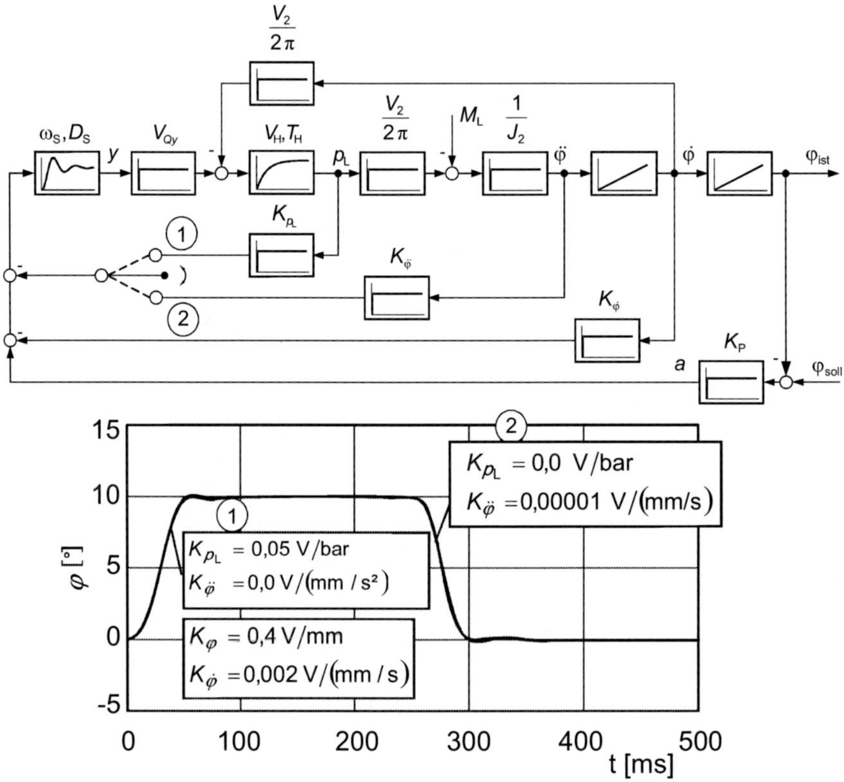

Bild 8.68: Führungssprungantwort mit Lastdruck- oder Beschleunigungsrückführung /Boe95/

Bezüglich des Störverhaltens unterscheiden sich die Beschleunigungs- und Lastdruckrückführung jedoch wesentlich. Während das Beschleunigungssignal stationär unter äußeren Stör- und Lastkräften Null wird, nimmt der Lastdruck p_L einen Wert an, der der hydraulischen Gegenkraft zu den am System angreifenden Kräften entspricht.

Am Beispiel eines ventilgesteuerten Rotationsantriebes wird der Einfluss der Lastdruckrückführung untersucht. Stationär gilt für den Rotationsantrieb

$$p_\mathrm{L} = \frac{2\pi}{V_2} M_\mathrm{L} \tag{8.58}$$

Entsprechend dem Lastdruck p_L tritt ein Volumenstromabfall im Ventil und eine antriebsinterne druckabhängige Leckage auf

$$Q_{\mathrm{L}ip} = (V_{Qp} + K_{2\mathrm{L}ip})\, p_\mathrm{L} \tag{8.59}$$

Dieser Volumenstromabfall muss durch das Stellelement mindestens gedeckt werden, um eine Last zu halten. Im Fall einer unterlagerten Lastdruckrückführung gilt (siehe Bild 8.61)

$$Q_\mathrm{L} = V_{Qy}\left(\left[\varphi_\mathrm{soll} - \varphi_\mathrm{ist}\right] K_\mathrm{P} - K_{p\mathrm{L}}\, p_\mathrm{L}\right) \tag{8.60}$$

Aus den Gleichungen (8.58), (8.59) und (8.60) berechnet sich die Regelabweichung bei ventilgesteuerten Antrieben zu

$$\varphi_\mathrm{soll} - \varphi_\mathrm{ist} = \left(\frac{V_{Qp} + K_{2\mathrm{L}ip}}{V_{Qy}\, K_\mathrm{P}} + \frac{K_{p\mathrm{L}}}{K_\mathrm{P}}\right)\frac{2\pi}{V_2} M_\mathrm{L} = \frac{1}{L_{p\mathrm{L}}} M_\mathrm{L} \tag{8.61}$$

mit $L_{p\mathrm{L}}$ als Laststeifigkeit des Systems mit Lastdruckrückführung.

Die entsprechende Beziehung für den Fall einer unterlagerten Beschleunigungsrückführung lautet

$$\varphi_\mathrm{soll} - \varphi_\mathrm{ist} = \frac{V_{Qp} + K_{2\mathrm{L}ip}}{V_{Qy}\, K_\mathrm{P}} \frac{2\pi}{V_2} M_\mathrm{L} = \frac{1}{L_{\ddot{\varphi}}} M_\mathrm{L} \tag{8.62}$$

mit $L_{\ddot{\varphi}}$ als Laststeifigkeit des Systems mit Beschleunigungsrückführung.

Bei gleicher Kreisverstärkung für die Systeme mit unterlagerter Beschleunigungs- bzw. Lastdruckrückführung weist das System mit Beschleunigungsrückführung eine deutlich höhere Laststeifigkeit auf, wie auch Bild 8.69 entnommen werden kann.

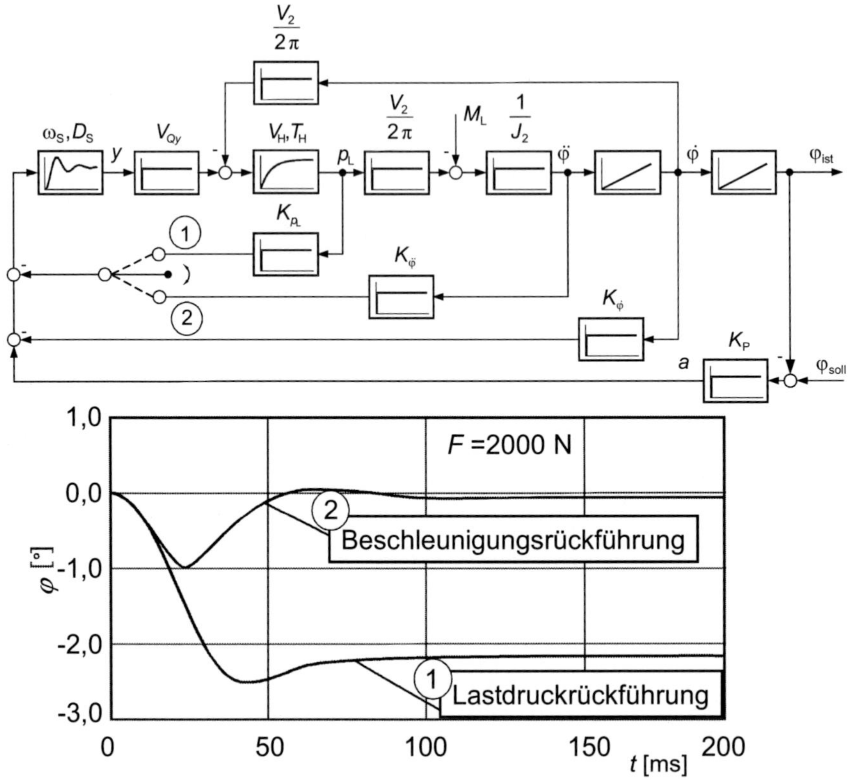

Bild 8.69: Lastsprungantwort mit Lastdruck- oder Beschleunigungsrückführung /Boe95/

Die statische Laststeifigkeit des Antriebes mit Lastdruckrückführung kann erhöht werden, indem die Rückführung in Form eines DT_1-Gliedes realisiert wird. Das ermöglicht eine gleiche Laststeifigkeit wie bei einer Beschleunigungsrückführung. Kleine Zeitkonstanten im DT_1-Block wirken sich aber nachteilig auf das Führungsverhalten aus. Große Zeitkonstanten im Vergleich zur Systemdynamik führen hingegen zu einem Störverhalten, das dem einer proportionalen Lastdruckrückführung entspricht. Aus rein regelungstechnischen Gesichtspunkten ist die Beschleunigungsrückführung damit stets der Lastdruckrückführung vorzuziehen.

Kombinierte Geschwindigkeits- und Beschleunigungsrückführung

In den vorangestellten Kapiteln wurde am Beispiel eines Antriebes mit ideal schnellem Stellelement dargelegt, wie einerseits durch eine Beschleunigungsrückführung das Dämpfungsverhalten beliebig eingestellt werden kann, und wie andererseits eine Geschwindigkeitsrückführung die Kenngrößen Kennkreisfrequenz ω_H und Dämpfungsgrad D_H gegensinnig beeinflusst. Die Kombination beider Rückführmöglichkeiten gestattet, beide Kenngrößen unabhängig voneinander im Sinne einer Zielfunktion einzustellen, und ermöglicht damit im Rahmen linearer Modellannahmen ein beliebig schnelles Systemverhalten des gesteuerten wie auch des lagegeregelten Antriebes. Ein Regler, in dem die Position, Geschwindigkeit, Beschleunigung sowie weitere Zustände des Antriebes zurückgeführt werden, wird auch als ein Zustandsregler bezeichnet.

Dieser Betrachtung stehen in der Praxis die begrenzte Dynamik des Stellelementes und nichtlineare Einflüsse wie Stellweg- bzw. Stellgeschwindigkeitsbegrenzungen, Ventilüberdeckung etc. entgegen. Tendenziell lässt der dreischleifige Lageregelkreis (bzw. der Zustandsregler) aber auch hier eine Verbesserung im Systemverhalten gegenüber den vorgestellten zweischleifigen Konzepten erwarten.

Das Systemverhalten des dreischleifigen Lageregelkreises ist in Bild 8.70 dargestellt. Im Vergleich zu ein- und zweischleifigen Reglern (siehe Bild 8.52, Bild 8.64 und Bild 8.66) ermöglicht die kombinierte Geschwindigkeits- und Beschleunigungsrückführung im untersuchten Dämpfungsgradbereich:

- deutlich niedrigere ITSE-Werte im optimalen Betriebspunkt
- höhere Werte für die Kreisverstärkung

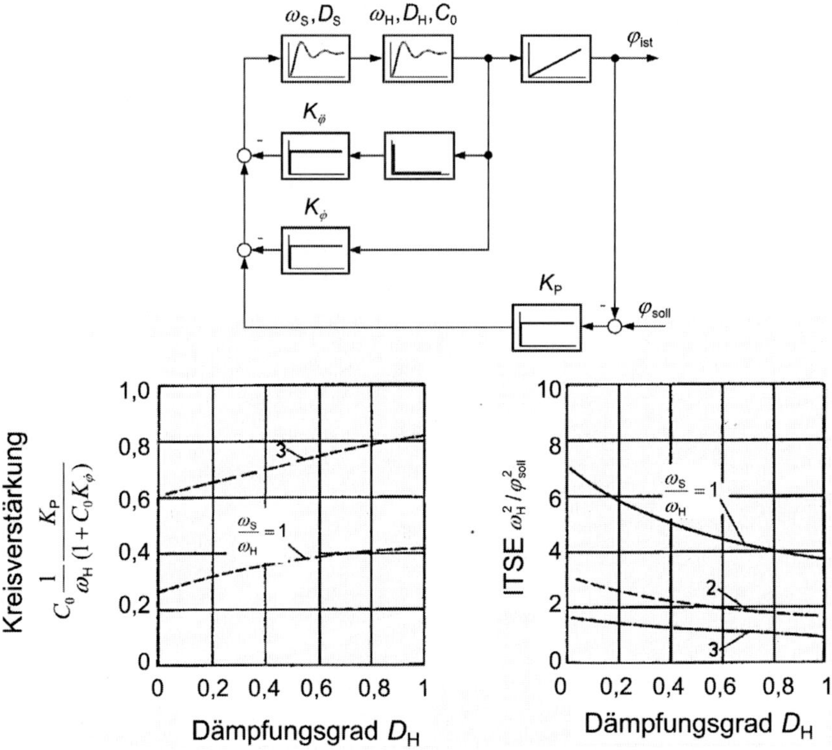

Bild 8.70: Regelgüte eines lagegeregelten Rotationsmotors mit unterlagerten Geschwindigkeits- und Beschleunigungsrückführung /Roth84/

Zum Vergleich ist in Bild 8.71 das Verhalten eines Antriebes ($D_H = 0{,}3$) mit einschleifiger Lageregelung mit einem P-Regler und das Verhalten einer dreischleifigen Lageregelung bei sprungförmiger Änderung der Führungsgröße φ_{soll} (links) bzw. der Störgröße M_L (rechts) gegenübergestellt.

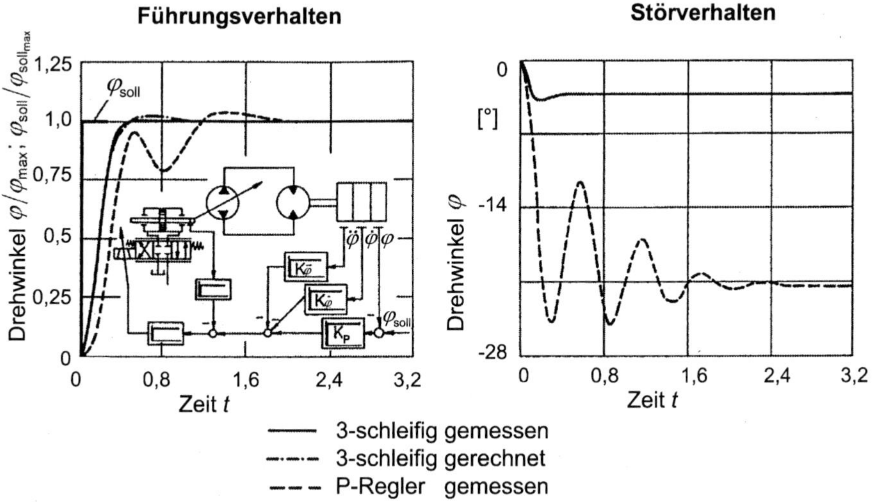

Bild 8.71: Führungs- und Störverhalten eines pumpengesteuerten Rotationsantriebes mit einschleifiger und dreischleifiger Lageregelung /Roth84/

Die Aussagen, die anhand linearer Modellannahmen gewonnen wurden, werden durch dieses Beispiel bestätigt. Zur Erfassung der Hilfsregelgrößen Geschwindigkeit und Beschleunigung bieten sich an:

- der Einsatz von Geschwindigkeits- und Beschleunigungssensoren
- die ein- bzw. zweifache Differentiation der Regelgröße.

Eine Voraussetzung für die Übertragbarkeit der Ergebnisse ist, dass die Hilfsregelgrößen als elektrische Signale mit hoher Signalqualität vorliegen.

Fazit zur Reglerauslegung

Die bisherigen Ausführungen haben die Eigenschaften existierender Ansätze zur Lageregelung elektrohydraulischer Zylinderantriebe aufgezeigt. Welcher dieser Ansätze der optimale für einen gegebenen Anwendungsfall ist, lässt sich oft nur anhand einer detaillierten Systemanalyse mit Unterstützung dynamischer Simulationswerkzeuge nachweisen. Nichtsdestoweniger haben Faustformeln insbesondere im Bereich der einschleifigen Regelungen ihre Berechtigung, um schnell zu einem begründeten Ausgangspunkt für die Reglerauswahl zu gelangen. Das Bewertungsschema in Bild 8.72 gibt eine grobe Einordnung der bestgeeigneten

Regelungskonzepte im Hinblick auf Kennkreisfrequenzverhältnis und Antriebsdämpfungsgrad, die auf den obigen Untersuchungen am vereinfachten linearen Modell sowie den Erkenntnissen früherer Untersuchungen ([Rot84, Die98]) basiert. Die in Klammern stehenden Regelglieder sind weniger leistungsfähige, aber leichter handhabbare Alternativen. Hier sowie insbesondere auch beim Zustandsregler hängt es von den gestellten Anforderungen ab, welche der Alternativen am sinnvollsten ist. Eine Hilfestellung liefert hier die Betrachtung der erreichbaren normierten Kreisverstärkungswerte in Bild 8.72 unten (Vorzugsbereiche in schwarz). Da diese auf dem vereinfachten Modell beruhen und mit D_Z und ω_V/ω_Z sowie der Reglerparametrierung relativ stark variieren, sollte insbesondere in den Überlappungsbereichen eine genauere Überprüfung vorgenommen werden, die auch die normierte Bandbreite ω_{krit}/ω_Z mit einbezieht, denn diese kann mitunter ausschlaggebend sein. Der im Schema nicht enthaltene schaltende Integrierer sollte zusätzlich immer dann in Betracht gezogen werden, wenn besondere Anforderungen an die bleibende Regelabweichung oder den Schleppfehler gestellt werden.

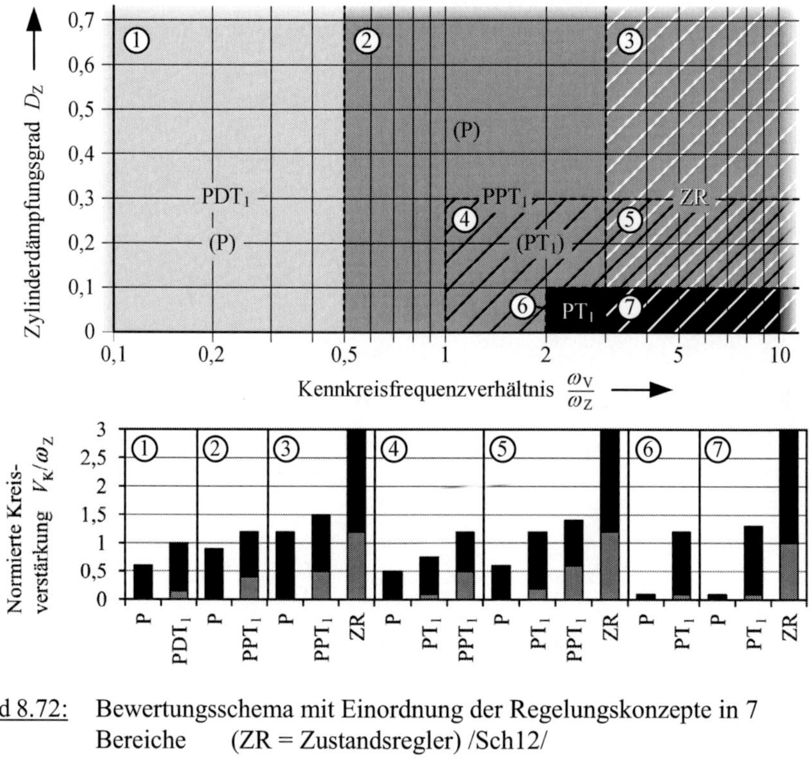

Bild 8.72: Bewertungsschema mit Einordnung der Regelungskonzepte in 7 Bereiche (ZR = Zustandsregler) /Sch12/

Neben der Eignung der unterschiedlichen Regelungsansätze für eine gegebene Antriebskonfiguration zeigt diese Untersuchung, dass bei der Beurteilung der Konfigurationen eine hohe Ventildynamik nicht immer optimal ist, da der Fall $\omega_V/\omega_Z >> 1$ aus regelungstechnischer Sicht der kritischste ist. Da andererseits ein träges Ventil den Zylinder bremst (vgl. Kurven der normierten Bandbreite in den obigen Diagrammen), sind für hochdynamische Antriebe sowohl ein schneller Zylinder als auch ein schnelles Ventil und damit oft eine höherwertige Regelung erforderlich.

8.3.2 Lageregelung für Typ 2

Positioniervorgänge mittlerer und größerer Leistung können statt mit der stark verlustbehafteten Steuerung über Widerstände aus einem zentralen Drucknetz auch mit Hilfe des Verstellmotors gelöst werden.

Hierbei wird entweder die rotatorische Bewegung selbst (Drehwinkelregelung) oder eine indirekte translatorische Bewegung (Lageregelung) geregelt. Die translatorische Bewegung kann aus der rotatorischen Bewegung am Motorausgang mit Hilfe von Spindel und Mutter oder durch Ritzel und Zahnstange erzeugt werden. Die Prinzipien sind in Bild 8.73 dargestellt. Der unterlagerte elektro-hydraulische Drehzahlregelkreis dient als Regelstrecke. Ein Vorteil dieses Antriebskonzeptes ist die Möglichkeit der Bremsenergierückgewinnung. Bei Verzögerungsvorgängen wird der Verstellmotor in den Pumpenbetrieb geschwenkt, so dass das Versorgungsnetz gespeist werden kann /Haas89/.

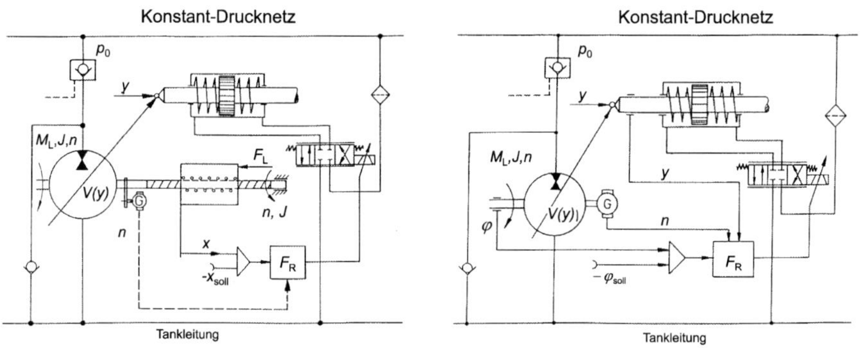

Bild 8.73: Lage- (links) und Drehwinkelregelung (rechts) des Antriebes nach Typ 2

8.3.2.1 Einschleifige Regelung

Das Verhalten des drehwinkel- oder lagegeregelten Verstellmotors am Konstantdrucknetz kann anhand eines vereinfachten, linearen Modells abgeschätzt werden. Im einfachsten Fall wird der Regelkreis kaskadenförmig aufgebaut. Der innere Kreis ist der Drehzahlregelkreis mit einem PT_2-Verhalten der Regelstrecke (siehe Kapitel 8.2.2). Der äußere Regelkreis dient zur Drehwinkelregelung, der z.B. mit einem P-Regler arbeitet. Aus der Drehwinkelabweichung wird die Solldrehzahl bestimmt und an den inneren Kreis übergeben.

Der Wirkungsplan des drehwinkelgeregelten Verstellmotors kann Bild 8.74 entnommen werden.

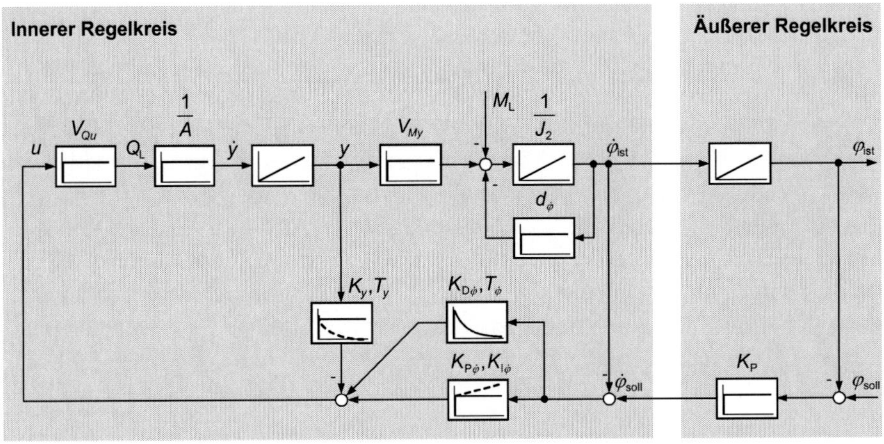

Bild 8.74: Wirkungsplan des drehwinkelgeregelten Verstellmotors mit Kaskadenregelung /Haas89/

Drehwinkelregelkreise werden im stationären Zustand durch den Drehwinkelfehler und die Laststeifigkeit gekennzeichnet. Im ausgeregelten Zustand gilt für den Drehwinkelregelkreis, dass die Drehwinkelgeschwindigkeit gleich Null ist

$$\dot{\varphi}_{ist} = 0 \tag{8.63}$$

Die Schließbedingung des Regelkreises mit der Kaskadenstruktur lautet

$$\dot{\varphi}_{soll} = K_P\,(\varphi_{soll} - \varphi_{ist}) \tag{8.64}$$

Nach Einsetzen der Gleichung (8.35) in (8.64) bei gleichzeitiger Berücksichtigung der Gleichung (8.63) folgt die Beziehung für die Drehwinkelabweichung

$$\varphi_{\mathrm{soll}} - \varphi_{\mathrm{ist}} = \frac{1}{V_{My}} \frac{K_y}{K_{\dot{\varphi}}\, K_{\mathrm{P}}} M_{\mathrm{L}} \tag{8.65}$$

Die Gleichung für die Laststeifigkeit des Drehwinkelregelkreises lautet dann

$$L = -\frac{dM_{\mathrm{L}}}{d\varphi} = V_{My} \frac{K_{\dot{\varphi}}\, K_{\mathrm{P}}}{K_y} \tag{8.66}$$

Durch Erhöhen der Regler- bzw. Kreisverstärkung K_{P} des Drehwinkels kann der unter Last auftretende Fehler zwischen Soll- und Istwert verkleinert werden. Die Grenze wird hier durch die dynamische Stabilität gesetzt. Bei Verwendung einer nachgebenden (d.h. über ein DT_1-Glied) Stellwegrückführung mit K_y und T_y wird dieser Fehler stationär zu Null.

In Bild 8.75 ist das Führungsverhalten der Drehwinkelregelung bei verschiedenen Reglerwerten K_{P} gezeigt. Im Gegensatz zur Kaskadenregelung wurde in diesen Messungen der Drehwinkel direkt auf das Ventil des Stellzylinders zurückgeführt. Es ergeben sich gegenüber der kaskadenförmigen Struktur Vorteile im dynamischen Verhalten.

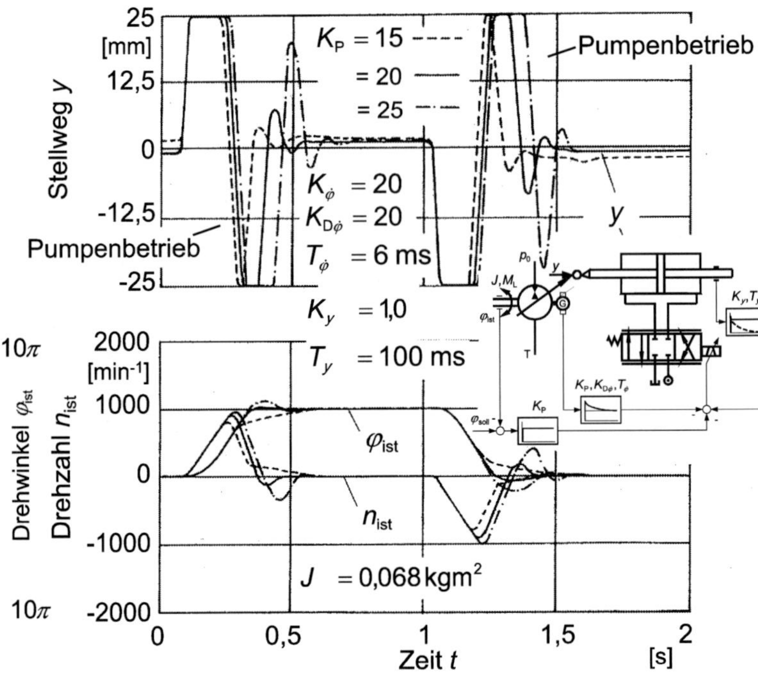

Bild 8.75: Führungsverhalten bei Variation von K_P

Mit Zuschalten des Führungsgrößensprungs fährt der Stellkolben in einen Anschlag. Dadurch nimmt die Drehwinkelgeschwindigkeit linear zu. Abhängig von der Verstärkung K_P erfolgt dann der Umkehrpunkt zur Verzögerungsphase. Während der gesamten Zeitspanne, in welcher der Stellweg des Motors durch Null in den Pumpenbetrieb fährt, wird die dabei anfallende Bremsenergie als hydraulische Nutzleistung zurück gewonnen. Ein nahezu überschwingfreies Einfahren in die Sollposition ergibt sich bei dem mittleren Wert von K_P.

Bei Rücknahme des Führungsgrößensprungs stellen sich spiegelsymmetrische Signalverläufe ein. Ist die Sollposition erreicht, müsste bei einem reibungsfreien und unbelasteten Antrieb der Stellweg auf Null zurückgehen. Der Bereich, in dem der Stellkolben stehen bleibt, gibt somit Aufschluss über die Festkörperreibung im Motor und in der angeschlossenen Lasteinheit, sofern kein Lastmoment anliegt.

Der Verlauf der Energiezuführung und Energierückgewinnung bei einem Positioniervorgang soll anhand der prinzipiellen Darstellung in Bild 8.76 erläutert werden. Dabci kann die Energie ermittelt werden aus

$$W = \int M_{2\max} \frac{y}{y_{\max}} \dot{\varphi}(t)\, dt \tag{8.67}$$

Bei Vorgabe des Solldrehwinkels fährt der Stellkolben aus und der Motor baut ein Beschleunigungsmoment auf. In dieser Phase entnimmt der Motor dem Drucknetz Energie. Bei Annäherung an den Solldrehwinkel schwenkt der Stellkolben zum Abbremsen über Null in die Gegenrichtung um. Während dieser Phase arbeitet der Antrieb als Pumpe, d.h. von der Tankseite wird ein Volumenstrom in das Drucknetz gefördert und somit Energie zurück gewonnen. Als Verlustenergie bei einer Positionierung treten jetzt lediglich die Verluste aufgrund des Motorwirkungsgrades sowie der Arbeitsaufnahme des Stellsystems auf.

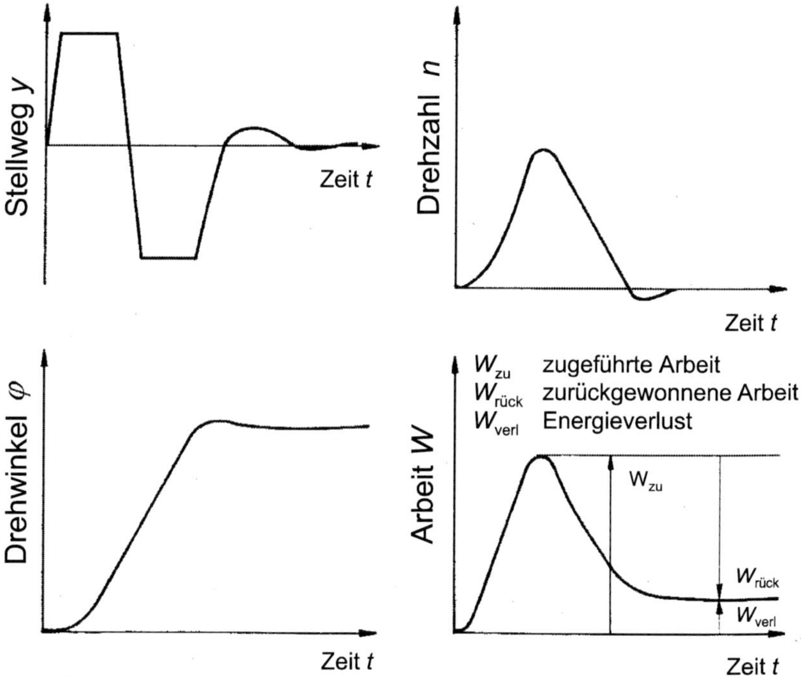

Bild 8.76: Prinzipielle Darstellung des Positioniervorgangs

Im Gegensatz zu diesem prinzipiellen Verlauf ist bei einer realen Positionierung (siehe Bild 8.75) der Zeitabschnitt des Motorbetriebs ($y > 0$ und $n > 0$ oder $y < 0$ und $n < 0$) größer als der des Pumpenbetriebs ($y > 0$ und $n < 0$ oder $y < 0$ und $n > 0$), da das für die Winkeländerung zur Verfügung stehende Moment beim Beschleunigen um die Verlustanteile gemindert und beim Verzögern um dieselben Anteile erhöht wird.

In Bild 8.77 sind die Verläufe von Drehwinkel und Arbeit bei zwei unterschiedlichen Belastungen mit konstanten Reglerparametern dargestellt.

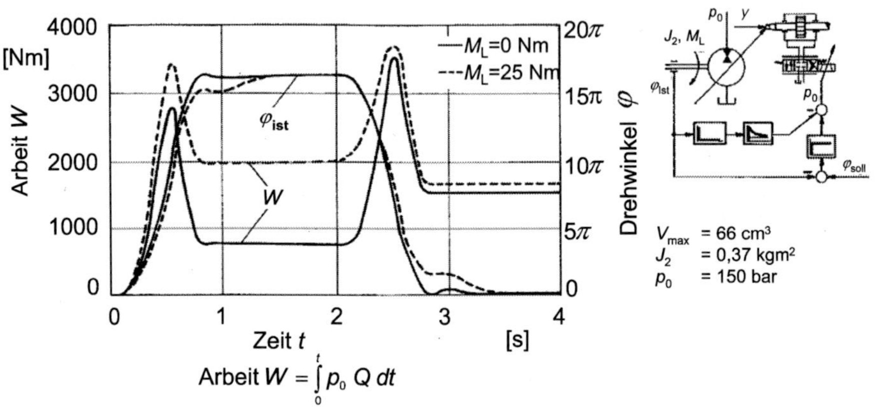

Bild 8.77: Positioniervorgang und Arbeitsaufnahme bei unterschiedlicher Belastung

Bei einem Lastmoment von $M_L = 25$ Nm muss zunächst wesentlich mehr Energie als beim unbelasteten Antrieb aufgebracht werden, um die Motorwelle in die neue Position zu verfahren. Beim Reversieren wirkt das Lastmoment jedoch antreibend, so dass dem Drucknetz jetzt Energie zugeführt wird. Für den gesamten Vorgang weist die Arbeitsaufnahme mit oder ohne Belastung einen annähernd gleichen Endwert auf. Der auftretende Energieverlust ist hauptsächlich darauf zurückzuführen, dass der Motor während des Positioniervorgangs in einem ungünstigen Wirkungsgradsbereich seines Wirkungsgradkennfeldes arbeitet. Es können ca. 70 % der zur Beschleunigung aufgewendeten Energie beim Abbremsen zurückgewonnen werden.

Anwendungsbeispiele

Als Beispiel eines sekundärgeregelten Antriebs wird in Bild 8.78 ein Antrieb zur Betätigung von Klappen – sogenannten Flaps – im *Hochauftriebsystem eines A380* vorgestellt.

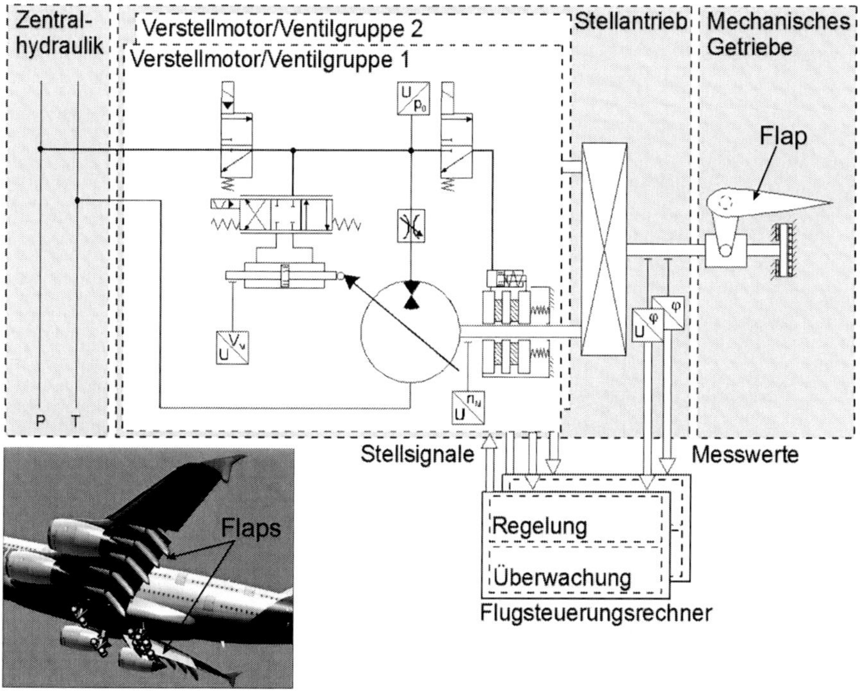

Bild 8.78: Sekundärregelung für Hochauftriebsystem (A380 / Liebherr-Aerospace)

Jede Antriebseinheit besteht aus einem sekundärgeregelten Verstellmotor mit Kupplung, Stellantriebsgetriebe sowie mechanischem Spindel-Mutter-Getriebe zur Klappenverstellung. Die Lageregelung der Klappe erfolgt über die Erfassung des Drehwinkels an der Spindel des Stellantriebs. Insgesamt können bis zu fünf solcher Antriebseinheiten pro Tragfläche eingesetzt werden.

Aufgrund geringerer Verluste der Sekundärregelung lässt sich der mittlere Leistungsbedarf um 50% im Vergleich zum Antrieb mit ventilgesteuerten Konstantmotor (Quadrant II) senken. Dadurch wird die Wärmeeinbringung in das Hydrauliksystem des Flugzeugs halbiert.

Bei einem Gewicht von 58 kg wird eine Leistung von 93 kW pro Antriebseinheit erreicht.

Als weiteres Beispiel für den Einsatz von sekundärgeregelten Antrieben im Lageregelkreis sei ein *Transportmanipulator* für bis zu 10 Tonnen schwere Ringrohlinge genannt (siehe Bild 8.79).

Der Manipulator entnimmt den Ringrohling einer Presse und transportiert ihn zu einer 40 m entfernten Ringwalzmaschine, an der der Ring abgelegt wird.

Bild 8.79: Hydraulischer Manipulator

Für diese Anwendung ist eine Positioniergenauigkeit von ± 2 mm gefordert. Der Manipulator verfügt neben den Hubarm- und Stangenzylindern auch über einen hydrostatischen Antrieb des Fahr- und Drehwerks. Da die Sekundärregelung die erforderlichen Genauigkeiten gewährt, kann darüber hinaus bei Nutzung der Sekundärregelung der Vorteil der Energierückspeisung und des hohen Wirkungsgrades genutzt werden. Das Fahrzeug wiegt beladen ca. 53 Tonnen und fährt bei einer maximalen Beschleunigung von 0,85 m/s² und einer maximalen Geschwindigkeit von 2,7 m/s. Durch den Einsatz der Sekundärregelung kann die Leistung des Dieselmotors auf 143 kW begrenzt werden, obwohl die Summenleistung aller Verbraucher ca. 600 kW beträgt. Der Schaltplan des Systems ist in Bild 8.80 dargestellt.

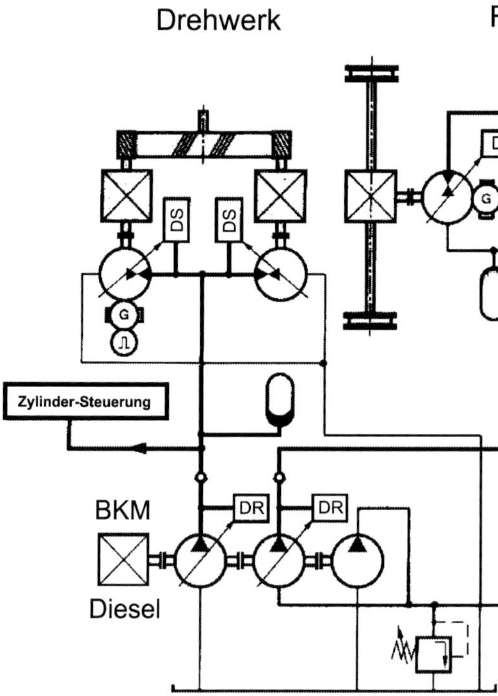

Bild 8.80: Hydraulikschaltplan des Schmiedemanipulators

Der Dieselmotor treibt eine Tandempumpe an, an die ebenfalls eine Speisepumpe für den im geschlossenen Kreis realisierten Fahrantrieb angeflanscht ist. Das Drehwerk arbeitet dagegen im offenen Kreis. Die Drehzahl des Fahrantriebes wird über einen analogen Tachogenerator erfasst, während das Drehwerk zusätzlich noch über einen digitalen Positionsgeber verfügt.

Der Fahrzyklus stellt sich nun wie folgt dar: Während der vorhergegangenen hydrostatischen Bremsung wurde das Speichersystem des Fahrwerks aufgeladen. Zur Beschleunigung des Fahrzeuges schwenken nun beide Fahrmotoren maximal aus. Ist die Geschwindigkeit erreicht, so schwenken sie wieder zurück und stellen nur das gegen den Rollwiderstand erforderliche Moment zur Verfügung. Fällt der Systemdruck unter den Grenzwert, so schwenkt die bisher im Nullhub betriebene Pumpe aus und deckt den aktuellen Volumenstrombedarf. Beim Bremsvorgang wird die kinetische Energie des Fahrzeugs von den Fahrantrieben wieder in hydraulische Energie umgesetzt und in den Speichern zwischengespeichert. Währenddessen arbeitet die Pumpe wieder im Nullhub und fördert keine Leistung in das System. Der gleiche Mechanismus wird ebenfalls im Drehwerk genutzt, dessen Energierückspeisung die Versorgung der nicht näher dargestellten Zylindersteuerung übernimmt. Der kontinuierliche Energietransfer ohne Wandlung in die elektrische Energie reduziert in diesem Fall den Verbrauch des Dieselmotors.

8.3.2.2 Mehrschleifige Regelung

Um das statische und dynamische Verhalten von elektro-hydraulischen Motorregelungen zu verbessern, bietet sich eine mehrschleifige Reglerstruktur an. Beispielhaft wird am linearen Modell 3. Ordnung eines Verstellmotors die Struktur des dreischleifigen Zustandsreglers verdeutlicht (siehe Bild 8.81).

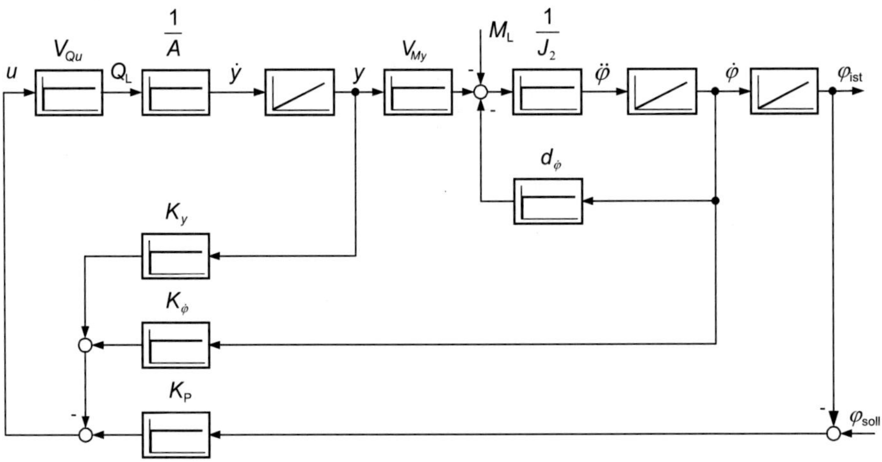

Bild 8.81: Wirkungsplan eines Zustandsreglers für die Drehwinkelregelung sekundärgeregelter Antriebe (Typ 2) /Wei95/

Die Rückführung der Zustandsgrößen ermöglicht die signaltechnische Dynamikbeeinflussung des Motors. Der dreischleifige Regler führt die Zustandsgrößen Drehwinkel, Winkelgeschwindigkeit und Stellzylinderposition zurück.

Die proportionale Rückführung der Stellzylinderposition führt bei Einwirken einer Last jedoch zu einer bleibenden Regelabweichung, so dass auch beim mehrschleifigen Regelkreis eine nachgebende (d.h. über ein DT_1-Glied) Stellwegrückführung sinnvoll ist.

Für den in Bild 8.81 gezeigten Regler stellt Bild 8.82 eine Sprungantwort von 0 bis 20000 Inkremente dar, was bei der verwendeten Sensorauflösung einer Umdrehung entspricht. Zur Beschleunigung des lastfreien Antriebes schwenkt der Motor maximal aus. Dies ist am Anschlag der Stellzylinderposition ersichtlich. Zum Verzögern schwenkt der Stellzylinder die Schrägscheibe in den negativen Bereich. Jetzt arbeitet die Einheit im Pumpenbetrieb und fördert hydraulische Energie in den Hydrospeicher der Druckversorgung.

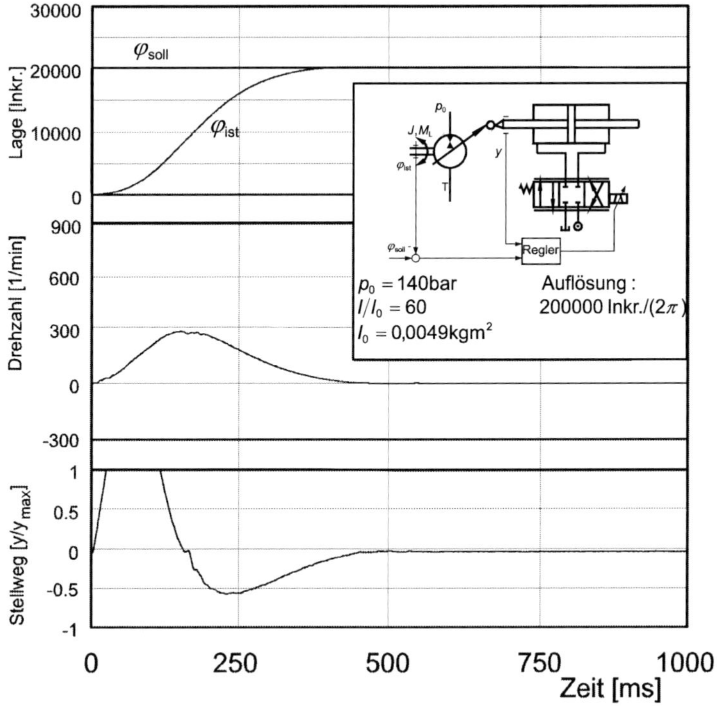

Bild 8.82: Messung einer Sprungantwort /Wei95/

Da der konstant ausgeschwenkte Motor eine konstante Beschleunigungsleistung aus dem Versorgungsnetz entnimmt, besteht bei großen Drehwinkelsprüngen die Gefahr, dass die zulässige Drehzahl des Motors überschritten wird. Abhilfe schafft eine Begrenzung der Rampensteigung des Sollsignals, die der zulässigen Drehzahl entspricht.

Beim Regelungskonzept mit unterlagerter Drehzahlregelung (siehe Bild 8.74) lässt sich das Problem der überkritischen Motordrehzahl vermeiden, indem der Sollwerteingang des Drehzahlregelkreises auf die zulässige Drehzahl begrenzt wird.

9 ANHANG – REGELUNGSTECHNISCHE GRUNDLAGEN

neu bearbeitet von Dr.-Ing. Matthias Liermann

Voraussetzung für das Verständnis der Servohydraulik ist die Kenntnis einiger grundlegender regelungstechnischer Zusammenhänge und Begriffe.

Für Leser, denen diese Kenntnisse fehlen, sind in diesem Kapitel die wichtigsten Zusammenhänge in einem Überblick aufgeführt. Dabei wird vor allem auf die für die Servohydraulik bedeutsame Lageregelung eingegangen. Für eine weitergehende Beschäftigung mit der Regelungstechnik wird auf die Literatur hingewiesen.

9.1 Regelungstechnische Darstellungsweisen

In Bild 9.1 ist ein Lageregelkreis dargestellt, wie er in Vorschubantrieben für Werkzeugmaschinen verwendet wird.

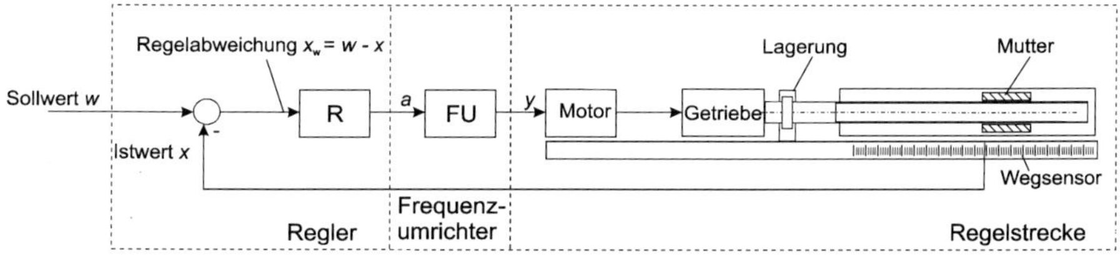

Bild 9.1: Lageregelkreis

Die Lage x des Schlittens wird mit Hilfe eines Wegsensors gemessen und stellt den Istwert des Lageregelkreises dar. Die Solllage des Schlittens wird durch den Sollwert w (Führungsgröße w) von der Steuerung vorgegeben. Die Differenz von Soll- und Istwert ($w - x$) ergibt die Regelabweichung x_w des Istwerts vom Sollwert.

Die Regelabweichung durchläuft den Regler, dessen Ausgang die Stellgröße y ist. Dies ist gleichzeitig die Eingangsgröße der Regelstrecke und steuert die Drehzahl des Motors. Die Drehbewegung des Motors wird über das Getriebe und die Spindel in die geforderte translatorische Bewegung des Schlittens umgewandelt. Damit schließt sich der Lageregelkreis. Bevor auf das Verhalten dieses Regelkreises näher eingegangen wird, sollen zunächst die Darstellungsweisen und Beschreibungsmöglichkeiten, die das Übertragungsverhalten eines Elementes oder Systems charakterisieren, behandelt werden.

9.1.1 Der Wirkungsplan

Die Abhängigkeit eines Ausgangssignals von den Eingangssignalen des Übertragungselementes wird sinnbildlich durch einen Block dargestellt. Die Richtung des Signalflusses kann mit der des Energieflusses übereinstimmen.

Die Eingangsgröße eines Blockes darf eine Änderung der Ausgangsgröße bewirken, umgekehrt aber darf die Ausgangsgröße die Eingangsgröße nicht beeinflussen. Diese Bedingung wird als Rückwirkungsfreiheit bezeichnet.

Viele Bauelemente der Hydraulik lassen sich nicht als rückwirkungsfreie Blöcke beschreiben. So hängt z.B. der Volumenstrom durch ein Servoventil von dem Steuersignal und der Druckdifferenz am Ventil ab. Laständerungen am Motor, die diese Druckdifferenz beeinflussen, wirken daher auf den Volumenstrom durch das Ventil zurück. In diesem Falle muss der Wirkungsablauf eines solchen Elementes in seine Einzelfunktionen aufgegliedert werden. Diese Einzelfunktionen werden nun als rückwirkungsfreie Blöcke durch die elementaren Verknüpfungen zum Gesamtelement zusammengeschaltet.

In Bild 9.2 sind die wichtigsten Grundelemente, die in Blockschaltbildern verwendet werden, sowie einige elementare Verknüpfungen zusammengestellt. Oben im Bild werden Summenpunkt und Verzweigung gezeigt. Als Zusammenschaltung von Grundelementen sind die Parallel- und die Reihenschaltung sowie die Rückkopplung angegeben.

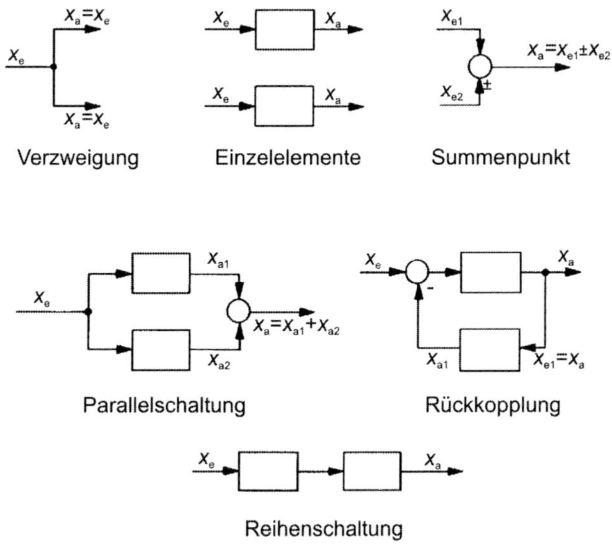

Bild 9.2: Grundelemente und elementare Verknüpfungen des Blockschaltbildes

9.1.2 Elementare lineare Übertragungsglieder

In der bisher beschriebenen Blockdarstellung von Bauelementen ist noch keine Aussage darüber getroffen worden, welche Verknüpfung zwischen der Eingangsgröße eines Blockes und der Ausgangsgröße besteht.

Bei einem großen Teil der verwendeten Elemente der Regelungstechnik ist diese Verknüpfung eine stetige Funktion. Innerhalb dieser Gruppe wird zwischen Elementen mit linearem und nichtlinearem Verhalten unterschieden. Ein Element wird linear genannt, wenn es dem Überlagerungsgesetz gehorcht. Dieses sagt aus, dass mehrere Signale in einem Übertragungsweg einander überlagert, d.h. addiert werden dürfen, ohne dass sie sich gegenseitig beeinflussen. Es gilt somit für lineare Übertragungselemente:

Wenn die Eingangsgröße $x_{e1}(t)$ einen Ausgangsverlauf $x_{a1}(t)$ erzeugt, und wenn eine andere Eingangsgröße $x_{e2}(t)$ für sich genommen den Ausgangsverlauf $x_{a2}(t)$ hervorruft, dann erzeugt die Summe der Eingangsverläufe am Ausgang die Summe der einzelnen Ausgangsverläufe.

Entspricht nur ein Teilbereich der Kennlinie dieser Forderung und wird nur dieser Teilbereich genutzt, so wird dieses Element für diesen Fall ebenfalls als linear angesehen. Linearität ist für die Anwendung einiger wichtiger mathematischer Beschreibungsmethoden Voraussetzung.

Alle linearen Übertragungssysteme, sofern sie durch gewöhnliche Differentialgleichungen beschrieben werden, können durch Verknüpfungen von drei Grundelementen beschrieben werden:

- Proportionales Element
- Integrierendes Element
- Differenzierendes Element.

Ein PT_1-Element, d.h. ein proportionales Element mit einer Verzögerung erster Ordnung, entsteht beispielsweise durch einen Integrierer, dessen Ausgangssignal proportional zurückgeführt und vom Eingangssignal abgezogen wird, siehe Bild 9.3.

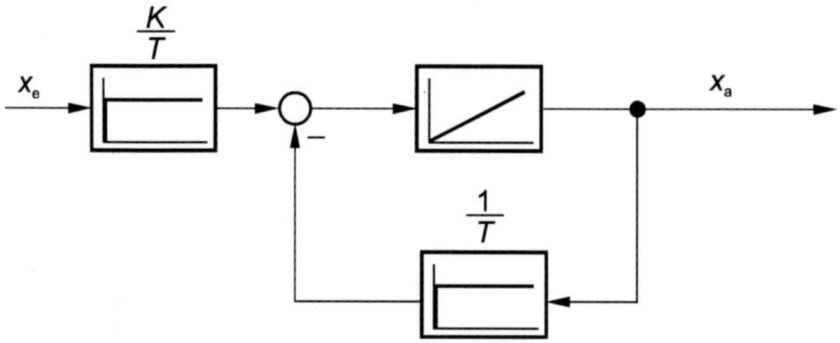

Bild 9.3: Verschaltung des PT_1-Elementes aus Integrierer und proportionaler Rückführung

In Bild 9.4, Bild 9.5 und Bild 9.6 werden die wichtigsten Übertragungselemente als Blockschaltbild mit den zugehörigen Differentialgleichungen angegeben, /Abe06/. Die Lösung der Differentialgleichung beschreibt jeweils das Verhalten der Ausgangsgröße bei einer sprungförmigen Änderung des Eingangssignals von Null auf den Wert eins zum Zeitpunkt $t = 0$.

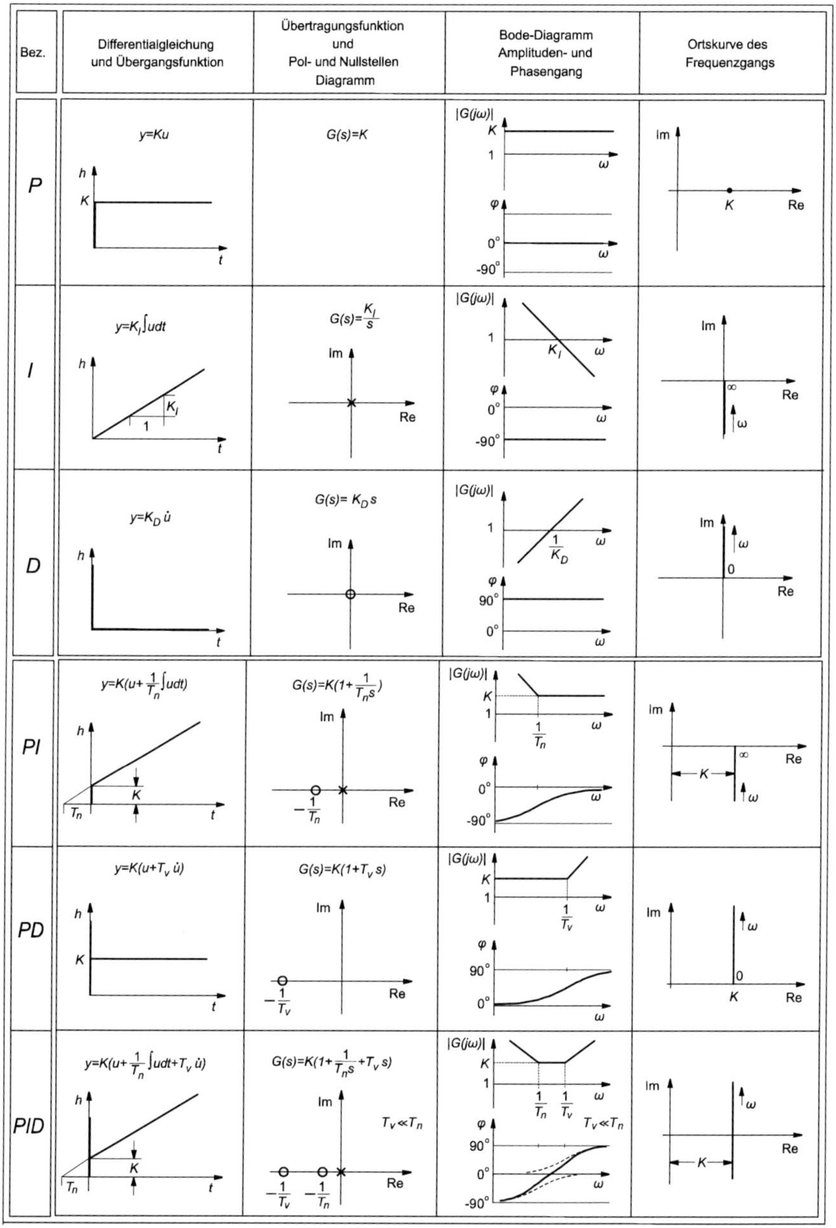

Bild 9.4: Standard-Übertragungselemente /Abe06/

Bez.	Differentialgleichung und Übergangsfunktion	Übertragungsfunktion und Pol- und Nullstellen Diagramm	Bode-Diagramm Amplituden- und Phasengang	Ortskurve des Frequenzgangs
PT_1	$T\dot{y} + y = K u$ 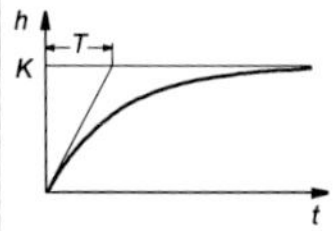	$G(s)=\frac{K}{1+Ts}$ 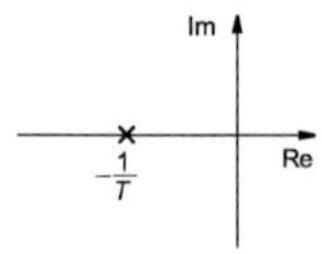	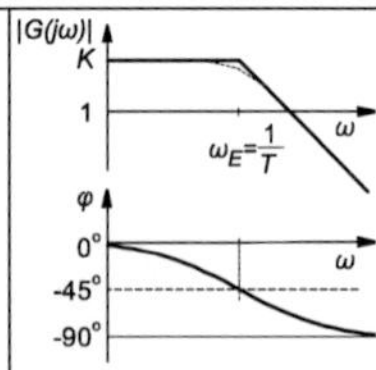	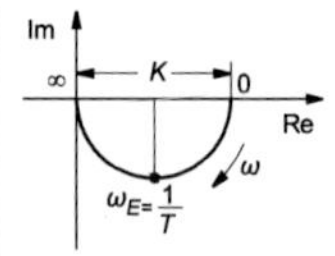
PT_2 $(D \geq 1)$	$T_1T_2\ddot{y}+(T_1+T_2)\dot{y}+y=Ku$ 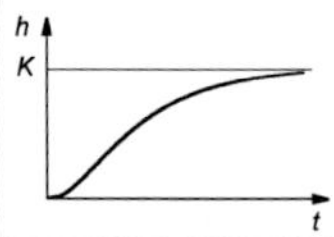	$G(s)=\frac{K}{T_1T_2s^2+(T_1+T_2)s+1}$ 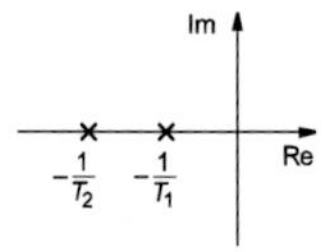	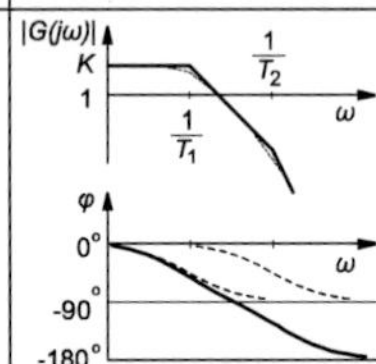	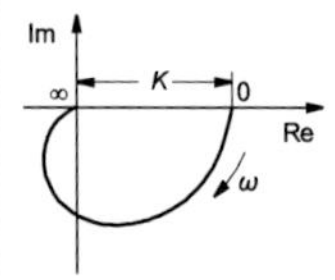
PT_2 $(D < 1)$	$\ddot{y}+2D\omega_0\dot{y}+\omega_0^2y=\omega_0^2Ku$ 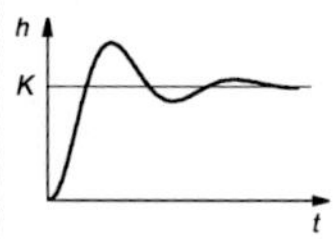	$G(s)=\frac{\omega_0^2K}{s^2+2D\omega_0s+\omega_0^2}$ 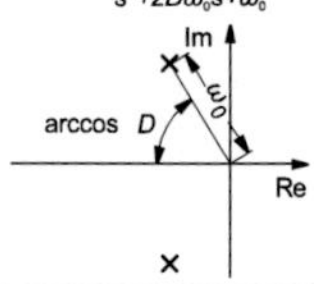	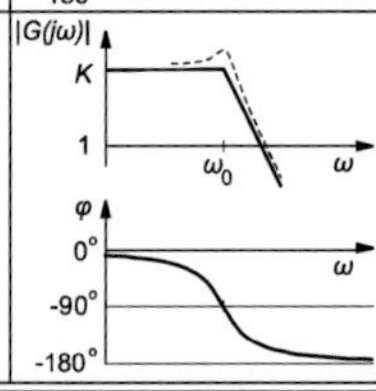	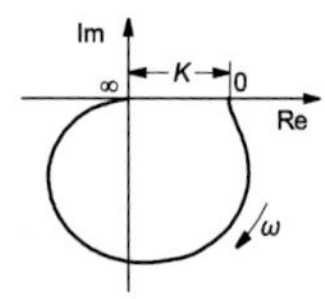
PT_2 $(D=0)$	$\ddot{y}+\omega_0^2y=\omega_0^2Ku$ 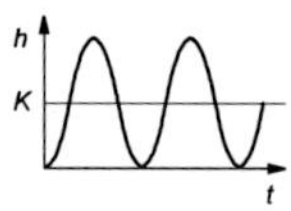	$G(s)=\frac{\omega_0^2K}{s^2+\omega_0^2}$ 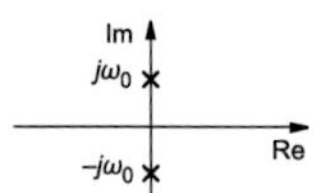	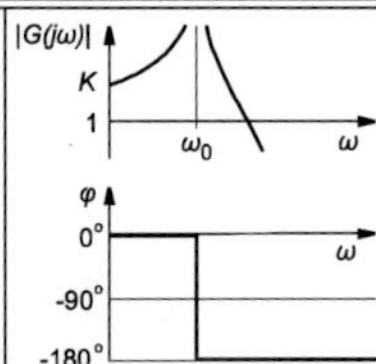	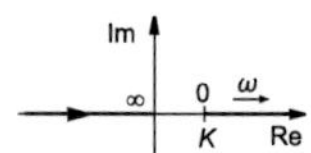
IT_1	$T\dot{y}+y=K_I\int u\,dt$ 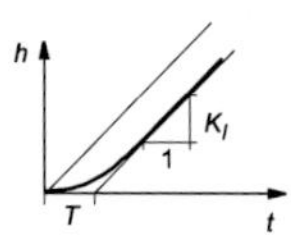	$G(s)=\frac{K_I}{s(1+Ts)}$ 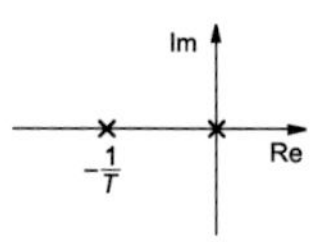	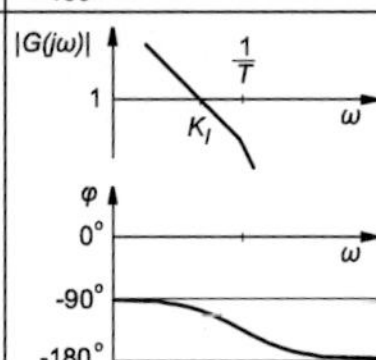	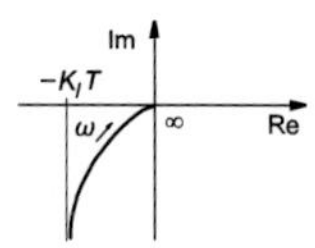
DT_1	$T\dot{y}+y=K_D\dot{u}$ 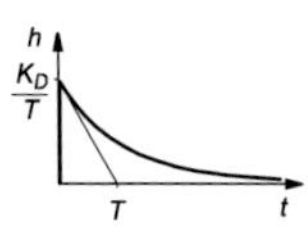	$G(s)=\frac{K_Ds}{1+Ts}$ 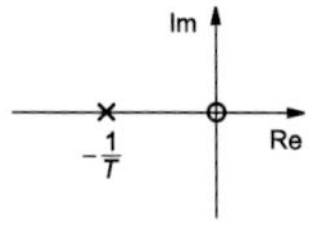	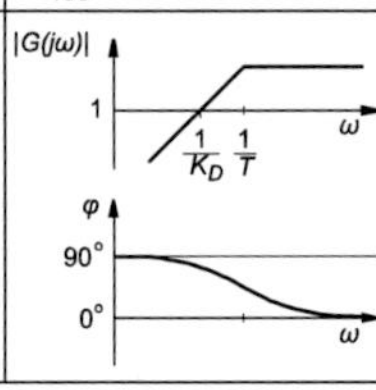	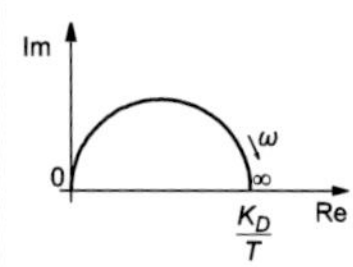

Bild 9.5: Standard-Übertragungselemente (Fortsetzung)

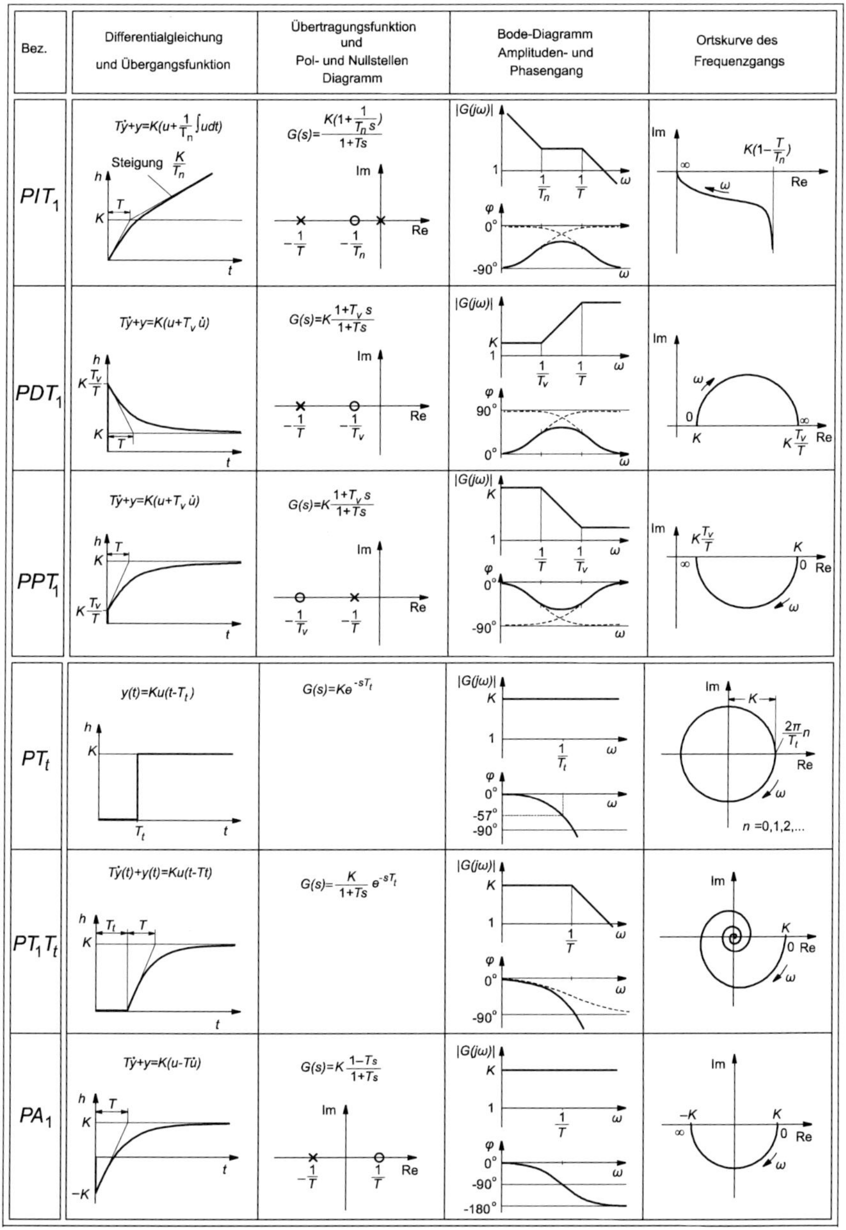

Bild 9.6: Standard-Übertragungselemente (Fortsetzung)

9.2 Beschreibung von Regelkreisgliedern durch Differentialgleichungen

Das Zeitverhalten von Elementen eines Regelkreises sowie des gesamten Kreises kann durch Differentialgleichungen bzw. Differentialgleichungssysteme beschrieben werden. An Beispielen soll das Prinzip dieses Verfahrens gezeigt, und gleichzeitig sollen die Begriffe und die Bedeutung der Kenngrößen erklärt werden.

9.2.1 Hydraulisches RC-Glied mit PT_1-Verhalten

In Bild 9.7 ist ein Behälter (hydraulische Kapazität C_H) dargestellt, der über einen Kapillarwiderstand R_H an eine Konstantdruckquelle angeschlossen ist. Die Verschaltung aus einem Widerstand und einer Kapazität kommt in vielen Systemen vor und wird auch RC-Glied genannt. Bei einer sprungförmigen Änderung des Druckes p_1 ergibt sich der in Bild 9.7 dargestellte Verlauf des Behälterdruckes p_2 als Funktion der Zeit.

Die mathematische Formulierung des Zeitverhaltens des Druckes im Behälter erfolgt durch die folgenden, vereinfachenden Gleichungen. Für den Volumenstrom Q_R durch einen Kapillarwiderstand gilt:

$$Q_R = \frac{(p_1 - p_2)}{R_H} \tag{9.1}$$

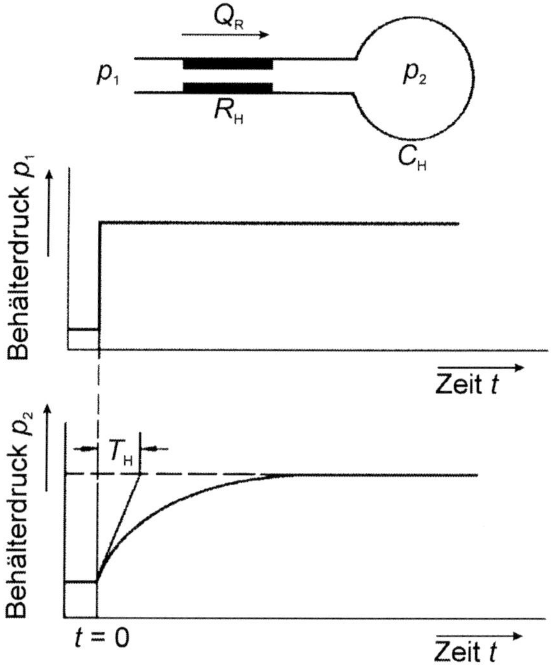

Bild 9.7: Das Zeitverhalten eines hydraulischen RC-Gliedes

Die Druckänderungsgeschwindigkeit $\dot{p}$ in einem Behälter ist abhängig von seiner hydraulischen Kapazität C_H und dem zuströmenden Volumenstrom Q_C. Es gilt:

$$\dot{p}_2 = \frac{Q_C}{C_H} \tag{9.2}$$

Bei einer Reihenschaltung der Elemente sind die Volumenströme Q_R und Q_C gleich, so dass gilt:

$$\frac{p_1 - p_2}{R_H} = C_H \cdot \dot{p}_2 \tag{9.3}$$

Daraus folgt:

$$R_H C_H \dot{p}_2 + p_2 = p_1 \tag{9.4}$$

Der Faktor $R_H \cdot C_H$ hat die Dimension der Zeit und wird deshalb als hydraulische Zeitkonstante T_H definiert. Diese Zeitkonstante ist in Bild 9.7 eingetragen. Sie wird mit Hilfe einer Tangenten an die Übergangsfunktion zum Zeitpunkt der sprungförmigen Änderung der Eingangsgröße ermittelt. In diesem Fall ist dies die sprungförmige Änderung des Druckes p_1. Die Zeitkonstante (eines PT_1-Gliedes) ist die Zeit zwischen sprungförmiger Änderung der Eingangsgröße bis zum Schnittpunkt der oben beschriebenen Tangente mit dem statischen Endwert der Ausgangsgröße.

Die allgemeine Darstellung der Differentialgleichung für ein PT_1-Glied (Verzögerungsglied 1. Ordnung) lässt sich als lineare Differentialgleichung (l. Ordnung) angeben zu:

$$T\dot{x}_a + x_a = Vx_e \tag{9.5}$$

mit:

$$R_H C_H \dot{p}_2 + p_2 = p_1 \tag{9.6}$$

Für die Sprungerregung

$$x_e(t) = \begin{cases} 0, & \text{für } t < 0 \\ x_e, & \text{für } t \geq 0 \end{cases} \tag{9.7}$$

ergibt sich die Lösung der Differentialgleichung zu:

$$x_a = Vx_e\left(1 - e^{-t/T}\right) \tag{9.8}$$

An einem zweiten Beispiel soll eine Differentialgleichung zweiter Ordnung hergeleitet werden, die im Blockschaltbild durch ein PT_2-Element dargestellt werden kann.

9.2.2 Schwingungsfähiges hydraulisches System mit PT_2-Verhalten

In Bild 9.8 ist eine Pumpe dargestellt, die einen konstanten Volumenstrom Q_p über ein DBV fördert. Der Druck p in der Versorgungsleitung und die Drehzahl des Motors n ist gleich Null. Zum Zeitpunkt $t = 0$ wird das Schaltventil geöffnet. Damit fließt der konstante Pumpenförderstrom in die Versorgungsleitung.

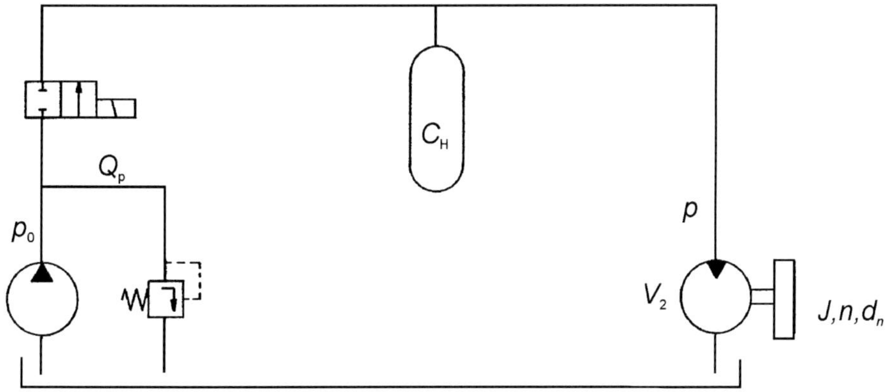

Bild 9.8: Hydraulischer Schwingkreis

Für den Druckaufbau gilt:

$$\dot{p} = \frac{1}{C_H}(Q_p - nV_2) \tag{9.9}$$

Der Motor wird durch den steigenden Versorgungsdruck p beschleunigt:

$$J2\pi\dot{n} + d_n n = p\frac{V_2}{2 \cdot \pi} \tag{9.10}$$

Gleichung 9.9 nach n aufgelöst und in Gleichung 9.10 eingesetzt, liefert die Differentialgleichung für den Druckaufbau:

$$\ddot{p} + \frac{d_n}{2\pi J}\dot{p} + \frac{1}{C_H J}\left(\frac{V_2}{2\pi}\right)^2 p = \frac{Q_p d_n}{2\pi C_H J} \tag{9.11}$$

Durch Koeffizientenvergleich mit einer Differentialgleichung zweiter Ordnung, welche ein schwingungsfähiges System (PT_2) beschreibt,

$$\ddot{x} + 2D\omega_0\dot{x} + \omega^2 x = K \tag{9.12}$$

können die Kennkreisfrequenz ω_0 und die Dämpfung D bestimmt werden:

$$\omega_0 = \frac{V_2}{2\pi}\frac{1}{\sqrt{C_H J}} \tag{9.13}$$

$$D = \frac{d_n}{2V_2 I}\sqrt{C_H J} \tag{9.14}$$

Für $1 > D > 0$ schwingt ein PT_2-Übertragungsglied bei einer sprungförmigen Anregung über seinen Endwert hinaus. Die Frequenz der dabei entstehenden gedämpften Schwingung wird als Eigenkreisfrequenz ω_e bzw. Eigenfrequenz f_e bezeichnet. Sie ergibt sich aus dem Dämpfungsgrad D und der Kennkreisfrequenz ω_0 zu

$$\omega_e = \omega_0\sqrt{1-D^2} = 2\pi f_e \tag{9.15}$$

Die Kennkreisfrequenz ω_0 wird hingegen auch Eigenkreisfrequenz des ungedämpften Systems genannt. Der Zusammenhang zwischen Eigenkreisfrequenz und Dämpfung wird sehr gut an Bild 9.9 sichtbar. Es zeigt die Sprungantwort eines PT_2 im Zeitbereich bei unterschiedlichen Dämpfungsgraden D zwischen Null und Eins.

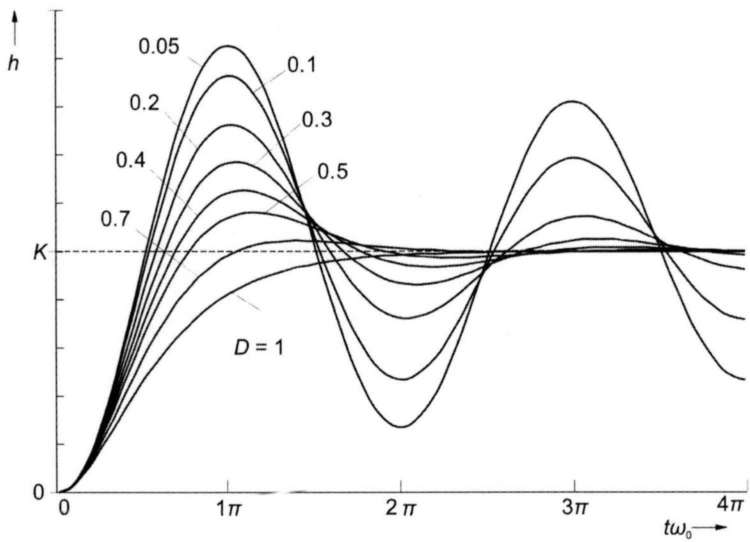

Bild 9.9: Sprungantworten eines PT_2 – Elementes mit Dämpfung $0 < D < 1$ /Abe06/

Je geringer die Dämpfung D ist, desto größer ist das Überschwingen und desto länger hält die Schwingung an. Die Sprungantwort besteht aus einer gedämpften Schwingung mit der Eigenkreisfrequenz ω_e. Die Eigenkreisfrequenz ist für unterschiedliche Dämpfungsgrade nicht gleich. Dies ist in der Frequenzbereichsdarstellung gut sichtbar. Bild 9.10 zeigt die Bode-Diagramme der unterschiedlich gedämpften PT_2-Elemente.

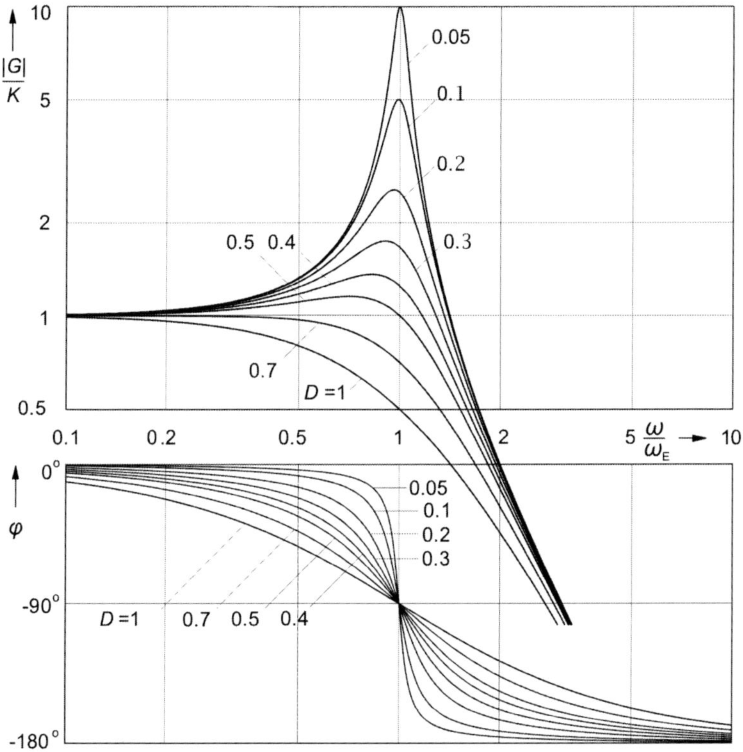

Bild 9.10: Bodediagramme für PT_2 – Elemente mit Dämpfung $0 < D < 1$ /Abe06/

Obwohl die Kennkreisfrequenz ω_0 für alle Kurven gleich ist (Schnittpunkt des Phasengangs mit -90°), ist die Eigenfrequenz ω_e (Frequenz bei Amplitudenmaximum) umso geringer, je größer die Dämpfung ist.

Da die drehzahlproportionale (geschwindigkeitsproportionale) Reibung hydraulischer Antriebe meist sehr gering ist, ist es auch ihre Dämpfung ($D < 0{,}1$).

Aus den Gleichungen 9.9 und 9.10 kann auch die Differentialgleichung für die Geschwindigkeit hergeleitet werden. Dämpfungen und Eigenkreisfrequenz sind identisch mit denen des Druckaufbaus. Bei Schwingungen tauschen sich kinetische Energie des Motors

$$E_{kin} = \frac{1}{2} \cdot I \cdot (2 \cdot \pi \cdot n)^2 \tag{9.16}$$

und potentielle Energie

$$E_{pot} = \frac{1}{2} \cdot C_{\mathrm{H}} \cdot p^2 \tag{9.17}$$

aus.

9.3 Beschreibung von Regelkreisgliedern durch Frequenzganggleichungen

Die Frequenzganggleichung eines Systems kann aus seiner Differentialgleichung hergeleitet werden. Sie beschränkt sich jedoch auf eine sinusförmige Zeitfunktion der Eingangsgröße.

Die allgemeine Form einer linearen Differentialgleichung n-ter Ordnung ist:

$$a_n x_{\mathrm{a}}^{(n)} + ... + a_1 \dot{x}_{\mathrm{a}} + a_0 x_{\mathrm{a}} = b_0 x_{\mathrm{e}} + b_1 \dot{x}_{\mathrm{e}} + ... + b_m x_{\mathrm{e}}^{(m)} \tag{9.18}$$

Die Indizes (n) bzw. (m) kennzeichnen die n-te bzw. m-te Ableitung der Ausgangs- bzw. Eingangsgröße nach der Zeit. Für reale Systeme gilt $n > m$. Setzt man für $x(t)$ die Sinusfunktion nach der Eulerform in komplexer Schreibweise ein

$$e^{i\varphi} = \cos\varphi - i \cdot \sin\varphi \tag{9.19}$$

und ersetzt φ durch $(j\omega)$, ergibt sich die Frequenzganggleichung aus dem Verhältnis der Zeiger x_{a} und x_{e} in der komplexen Ebene zu:

$$F = \frac{x_{\mathrm{a}}(j\omega)}{x_{\mathrm{e}}(j\omega)} = \frac{b_0 + b_1(j\omega) + ... + b_m(j\omega)^m}{a_0 + a_1(j\omega) + ... + a_n(j\omega)^n} \tag{9.20}$$

Aus dem Vergleich dieser Frequenzganggleichung mit der entsprechenden Differentialgleichung ergeben sich folgende Zusammenhänge:

- Die Koeffizienten a_i der Ausgangsgröße bzw. ihrer zeitlichen Ableitungen erscheinen im Nenner der Frequenzganggleichung und die der Eingangsgröße im Zähler

- Die Faktoren a_i und b_i der i-ten Ableitung sind die Faktoren der i-ten Potenz von j.

Es ist zu erkennen, dass die zeitliche Ableitung einer Größe in einer Differentialgleichung einer Multiplikation der entsprechenden Größe mit $(j\omega)$ in der Frequenzganggleichung entspricht. Durch diesen Zusammenhang können Differentialgleichungen in der Frequenzbereichsdarstellung verhältnismäßig einfach miteinander verknüpft werden, was eine erhebliche Verringerung des rechnerischen Aufwandes bedeutet.

9.4 Zusammenschaltung von Übertragungsgliedern

Die Möglichkeit, einzelne Elemente miteinander zu verbinden, ist bereits in den vorherigen Kapiteln benutzt worden. Es soll nun an den wichtigsten Grundschaltungen gezeigt werden, wie mit Hilfe der Frequenzgangmethode eine mathematische Beschreibung eines Gesamtsystems erzeugt werden kann. Alle linearen Systeme können auf eine Kombination aus Reihen- und Parallelschaltung sowie Rückkopplung von einzelnen Übertragungselementen zurückgeführt werden, siehe Bild 9.2.

Reihenschaltung

Der Frequenzgang einer Reihenschaltung F_{Reihe} von zwei Übertragungselementen ergibt sich aus der Multiplikation der Einzelfrequenzgänge F_1 und F_2:

$$F_{\mathrm{Reihe}} = F_1 F_2 \tag{9.21}$$

Parallelschaltung

Die Parallelschaltung von zwei Übertragungselementen enthält einen Summenpunkt, in dem je nach der Art der Ausführung eine Addition oder Subtraktion durchgeführt wird. Eine Bedingung für die Verarbeitung der Signale am Summenpunkt ist die physikalische Gleichartigkeit der zu summierenden Größen. Das Gesamtverhalten der Parallelschaltung F_{Parallel} ergibt sich dann durch Addition bzw. Subtraktion der Frequenzganggleichungen F_1 und F_2.

$$F_{\mathrm{Parallel}} = F_1 \pm F_2 \tag{9.22}$$

Rückkopplung

Die regelungstechnisch bedeutendste elementare Verschaltung ist die Rückkopplung. In einem solchen System besteht ein geschlossener Signalkreislauf, das typische Merkmal eines Regelkreises. Eingangsgröße für das System mit dem Frequenzverhalten F_1 ist hier die Differenz bzw. Summe zwischen der Eingangsgröße des Gesamtsystems x_e und seiner Ausgangsgröße x_a. Ebenso wie für die Reihen- und

Parallelschaltung kann für eine Rückkopplung rechnerisch der Gesamtfrequenzgang aus den Einzelfrequenzgängen angegeben werden:

$$F_{\text{Rückkopplung}} = \frac{F_1}{F_1 F_2 \mp 1} \tag{9.23}$$

9.5 Untersuchungsmethoden

Bei der mathematischen und experimentellen Untersuchung des Verhaltens von Elementen eines Regelkreises kann im Prinzip jede beliebige Funktion der Zeit als Eingangsgröße eines Elementes oder Systems verwendet werden. Aufgrund der relativ einfachen mathematischen Lösungsmöglichkeit und technischen Realisierbarkeit haben jedoch zwei Funktionen, die Sprungfunktion und die Sinusfunktion, besondere Bedeutung erlangt. Die Antwortfunktion bei einer Sprungfunktion wird Übergangsfunktion genannt. Bei einer sinusförmigen Anregung reagiert ein Übertragungssystem nach Abklingen von Anfangsstörungen ebenfalls mit einer Sinusfunktion. Das Verhältnis von Amplitude- und Phase der angeregten Schwingung zur Anregung wird in einem Bodediagramm dargestellt.

9.5.1 Zeitbereich

Zur Bestimmung der Übergangsfunktion wird die Eingangsgröße x_e sprunghaft verändert und die Antwort x_a des Elementes oder des Regelkreises gemessen. Handelt es sich bei dem Übertragungselement z.B. um ein Verzögerungsglied erster Ordnung (PT_1), kann aus der gemessenen Übergangsfunktion die Zeitkonstante T des Elementes bestimmt werden, siehe Bild 9.11.

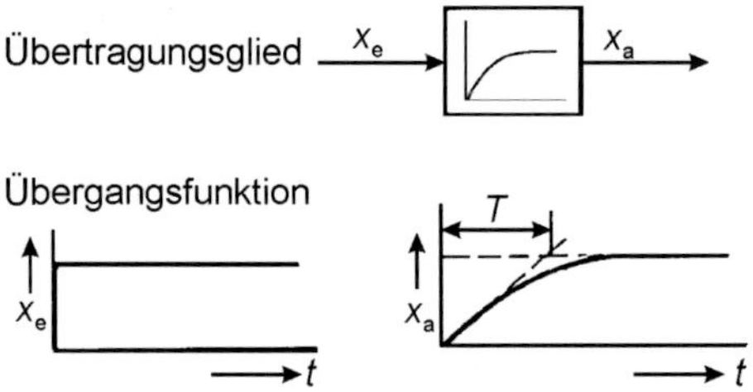

Bild 9.11: Aufnahme der Übergangsfunktion

9.5.2 Frequenzbereich

Die Eingangsgröße bei der Frequenzgangmethode ist sinusförmig mit konstanter Amplitude $\hat{x}_e$. Im eingeschwungenen Zustand ergibt sich bei linearen Systemen eine ebenfalls sinusförmige Ausgangsgröße, deren Amplitude $\hat{x}_e$ und Phase φ abhängig von den Eigenschaften des Elementes sind, siehe Bild 9.12.

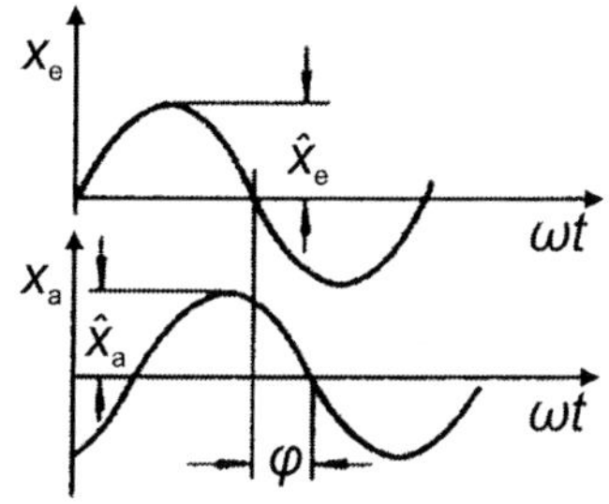

Bild 9.12: Aufnahme des Frequenzganges

$$x_e(t) = \hat{x}_e \sin(\omega t) \tag{9.24}$$

$$x_a(t) = \hat{x}_a \sin(\omega t + \varphi) \tag{9.25}$$

mit

$$\omega = 2\pi f \tag{9.26}$$

Wird diese Untersuchung für verschiedene Frequenzen durchgeführt, können die Amplitudenverhältnisse und Phasenverschiebungen zwischen der Ein- und Ausgangsgröße des Elementes frequenzabhängig aufgezeichnet werden. Der Verlauf kann in einem Bode-Diagramm oder als Ortskurve grafisch dargestellt werden. Im Folgenden wird der Aufbau des *Bode-Diagramms* anhand des Frequenzgangs eines PT_1-Elementes erläutert, siehe Bild 9.13.

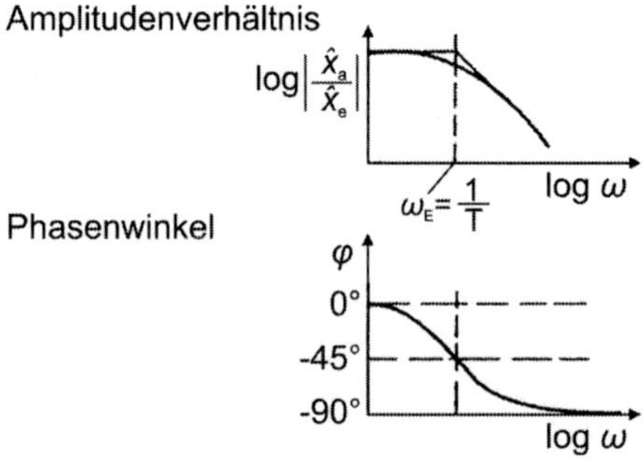

Bild 9.13: Darstellung der Ergebnisse der Frequenzgangmethode als Bode-Diagramm für ein PT_1-Element

In einem doppelt-logarithmischen Koordinatensystem wird das Amplitudenverhältnis x_a/x_e als Funktion der Kreisfrequenz ω oder der Frequenz f aufgetragen (Amplitudengang).

In einem einfach-logarithmischen Koordinatensystem wird die Phasenverschiebung φ ebenfalls als Funktion der Kreisfrequenz ω oder der Frequenz f aufgetragen (Phasengang).

Die logarithmische Darstellung des Amplitudenganges $|F| = x_a / x_e$ und Phasenganges bietet den Vorteil, dass bei einer Reihenschaltung von mehreren Übertragungselementen, von denen das Bode-Diagramm bekannt ist, durch geometrische Addition der einzelnen Amplituden- und Phasengänge das Verhalten der Reihenschaltung bestimmt werden kann, siehe Bild 9.14.

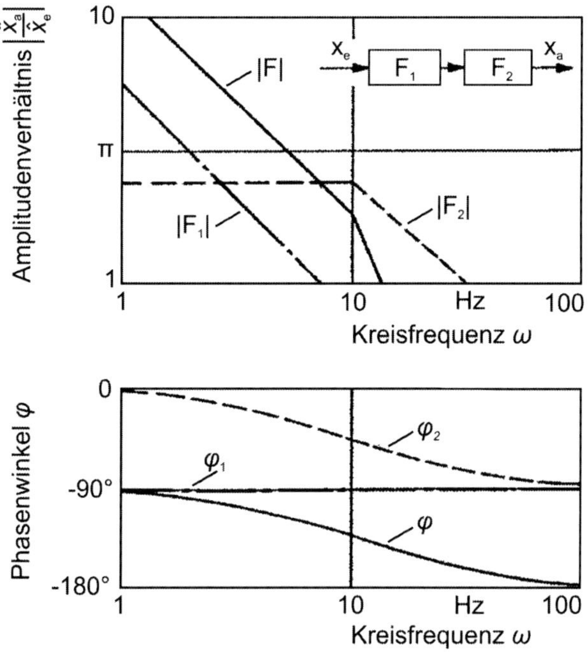

Bild 9.14: Darstellung einer Reihenschaltung von zwei Frequenzgängen im Bode-Diagramm

9.6 Linearisierung von Kennlinien

Lineares Verhalten der Elemente bedeutet für die mathematische Behandlung durch Differentialgleichungen eine erhebliche Vereinfachung. Für eine Frequenzganggleichung ist Linearität Voraussetzung. Reale Systeme weisen jedoch im Allgemeinen keine mathematisch exakten Linearitäten auf. Die Entscheidung, welche Abweichungen zwischen realem und linearisiertem Verhalten zulässig sind, ist im Einzelnen aus der Aufgabenstellung heraus zu treffen.

Ist eine derartige Vereinfachung zulässig, so kann unter bestimmten Bedingungen eine Linearisierung der Kennlinie in einem Arbeitspunkt durchgeführt werden. Dieses Verfahren soll anhand der in Bild 9.15 dargestellten Kennlinie erläutert werden.

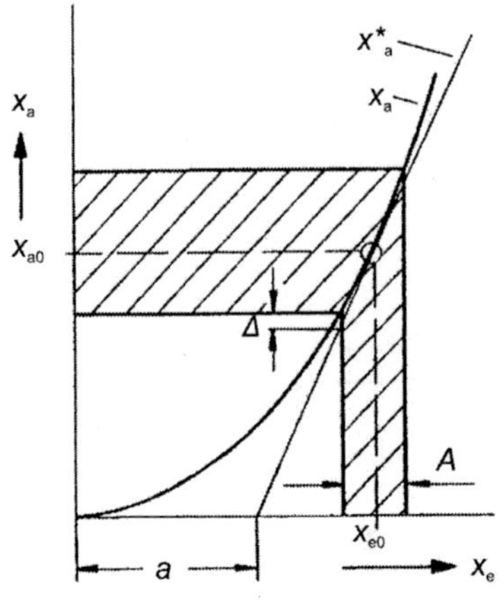

Kennlinie:

$x_a = f(x_e)$

Linearisierte Kennlinie für den Arbeitspunkt (x_{e0}, x_{a0})

$x^*_a = m \cdot x_e - m \cdot a$

m : Steigung der Kennlinie im Arbeitspunkt
Δ : zulässige Abweichung
A : Gültigkeitsbereich der Linearisierung
a : Schnittpunkt Tangente/ Abszisse

Bild 9.15: Linearisierung einer Kennlinie

Ausgehend von der Annahme, dass ein Element eines Regelkreises nur im Bereich des Arbeitspunktes (x_{e0}, x_{A0}) betrieben wird, kann eine Linearisierung durch die Tangente in diesem an die Kennlinie vorgenommen werden. Es ergibt sich somit die linearisierte Kennlinie $x_a^* = f(x_e, x_{e0}, x_{a0})$. Durch Definition einer maximal zulässigen Abweichung, die durch die Linearisierung der realen Kennlinie entsteht, kann innerhalb des mit A bezeichneten Gültigkeitsbereiches (schraffiert) die Tangente als Kennlinie verwendet werden.

9.7 Der Regelkreis

9.7.1 Regelstrecke mit und ohne Ausgleich

Eine Strecke mit Ausgleich liegt dann vor, wenn eine endliche Eingangsgröße eine endliche Ausgangsgröße zur Folge hat. Dies wird deutlich an einem einfachen Beispiel: Ein ungeregelter hydraulischer Linearantrieb (Quadrant II, Typ 1) hat als Eingangssignal eine Ventilsollgröße und als Ausgang eine Messgröße, häufig die Position des Zylinderkolbens. Bezogen auf die Position des Zylinders erwirkt eine konstante Eingangsgröße ungleich Null eine stetig wachsende Ausgangsgröße. Somit handelt es sich um eine *Strecke ohne Ausgleich*. Bezogen auf die Zylindergeschwindigkeit oder den Lastvolumenstrom ist der Zylinderantrieb jedoch eine *Strecke mit Ausgleich:* Eine konstante Eingangsgröße ungleich Null hat eine definierte Ausfahrgeschwindigkeit bzw. Lastvolumenstrom bei gleichbleibender Last zur Folge. Regelungstechnisch bezeichnet man eine Strecke mit Ausgleich auch „bibo-stabil" (bibo = bounded input, bounded output).

9.7.2 Führungs- und Störverhalten

In einem Regelkreis wird die Regelgröße x (Istwert) gemessen und mit der Führungsgröße w (Sollwert) verglichen. Aus diesen beiden Größen wird am Summenpunkt die Regelabweichung gebildet, siehe Bild 9.16.

Die Regelgröße x kann durch die Führungsgröße w beeinflusst werden und unterliegt gleichzeitig dem Einfluss der sog. Störgrößen, die in Bild 9.16 mit z_1 und z_2 bezeichnet sind. Als Störgrößen können z.B. in einem Vorschubregelkreis Schnittkräfte und schwankende Reibkräfte wirken.

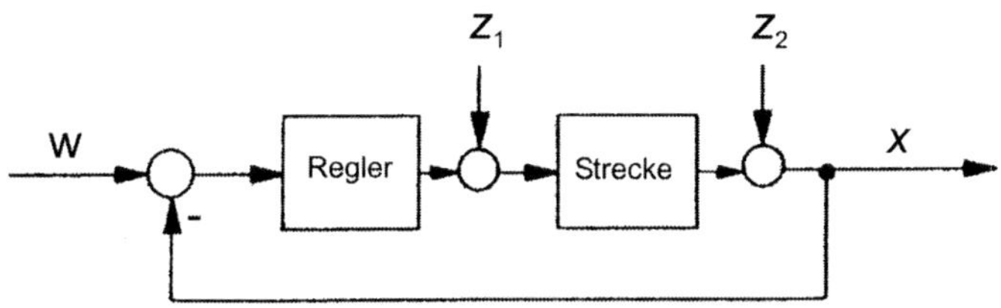

Bild 9.16: Allgemeines Blockschaltbild eines (Folge-)Regelkreises

Das Verhalten eines Regelkreises kann entsprechend in zwei wichtige Eigenschaften unterteilt werden:

Führungsverhalten

Sind die Störgrößen konstant, so wird der Istwert lediglich durch die Führungsgröße beeinflusst, siehe Bild 9.17. Wird unter deren Einfluss mit Hilfe der Frequenzgangmethode das Übertragungsverhalten des Regelkreises ermittelt, so ergibt sich der Führungsfrequenzgang.

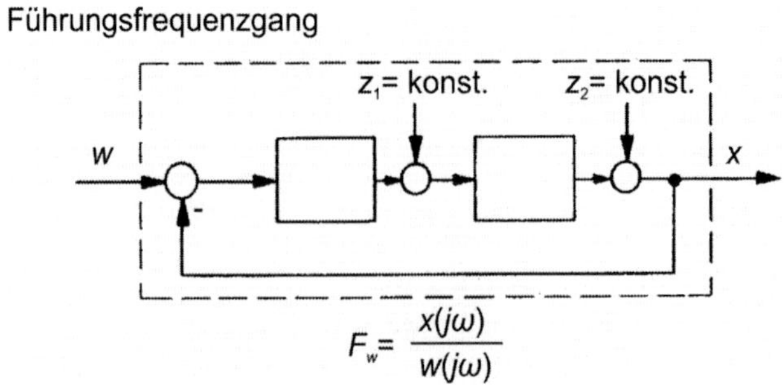

Bild 9.17: Führungsfrequenzgang bei einem Folgeregelkreis

Störverhalten

Wenn sich nur eine Störgröße z_1 ändert, kann der Einfluss einer bestimmten veränderlichen Störgröße z_1 auf die Regelgröße x untersucht werden, siehe Bild 9.18. Der unter diesen Bedingungen ermittelte Frequenzgang wird als Störfrequenzgang F_{z1} der Störgröße z_1 bezeichnet.

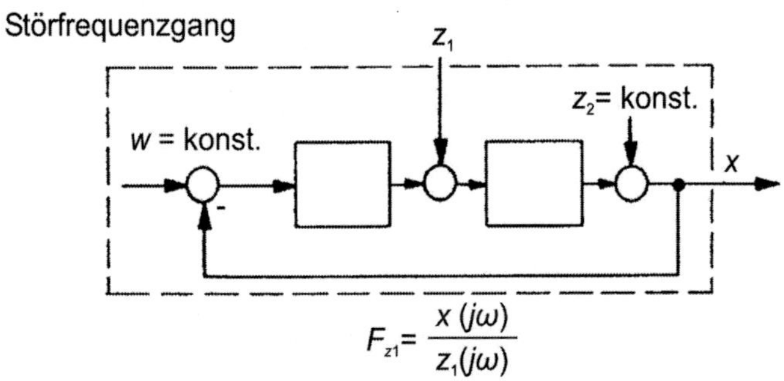

Bild 9.18: Störfrequenzgang bei einem Folgeregelkreis

9.7.3 Stabilität des Regelkreises

9.7.3.1 Nyquist-Kriterium

Systeme zweiter und höherer Ordnung können bei falscher Einstellung der Regelkennwerte instabil werden (Dauerschwingung oder aufklingende Schwingung). Im Folgenden soll anhand des Stabilitätskriteriums nach Nyquist eine Erklärung für dieses Verhalten gegeben und Maßnahmen zur Vermeidung der Instabilität aufgezeigt werden, /Pre67/.

Als Beispiel hierzu wird der in Bild 9.19 dargestellte Regelkreis verwendet. Der Kreis wird für die Untersuchung vor dem Summenpunkt aufgetrennt.

Als Eingangsgröße x_e wird das Signal zum Summenpunkt hin betrachtet. Die Ausgangsgröße des aufgeschnittenen (offenen) Regelkreises ist die Regelgröße x_a. Für die Führungsgröße $w = 0$ ergibt sich der Frequenzgang des aufgeschnittenen Regelkreises.

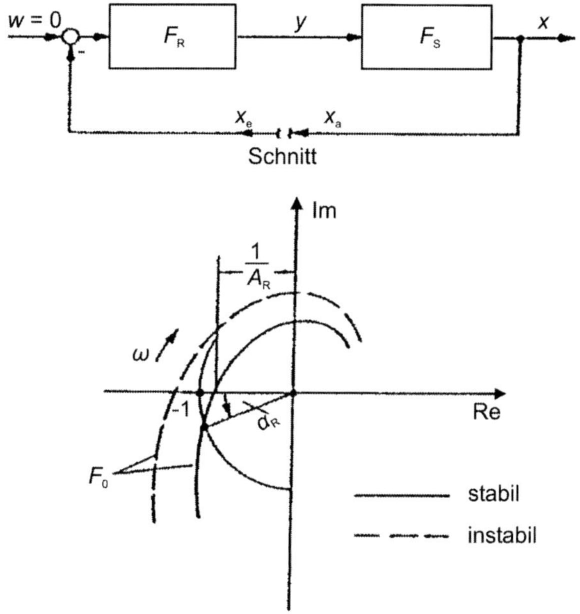

Bild 9.19: Blockschaltbild und Ortskurve eines offenen Regelkreises (mit Nyquist-Kriterium)

Der Frequenzgang lautet:

$$F_0 = F_R F_S = \frac{x_a(j\omega)}{x_e(j\omega)} \tag{9.27}$$

Nach /Abe06/ wird das negative Vorzeichen vor $F_R \cdot F_S$ weggelassen, welches durch die Vorzeichenumkehr der Stellgröße y an sich dort stehen müsste. Es darf jedoch bei den Stabilitätsuntersuchungen - wie später auch im Bode-Diagramm - nie vergessen werden, dass die Vorzeichenumkehr eine Phasenverschiebung von $\varphi = 180°$ beinhaltet.

Das Nyquist - Kriterium sagt nun in vereinfachter Form aus /Abe06/:

- Wenn der aufgeschnittene Regelkreis stabil ist oder integrierendes Verhalten aufweist und die Ortskurve seines Frequenzganges die negativ-reelle Achse des Koordinatensystems nur rechts vom kritischen Punkt -1 schneidet - und nur so schneidet, dass sie in Richtung zunehmender Frequenz vom dritten in den zweiten Quadranten verläuft, dann gilt:

- Wenn die Ortskurve des Frequenzgangs des offenen Regelkreises die negativ reelle Achse nur rechts vom "kritischen Punkt" -1 schneidet, ist der geschlossene Regelkreis stabil. Andernfalls ist er nicht stabil.

Aus Bild 9.19 lässt sich die Phasenreserve α_R und die Amplitudenreserve A_R ablesen. Die Amplitudenreserve A_R ist der Faktor, mit dem der statische Übertragungsfaktor des offenen Regelkreises multipliziert werden muss, damit der zugehörige geschlossene Regelkreis am Stabilitätsrand liegt ($x_a = x_e$). Die Phasenreserve α_R ist der Winkel, den ein Zeiger zu dem Punkt, bei dem die Ortskurve den Einheitskreis schneidet, mit der negativ reellen Achse bildet /Abe06/.

Im Bode-Diagramm lässt sich der Frequenzgang des offenen Regelkreises entsprechend darstellen, siehe Bild 9.20. Die Phasendrehung +180° resultiert aus der Vorzeichenumkehr am Summenpunkt. Es lassen sich die Phasenreserve α_R und die Amplitudenreserve A_R ablesen. Die Amplitudenreserve ist der reziproke Wert des Abstandes zwischen der Linie $|F| = 1$ und dem Punkt $|F_0(\varphi = -360°)|$, wenn der Punkt unterhalb von $|F| = 1$ liegt. Die Phasenreserve α_R wird als Abstand zwischen der Linie φ = -360° und dem Punkt $\varphi(|F| = 1)$ definiert. Da durch die bereits oben erwähnte Vorzeichenumkehr im Regelkreis die bewirkte Phasenverschiebung von +180° frequenzunabhängig ist, kann als neue Bezugslinie die -180°-Linie (Bild 9.20c) statt der -360°-Linie (Bild 9.20b) benutzt werden. Dies gilt sowohl für die Amplituden- als auch für die Phasenreserve.

$$|F_0| = |F_R| \cdot |F_S| \tag{9.28}$$

$$\varphi_0 = \varphi_R + \varphi_S + 180° \tag{9.29}$$

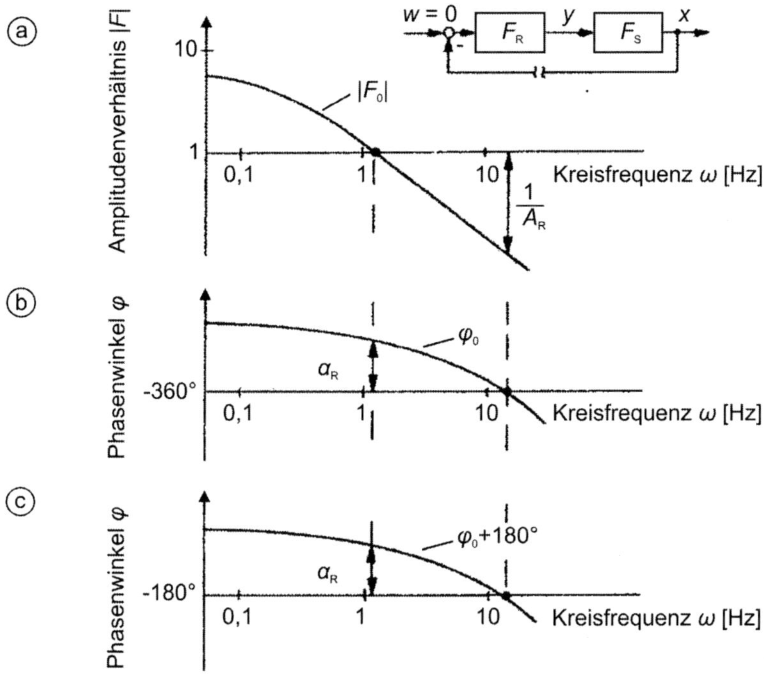

Bild 9.20: Bode-Diagramm eines offenen Regelkreises (mit Nyquist-Kriterium)

Das folgende Bild 9.21 zeigt für die neue -180°-Bezugslinie die Stabilitätsuntersuchung eines Regelkreises nach dem Nyquist-Kriterium im Bode-Diagramm. Die Verschiebung des Amplitudenganges nach oben entspricht einer Erhöhung der Kreisverstärkung des geschlossenen Regelkreises.

Wird die Verstärkung so eingestellt, dass gerade $x_e = x_a$ wird, so ist der Stabilitätsrand erreicht. Die Schwingung des Systems bleibt bestehen, ohne dass eine zusätzliche Erregung von außen erforderlich ist (Stabilitätsrand). Dieser Punkt entspricht einem Schneiden der Ortskurve im kritischen Punkt -1.

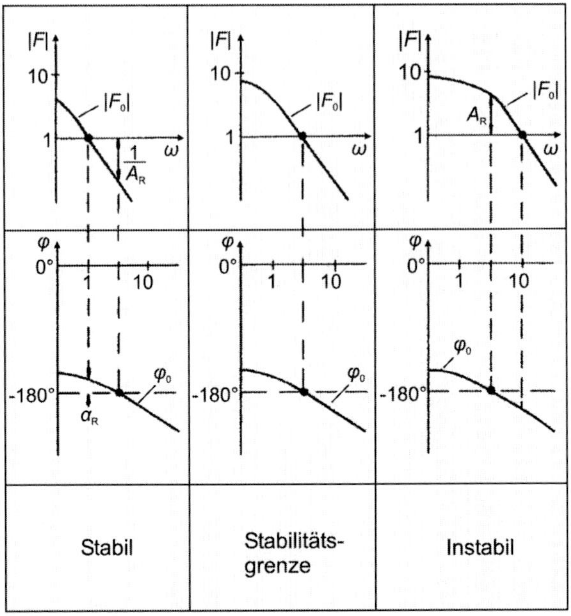

Bild 9.21: Bode-Diagramm für Stabilität, Instabilität und Stabilitätsgrenze eines Regelkreises

Aufgrund umfangreichen Erfahrungsmaterials werden folgende Empfehlungen angegeben, die für Werte der Phasenreserve α_R und Amplitudenreserve A_R für optimales Stör- bzw. Führungsverhalten anzustreben sind. Die Kennwerte des Reglers müssen entsprechend eingestellt werden, um die Empfehlungswerte für den offenen Regelkreis zu erreichen, siehe Tabelle /Sch65/, /Pre67/ und /Abe06/.

	Amplitudenreserve A_R	Phasenreserve α_R
optimales Störverhalten	$1{,}5 < A_R < 3$	$20° < \alpha_R < 70°$
optimales Führungsverhalten	$4 < A_R < 10$	$40° < \alpha_R < 60°$

9.7.3.2 Hurwitz-Kriterium

Das Stabilitätskriterium nach Hurwitz ist ein algebraisches Kriterium, bei dem geprüft wird, ob die Nullstellen des charakteristischen Polynoms der Differentialgleichung eines geschlossenen Regelkreises einen negativen Realteil besitzen. Dabei wird von der homogenen Differentialgleichung eines geschlossenen Regelkreises ausgegangen:

$$a_n x_a^{(n)} + \ldots + a_1 \dot{x}_a + a_0 x_a = 0 \tag{9.30}$$

Bedingung 1

- Alle Koeffizienten $a_n \ldots a_0$ müssen vorhanden und positiv sein.
- Falls alle Koeffizienten negativ sind, kann die Differentialgleichung mit -1 multipliziert werden.

Bedingung 2

- Die Hurwitz-Determinante H (siehe 9.31) und ihre Unterdeterminanten müssen alle größer als Null sein.

Sind die Bedingungen 1 und 2 erfüllt, so ist der geschlossene Regelkreis stabil. Die Bildung der Hurwitz-Determinanten H erfolgt nach diesem Schema:

$$H = \begin{vmatrix} a_{n-1} & a_{n-3} & a_{n-5} & \ldots & \ldots & 0 \\ a_n & a_{n-2} & a_{n-4} & \ldots & \ldots & 0 \\ 0 & a_{n-1} & a_{n-3} & \ldots & \ldots & 0 \\ 0 & & a_{n-2} & a_3 & a_1 & 0 \\ 0 & \ldots & \ldots & a_4 & a_2 & a_0 \\ 0 & \ldots & \ldots & a_5 & a_3 & a_1 \end{vmatrix} \tag{9.31}$$

In der Hauptdiagonalen stehen die Koeffizienten in der Reihenfolge $a_1 \ldots a_{n-1}$ von unten rechts nach oben links. Die Spalten werden so aufgefüllt, dass die Indizes der Koeffizienten von oben nach unten zunehmen. Fehlende Koeffizienten werden mit Nullen aufgefüllt. Die Unterdeterminanten sind gestrichelt umrahmt.

9.7.3.3 Wurzelortskurven-Verfahren

Die Stabilität eines Regelkreises kann auch im Polstellendiagramm eines geschlossenen Regelkreises untersucht werden. Zeichnet man den Verlauf der Polstellen bei Veränderung von Strecken- oder Regelparameter auf, ergeben sich die Wurzelortskurven. Polstellen sind die Nullstellen des charakteristischen Polynoms der systembeschreibenden Differentialgleichung. Das charakteristische Polynom entspricht dem Nennerpolynom der Übertragungsfunktion:

$$G(s) = K \cdot \frac{(s - s_{\mathrm{N}_1}) \cdot (s - s_{\mathrm{N}_2}) \cdot \ldots\ldots (s - s_{\mathrm{N}_m})}{(s - s_{\mathrm{P}_1}) \cdot (s - s_{\mathrm{P}_2}) \cdot \ldots\ldots (s - s_{\mathrm{P}_m})} \tag{9.32}$$

Mit diesem Verfahren können alle Systeme untersucht werden, die gebrochen rationale Übertragungsfunktionen besitzen. Das Wurzelortskurven-Verfahren erlaubt es, Aussagen über die Systemeigenschaften bei Parametervariation zu treffen. Es ist zu bedenken, dass die Gesamtübertragungsfunktion eines Systems meist das Produkt mehrerer einfacher Übertragungsfunktionen ist, deren Pol- (Nullstellen des Nennerpolynoms) und Nullstellen (Nullstellen des Zählerpolynoms) leicht zu ermitteln sind. Die Pol- und Nullstellen des Gesamtsystems ergeben sich hieraus durch die Überlagerung.

Stabil ist das betrachtete System dann, wenn alle Polstellen in der linken s-Halbebene liegen, so dass die Regelparameter entsprechend vorgegeben werden müssen. Soll der Regelkreis neben der Stabilität auch eine gute Dämpfung besitzen, so dürfen die Polstellen nicht zu nah an der imaginären Achse liegen.

Im Allgemeinen bestehen Wurzelortskurven nur aus 3 Typen von Polstellen:

- Integrierer (Polstelle im Ursprung der s-Ebene)
- PT_1-Elemente (Polstelle auf der negativ reellen Achse)
- PT_2-Elemente
    - konjugiert komplexes Polpaar, wenn $D < 1$
    - 2 Pole auf der negativ reellen Achse, wenn $D > 1$

Die entsprechenden Pol-/Nullstellenpläne können Bild 9.4 - Bild 9.6 entnommen werden. Für ein beispielhaftes System ist die Wurzelortskurve der Steuerkette "Stetigventil- Rotationsmotor" in Kapitel 7.2.1.1 näher erläutert.

9.7.4 Die Kreisverstärkung

Für die Kreisverstärkung betrachtet man den aufgeschnittenen Regelkreis. Man erhält den aufgeschnittenen Regelkreis, in dem man ihn am Summenpunkt schneidet. Der Frequenzgang des aufgeschnittenen Regelkreises F_0 ist das Produkt der Frequenzgänge des Reglers (F_R) und der Regelstrecke (F_S), siehe Bild 9.22. Innerhalb der Regelstrecke greift die Störgröße z ein. F_0 wird in der Laplace-Transformation als das Verhältnis eines Zählerpolynoms $Z_{(j\omega)}$ zu einem Nennerpolynom $N_{(j\omega)}$ der komplexen Größe s bzw. $j\omega$ dargestellt.

$$F_0 = \frac{Z_{(j\omega)}}{N_{(j\omega)}} \tag{9.33}$$

Bei physikalischen Systemen ist der Grad des Zählerpolynoms kleiner oder gleich dem Grad des Nennerpolynoms. Die Nullstellen n_μ des Zählerpolynoms werden einfach als „Nullstellen", die des Nennerpolynoms p_ν als „Polstellen" bezeichnet.

$$F_0 = \frac{V_K}{(j\omega)^q} \frac{\prod_\mu (j\omega + n_\mu)}{\prod_\nu (j\omega + p_\nu)} \tag{9.34}$$

Die Pol- und Nullstellen eines aufgeschnittenen Regelkreises sind nicht identisch mit denen des geschlossenen Regelkreises. Liegt eine einfache Polstelle bei $j\omega = 0$ vor ($q \neq 0$), so hat der aufgeschnittene Regelkreis (F_0) einfach integrierendes Verhalten, und es handelt sich um eine Strecke ohne Ausgleich. Häufig wird die Strecke zur weiteren Untersuchung gedanklich unterteilt in den Teil mit Ausgleich und einem angehängten Integrierer, siehe Gleichung (9.34).

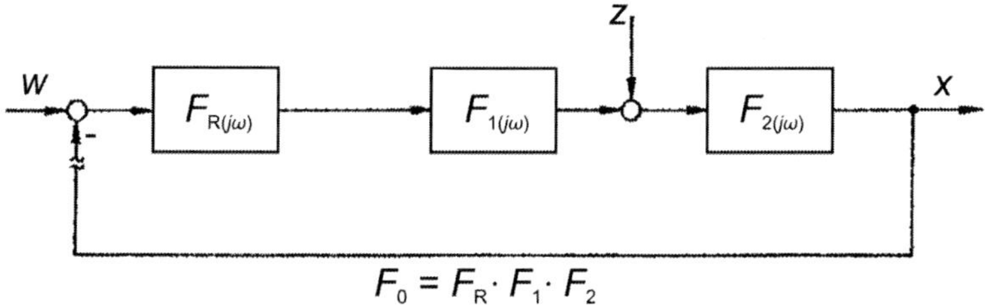

Bild 9.22: Allgemeine Darstellung eines Regelkreises

Die *Kreisverstärkung* V_K ist das Produkt aller Verstärkungsfaktoren des aufgeschnittenen Regelkreises, siehe Gleichung (9.34). Wenn der aufgeschnittene Regelkreis einfach integrierendes Verhalten hat ($q \neq 0$, Strecke ohne Ausgleich), ist die Einheit der Kreisverstärkung Zeit^{-1}. Bei einer Strecke mit Ausgleich ist die Kreisverstärkung V_K dimensionslos, wenn die Stellgröße dieselbe Einheit wie die Ausgangsgröße hat.

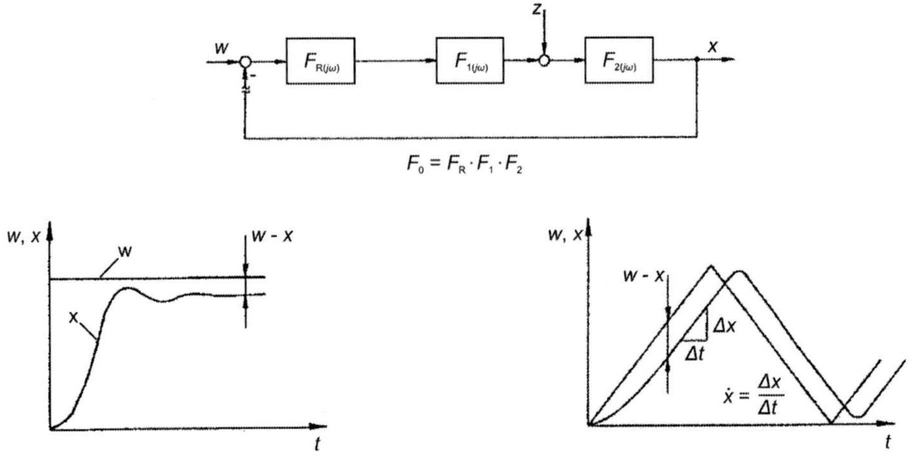

Aufgeschnittener Regelkreis mit proportionalem Verhalten ($q = 0$)

Aufgeschnittener Regelkreis mit integrierendem Verhalten ($q = 1$)

Bild 9.23: Ermittlung der Kreisverstärkung

Die erreichte Kreisverstärkung bei gleichzeitiger Einhaltung anderer Kriterien wie z.B. Überschwingfreiheit ist ein Kriterium für die Qualität eines Regelkreises, siehe Bild 9.23. Grundsätzlich wird eine hohe Kreisverstärkung angestrebt, denn bei proportionalem Verhalten des aufgeschnittenen Regelkreises gilt:

$$V_K = \frac{x}{w - x} \tag{9.35}$$

Das heißt, eine hohe Kreisverstärkung V_K hat eine kleine stationäre Regelabweichung w-x zur Folge.

Man kann die Kreisverstärkung als Produkt aller Verstärkungsfaktoren im aufgeschnittenen Regelkreis berechnen. Häufig sind einige dieser Faktoren unbekannt. Man kann an Hand von Gleichung (9.35) jedoch auch von der Regelabweichung auf die Kreisverstärkung rückschließen. Diese Methode ist meistens einfacher und zuverlässiger, als die Verstärkungsfaktoren der einzelnen Elemente des Regelkreises zu bestimmen und miteinander zu multiplizieren.

Hat der aufgeschnittene Regelkreis einfach integrierendes Verhalten (Strecke ohne Ausgleich), kann die Kreisverstärkung aus dem Schleppfehler der Regelgröße bei rampenförmigem Verlauf des Sollwertes bestimmt werden, der Regelkreis bleibt bei der Bestimmung der Kreisverstärkung geschlossen. Es gilt:

$$V_{\mathrm{K}} = \frac{\dot{x}}{w - x} \tag{9.36}$$

Die Einheit der Kreisverstärkung ist in diesem Fall Zeit^{-1}. Mit einer hohen Kreisverstärkung wird bei einfach integrierendem Verhalten des aufgeschnittenen Regelkreises der Schleppfehler minimiert.

Die Kreisverstärkung kann (durch entsprechende Wahl des Reglerfaktors) in der Praxis nicht beliebig hoch gewählt werden, da sich das System mit steigender Kreisverstärkung der Stabilitätsgrenze nähert.

Bei einem System 3. Ordnung, bei dem der aufgeschnittene Regelkreis aus einem PT_2-Element, charakterisiert durch ω und D, und einem nachgeschaltetem Integrierer besteht, kann die Grenze für die zulässige Kreisverstärkung z.B. mit Hilfe des Hurwitz Kriteriums angegeben werden. Der Regelkreis ist stabil, wenn

$$V_{\mathrm{K}} < 2D_{\mathrm{H}}\omega_{\mathrm{H}} \tag{9.37}$$

gilt (siehe Kapitel 9.7.3.2).

9.8 ITSE- und ITAE-Kriterium zur Bewertung der Regelkreisdynamik

Als Bewertungsmaßstab für den Vergleich verschiedener Regelungskonzepte hydraulischer Antriebe werden zeitgewichtete Integrale der Regelabweichung gebildet. In der Literatur werden vor allem das ITSE- (integral of time multiplied squared error) und das ITAE-Gütekriterium (integral of time multiplied absolute error) verwendet. Mit diesen Kriterien lässt sich das Systemverhalten, das sich bei einem sprungförmigen Sollwertverlauf einstellt, beurteilen. Im Falle der ITSE-Gütefunktion wird das Quadrat der Regelabweichung $w - x$ über die Zeit integriert und zusätzlich durch den zeitlichen Abstand $t - t_0$ zum Zeitpunkt des Sollwertsprungs gewichtet.

$$ITSE = \int_{t_0}^{\infty} (w - x)^2 (t - t_0)\,dt \tag{9.38}$$

Im Falle des ITAE-Gütekriteriums wird der Absolutwert der Regelabweichung $|w - x|$ aufintegriert und zeitlich gewichtet.

$$ITAE = \int_{t_0}^{\infty} |w - x|(t - t_0)dt \tag{9.39}$$

Die Regelabweichung geht in beide Gütekriterien somit umso stärker ein, je länger sie noch vorhanden ist. Voraussetzung für einen endlichen Wert ist, dass die Regelabweichung in endlicher Zeit auf Null abklingt. Je kleiner das Gütefunktional, desto schneller hat die Regelgröße den Sollwert erreicht. Bild 9.24 zeigt die Bildung des ITSE-Kriteriums am Beispiel von Zeitverläufen eines linearisierten Lageregelkreises. Der Endwert der unteren Grafik ist der Wert, der an eine Optimierungsroutine zurückgegeben wird. Durch eine Änderung der Regel- oder Streckenparameter kann eine Minimierung dieses Wertes erreicht werden.

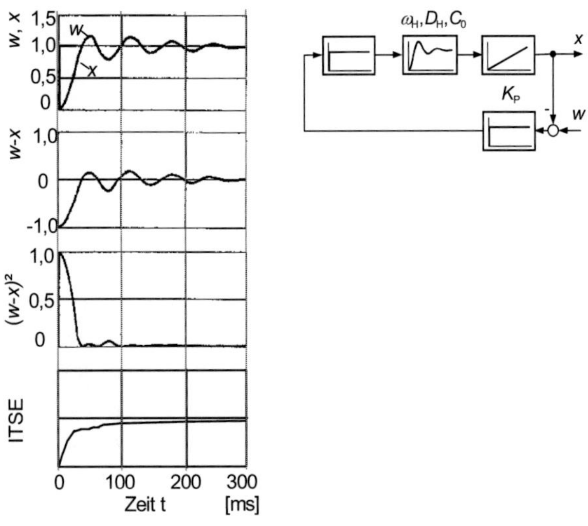

Bild 9.24: Bildung des ITSE-Kriteriums aus den zeitlichen Verläufen von Soll- und Ist-Größen

Die Erfahrung zeigt, dass der ITAE-Wert besser zur Optimierung geeignet ist. Die Begründung hierfür ist, dass die Bereiche von Regelabweichungen kleiner Eins beim ITSE-Kriterium durch die Quadrierung verkleinert in das Integral eingehen. Hierdurch wird die Auflösung im Bereich kleiner Abweichungen schlechter. Beim ITAE-Gütefunktional werden hingegen die Absolutwerte der Regelabweichung integriert. Bild 9.25 vergleicht die Auflösung der Gütefunktionale im Bereich kleiner Abweichungen. Bei einer normierten Reglerverstärkung von etwa 7 ist ein Minimum der Gütefunktionale zu erkennen. Beim ITAE-Gütefunktional kann man das Minimum besser erkennen als beim ITSE-Gütefunktional.

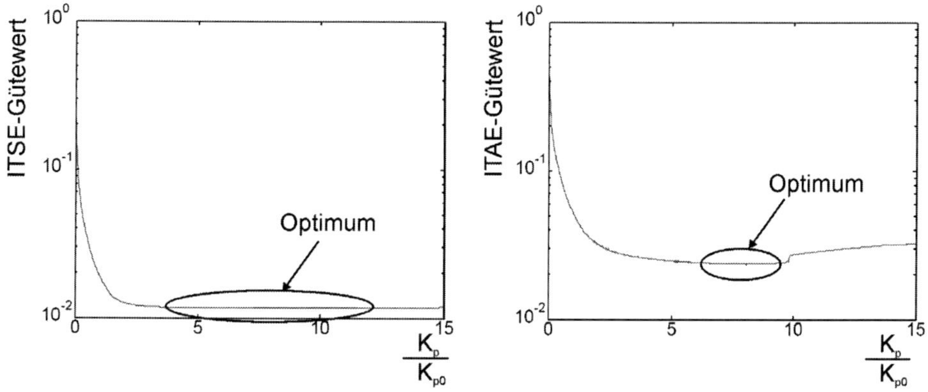

Bild 9.25: Verlauf der Gütewerte von ITSE- und ITAE-Gütefunktionen über Reglerverstärkung K_P

10 LITERATURVERZEICHNIS

/Aut91/	Autorenkollektiv	Der Hydraulik Trainer, Band 1: Grundlagen und Komponenten der Fluidtechnik Hydraulik, 2. Auflage, Mannesmann Rexroth GmbH, Lohr am Main, 1991
/Ant98/	Antoszikiewicz, P.	Konzeption und Simulation elektrohydraulischer Automobil-Crashprüfstände, Fachbeitrag zum 1. IFK in Aachen, Band 2, März 1998, ISBN 3-89653-242-2
/Abe06/	Abel, D.	Mess- und Regelungstechnik, Umdruck zur Vorlesung, 30. Auflage, RWTH Aachen, 2006, Hrsg: Aachener Forschungsgesellschaft Regelungstechnik e.V.
/Bac74/	Backé, W.	Systematik der hydraulischen Widerstandsschaltungen in Ventilen und Regelkreisen, Krauskopf-Verlag Mainz, 1974, ISBN: 3-1830-0078-5
/Bac92/	Backé, W.	Umdruck zur Vorlesung 'Servohydraulik', RWTH Aachen, 6. Auflage 1992
/Bac93/	Backé, W.	Umdruck zur Vorlesung 'Steuerungs- und Schaltungstechnik II', 4. Auflage, RWTH Aachen, 1993
/Bal/	N.N.	Transsonar Wegaufnehmer BTL, Balluf, Neuhausen
/Ber88/	Berbuer, J.	Neuartige Servoantriebe mit primärer Verdrängungssteuerung, Dissertation, RWTH-Aachen, 1988
/Bla62/	Blackburn, F.J. Reethof, G. Shearer, J.L.	Fluid Power Control, Band 2, Krauskopf Verlag, Wiesbaden, 1962
/Boe95/	Boes, C.	Hydraulische Achsantriebe im digitalen Regelkreis, Dissertation, RWTH Aachen, 1995
/Boe03/	Boes, C. Lenz, W. Müller, J.	Digital servo valves with fieldbus interface in closed loop applications, The Eight Scandinavian International Conference on Fluid Power, May 7-9 2003, Tampere, Finland
/Boe04/	Boes, C. Weiblen, J.	M3000 Ein Motion Control-Baukasten für hydraulische Achsen, Böblingen, 2004 http://www.moog.com/techpapers/ (13.01.2007)
/Bos/	N.N.	Produktkatalog Bosch Rexroth AG, www.boschrexroth.de
/Brx06/	N.N.	Bosch Rexroth AG (Hrsg.): HNC100: SVNC - Zwischenelektronik für lagegeregelte hydraulische

		Antriebe, Inbetriebnahmeanleitung RD 30131-P-07/09.06, Lohr am Main, 2006
/Dic03/	Müller, H. K. Nau, B. S.	www.fachwissen-dichtungstechnik.de. Online verfügbar unter www.fachwissen-dichtungstechnik.de
/Die98/	Dieter, M.	Ein Beitrag zur systematischen Reglerauslegung positionsgeregelter Ventil-Zylinder-Antriebe, 1. Internationales Fluidtechnisches Kolloquium, Bd. 1, Aachen, 1998, S. 331-344
/Dlu89/	Dluzik, K.	Entwicklung und Untersuchung energiesparender Schaltungskonzepte für Zylinderantriebe am Konstant-drucknetz, Dissertation, RWTH Aachen, 1989
/Dup10/	N.N.	Duplomatic Oleodinamica (Hrsg.): DSE5J Directional Valve with Proportional Control Feedback and Integrated Electronics, Datenblatt 83 280/210 ED, Parabiago, Italien, 2010
/Fei87a/	Feigel, H.J.	Nichtlineare Effekte am servoventilgesteuerten Differentialzylinder, Ölhydraulik und Pneumatik O+P, Jahrgang 31, Nr. 1, S. 42-48, 1987
/Fei87b/	Feigel, H.J.	Dynamische Kenngrößen eines Differentialzylinders, Ölhydraulik und Pneumatik O+P, Jahrgang 31, Nr. 2, S. 138-148, 1987
/Feu93/	Feuser, A. Piechnick, M.	Antriebs-Dimensionierung unter Berücksichtigung von Zylinderflächen- und Steuerkantenverhältnissen, Ölhydraulik und Pneumatik O+P, Jahrgang 37, Nr. 6, S.509-516, 1993
/Feu00/	Feuser, A.	Elektrohydraulische Antriebstechnik in stationären und mobilen Maschinen, Übersichtsvortrag zum 2. IFK in Dresden, Band 1, März 2000
/Föl94/	Föllinger, O.	Regelungstechnik: Einführung in die Methoden und ihre Anwendung, Hüthig Verlag, 1994, ISBN 3-77852-336-8
/For88/	Forster, I.	Elektrohydraulische Lastsimulation, Dissertation, RWTH Aachen, 1988
/Göt99/	Götz, W. Haack, S. Mertlik, R.	Elektrohydraulische Proportional- und Regelungs-systeme, Robert Bosch GmbH, 1. Auflage, 1999
/Gui68/	Guillon, M.	Hydraulische Regelkreise und Servosteuerungen, Carl Hauser Verlag München, 1968

/Haas89/	Haas, H.-J.	Sekundärgeregelte hydrostatische Antriebe im Drehzahl- und Drehwinkelregelkreis, Dissertation, RWTH Aachen, 1989
/Hah73/	Hahmann, W.	Das dynamische Verhalten hydrostatischer Antriebe mit Servopumpe und ihr Einsatz in Regelkreisen, Dissertation, RWTH Aachen, 1973
/Hei12/	N.N.	Längenmessgeräte für gesteuerte Werkzeugmaschinen, Heidenhain, Traunreut, 2012, www.heidenhain.de
/Hei92/	N.N.	NC-Längenmeßsysteme, Gekapselte Meßsysteme Heidenhain, Traunreut, 1992
/Hel77/	Helduser, S.	Einfluß der Elastizität mechanischer Übertragungselemente auf das dynamische Verhalten hydraulischer Servoantriebe, Dissertation, RWTH-Aachen , 1977
/Hel04/	Helduser, S.	Elektrisch-hydraulische Systemtechnik, Übersichtsvortrag zum 4. IFK in Dresden, Band 1, März 2004
/Hot/	N.N.	Firmenkatalog Hottinger Baldwin Messtechnik, Darmstadt, www.hbm.de
/Ise99/	Isermann, Rolf	Mechatronische Systeme, Springer Verlag, 1999, ISBN: 3-540-32336-8
/Jan04/	Janocha, H.	Actuators – Basis and Applications, Springer Verlag, 2004, ISBN 3-540-61564-4
/Joh00/	Johnson, J. L.	Designer's Handbook for Electrohydraulic Servo and Proportional Systems, 4. Aufl., IDAS Engineering: East Troy, Wiscosin, 1995
/Kis97/	N.N.	Zug um Zug zum richtigen Drucksensor, Trainingsunterlagen Kistler Instrumente AG, 1997
/Kno04/	Knott, T.	Lightening the load, Offshore Engineer, Oct. 2004
/Kög95/	Kögl, C.	Verstellbare hydrostatische Verdrängereinheiten im Drehzahl- und Drehmomentenregelkreis am Netz mit angepasstem Versorgungsdruck, Dissertation, RWTH-Aachen, 1995
/Lan86/	Langen, A.	Experimentelle und analytische Untersuchungen an vorgesteuerten hydraulisch-mechanischen und elektrohydraulischen Pumpenregelungen, Dissertation, RWTH Aachen, 1986
/Lee77/	Lee, K.-I.	Dynamisches Verhalten der Steuerkette Servoventil-Motor-Last, Dissertation, RWTH-Aachen, 1977

/Lod95/	Lodewyks, J.	Der Differentialzylinder im geschlossenen hydrostatischen Getriebe, Dissertation RWTH Aachen, 1995
/Lut00/	Lutz, H. Wendt, W	Taschenbuch der Regelungstechnik, 3. Auflage, Verlag Harri Deutsch, Thun und Frankfurt am Main 2000, ISBN 3-8171-1629-2
/Mer67/	Merritt, H.E.	Hydraulic Control Systems, John Wiley & Sons, 1967, ISBN 0-471-59617-5
/Moo/	N.N.	Electrohydraulic Valves – A Technical Look, Firmenschrift, Moog Inc., East Aurora, NY, USA, www.moog.com
/Moo01/	N.N.	Moog Technical Bulletins, Moog Inc., East Aurora, NY, USA, www.moog.com
/Moo03/	N.N.	Radialkolbenpumpen, Produktkatalog, Moog Inc., Böblingen, 2003
/Moo06/	N.N.	RKP-II Radialkolbenpumpe, Produktkatalog, Moog Inc., Böblingen, 2006, www.moog.com/media/1/rkpIIpumps.pdf
/Mur02/	Murrenhoff, H.	Trends in Valve Development, 3rd International Fluid Power Conference (3. IFK), Band 1, S. 109-144, 2002 ISBN 3-8265-9900-4
/Mur05/	Murrenhoff, H.	Umdruck zur Vorlesung ‚Grundlagen der Fluidtechnik – Teil 1; Hydraulik', RWTH Aachen, 4. überarbeitete Auflage 2005, Shaker Verlag, ISBN 3-8265-9446-0
/Mur06/	Murrenhoff, H.	Hydraulic Drives in Stationary Applications, Übersichtsvortrag zum 5. IFK in Aachen, Band 2, März 2006, Shaker Verlag, ISBN 3-8322-4840-4
/Mur83/	Murrenhoff, H.	Regelung von verstellbaren Verdrängereinheiten am Konstantdrucknetz, Dissertation, RWTH Aachen, 1983
/Mur98/	Murrenhoff, H. Wallentowitz, H.	Umdruck zur Vorlesung ‚Fluidtechnik für mobile Anwendungen', RWTH Aachen, 1. Auflage 1998, Verlag Mainz, ISBN 3-89653-258-8
/Neu02/	Neubert, Th.	Untersuchung von drehzahlveränderbaren Pumpen, Dissertation, TU Dresden, 2002
/Nov12/	N.N.	Novotechnik Messwertaufnehmer OHG, Ostfildern 2012, www.novotechnik.de
/Par08a/	N.N.	Parker Hannifin GmbH (Hrsg.): Direktgesteuertes

		Regelventil Serie D1FP, Katalog HY11-3500/DE, Kaarst, 2008, S. 3.75-3.80
/Par08b/	N.N.	Parker Hannifin GmbH (Hrsg.): Elektrohydraulik-Regler Serie Comopax3F, Katalog HY11-3500/DE, Kaarst, 2008, S. 11.32-11.42
/Pew/	N.N.	Potentiometer, Sensoren, Pewatron AG, Wallisellen, Schweiz, www.pewatron.com
/Pra00/	Pratt, R.W.	Flight Control Systems; IEE Control Engineering Series 57; 2000, ISBN 0-85296-766-7
/Pre67/	Pressler, G.	Regelungstechnik, 1. Band, Grundelemente, Verlag Harmann + Braun AG, 1967
/Rei05/	Reichert, M., Bauer, F.	Hochdynamische Piezoventile: Der Einsatz von Piezoaktuatoren in hochdynamischen Servoventilen, O+P „Ölhydraulik & Pneumatik" 49 (2005) Nr. 6
/Rex01/	N.N.	Trainingsdokument Bosch Rexroth, Elchingen 2001
/Roth84/	Roth, J.	Regelungskonzepte für lagegeregelte elektrohydraulische Servoantriebe, Dissertation, RWTH Aachen, 1984
/Roh67/	Rohrbach, C.	Handbuch für elektrisches Messen mechanischer Größen, VDI-Verlag, Düsseldorf, 1967
/Rüh97/	Rühlicke, I.	Elektrohydraulische Antriebssysteme mit drehzahlveränderbaren Pumpen, Dissertation, TU Dresden, 1997
/Sch65/	Schäfer, O.	Grundlagen der selbsttätigen Regelung, Technischer Verlag Gräfeling, 1965
/Sch12/	Schlemmer, K.	Entwicklung eines wissensbasierten Unterstützungssystems zur Auslegung servohydraulischer Linearantriebe, Dissertation, RWTH Aachen, 2012
/Sch05/	N.N.	Dichtsysteme für fluidtechnische Anwendungen. Schadensatlas (CD-ROM). Hrsg: Fachverband Fluidtechnik im VDMA e.V. Frankfurt, 2005
/Sic12/	N.N.	Sick AG Sensor Intelligence, Waldkirch 2012, www.sick.com
/Sto92/	N.N.	Druckschrift H-Pomux, Storz Systemtechnik, 1992
/Suc08/	N.N.	Produktinformation Drucksensoren, Suchy Messtechnik, Lichtenau, 2008, www.suchy-messtechnik.de
/Tao91/	Tao, J.	Untersuchung der physikalischen Vorgänge im

		Dichtspalt und des Reibverhaltens von Hydraulik-Stangendichtungen, Dissertation, RWTH Aachen, 1991
/Tie02/	Tietze, U., Schenk, C. Gramm, E.	Halbleiter-Schaltungstechnik, 12. Auflage, Springer-Verlag, 2002, ISBN-13: 978-3540428497
/Tre07/	N.N.	Linear-absoluter Weggeber, Baureihe LA, TR Electronic GmbH, Trossingen, 2007
/Trs07/	N.N.	hyTRax – Servoregler für die Hydraulik, TR Systemtechnik GmbH, Trossingen, 2007
/Ulr93/	Ulrich, H	Elektrohydraulische Druckregelung mit Verstellpumpe für unterschiedliche Verbraucher und Leitungsnetze, Dissertation, RWTH Aachen, 1993
/Voi02/	N.N.	Firmenkatalog Voith Turbo, Heidenheim, 2002
/Wec06/	Weck, M. Brecher, C.	Werkzeugmaschinen 3, Mechatronische Systeme: Vorschubantriebe, Prozessdiagnose; 6. neubearbeitete Auflage 2006, Springer Verlag, ISBN 3-5402-2506-4
/Wei95/	Weishaupt, E.	Adaptive Regelungskonzepte für eine hydraulische Verstelleinheit am Netz mit aufgeprägten Versorgungsdruck im Drehzahl- und Drehwinkelregelkreis, Dissertation, RWTH Aachen, 1995

11 INDEX

E

F

G

H

I

T

U

V

W

Z